建设行业施工现场专业人员
继续教育教材

河南省建设教育协会　组织编写
崔恩杰　赵　山　主编

中国环境出版集团·北京

图书在版编目（CIP）数据

建设行业施工现场专业人员继续教育教材/河南省建设教育协会组织编写；崔恩杰，赵山主编. —北京：中国环境出版集团，2017.9（2019.10重印）
ISBN 978-7-5111-3358-8

Ⅰ.①建… Ⅱ.①河… ②崔… ③赵… Ⅲ.①建筑工程—施工现场—继续教育—教材 Ⅳ.①TU733

中国版本图书馆 CIP 数据核字（2017）第 238165 号

出 版 人　武德凯
责任编辑　王　琳
责任校对　尹　芳
封面设计　宋　瑞

出版发行　中国环境出版集团
　　　　　（100062　北京市东城区广渠门内大街 16 号）
　　网　　址：http://www.cesp.com.cn
　　电子邮箱：bjgl@cesp.com.cn
　　联系电话：010-67112765（编辑管理部）
　　　　　　　010-67112739（建筑分社）
　　发行热线：010-67125803，010-67113405（传真）

印　　刷：北京中科印刷有限公司
经　　销：各地新华书店
版　　次：2017 年 9 月第 1 版
印　　次：2019 年 10 月第 11 次印刷
开　　本：787×1092　1/16
印　　张：20.5
字　　数：490 千字
定　　价：65.00 元

【版权所有。未经许可，请勿翻印、转载，违者必究。】
如有缺页、破损、倒装等印装质量问题，请寄回本社更换

编委会成员

组　　编　河南省建设教育协会
主　　编　崔恩杰　赵　山
副 主 编　陈记豪
参　　编　徐云博　刘继鹏　陈庆丰　宋立峰
　　　　　胡　杨　樊　军　陈晓燕
主　　审　孙钢柱

前 言

本书是建设行业施工现场从业人员继续教育学习的教材。

近年来，随着土木工程建设规模及数量不断增加，各种新型设计技术和施工工艺迅速发展。为了进一步提高建设行业施工现场从业人员的职业素质，提升工程项目管理水平，保证工程质量及施工安全，根据《建筑与市政工程施工现场专业人员职业标准》(JGJ/T 250—2011) 和国家最新颁布的有关的新标准、新规范，我们编写了本教材。

本书主要内容包括建筑地基基础施工技术、钢筋混凝土结构施工技术、钢结构施工技术、绿色施工技术、市政工程施工技术、施工过程监测和控制、建筑工程施工项目管理、建筑抗震技术等。在编写过程中，力求使理论联系实际，使教材与建筑工程实际需要紧密结合。重点体现科学性、实用性和先进性的原则，文字上深入浅出、通俗易懂、便于自学，以适应施工企业的特点。

全书编写人员及编写分工如下：第一章由河南工程学院宋立峰编写，第二章由河南工程学院刘继鹏编写，第三章由华北水利水电大学赵山编写，第四章和第八章由河南工程学院陈庆丰编写，第五章由三门峡职业技术学院胡杨编写，第六章和第七章由河南省建设教育协会樊军编写，第九章由河南工程学院徐云博编写，第十章由华北水利水电大学陈记豪编写。本书由崔恩杰、赵山担任主编并负责全书统稿，由陈记豪担任副主编，由孙钢柱担任主审。

本书主要作为建筑与市政工程施工现场从业人员继续教育学习的教材，也可作为施工企业施工技术人员、管理人员，以及相关高、中等职业院校师生学习参考用书。

本书在编写过程中得到了河南省建设教育协会的大力支持和许多同志的热情帮助，在此表示衷心的感谢。

由于我们水平有限，加之时间仓促，虽经几次修改，书中内容难免有不妥之处，恳请各位读者批评指正，不胜感激！

编者
2017 年 9 月

目 录

第一章 建筑地基基础施工技术 ·· 1
 第一节 地基处理技术 ··· 1
 第二节 建筑桩基施工技术 ··· 13
 第三节 深基坑支护技术 ··· 27
 第四节 地下空间工程施工技术 ····································· 56

第二章 钢筋混凝土结构施工技术 ······································ 67
 第一节 模板及支撑技术 ··· 67
 第二节 钢筋技术 ··· 85
 第三节 混凝土技术 ··· 105

第三章 钢结构施工技术 ·· 123
 第一节 钢与混凝土组合技术 ······································· 123
 第二节 大型钢结构滑移安装施工技术 ······························· 135
 第三节 轻型钢结构住宅技术 ······································· 139

第四章 绿色施工技术 ·· 142
 第一节 概述 ··· 142
 第二节 基坑施工封闭降水技术 ····································· 143
 第三节 预拌砂浆技术 ··· 149
 第四节 外墙自保温体系施工技术 ··································· 158

第五章 市政工程施工技术 ·· 166
 第一节 道路工程施工技术 ··· 166
 第二节 桥梁工程施工技术 ··· 207

第六章 施工过程监测和控制 ·· 226
 第一节 大体积混凝土温度监测和控制 ······························· 226
 第二节 深基坑工程监测和控制 ····································· 230

第三节　沉降观测 ………………………………………………………… 239

第七章　建筑工程施工项目管理 ………………………………………………… 244
　　第一节　概述 …………………………………………………………… 244
　　第二节　建筑工程质量验收 ……………………………………………… 246
　　第三节　建筑工程质量事故及处理 ……………………………………… 253
　　第四节　施工项目安全管理 ……………………………………………… 257
　　第五节　施工项目成本管理 ……………………………………………… 261
　　第六节　施工项目进度管理 ……………………………………………… 268

第八章　建筑抗震技术 …………………………………………………………… 274
　　第一节　概述 …………………………………………………………… 274
　　第二节　消能减震技术 …………………………………………………… 275
　　第三节　建筑隔震技术 …………………………………………………… 281

第九章　工程施工相关标准 ……………………………………………………… 288
　　第一节　概述 …………………………………………………………… 288
　　第二节　建筑工程施工相关标准 ………………………………………… 289
　　第三节　道路桥梁工程施工相关标准 …………………………………… 304
　　第四节　安全标准 ………………………………………………………… 307

第十章　施工管理的信息化技术应用 …………………………………………… 310
　　第一节　建筑信息模型（BIM）技术与应用 …………………………… 310
　　第二节　虚拟建造技术 …………………………………………………… 316

第一章 建筑地基基础施工技术

地基基础承受着建筑物的全部荷载，其施工质量直接决定和影响着整个建筑工程的施工质量。本章主要介绍地基处理技术、建筑桩基施工技术、深基坑支护技术和地下空间工程施工技术。

第一节 地基处理技术

一、概述

在土木工程建设中，当天然地基不能满足建筑对地基的要求时，需对天然地基进行加固改良，形成人工地基，以满足建筑对地基的要求，保证其安全与正常使用，这种地基加固改良称为地基处理。

地基处理的目的是利用换填、夯实、挤密、排水、胶结、加筋和热学等方法对地基土进行加固，用以改良地基土的工程特性。

天然地基是否需要进行地基处理取决于地基土的性质和建筑对地基的要求。地基处理的对象是软弱地基和特殊土地基。在土木工程建设中经常遇到的软弱土和不良土主要包括：软黏土、人工填土、部分砂土和粉土、湿陷性土、有机质土和泥炭土、膨胀土、多年冻土、盐渍土、岩溶、土洞和山区地基以及垃圾填埋土等。

选用地基处理方法要力求做到安全适用、技术先进、经济合理、确保质量、保护环境。地基处理的方法很多，但是没有一种方法是万能的。对每一项具体工程均应进行具体细致的分析，从地基条件、处理要求（处理后地基应达到的各项指标、处理的范围、工程进度等）、工程费用以及材料、机具来源等各方面进行综合考虑，以确定合适的地基处理方法。

地基处理方案的确定可按下列步骤进行：

（1）收集详细的工程地质、水文地质及地基基础的设计资料。

（2）根据结构类型、荷载大小及使用要求，结合地形地貌、地层结构、土质条件、地下水特征、周围环境和相邻建筑等因素，初步拟订几种可供选择的地基处理方案。另外，在选择地基处理方案时，应同时考虑上部结构、基础和地基的共同作用；也可选用加强结构措施（如设置圈梁和沉降缝等）和处理地基相结合的方案。

（3）对初步选定的各种地基处理方案，分别从处理效果、材料来源及消耗、机具条件、施工进度、环境影响等方面进行认真的技术经济分析和对比，根据安全可靠、施工方便、经济合理等原则，因地制宜地选择最佳的处理方法。值得注意的是，每一种处理方法都有一定的适用范围、局限性和优缺点，必要时也可选择两种或多种地基处理方法组成的综合方案。

（4）对已选定的地基处理方法，应按建筑的重要性和场地复杂程度，可在有代表性的场地上进行相应的现场试验和试验性施工，并进行必要的测试，以验算设计参数和检验处理效果。如达不到设计要求时，应查找原因，采取必要的措施或修改设计。

对于选定的地基处理方案，在设计完成之后，必须严格施工管理，否则会丧失良好处理方案的优越性。施工各个环节的质量标准应严格掌握，施工计划要安排合理，因为地基加固后的强度往往需要一定的时间才会有所增强。随着时间的延长，强度会增长，模量也必然会提高，因此可通过调整施工速度，确保地基的稳定性和安全度。

在地基处理施工过程中，现场人员仅了解施工工序是不够的，还必须很好地了解所采用地基处理方法的原理、技术标准和质量要求；经常进行施工质量和处理效果的检验，使施工符合规范要求，以确保施工质量。一般在地基处理施工前、施工中和施工后，都要对被加固的地基进行现场测试，以便及时了解地基土的加固效果，从而修正设计方案或调整施工计划。有时为了获得某些施工参数，还必须于施工前在现场进行地基处理的原位试验。有时在地基加固前，为了保证邻近建筑的安全，还要对邻近建筑或地下设施进行沉降和裂缝等监测。

二、水泥粉煤灰碎石桩复合地基施工技术

（一）加固机理

水泥粉煤灰碎石桩，简称 CFG 桩，是由水泥粉煤灰碎石桩、桩间土和褥垫层构成的一种复合地基。CFG 桩和桩间土一起，通过褥垫层形成 CFG 桩复合地基共同工作。其加固机理为：当基础承受竖向荷载时，桩和桩间土均会发生沉降变形，桩的变形模量（E_s）远比土的变形模量大，也就是桩的变形比土小。桩在受力后向上位移，刺入基础下部设置的一定厚度的褥垫层中，垫层被不断调整并与桩间土良好接触，从而基础通过褥垫层也与桩间土保持良好接触，由此，桩间土与桩协同工作形成了一个复合地基的受力整体，共同承担上部基础传来的荷载。

由于桩的作用使复合地基承载力提高，变形减小，再加上 CFG 桩不配筋，桩体采用工业废料粉煤灰作掺和料，大大降低了工程造价。CFG 桩地基通过改变桩长、桩距、褥垫厚度和桩体混合料配比，可使复合地基承载力幅度的提高有很大的可调性。综合来看，CFG 桩复合地基具有沉降变形小、施工简单、造价低、承载力提高幅度大、适用范围较广、社会和经济效益明显等特点，是一种有效的复合地基处理技术，因此得到越来越广泛的应用。

（二）施工工艺

水泥粉煤灰碎石桩复合地基适用于处理黏性土、粉土、砂土和自重固结已完成的素填土地基。对淤泥质土应按地区经验或通过现场试验确定其适用性，采取适当技术措施后也可应用于刚度较弱的基础以及柔性基础。

水泥粉煤灰碎石桩常用的施工工艺包括长螺旋钻孔灌注成桩、长螺旋钻中心压灌成桩、振动沉管灌注成桩及泥浆护壁成孔灌注成桩四种施工工艺。

长螺旋钻孔灌注成桩适用于地下水位以上的黏性土、粉土、素填土、中等密实以上的砂土，属非挤土（或部分挤土）成桩工艺，该工艺具有穿透能力强、无振动、低噪声、无泥浆污染等特点，但要求桩长范围内无地下水，以保证成孔时不塌孔。

长螺旋钻中心压灌成桩工艺是国内近几年来使用比较广泛的一种工艺，属非挤土

（或部分挤土）成桩工艺，具有穿透能力强、无泥皮、无沉渣、低噪声、无振动、无泥浆污染、施工效率高及质量容易控制等特点。适用于黏性土、粉土、砂土和素填土地基，对噪声或泥浆污染要求严格的场地可优先选用；穿越卵石夹层时应通过试验确定适用性。长螺旋钻孔灌注成桩和长螺旋钻中心压灌成桩工艺在城市居民区施工时，对周围居民和环境的影响较小。

振动沉管灌注成桩适用于粉土、黏性土及素填土地基，可以消除液化并提高地基承载力。振动沉管灌注成桩属于挤土成桩工艺，对桩间土具有挤（振）密效应。但振动沉管灌注成桩工艺难以穿透厚的硬土层、砂层和卵石层等。在饱和黏性土中成桩，会造成地表隆起、已打桩被挤断等现象，且振动和噪声污染严重，在城中居民区施工受到限制。当挤土造成地面隆起量大时，应采用较大桩距施工。在夹有硬的黏性土时，可采用长螺旋钻机引孔，再用振动沉管打桩机制桩。

泥浆护壁成孔灌注成桩适用于地下水位以下的黏性土、粉土、砂土、填土、碎石土及风化岩层等地基；桩长范围和桩端有承压水的土层应通过试验确定其适应性。当桩端具有高水头承压水时采用长螺旋钻中心压灌成桩或振动沉管灌注成桩时，承压水沿着桩体渗流，把水泥和细骨料带走，桩体强度严重降低，导致发生施工质量事故。而泥浆护壁成孔灌注桩，成孔过程消除了发生渗流的水力条件，因此成桩质量容易保障。

（三）施工要点

1. 成桩

（1）施工前，应按设计要求在试验室进行配合比试验；施工时，按配合比配制混合料。混合料应控制塌落度，保证施工中混合料的顺利输送。

长螺旋钻中心压灌成桩施工的坍落度宜为160~200mm；振动沉管灌注成桩施工的坍落度宜为30~50mm，成桩后桩顶浮浆厚度不宜超过200mm；泥浆护壁成孔灌注成桩的坍落度宜为180~220mm。

（2）长螺旋钻中心压灌成桩施工钻至设计深度后，应控制提拔钻杆时间，混合料泵送量应与拔管速度相配合，不得在饱和砂土或饱和粉土层内停泵待料；沉管灌注成桩施工拔管速度宜为1.2~1.5m/min，如遇淤泥质土，拔管速度应适当减慢；当遇有松散饱和粉土、粉细砂或淤泥质土，当桩距较小时，宜采取隔桩跳打措施。

长螺旋钻中心压灌成桩施工，选用钻机的钻杆顶部必须有排气装置，当桩端土为饱和粉土、砂土、卵石且水头较高时宜选用下开式钻头。基础埋深较大时，宜在基坑开挖后的工作面上施工，工作面宜高出设计桩顶标高300~500mm，工作面土较软时应采取相应施工措施（铺碎石、垫钢板等），保证桩机正常施工。当基坑较浅，在地表打桩或部分开挖空孔打桩时，应加大保护桩长，并严格控制桩位偏差和垂直度；应杜绝在泵送混合料前提拔钻杆，以免造成桩端处存在虚土或桩端混合料离析、端阻力减小。提拔钻杆中应连续提供泵料，特别是在饱和砂土、饱和粉土层中不得停泵待料。

（3）施工桩顶标高宜高出设计桩顶标高不少于0.5m；当施工作业面高出桩顶设计标高较大时，宜增加混凝土灌注量。

（4）成桩过程中，应抽样做混合料试块，每台机械每台班不应少于一组（3块）标准试块（边长为150mm的立方体），标准养护，测定其28d立方体抗压强度。

2. 冬期施工

冬期施工时，应采取措施避免混合料在初凝前受冻，保证混合料入孔温度大于

5℃。根据材料加热难易程度，一般优先加热拌合水，其次是加热砂和石混合料，但温度不宜过高，以免造成混合料假凝无法正常泵送；泵送管路也应采取保温措施。施工完清除保护土层和桩头后，应立即采用草帘等保温材料对桩间土和桩头进行覆盖，防止桩间土冻胀而造成桩体拉断。

3. 清土和截桩

清土和截桩时，当采用小型机械或人工剔除等措施时，不得造成桩顶标高以下桩身断裂或桩间土扰动。长螺旋钻中心压灌成桩施工中存在钻孔弃土，对弃土和保护土层采用机械、人工联合清运时，应避免机械设备超挖，并应预留至少200mm用人工清除，防止造成桩头断裂和扰动桩间土层。对软土地区，为防止发生断桩，也可根据地区经验在桩顶一定范围配置适量钢筋。

4. 褥垫层铺设

铺设褥垫层宜采用静力压实法，当基础底面下桩间土的含水量较低时，也可采用动力夯实法，夯填度不应大于0.9。

褥垫层材料可为粗砂、中砂、级配砂石或碎石，碎石粒径宜为5～16mm，不宜选用卵石。当基础底面桩间土含水量较大时，应避免采用动力夯实法，以防扰动桩间土。对基底土为较干燥的砂石时，虚铺后可适当洒水再行碾压或夯实。

电梯井和集水坑斜面部位的桩，桩顶须设置褥垫层，不得直接和基础的混凝土相连，防止桩顶承受较大水平荷载，如图1-1。

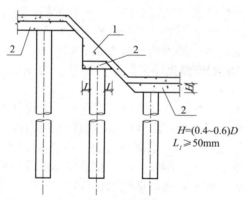

图1-1 井坑斜面部位褥垫层做法示意图
1. 素混凝土垫层；2. 褥垫层

（四）施工常见问题分析和处理方法

1. 问题原因及预防措施

（1）堵管

严格控制混合料坍落度。坍落度太大的混合料，易产生泌水、离析，在泵压作用下，骨料与砂浆分离，摩擦力加剧，导致堵管；坍落度太小，混合料在输送管路内流动性差，也容易造成堵管。

严格按工艺操作。钻孔进入土层预定标高后，开始泵送混合料，管内空气从排气阀排除，待钻杆内管及输送软管、硬管内混合料连续时提钻。若提钻较晚，在泵送压力下钻头处水泥浆液被挤出,容易造成管路堵塞。

防止设备缺陷造成堵管。弯头曲率半径不合理会造成堵管,此外弯头与钻杆不能垂直连接,否则会造成堵管。混合料输送管要定期进行清洗,否则管路内有混合料的结硬块,也会造成管路的堵塞。

(2) 窜孔

在饱和粉土、粉细砂层中成桩经常会遇到下列情况,打完 X 号桩后,在施工相邻的 Y 桩时,发现未结硬的 X 号桩的桩顶突然下落,当 Y 号桩泵入混合料时,X 号的桩顶开始回升,此现象为窜孔。预防措施如下:①采取隔桩、隔排的跳打方式;②减少在窜孔区域的打桩推进排数,减少对已打桩扰动能量的积累;③合理提高钻头钻进速度。

(3) 桩头空芯

在施工过程中,主要由于排气阀不能正常工作所致。钻机钻孔时,管内充满空气,泵送混合料时,排气阀将空气排出,若排气阀堵塞不能正常将管内空气排出,就会导致桩体存气,形成空芯。为避免桩头空芯,施工中应经常检查排气阀的工作状态,发现堵塞及时清洗。

(4) 桩端不饱满

主要是因为先提钻后泵料所致,导致 CFG 桩的桩端承载力降低。为杜绝这种情况,施工中前、后台工人应密切配合,保证提钻和灌料的一致性。

(5) 缩径

在饱和软土中成桩,当施工顺序不当,如连续施打时,新打桩对已成桩的作用主要表现为挤压,使得已打桩被挤成椭圆形或不规则形状,产生严重的缩颈,甚至断桩。如图 1-2。

预防措施:①严格控制拔管速度,在黏土或地下水丰富的施工中,应保持钻头拔管速度在 0.5m/min 左右;②备足混合料,随钻随浇注,防止停工待料;③经常检查螺旋钻直径,防止螺旋钻磨耗造成桩径不足;④严格控制压实质量,提高原地面地基承载力。

(6) 扩径

在饱和的粉土或砂土层中施工时,在剪切作用下,桩周土坍孔形成空洞,由桩体混凝土侧向膨出充填形成桩体扩径;桩周土为软土时受混凝土挤压影响导致扩径。具体见图 1-3。

预防措施:①施工前充分了解场地地层情况,桩身深度范围内有饱和粉土、砂土或软土时应尽可能降低、减少振动;②采用小叶片螺旋钻杆成孔,快速钻进,一方面减少剪切能积累,另一方面对桩间土具有一定的挤密作用;③合理控制混凝土压灌压力,使扩径部位的混凝土密实形成有益扩径。

(7) 断桩

断桩原因主要包括①野蛮挖土,挖掘机械不当,基桩受扰动碰撞,在剪力作用下断裂;②提钻过高造成断桩,泵送混凝土料与提钻速度匹配不合理造成断桩;③成品保护不力、冬季冻胀;④截断桩头施工方法不合理。

预防措施:①严格按不同土层进行配料,搅拌时间要充分;②控制拔管速度;③混凝土混合料应雨期防雨,冬期保温,保证灌入温度5℃以上;④冬期施工,在冻层与非冻层结合部(超过结合部搭接 1.0m 为好),要进行局部复打或局部翻插,避免出现缩颈或断桩;⑤桩体施工完毕待桩体达到一定强度(一般 7d 左右),方可进行开槽;⑥截桩头时可采用大锤击打对称钢钎的方法或切割片环切工艺。

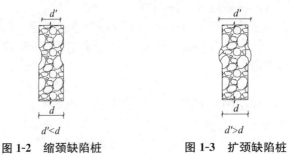

图 1-2 缩颈缺陷桩　　图 1-3 扩颈缺陷桩

2. 缺陷处理

桩体出现缺陷时，常用的处理方法有接桩法、钻孔补强法、补桩法等。

（1）接桩法

当成桩后桩顶标高不足或缺陷深度不大时，常采用接桩法处理，接桩方法有以下两种：

① 开挖接桩：采用锹或小型人工洛阳铲开挖桩周土至正常桩径截面以下且不小于200mm，将异常桩头凿除，桩顶水平、凿毛并清理干净，桩壁清理干净，采用高一标号的混凝土补加至桩顶设计标高，补加部分桩直径宜大于原桩直径200mm，如图1-4。

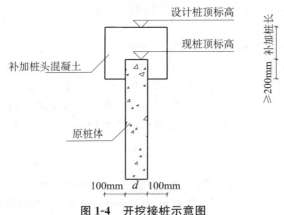

图 1-4 开挖接桩示意图

② 嵌入式接桩：当基桩缺陷较小，清除已浇混凝土有困难时，可采用此法。开挖缺陷桩的桩周土，范围不少于桩周以外100mm，深度不小于缺陷部位以下200mm，桩体表面清理干净，采用高一标号的混凝土补加至桩顶设计标高。具体见图1-5。

（2）钻孔补强法

此法适用条件是桩身混凝土严重蜂窝、离析、松散、强度不够且桩长不足，桩底沉渣过厚等事故，常用高压注浆法来处理。

① 桩身混凝土局部有离析、蜂窝时，可用钻机钻到质量缺陷下一倍桩径处，进行清洗后高压注浆。

② 桩长不足时，采用钻机钻至设计持力层标高，对桩长不足部分注浆加固。

（3）补桩法

在上部工序施工前补桩，如钻孔桩距过大，不能承受上部荷载时，可在桩与桩之间补桩。

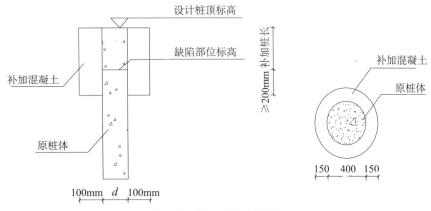

图 1-5 嵌入式接桩示意图

（五）工程案例

某城际铁路项目正线设计为双线客运专线铁路，设计速度250km/h，其中位于Ⅴ标段DK224+779.68～DK224+992.8段为平原区，为填方路堤，地下水位高，地下为黏土、粉质黏土、砂性土，采用CFG桩路基加固。桩长8～14m，桩径400mm，采用C20混凝土。

1. 施工工艺流程图

以长螺旋钻孔、管内泵压混合料灌注成桩工艺为例，其工艺流程见图1-6。

2. 施工准备

根据桩长选择成孔机械，进行地表处理，确定CFG桩混合料配合比，进行工艺性试桩，按照设计图纸布置好桩位，确定施打顺序及桩机行走路线。

3. 成桩工艺

（1）钻机就位

调整钻机水平并固定，将钻头锥尖对准桩位中心点；钻机就位后，使钻杆垂直对准桩位中心。现场控制采用钻机自带垂直度调整器控制钻杆垂直度，每根桩施工前进行桩位对中及垂直度检查。

（2）混合料拌制

混合料搅拌按配合比要求进行配料，上料顺序为：先装碎石，再加水泥、粉煤灰和泵送剂，最后加砂，使水泥、粉煤灰和泵送剂夹在砂、石之间。

（3）钻进成孔

钻孔开始时，一般应先慢后快，这样既能减少钻杆摇晃，又容易检查钻孔的偏差，以便及时纠正。在成孔过程中，如发现钻杆摇晃或难钻时，应放慢进尺，否则较易导致桩孔偏斜、位移，甚至损坏钻杆、钻具。当动力头底面达到标记处桩长即满足设计要求。

（4）混合料灌注

CFG桩成孔达到设计标高后，停止钻进，开始泵送混合料，当钻杆心充满混合料后开始拔管，严禁先提管后泵料。成桩的提拔速度宜控制在2～3m/min，成桩过程宜连续进行，应避免停机待料。

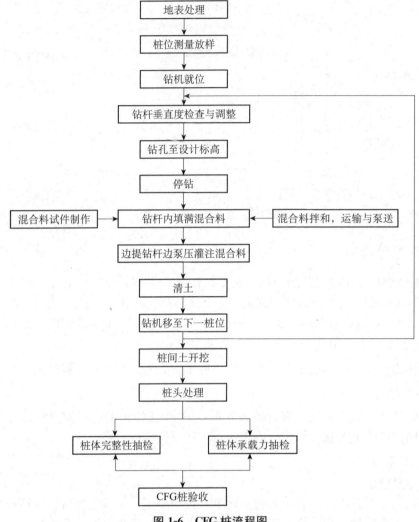

图1-6 CFG桩流程图

(5) 移机

当上一根桩施工完毕后,钻机移位,进行下一根桩的施工。应根据轴线或周围桩的位置对需施工的桩位进行复核,保证桩位准确。

4. 开挖和检验

(1) 桩间土开挖

CFG桩桩体强度达到设计强度的70%后方可进行桩间土开挖及清运,桩间土采用小型挖机配合人工开挖,清除保护层土时不得扰动基底土施工,防止形成橡皮土,施工时严格控制标高,不得超挖,开挖过程中不能触动桩身和桩头。

(2) 桩头截除、修整

保护层土清除后,截除桩顶设计标高以上桩头,截桩时在同一水平面按同一角度对称放置2个或4个钢钎,用大锤同时击打将桩头截断,有条件情况下采用截桩机截桩。

三、真空预压法加固软基施工技术

真空预压法是在地基表面铺设密封膜，通过特制的真空设备抽真空，使密封膜下砂垫层内和土体中垂直排水通道内形成负压，加速孔隙水排出，从而使土体固结、强度提高的软土地基加固法。

真空预压法适用于加固淤泥、淤泥质土和其他能够排水固结而且能形成负超静水压力边界条件的软黏土。该法在 20 世纪 50 年代初由瑞典的杰尔曼（W. Kjellman）提出。1982 年我国成功地将该法应用于天津新港软基加固工程。

真空预压法的特点如下：可大量节省堆载材料；荷载可以一次瞬时施加，地基稳定性好；加固效果可靠，造价低廉且不会使地基土体发生破坏，因而近年来发展迅速。

（一）真空预压法的加固机理

真空预压法处理软土地基的基本流程：先在要处理的地基上打设竖向排水体，然后铺设水平排水垫层，布置水平支管和主管，再铺设密封膜，安装抽真空设备。真空荷载的施加是通过开启真空泵，使密封膜下加固区的真空压力越来越低，真空度越来越高，加速孔隙水排出，从而使土体固结、强度提高。

真空预压系统由抽真空系统、排水排气系统和密封系统三部分所组成，排水系统主要改变地基原有的排水边界条件和传递真空压力，增加孔隙水排出的路径，缩短排水距离，减少加固时间。目前的射流真空泵和密封工艺技术水平一般能使膜内外压差达到 610～730mmHg，即 80～95kPa，一般取 80kPa 作为设计压差。

真空预压法加固软土地基时，对地基施加的不是实际重物，而是把大气作为一种荷载。抽气前，薄膜内外受大气压力作用，土体孔隙中以及地下水面以上的气体都处于大气压力状态，抽气后，薄膜内砂垫层中气体首先被抽出，其压力逐渐下降，而薄膜外仍然保持大气压力状态，薄膜内外就形成一个压力差，使薄膜紧贴于砂垫层上，砂垫层中形成的真空度通过垂直排水通道逐渐向下延伸，同时真空度又由垂直排水通道向其四周的土体传递与扩散，引起土中孔隙水压力降低，形成负的超静孔隙水压力，所谓"负的"是指形成的孔隙水压力小于原大气状态下的水压力，其增值为负，从而使土体中的气和水由土体向垂直排水通道渗流，最后由垂直排水通道汇至地表砂垫层中被泵抽出，地基土因而发生固结沉降并使强度增长。

真空预压加固法的特点：

（1）加固过程中土体除产生竖向压缩外，还伴随侧向收缩，不会造成侧向挤出，特别适于超软土地基加固。

（2）一般膜下真空度可达 600mmHg，等效荷重为 80kPa，约相当于 4.5m 堆土荷载。真空预压荷重可与堆载预压荷重叠加，当需要大于 80kPa 的预压加固荷重时，可与堆载预压法同时使用，超出 80kPa 的预压荷重由堆载预压补足。

（3）真空预压荷载不会引起地基失稳，因而施工时无须控制加荷速率，荷载可一次快速施加，加固速度快，工期短。

（4）施工机具和设备简单，便于操作；施工方便，作业效率高，加固费用低，适于大规模地基加固，易于推广应用。

（5）不需要大量堆载材料，可避免材料运入、运出而造成的运输紧张、周转困难与施工干扰；施工中无噪音，无振动，不污染环境。

（6）适于狭窄地段、边坡附近的地基加固。

（7）需要充足、连续的电力供应；加固时间不宜过长，否则，加固费用可能高于同等荷重的堆载预压。

（8）在真空预压加固过程中，加固区周围将产生向加固区内的水平变形，加固区边线以外约10m附近常发生裂缝。因此，在建筑物附近施工时应注意抽真空期间地基水平变形对原有建筑物所产生的影响。

（二）施工工艺

1. 流程图

真空预压加固的施工工艺流程见图1-7。

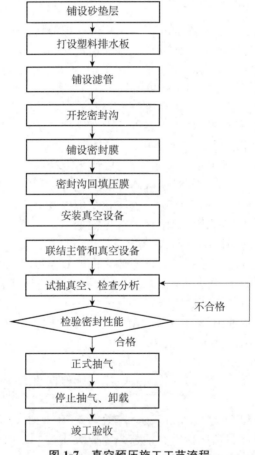

图1-7 真空预压施工工艺流程

真空预压施工包括四个主要部分：

（1）采用不透气的密封膜使加固地基与大气隔绝；

（2）为使土体加速排水固结，在加固地基中设置排水通道（如塑料排水板）；

（3）采用高效率的抽真空装置；

（4）为了节能和正常安全运转，需要安装自动控制、记录系统。

2. 施工工具

(1) 排水通道打设机

由于塑料排水板具有质量稳定、轻便可靠、打设速度快、加固效果好等优点，目前在真空预压加固中已被广泛采用。

塑料排水板打设机可采用履带式或轨道式等轻型设备，其接地压力应与加固地基相适应；当地基十分软弱，地基承载力偏低时，往往需要对地基表层临时处理，以适应打设机对地基承载力的要求。

打设方式可用振动锤打入，也可用静压压入。

目前常采用塑料排水板打设机打设长度为 20m 左右的塑料排水板，打设效率一般可达到 1000~1500m/（台·班）。

(2) 真空设备及自控装置

真空设备：Ø48 型射流泵、3HA-9 型离心式水泵。

自控装置：自动控制、记录仪。

3. 施工程序

本工法的施工程序如下：

(1) 设置排水通道，包括在软基表面铺设砂垫层和土体中打设排水通道，目前多采用塑料排水板作为竖向排水通道。采用套管法打设塑料排水板，在钢套管压入地基土内之前，须先将塑料板放入套管，并在塑料板端部加管靴，这样当钢套管压入时，管靴和塑料板也随之入土，拔出钢套管时，塑料板靠管靴的阻力留置于土中，在地面将塑料板切断，打设即完成。

(2) 铺设膜下滤管，在打好塑料排水板的砂垫层上铺设膜下滤管，并将滤管埋入砂垫层中。

(3) 铺设封闭薄膜。

(4) 连接膜外管道和出膜装置与抽真空设备。

(5) 安装自动控制设备。

(三) 施工要点

(1) 埋设排水滤管：①先清除滤水管埋设影响范围内的石块等有可能扎破密封膜的尖利杂物；②滤水管采用塑料管，外包尼龙纱或土工织物等滤水材料，滤水管与三通管接头部位绑牢；③排水滤管埋设应形成回路，主管通过出膜管道与外部真空泵连接。

(2) 挖封闭沟：密封膜周边的密封可采用挖沟埋膜，以保证周边密封膜上有足够的覆土厚度和压力。

(3) 铺设密封膜：①密封膜的热合和粘接采用双热合缝的平搭接；②密封膜检查合格后，按先后顺序同时铺设，每铺完一层都要进行细致的检查补漏，保证密封膜的密封性能；③密封膜铺设完成后，回填黏土。

(4) 施工监测：①在预压过程中，应对加固范围内的地基稳定安全、固结度、垂直变形、侧向变形控制和加固效果实时监督和控制；监测被加固体内不同部位的负压实时状况；②监测项目包括孔隙水压力、膜内真空度、排水板内真空度、土体真空度、地面沉降量、深层沉降量和土体水平位移；③安置感应环于预定深度并用特定装置保持与土的变形响应性。

(5) 结束：卸掉膜上覆水，拆掉真空系统及出膜口；去除密封膜及真空分布管检验；进行现场钻探、试验等效果试验。

注意事项：

① 施工前应按要求设置观测点、观测断面，每一断面上的观测点布置数量、观测频率和观测精度应符合规范要求，观测基桩必须置于不受施工影响的稳定地基内，并定期复核校正。

② 在排水垫层的施工中，无论采用哪种施工方法，都应避免对软土表层的扰动和隆起，以免造成砂垫层与软土混合，影响垫层的排水效果。

③ 挖封闭沟时，如果表层存在良好的透气层或在处理范围内有充足水源补给的透水层时，应采取有效措施隔断透气层或透水层。

④ 铺设密封膜时，要注意封闭膜与软土接触要有足够的长度，保证有足够长的渗径；封闭膜周边密封处应有一定的压力，保证封闭膜与软土紧密接触，使封闭膜周边有良好的气密性。

⑤ 地基在加固过程中，加固区外的土层向着加固区移动，使地表产生裂缝，裂缝断面扩大并向下延伸，也逐渐由加固区边缘向外发展。将拌制一定稠度的黏土浆倒灌到裂缝中，泥浆会在重力和真空吸力的作用下向裂缝深处钻进，泥浆会慢慢充填于裂缝中，堵住裂缝达到密封的效果。

（四）工程实例

1. 项目概况

本工程为某沿海滩涂围垦工程，场地吹填淤泥平均厚度约3m。新近吹填的淤泥，呈流塑状态，具有很高的含水率和极低的强度，承载力非常小，若采用常规真空预压法进行处理，时间上和经济上都会造成很大的浪费，需要进行改进。

由现场勘探实验钻探揭露的地层条件，取土深度约15m将地层自上而下简单分为淤泥（0～3.5m）、淤泥质黏土（3.5～8.8m）、粉质黏土（8.8～11.6m）和黏土（11.6～15m）。其中，淤泥为海底吹填淤泥，流塑状，天然含水率远大于液限含水率，饱和度接近100％。现场十字板剪切实验测得的不排水强度极低（小于3kPa），实测地基承载力小于10kPa。土的工程性质很差，是真空预压的主要加固区。

地基处理要求：0～1.5m深度范围内，地基承载力特征值 f_{ak} 不小于50kPa；在吹填完工后5个月内完成软基处理。

2. 施工过程

根据场地实际情况，将场地共分为10个区块，编号1～10。单个区块的面积20000～40000m²。区块的面积取决于软土条件、真空泵所能提供的吸力、密封膜的质量和施工工艺等。

无砂垫层真空预压与常规真空预压有不同的施工流程和施工工艺。另外，无砂垫层真空预压施工应特别注意上述的难点。主要施工流程如下：

(1) 预处理

软土表面通过架设浮桥保证人能够正常行走。在分区边界铺设约30cm厚的轻质塑料泡沫板作为便道，宽度约1m，浮垫两侧按间距2～3m插入深度约5m、直径约5cm的毛竹，毛竹露出泥面高度约60cm，用铁丝将浮垫和两侧的毛竹捆扎在一起，形成整体，使之具有安全性和稳定性，能够满足施工需要。人员行走或设备运送时可根据需要在浮垫上面铺设木板以增强稳定性。

(2) 打设排水板

在打设塑料排水板前，先在淤泥表面铺设一层 150～200g/m² 编织布，主要起提供一定的承载力、防止淤泥渗入水平滤层的作用。编织布为泥面插板作业提供工作垫层。采用人工插板。

(3) 滤管铺设与连接

沿每一排的排水板铺设一条 60mm 直径的透水包裹。沿透水软管垂直方向，每 30m 左右铺设一条横向连通透水管，以提高整个滤层的排水通畅性和排水能力。为防止由于沉降过大产生的变形，主管每 30m 左右用钢丝橡胶软管进行连接。透水软管用水平四通连接，透水软管外侧用匝线系好。

(4) 铺设无纺土工布

管道铺设完毕并埋设好各种观测仪器后，在其上铺设一层无纺土工布，以改善膜下真空度的传递，同时保护密封膜。土工布要求采用克重大于 150g/m² 的无纺土工布，用手提缝纫机缝接。

(5) 真空泵及电路安装

采用功率为 7.5kW 的真空射流泵，空抽时须达到 96kPa 以上的真空吸力，布泵数量按约 1000m²/台控制，配电方式为电缆分路馈送。

(6) 密封膜铺设及压膜

本工程采用两层聚氯乙烯真空密封膜（已在工厂用热粘法粘接好并运到现场）。加固区四周各伸出 4m 左右，预留足够的地基沉降变形富余量。密封膜铺设结束后，四周超出区域边界的部分采用人工踩入方式，将密封膜压入淤泥中深度达 1.0m 左右，以完成区域封闭。

(7) 抽真空

所有设备安装完毕后，先分批开启真空泵检查工作状态，合格后全部开启稳定抽真空。抽真空历时约 125d，膜下真空度稳定在 80kPa 以上。

3. 加固效果

各区平均累计沉降在 60～90cm，平均累计沉降约为 72.27cm。考虑到加固区淤泥厚度约为 3m，可知真空预压的效果是显著的。

各区 0～1.5m 深度范围内平均地基承载力为 62.5kPa，达到设计要求。

第二节　建筑桩基施工技术

一、概述

进入 21 世纪以来，随着我国房屋建设规模扩大、高层建筑增多、地下空间利用扩展，建筑桩基在设计计算、施工技术、检测方法等方面的研究应用和工程经验积累取得了全面进步，建筑桩基技术如同经济建设一样步入了平稳发展阶段，显现出如下特点和变化。

(1) 桩基设计优化创新

对于框架-核心筒结构高层建筑等荷载和刚度分布极为不均的建筑,如何解决差异沉降问题成为桩基设计的焦点。中国建筑科学研究院地基所提出变刚度调平设计新理念,其基本思路是调整桩长(有合适持力层时)、桩数,强化荷载集度高、面积大的核心筒的桩土支承刚度(按常规桩基设计),弱化外框架柱的桩土支承刚度(按复合桩基设计、有合适持力层还可减小桩长),促使内外沉降趋于均匀、承台内力减小。

(2) 研发后注浆技术、增强灌注桩生命力

1993—1994年中国建筑科学研究院地基所先后研发成功灌注桩桩底和桩侧后注浆技术,以加固灌注桩沉渣、泥皮和桩周一定范围土体,提高单桩承载力,减小沉降。应用过程中结合工程进行了大量对比实验,后注浆灌注桩承载力增幅为50%~120%,按照土的类别和性质而异,粗粒土(砂土、砾石、卵石)承载力最高、粉细砂和粉土次之,黏性土最低。通过模型实验、现场注浆桩的总结形成了承载力估算、沉降计算折减、后注浆施工工艺与设备成套技术。后注浆工法已由住建部于2000年批准为国家级工法。

(3) 成桩技术和设备推陈出新

长螺旋钻机由于成孔效率高而受到青睐,但存在坍孔、孔底虚土、不能水下作业等缺点。近年来,研发成功的长螺旋钻孔、压注、后插钢筋笼一次成型设备和工艺,克服了上述缺点,成为以黏性土、粉土为主的场地中小直径、长度不大于28m灌注桩的较先进成桩方法。

传统的正反循环回旋钻成孔技术,虽然应用较多,但20世纪90年代引进的旋挖钻机发展较快,并逐步实现国产化。由于旋挖钻机排浆量少、作业环境较文明,对于非软土、非嵌岩条件成桩具有优势。

传统的沉管灌注桩,由于其挤土效应和质量控制难度大,断桩、缩颈等质量问题频发,甚至造成全部工程返工或房倒屋塌等严重事故,21世纪初已趋于淘汰,并被预应力管桩所取代。预应力高强混凝土管桩(PHC)或预应力混凝土管桩(PC)经济指标较好,施工简便,沉桩挤土效应仍存在,但对桩身质量影响较小,在控制桩距、沉桩速率、采取加速土体排水措施情况下,可保证其安全和质量。

二、扩底(径)桩施工技术

扩底(径)桩是在挖孔灌注桩的基础上,扩大桩底(径)尺寸而成。其桩的竖向承载力及抗拔力较大提高。

(一) 一般规定

(1) 大直径扩底桩施工前应具备下列资料:
① 建筑场地岩土工程详细勘察报告;
② 桩基工程施工图设计文件及图纸会审纪要;
③ 建筑场地和邻近区域地面建筑物及地下管线、地下构筑物等调查资料;
④ 主要施工机械及其配套设备的技术性能资料;
⑤ 桩基工程的施工组织设计或专项施工方案;
⑥ 水泥、砂、石、钢筋等原材料的质量检验报告;

⑦ 设计荷载、施工工艺的实验资料。

(2) 成孔施工工艺选择应符合下列规定：

① 在地下水位以下成孔时宜采用泥浆护壁工艺；

② 在黏性土、粉土、砂土、碎石土及风化岩层中，可采用旋挖成孔工艺；

③ 在地下水位以上或降水后可采用干作业钻、挖成孔工艺；

④ 在地下水位较高，有承压水的砂土层、厚度较大的流塑淤泥和淤泥质土层中不宜选用人工挖孔施工工艺。

(3) 成孔设备就位后，应保持平整、稳固，在成孔过程中不得发生倾斜和偏移。在成孔钻具上应设置控制深度的标尺，并应在施工中进行观测和记录。

(4) 桩端进入持力层的实际深度应由工程勘察人员、监理工程师、设计和施工技术人员共同确认。

(5) 灌注桩成孔施工的允许误差应符合表 1-1 的规定：

表 1-1 灌注桩成孔施工的允许误差

成孔方法		桩径偏差/mm	垂直度/%	桩位允许偏差/mm
钻孔、挖孔扩底桩		±50	±1.0	
人工挖孔扩底桩	现浇混凝土护壁	±50	±0.5	≤$d/4$ 且不大于 100mm
	长钢套筒护壁	±20	±1.0	

注：桩径允许偏差的负值仅限于个别断面。

(6) 钢筋笼制作、安装的质量应符合下列规定：

① 钢筋的材质、数量、尺寸应符合设计要求；

② 制作允许偏差应符合表 1-2 的规定；

表 1-2 钢筋笼制作允许偏差

项目	允许偏差/mm
主筋间距	±10
箍筋间距	±20
钢筋笼直径	±10
钢筋笼长度	±100

③ 分段制作的钢筋笼，宜采用焊接或机械连接接头，并应符合国家现行标准《混凝土结构工程施工质量验收规范》(GB 50204—2015)、《钢筋机械连接技术规程》(JGJ 107—2016)、《钢筋焊接及验收规程》(JGJ 18—2012) 的有关规定；

④ 加劲箍筋宜设在主筋外侧，当施工工艺有特殊要求时也可置于内侧；

⑤ 灌注混凝土的导管接头处外径应比钢筋笼的内径小 100mm 以上；

⑥ 搬运和吊装钢筋笼时，应防止变形；

⑦ 安放时应对准孔位，自由落下，避免碰撞孔壁，就位后应立即固定。

(7) 桩体混凝土粗骨料可选用卵石或碎石，其骨料粒径不得大于 50mm，且不宜大于主筋最小净距的 1/3。

(8) 大直径扩底桩在大批量施工前，宜先进行成桩实验施工。

(9) 为防止钢筋笼在灌注混凝土时上浮或下沉，应将钢筋笼固定在孔口上，宜将部分纵向钢筋伸到孔底。

（二）施工准备

（1）应调查周边环境，桩基施工的供水、供电、通信、进路、排水、泥浆排放等设施应准备就绪，施工场地应进行平整，施工机械应能正常作业。

（2）应建立桩基轴线控制网，场地测量基准控制点和水准点应设在不受施工影响处。开工前，基准控制点和水准点经复核后应妥善保护，施工中应经常复测。

（3）施工前应向作业人员进行安全、技术交底。

（4）应根据桩型、钻孔深度、土层情况、泥浆排放、环境条件等因素综合确定钻孔机具及施工工艺。

（5）大直径扩底桩的施工组织设计或专项施工方案，应包括下列内容：

① 施工平面图中应标明桩位、桩位编号、施工顺序、水电线路和临时设施的位置；
② 采用泥浆护壁成孔时，应标明泥浆制备设施及其循环系统的布设位置；
③ 成孔、扩底、钢筋笼安放和混凝土灌注的施工工艺及技术要求，对于泥浆护壁应有泥浆制备和处理措施；
④ 施工作业计划和劳动力组织计划；
⑤ 施工机械设备、配件、工具、材料供应计划；
⑥ 爆破作业、文物和环境保护技术措施；
⑦ 保证工程质量、安全生产和季节性施工的技术措施；
⑧ 成桩机械检验、维护措施；
⑨ 应急预案等。

（三）泥浆护壁成孔大直径扩底灌注桩

1. 泥浆的制备和处理

（1）采用泥浆护壁成孔工艺施工时，除能自行造浆的黏性土层外，均应制备泥浆，泥浆制备应选用高塑性黏土或膨润土。泥浆应根据施工机械、施工工艺及穿过土层的情况进行配合比设计。

（2）一台钻机应有一套泥浆循环系统，每套泥浆循环系统应设置用于配制和储存优质泥浆及清孔换浆的储浆池，其容量不应小于桩孔的容积；应设置用于钻进（含扩底钻进）泥浆的循环池，其容量不宜小于桩孔容积1/2；应设置沉淀储渣池，其容量不宜小于20m³；应设置相应的循环沟槽。泥浆循环系统中池、沟、槽均应用砖砌成，施工完毕应拆除砖块后用土回填夯实。

（3）泥浆护壁施工应符合下列规定：

施工期间护筒内的泥浆面应高出地下水位1.0m以上，在受水位涨落影响时，泥浆面应高出最高水位1.5m以上；成孔时孔内泥浆液面应保持稳定，且不宜低于硬地面30cm；在容易产生泥浆渗漏的土层中应采取保证孔壁稳定的措施；开孔时宜用密度为1.2g/cm³的泥浆；在黏性土层、粉土层中钻进时，泥浆密度宜控制在1.3g/cm³以下。

（4）废弃的浆、渣应进行集中处理，不得污染环境。

2. 正、反循环钻孔扩底灌注桩

（1）钻机定位后，应用钢丝绳将护筒上口挂戴在钻架底盘上，成孔过程中钻机塔架头部滑轮组、固转器与钻头应始终保持在同一铅垂线上，保证钻头在吊紧的状态下钻进。

(2) 孔深较大的端承型桩，宜采用反循环工艺成孔或清孔，也可根据土层情况采用正循环钻进、反循环清孔。

(3) 泥浆护壁成孔应设孔口护筒，并应符合下列规定：

护筒位置应准确，护筒中心与桩位中心的允许偏差应为±50mm，护筒埋设应稳固；

护筒宜用厚度为4～8mm的钢板制作，内径应大于钻头直径100mm，其上部宜开设1～2个溢浆孔；

护筒的埋设深度：在黏性土中不宜小于1.0m；砂土中不宜小于1.5m。其高度应满足孔内泥浆面高度的要求。

受水位涨落影响或在水下钻进施工时，护筒应加高、加深，必要时应打入不透水层。

(4) 宜采用与钻机配套的标准直径钻头成孔，并应根据成孔的充盈系数确定钻头的直径大小，应保证成桩的充盈系数不小于1.10。

(5) 钻机设置的垂直度导向装置应符合下列规定：潜水钻的钻具上应有长度不小于3倍钻头直径的导向装置；利用钻杆加压的正循环回转钻机，在钻具上应加设扶正器。

(6) 钻孔应采用钻机自重加压法钻进。开机钻进时，应先轻压、慢转，并适当控制泥浆泵进；当钻机进入正常工作状态时，可逐渐加大转速与钻压，加压时钻机不应晃动，保证及时排渣。钻孔的技术参数宜按下列规定控制：

① 钻压：不大于10kPa；

② 转速：30～60r/min；

③ 泥浆泵量：50～75m^3/h；

④ 当遇到岩层或砂层时，应调整钻压与转速，以整机不发生跳动为准；

⑤ 当遇到松软土层时，应根据泥浆补给情况控制钻进速度；

⑥ 当遇到有易塌孔土层时，应适当加大泥浆相对密度。

(7) 钻进过程中如发生斜孔、塌孔和护筒周围冒浆时，应停止钻进，待采取相应措施后再行钻进。

(8) 灌注混凝土前孔底沉渣厚度应符合下列规定：竖向承载的扩底桩，不应大于50mm；抗拔或抗水平力的扩底桩，不应大于200mm。

(9) 大直径扩底灌注桩扩大端尺寸应符合下列规定：

① 扩大端直径与桩身直径之比（D/d）不宜大于3.0；

② 扩大端的矢高（h_c）宜取（0.30～0.35）倍桩的扩大端直径，基岩面倾斜较大时，桩的底面可做成台阶状；

③ 扩底端侧面的斜率（b/h_a）砂土不宜大于1/4，粉土和黏性土不宜大于1/3，卵石层、风化岩不宜大于1/2。

④ 桩端进入持力层深度，粉土、砂土、全风化、强风化软质岩等，可取扩大段斜边高度（h_a），且不小于桩身直径（d）；卵石、碎石土、强风化硬质岩等，可取0.5倍扩大段斜边高度（h_a）且不小于0.5m。同时，桩端进入持力层的深度不宜大于持力层厚度的0.3倍。

⑤ 扩底尺寸应满足：扩孔边锥角（α）在风化基岩中宜取22°～28°，较稳定土层宜取15°～25°；扩孔底锥角（γ）宜取105°～135°；最大桩径段高度（h_b）宜取0.3～0.4m；沉渣孔直径宜取0.2～0.3m，深度宜取0.1～0.3m。

(10) 扩底钻进宜采用泵吸反循环钻进工艺施工，并宜符合下列规定：

① 施工流程宜为：直孔段钻进成孔→第一次清孔换浆→换扩底钻头扩底钻进→第二次清孔换浆→检验扩底尺寸及形状→安放钢筋笼→下放导管及第三次清孔换浆→灌注混凝土成桩。

② 扩底钻进施工前，应根据扩底直径确定钻机的扩底行程，并固定好钻头的行程限位器。当开始扩底钻进时，应先轻压、慢转，逐渐转入正常工作状态。当转至所标注行程时，应放松钻具钢丝绳。

③ 清孔换浆应符合下列规定：

第一次清孔换浆应将钻具提离孔底300～500mm，用泵吸反循环工艺吸净孔底沉渣；

第三次清孔换浆可利用混凝土灌注导管和砂石泵组进行，置换出来的泥浆相对密度应小于1.15，含砂率应小于6%，泥浆黏度应控制在18～25s；

扩底施工中应采取下列措施稳定孔壁：孔内静水压力宜保持在15～20kPa；钻进时应选用优质泥浆并及时置换；操作时应防止孔内水压激变以及人为扰动孔壁。

(11) 扩底钻进施工操作应符合下列规定：

每一种规格的扩底钻具使用前均应做张、收实验，准确测量下列数据：①全收和全张时的钻头长度，钻头扩底时的最大行程；②全张时的最大扩底直径；③同一钻头不同扩底直径的扩底行程；④任一距离的扩底行程所对应的扩底直径。扩底钻具入孔前，应在地表对钻具各部位焊接、对销轴连接，应对滚刀及滚刀架等进行整体检验。

扩底钻进采取低转速，切削工具的线速度宜取1.5m/s，严禁反转施工。正常扩底时，若无异常情况，不得无故提动钻具。在裂隙发育不均质的风化岩中扩底时，施加压力应在运转平稳后进行，防止卡住钻机，造成事故。

扩底完成后，应轻缓地提升钻具至孔外。当出现提钻受阻时，不得强提、猛拉，应上下窜动钻具；当钻头脱离孔底时，可轻轻旋转钻头并收拢。扩底钻头提出孔外后，应及时冲洗、检查，发现问题应及时维修。

3. 水下混凝土灌注

(1) 在第三次清孔检验合格后，应立即灌注混凝土。

(2) 水下灌注的混凝土应符合下列规定：

① 应具备良好的和易性；

② 配合比应通过试验确定；

③ 坍落度宜为180～220mm；

④ 水泥用量不宜少于360kg/m³；

⑤ 混凝土的含砂率宜为40%～50%，并宜选用中粗砂；

⑥ 混凝土宜掺加外加剂。

(3) 灌注混凝土的导管应符合下列规定：

① 导管壁厚不宜小于3mm，直径宜为200～250mm，直径允许偏差应为±2mm；导管的分节长度可视工艺要求确定，底管长度不宜小于4m，接头宜采用矩形双螺纹快速接头。

② 导管使用前应进行试拼装、试压，试水压力可取0.6～1.0MPa；

③ 导管应连接可靠、接头严密，接口宜用"O"形密封圈。导管吊入桩孔时，位置

应居孔中,应防止刮擦钢筋笼和碰撞孔壁。

④ 导管下应设置隔水塞,隔水塞应有良好的隔水性能,并应保证顺利排出。

⑤ 每次使用后应对导管内外进行清洗。

(4) 水下混凝土灌注施工应符合下列规定:

① 开始灌注混凝土时,导管底部至孔底的距离宜为 0.3~0.5m。

② 应始终保持导管埋入混凝土深度大于 2m,并宜小于或等于 4m,严禁将导管提出混凝土灌注面。应控制提拔导管速度,并应跟踪测量导管埋入混凝土灌注面的高差及导管内外混凝土的高差,及时填写水下混凝土灌注记录。

③ 水下混凝土灌注应连续施工,每根桩混凝土的灌注时间应按初盘混凝土的初凝时间控制。

④ 应控制混凝土的灌注量,超灌高度宜为 0.8~1.0m;凿除泛浆后,应保证暴露桩顶混凝土的强度达到设计等级。

(四) 干作业成孔大直径扩底灌注桩

1. 钻孔扩底灌注桩

(1) 钻孔施工应符合下列规定:

① 钻杆应保持垂直稳固,位置准确,应防止因钻杆晃动引起扩径;

② 钻进速度应根据电流值变化及时调整;

③ 钻进过程中,应随时清埋孔口积土;

④ 遇到地下水、塌孔、缩孔等异常情况时,应及时处理。

(2) 扩底部位施工应符合下列规定:

① 应根据电流值或油压值,调节扩孔刀片削土量,防止出现超负荷现象;

② 扩底直径和孔底的虚土厚度应符合设计要求。

(3) 成孔扩底达到设计深度后,应保护孔口,并应按规程规定进行验收,及时做好记录。

(4) 当扩底成孔发现桩底硬质岩残积土或页岩、泥岩等发生软化时,应重新启动钻机将其清除。

(5) 灌注混凝土前,应在孔口安放护孔漏斗,然后放置钢筋笼,并应再次测量孔内虚土厚度。灌注混凝土时,第一次应灌到扩大端的顶面,并随即振捣密实。灌注桩顶以下 5m 范围内混凝土时,应随灌注随振捣密实,每次灌注高度不应大于 1.5m。

2. 人工挖孔扩底灌注桩

(1) 人工挖孔大直径扩底灌注桩的桩身直径不宜小于 0.8m。孔深不宜大于 30m。当相邻桩间净距小于 2.5m 时,应采取间隔开挖措施。相邻排桩间隔开挖的最小施工净距不得小于 4.5m。

(2) 人工挖孔大直径扩底灌注桩的混凝土护壁厚度及护壁配筋应符合下列规定:

① 当桩身直径不大于 1.5m 时,混凝土护壁厚度不宜小于 100mm,护壁应配置直径不小于 8mm 的环形和竖向构造钢筋,钢筋水平和竖向间距不宜大于 200mm,钢筋应设于护壁混凝土中间,竖向钢筋应上下搭接或焊接。

② 当桩身直径大于 1.5m 且小于 2.5m 时,混凝土护壁厚度宜为 120~150mm。应在护壁厚度方向配置双层直径为 8mm 的环形和竖向构造钢筋,钢筋水平和竖向间距不

宜大于200mm，竖向钢筋应上下搭接或焊接。

③ 当桩身直径大于等于2.5m且小于4m时，混凝土护壁厚度宜为200mm，应在护壁厚度方向配置双层直径为8mm的环形和竖向构造钢筋，钢筋水平和竖向间距不宜大于200mm，竖向钢筋应上下搭接或焊接。

(3) 开始挖孔前，桩位应准确定位放线，应在桩位外设置定位基准桩，安装护壁模板时应采用定位基准桩校正模板位置。

(4) 第一节护壁井圈应符合下列规定：

① 井圈中心线与设计轴线的偏差不得大于20mm；

② 井圈顶面应高于场地地面100~150mm，第一节井圈的壁厚应比下一节井圈的壁厚加厚100~150mm，并应按规定配置构造钢筋。

(5) 人工挖孔大直径扩底桩施工时，每节挖孔的深度不宜大于1.0m。每节挖土应按先中间、后周边的次序进行。当遇有厚度不大于1.5m的淤泥或流砂层时，应将每节开挖和护壁的深度控制在0.3~0.5m，并应随挖随验，随做护壁，或采用钢护筒护壁施工，并应采取有效的降水措施。

(6) 扩孔段施工应分节进行，应边挖、边扩、边做护壁，严禁将扩大端一次挖至桩底后再进行扩孔施工。

(7) 人工挖孔桩应在上节护壁混凝土强度大于3.0MPa后，方可进行下节土方开挖施工。

(8) 当渗水量过大时，应采取截水、降水等有效措施，严禁在桩孔中边抽水边开挖。

(9) 护壁井圈施工应符合下列规定：

① 每节护壁的长度宜为0.5~1.0m；

② 上下节护壁的搭接长度不得小于50mm；

③ 每节护壁均应在当日连续施工完毕；

④ 护壁混凝土应振捣密实，如孔壁少量渗水可在混凝土中掺入速凝剂，当孔壁渗水较多或出现流砂时，应采用钢护筒等有效措施；

⑤ 护壁模板的拆除应在灌注混凝土24h后进行；

⑥ 当护壁有孔洞、露筋、漏水现象时，应及时补强；

⑦ 同一水平面上的井圈直径的允许偏差应为50mm。

(10) 当挖至设计标高后，应清除护壁上的泥土和孔底残渣、积水，隐蔽工程验收后应立即封底和灌注桩身混凝土。当桩底岩土因浸水等软化时，应清除干净后方可灌注混凝土。

(11) 灌注桩身混凝土时宜采用串筒或溜管，串筒或溜管末端距混凝土灌注面高度不宜大于2m，也可采用导管泵送灌注混凝土。混凝土应垂直灌入桩孔内，并连续灌注，宜利用混凝土的大坍落度和下冲力使其密实。桩顶5m以内混凝土应分层振捣密实，分层灌注厚度不应大于1.5m。

(12) 桩身构造配筋规定

桩身正截面的最小配筋率不应小于0.3%，主筋应沿桩身横截面周边均匀布置。对于抗拔桩和受荷载特别大的桩，应根据计算确定配筋率。

箍筋直径不应小于8mm，间距宜为200~300mm，宜用螺旋箍筋或焊接环状箍筋。对于承受较大水平荷载或处于抗震设防烈度大于或等于8度地区的桩，箍筋直径不应小于10mm,距离桩顶部3倍至5倍桩径范围内(桩径小取大值,桩径大取小值)箍筋间距应加密至100mm;当钢筋笼长度超过4m时,每隔2m宜设一道直径为18~25mm的加劲箍筋。每隔4m在加劲箍内设一道"井"字加强支撑,其钢筋直径不宜小于16mm,加劲箍筋、井字加强支撑、箍筋与主筋之间宜采用焊接。

扩大端变截面以上,纵向受力钢筋应沿等直径段桩身通长配置。除抗拔桩外,桩端扩大部分可不配筋。

主筋保护层厚度:有地下水、无护壁时不应小于50mm;无地下水、有护壁时不应小于35mm。

三、长螺旋钻孔压灌桩技术

长螺旋钻孔压灌桩施工采用长螺旋钻机钻孔至设计标高,混凝土泵将混凝土经桩管由钻头底端溢出,边压混凝土边拔管直到地表,然后使用专用设备将钢筋笼插入成桩,成孔与成桩有机结合,一机一次完成单桩施工作业。长螺旋钻孔压灌桩成桩工艺是国内近年开发且使用较广的一种新工艺,适用于素填土、黏性土、粉土、砂质土及粒径不大的砂卵石层。

(一) 工作原理

采用长螺旋钻孔压灌桩时,桩与桩间土、褥垫层一起形成复合地基。钻孔时桩周围的土被挤压密实;承受荷重时,桩、褥垫层、桩间土共同受力,从而改善场地土的承载力(承载力可提高到4倍左右,承载力可达300~600kPa),提高地基承载力和基础的刚度。

在外荷载作用下,大部分荷载由桩承受,桩周摩阻力能得到充分发挥,端阻力随着荷载作用的时间及桩侧阻力发挥的程度的增加而逐渐增高;同时,桩顶褥垫层发挥调节作用,使桩间土与桩身进入共同工作状态,形成复合地基。复合地基承载力的大小取决于桩径、桩长、桩距、持力层土质及褥垫层厚度等因素。

优点:该工艺不受地下水位限制,钻进成桩过程中无须泥浆护壁。钻渣随排出随装运,对环境污染小。成孔与成桩相结合,一机一次完成单桩施工作业,施工简便、快捷、高效。与泥浆护壁灌注桩相比,无桩身泥皮与孔底沉渣,极限侧阻力与端阻力相对较高。

缺点:成孔直径与深度有限,目前,最大直径只能到800mm,深度28m左右。中密度以上的卵石、大粒径漂石层,成孔(桩)困难。后插钢筋笼的垂直度和保护层厚度不易控制。

(二) 施工工艺

(1) 钻机就位。按常规方法对准桩位钻进,随时注意并校正钻杆的垂直度;钻孔时应随钻随清理钻进排出的土方。钻至设计深度后空钻清底。

(2) 第一次注浆、提钻。将高压胶管一端接在钻杆顶部的导流器预留管口处,另一端接在注浆泵上,将配制好的水泥浆由下而上,提钻同时在高压作用下喷入孔内。提钻压浆应慢走进行,一般控制在0.5~1.0m/min,过快易坍孔或缩孔。当遇有地下水时,应注浆至无坍孔危险位置以上0.5~1.0m处,然后提出钻杆,使钻孔形成水泥浆护壁孔。

(3) 放钢筋笼和注浆管。成孔后应立即投放钢筋笼。钢筋笼通常由主筋、加强箍筋和螺栓式箍筋组成。钢筋笼应加工成整体,螺旋式箍筋应绑牢,钢筋笼过长可分段制作,接头采用焊接。注浆管多固定在制作好的钢筋笼上,下放钢筋笼时,一般使用钻机上附设的吊装设备起吊,对准孔位,竖直缓慢地放入孔内,下放到设计标高,并将钢筋笼固定。

(4) 填放碎(卵)石。碎(卵)石是通过孔口漏斗倒入孔内,用钢钎捣实。

(5) 第二次注浆(补浆)。利用固定在钢筋笼上的塑料管进行第二次注浆,此工序与第一次注浆间隔不得超过45min,第二次注浆一般要多次反复进行,最后一次补浆必须在水泥浆接近终凝时完成,注浆完了后立即拔管清洗干净备用。

(6) 为控制混凝土质量,在同一水灰比的情况下,每班做2组试块。

具体如图1-8。

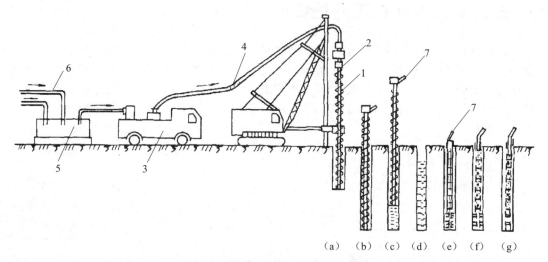

图1-8 钻孔压浆灌注桩工艺流程

(a) 钻机就位;(b) 钻进;(c) 一次压浆;(d) 提出钻杆;(e) 下钢筋笼;(f) 下碎石;(g) 二次补浆
1. 长螺旋钻机;2. 导流器;3. 高压泵车;4. 高压输浆管;5. 灰浆过滤池;6. 接水泥浆搅拌桶;7. 注浆管

(三) 施工要求

(1) 当需要穿越老黏土、厚层砂土、碎石土以及塑性指数大于25的黏土时,应进行试钻。

(2) 钻机定位后,应进行复检,钻头与桩位点偏差不得大于20mm,开孔时下钻速度应缓慢;钻进过程中,不宜反转或提升钻杆。

(3) 钻进过程中,当遇到卡钻、钻机摇晃、偏斜或发生异常声响时,应立即停钻,查明原因,采取相应措施后方可继续作业。

(4) 根据桩身混凝土的设计强度等级,应通过试验确定混凝土配合比;混凝土坍落度宜为180~220mm;粗骨料可采用卵石或碎石,最大粒径不宜大于30mm;可掺加粉煤灰或外加剂。

(5) 混凝土泵应根据桩径选型,混凝土输送泵管布置宜减少弯道,混凝土泵与钻机的距离不宜超过60m。

(6) 桩身混凝土的泵送压灌应连续进行,当钻机移位时,混凝土泵料斗内的混凝土应连续搅拌;泵送混凝土时,料斗内混凝土的高度不得低于400mm。

(7) 混凝土输送泵管宜保持水平，当长距离泵送时，泵管下面应垫实。

(8) 当气温高于30℃时，宜在输送泵管上覆盖隔热材料，每隔一段时间应洒水降温。

(9) 钻至设计标高后，应先泵入混凝土并停顿10～20s，再缓慢提升钻杆。提钻速度应根据土层情况确定，且应与混凝土泵送量相匹配，保证管内有一定高度的混凝土。

(10) 在地下水位以下的砂土层中钻进时，钻杆底部活门应有防止进水的措施，压灌混凝土应连续进行。

(11) 压灌桩的充盈系数宜为1.0～1.2。桩顶混凝土超灌高度不宜小于0.3～0.5m。

(12) 成桩后，应及时清除钻杆及泵（软）管内残留混凝土。长时间停置时，应采用清水将钻杆、泵管、混凝土泵清洗干净。

(13) 混凝土压灌结束后，应立即将钢筋笼插至设计深度。钢筋笼插设宜采用专用插筋器。

（四）施工常见问题及处理

长螺旋钻孔压灌桩施工常见问题有：导管堵塞、断桩、离析、桩头质量、桩位偏移等。其事故种类及处理方法见表1-3。

表1-3　长螺旋钻孔压灌桩事故种类及处理方法

事故种类	主要原因	处理方法
导管堵塞	混凝土配合比不合理，坍落度不符合要求	掺入适宜的粉煤灰和细骨料，提高混凝土的流动性；混凝土的坍落度宜为180～220mm；所用粗骨料粒径不应大于30mm
	施工操作不当	准确掌握提拔钻时间，钻至预定标高后，泵送混凝土，管内空气排出，待输送软、硬管及钻杆内全部充满混凝土并停顿10～20s方可提钻
桩位偏移	桩机对位不准	桩位放样及钻机就位时，应进行复检，并孔时下钻速度应缓慢
	场地土松软	施工前对场地进行平整压实
断桩、离析	提钻速度过快	控制提钻速度与混凝土泵送速度匹配，确保中心钻杆内有0.1m³以上的混凝土
	混凝土泵送不连续	提钻时应连续泵料，避免停机待料情况发生
桩头质量问题	夹泥	及时清运钻孔弃土
	气泡	保持钻杆排气阀开启自如，避免混凝土中积气
	混凝土强度不足	保证桩顶混凝土的超灌高度不小于0.3～0.5m
钢筋笼无法插入	混凝土配合比不合理，坍落度不符合要求	改善混凝土配比，保证骨料级配和粒径满足要求
	桩孔垂直度不满足要求	钻进过程中，注意检查钻机的水平度和钻杆的垂直度。插入钢筋笼时应保证垂直和对准位置
钢筋笼主筋保护层厚度不足	插筋器不对中，保护层定位器不合格	保证桩孔垂直度；钢筋笼的主筋加工应平直，主筋与加筋圈之间应焊接牢固；钢筋笼外侧设置雪橇式定位器，每断面不少于4个；放置和搬运钢筋笼时应防止钢筋笼变形

四、灌注桩后注浆技术

灌注桩后注浆技术是利用钢筋笼底部和侧面预先埋设的注浆管，在成桩后 2～30d 内用高压泵进行高压注浆，浆液通过渗入、劈裂、填充、挤密等作用与桩体周围土体结合，固化桩底沉渣和桩侧泥皮，起到提高承载力、减少沉降等效果。后注浆技术包括桩底后注浆、桩侧后注浆和桩底、桩侧复式后注浆。

大量工程实践证明，采用桩底后注浆工艺，可以提高单桩承载力和缩短桩长，并具有性能稳定、设备简单、操作便利、经济效益良好等优点。

（一）工作原理

后注浆工艺在在沙土、砂砾石层中的效果最为明显。在中风化岩层中，若桩底沉渣清除干净则无必要后注浆，反之，也有一定效果。在粉土、黏土土层中，采用后注浆工艺也能取得良好效果。后注浆工艺大幅提高单桩承载力和减少沉降的原理，可主要分为以下三个机理：

（1）对桩底沉渣和桩侧泥皮的固化。通过高压把水泥浆注入桩底和桩侧，水泥浆在高压下注入桩底沉渣缝隙中并与沉渣较充分接触，与周围土层一同固化，进而提高桩底的整体连续性，减少沉降、提高承载力。对于桩侧注浆，水泥浆在高压下挤压泥壁，提高桩周侧土层密实度，甚至形成劈裂，能大幅提高桩侧摩阻力，从而提高单桩承载力。

（2）扩大头效应。高压水泥浆挤压桩底土层形成扩大头，提高桩底竖向力受力面积，同时压密与扩大头接触土层面积，进而减少桩的沉降。同时，也能提高单桩承载力。

（3）预应力效应。高压水泥浆在充满沉渣或挤密桩底、桩侧土层后，高压水泥浆小幅度抬高灌注桩，从而在桩身周侧形成反向摩擦力，在桩体承受竖向向下的作用力时能抵消一部分作用，从而起到类似预应力的效应提高承载力。但这项作用机制会减小抗拔作用，所以在抗拔桩进行后注浆时须严格控制注浆量。

（二）施工工艺

桩底后注浆施工工艺流程为：

注浆管制作→注浆管固定在钢筋笼上一起吊放埋设→灌注桩身混凝土→注浆管注水开塞→水泥浆配置→注浆机注浆。

（1）浆管制作：注浆管采用直径 32mm、壁厚 3.2mm 的无缝钢管，底部高出钢筋笼 10～20cm，上部高出地面 50cm，各段之间用外接连接。注浆管底部用止回阀封死。安放之前清除管内杂物，以防堵塞注浆孔。

（2）安放注浆管：安放时将钢管成 120°对称布置在钢筋笼内侧，并用铁丝固定，随钢筋笼同步安放，注浆管底必须下放到桩底。

（3）注浆管开塞：成桩 7～8h 后即混凝土完成终凝前，用高压泵压送清水冲洗注浆管道，开塞压力一般在 2MPa 左右。

（4）安装流量计：在出浆管处安放流量计，注意流量计的极限耐压值，控制出浆量为 3～5m^3/h。

（5）高压注浆：用高压注浆泵压注水泥浆，注浆前混凝土桩养护期不少于 7d（混凝土强度达到70%以上)。浆液水灰比在注浆过程中可由高逐渐变低,以保证注浆效果。如果一管能顺利注入,达到设计要求的注浆量,那么另一管就不必注浆;如果一管注浆量不足,则打开另一管再注,直到注入满足设计要求为止。

(6) 注浆记录:注浆过程中,要记录桩号、桩径、成桩时间、压浆时间、压水压力、开始注浆时间、注浆压力、终止压力、水灰比、注浆量、终止时间等。

(三) 注浆装置的设置与要求

注浆装置包括注浆导管、桩底和桩侧注浆阀及相应的连接和保护配件。

1. 注浆导管材料选用

注浆导管一般采用焊接钢管。桩端注浆导管公称口径 Ø25 (1″),壁厚 3.0mm 左右;桩侧注浆导管公称口径 Ø20 (3/4″),壁厚 2.75mm。注浆管的管壁不应太薄,否则与注浆阀管箍连接易出现断裂。当注浆导管兼用于桩身超声波检测时,可根据检测要求适当加大。

2. 注浆导管的连接

注浆导管一般采用管箍连接或套管焊接两种方式。管箍连接简单,易操作,适用于钢筋笼运输和放置过程中挠度不大、注浆导管受力很小的情况。当采用套管焊接时,所采用的焊接套公称口径应比注浆导管高一级,一般取 Ø32,壁厚 3.25mm。焊接必须连续封闭,焊缝饱满均匀,不得有孔隙、砂眼;每个焊点应敲掉焊渣,检查焊接质量,符合要求后才能进行下一道工序。

3. 注浆导管设置

(1) 注浆导管数量

桩端注浆导管数量宜根据桩径大小设定,对于直径不大于1200mm的桩,宜沿钢筋笼圆周对称设置2根;对于直径大于1200mm的桩,宜对称设置3根。每道柱侧注浆阀设置一根桩侧注浆导管。

(2) 注浆导管设置要点

注浆导管直径与主筋接近时宜置于加劲箍一侧,直径相差较大时宜分置于加劲箍两侧。

注浆导管上端均设管箍及丝堵。桩端注浆导管下端以管箍或套管焊接与桩端注浆阀相连。桩侧注浆导管下端设三通与桩侧注浆阀相连。

注浆导管与钢筋笼采用铅丝十字绑扎固定,绑扎应牢固,绑扎点应均匀。

注浆导管的上端应低于基桩施工作业地坪下200mm(可根据具体情况调整)。桩端注浆导管下端口(不包括桩端注浆阀)与钢筋笼底端的距离视桩端持力层土层而定,对于黏性土、砂土,可与纵向主筋端部相平,安放钢筋笼后,注浆阀可随之插入持力层和沉渣中。对于砂卵石和风化岩层,注浆阀外露长度宜小于5cm(外露过长易折断)。桩空孔段压浆导管管箍连接应牢靠。

4. 注浆阀构造要求与设置

(1) 注浆阀的基本要求

注浆阀应能承受1MPa以上静水压力,管阀外部保护层应能抵抗砂石等硬质物的刮撞而不至使管阀受损。注浆管阀应具备单向逆止功能。

(2) 注浆阀安装和钢筋笼置放

注浆阀需待钢筋笼起吊至桩孔边垂直竖起后方可安装，与钢筋笼形成整体。安装前应仔细检查注浆阀及连接管的质量，包括注浆阀内无异物、保护层完好、管箍无裂缝。

(3) 钢筋笼起吊至孔口后，应以工具敲打注浆管，排除管内铁锈、异物等。

(4) 桩端注浆阀和桩侧注浆阀在钢筋笼吊起入孔过程应与注浆导管连接，并做到牢固可靠。

(5) 钢筋笼入孔沉放过程中不得反复向下冲撞和扭动。

5. 注浆装置与钢筋笼放置后的检测

可采用带铅锤的细钢丝探绳沉放至注浆导管底部进行检测，检测可能出现以下几种情况：

① 导管内无水、泥浆、异物，属于理想状态。

② 导管底部有少量的清水，可能由于焊接口或导管本身存在细小的砂眼所致，可不做处理。

③ 注浆管内有大量的泥浆，此时应将钢筋笼提出孔外，修理后重新放入桩孔内。

④ 检验合格，用管箍和丝堵将注浆管上部封堵保护。桩灌注混凝土完毕、孔口回填后，应插有明显的标识，加强保护，严禁车辆碾压。

（四）灌注桩后注浆施工

1. 后注浆施工所用设备及要求

(1) 后注浆机械设备，注浆泵采用 2—3SNS 型高压注浆泵，额定压力不小于 8MPa，额定流量 50～75L/min，功率 11～18kW。

(2) 监控压力表，注浆泵控监测压力表为 2.5 级、16MPa 抗震压力表。

(3) 液浆搅拌机，液浆搅拌机为与注浆泵相匹配的 YJ-340 型浆液搅拌机，容积为 $0.34m^3$，功率 4kW。

(4) 输浆管

注浆泵与桩顶注浆钢导管之间的输浆管应采用高压流体泵送软管，额定压力不小于 8MPa。

2. 后注浆时间及施工顺序

(1) 注浆作业宜于成桩 2d 后开始。

(2) 对于饱和土中的复式注浆，顺序宜先桩侧后桩端，对于非饱和土宜先桩端后桩侧。多断面桩侧注浆应先上后下。桩侧桩端注浆间隔时间不宜少于 2h。

(3) 桩端注浆应对同一根桩的各注浆导管依次等量注浆，其目的是使浆液扩散分布均匀，并保证注浆管均注满浆体以有效取代钢筋。

(4) 注浆作业离成孔作业点的距离不宜小于 8～10m。

(5) 对于桩群注浆宜先外围，后内部。

3. 后注浆参数的确定

注浆参数包括浆液配比、终止注浆压力、流量、注浆量等参数，后注浆作业开始前，宜进行试注浆，优化并最终确定注浆参数。设计应符合下列要求：

(1) 浆液的水灰比应根据土的饱和度、渗透性确定，饱和土宜为 0.5～0.7，非饱和土宜为 0.7~0.9（松散碎石土、砂砾宜为 0.5~0.6）。低水灰比浆液宜掺入减水剂。地下水处于流动状态时，应掺入速凝剂。

（2）桩端注浆终止工作压力应根据土层性质、注浆点深度确定，风化岩、非饱和黏性土、粉土宜为 5~10MPa；饱和土层宜为 1.5~6MPa，软土取低值，密实黏性土取高值。桩侧注浆终止压力宜为桩端注浆的约 1/2；

（3）注浆流量不宜超过 75L/min。

（4）单桩注浆量的设计根据桩径、桩长、桩端和桩侧土层性质、单桩承载力增幅、是否复式注浆等因素确定，可按式（1-1）估算：

$$G_c = a_p d + a_s n d \tag{1-1}$$

式中，a_p、a_s——分别为桩端、桩侧注浆量经验系数，a_p＝1.5~1.8，a_s＝0.5~0.7；

对于卵砾石、中粗砂取较高值，密实土层取低值；

n——桩侧注浆断面数；

d——基桩设计直径，m；

G_c——注浆量，以水泥重量计，t

独立单桩、桩距大于 6d 的群桩和群桩初始注浆的注浆量应按上述估算值乘以 1.2 的系数。

4. 后注浆的终止条件

后注浆质量控制采用注浆量和注浆压力双控方法，以水泥注入量控制为主，泵送终止压力控制为辅。达到以下条件时可终止注浆。

（1）注浆总量和注浆压力均达到设计要求。

（2）水泥压入量达到设计值的 75%，泵送压力超过设定压力的 1 倍。

5. 后注浆过程若干问题的处理

（1）注浆压力长时间低于正常值或地面出现冒浆或周围桩孔串浆时，应改为间歇注浆，间歇时间宜为 30~60min，或调低水灰比。

（2）在非饱和土中注浆，出现桩顶上抬量过大，或地表出现隆起现象，此时应适当调高水比或实施间歇注浆。

（3）当注浆压力长时间偏高、注浆泵运转困难时，宜采用掺入减水剂、提高水泥强度等级（细度增大）等提高可注性措施。

第三节　深基坑支护技术

一、概述

近 30 年来，随着我国城市建设的迅速发展，高层、超高层建筑不断涌现，地铁车站、铁路客站、明挖隧道、市政广场、桥梁基础等各类大型工程日益增多，地下空间开发规模越来越大，都极大地推动了基坑工程理论与技术水平的快速发展，在基坑支护结构、地下水控制、基坑监测、信息化施工、环境保护等诸多方面呈现出前所未有的新特点以及新趋势。

1. 基坑尺度大、深化

近年来我国基坑深度已发展至 30m 以上，如广深港铁路客运专线深圳福田火车站明挖基坑长近 1000m，宽近 80m，深度达 32m，是目前国内最大的地下铁路客运车站。成都国际金融中心的深基坑工程深度已达 35m，支护基坑使用的护壁桩打入了地下 43m 深的位置。基坑的开挖面积也在不断增大，许多基坑的平面面积已超过 1 万 m^2，如天津市 117 大厦基坑开挖面积为 9.6 万 m^2，上海虹桥综合交通枢纽工程开挖面积达到了 35 万 m^2。

2. 变形控制严格化

大量的基坑工程主要集中在繁华市区，由于周围存在建筑物、地下管线、既有隧道、道路桥梁等复杂环境条件，以及流变性土体、高地下水位等不良地质条件，使得这些基坑工程不仅要保证支护结构及基坑本身的安全，还要严格控制基坑开挖引起的周围土体变形，以保证邻近建（构）筑物的安全和正常使用。随着对位移要求越来越严格，基坑开挖工程正在从传统的稳定控制设计向变形控制设计方向发展。

3. 支护形式多样化

基坑的支护方式已从早期的放坡开挖，发展至现在的多种支护方式。目前常用支护形式主要有放坡开挖、土钉墙支护和复合土钉墙支护结构、悬臂式排桩墙支护结构、内撑式排桩墙支护结构、锚拉式排桩墙支护结构、水泥土重力式支护结构、型钢水泥土墙支护结构、地下连续墙支护结构、组合型支护结构等。

4. 施工监控信息化

目前深基坑监测技术已从原来的单一参数的人工现场监测，发展到现在的多参数远程监测。在基坑施工过程中，根据监测结果，正确方便地评判出当前基坑的安全等级，然后根据这些评判结果，采取相应的工程措施，及时指导施工，减少工程失效概率，确保工程安全、顺利地进行，施工监控信息化愈显重要。

随着基坑开挖深度和规模的增大，基坑工程的难度更加突出。近年来，基坑工程在技术上取得了长足的进步，但也有不少失败的案例，轻则造成邻近建筑物开裂、倾斜，道路沉陷、开裂，地下管线错位，重则造成邻近建筑物倒塌和人员伤亡，不但延误了工期，而且产生了不良的社会影响。究其原因，在地质勘察、设计计算、施工与监测等方面均存在不足，这些对基坑工程的进一步发展提出了挑战。

二、复合土钉墙支护技术

土钉墙支护技术是由被加固土体、设置在土体中的土钉和喷射砼面层组成，主要用于基坑支护工程。新型复合土钉墙技术是将土钉墙与深层搅拌桩、旋喷桩、树根桩、钢管土钉及预应力锚杆结合起来，形成复合基坑支护技术，大大扩展了土钉墙支护的应用范围。

（一）复合土钉墙支护的形式

复合土钉墙基坑支护的形式主要有下列七种形式（如图 1-9 所示）：截水帷幕复合土钉墙（a）、预应力锚杆复合土钉墙（b）、微型桩复合土钉墙（c）、截水帷幕-预应力锚杆复合土钉墙（d）、截水帷幕-微型桩复合土钉墙（e）、微型桩-预应力锚杆复合土钉墙（f）和截水帷幕-微型桩-预应力锚杆复合土钉墙（g）。

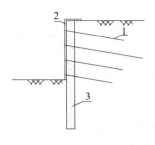
(a) 截水帷幕复合土钉墙

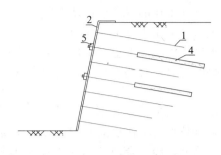
(b) 预应力锚杆复合土钉墙

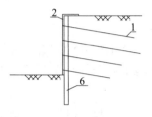
(c) 微型桩锚杆复合土钉墙

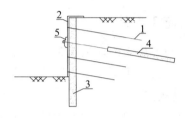
(d) 截水帷幕-预应力锚杆复合土钉墙

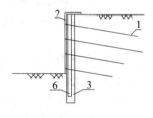
(e) 截水帷幕-微型桩锚杆复合土钉墙

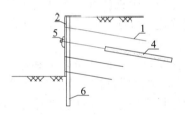
(f) 微型桩-预应力锚杆复合土钉墙

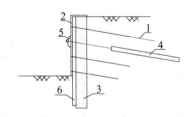
(g) 截水帷幕-微型桩-预应力锚杆复合土钉墙

图 1-9 复合土钉墙基坑支护形式
1. 土钉；2. 喷射混凝土面层；3. 截水帷幕；4. 预应力锚杆；5. 围檩；6. 微型桩

复合土钉墙支护方案的选型应综合考虑土质、地下水、周边环境以及现场作业条件，通过工程类比和技术经济比较后确定。有地下水影响时，宜采用有截水帷幕参与工作的复合土钉墙形式；周边环境对基坑变形有较高控制要求或基坑开挖深度较深时，宜采用有预应力锚杆参与工作的复合土钉墙形式；基坑侧壁土体自立性较差时，宜采用有微型桩参与工作的复合土钉墙形式；当受多种因素影响时，应根据具体情况采取多种组合构件共同参与工作的复合土钉墙形式。

复合土钉墙适用于黏土、粉质黏土、粉土、砂土、碎石土、全风化及强风化岩，夹有局部淤泥质土的地层中也可采用。地下水位高于基坑底时应采取降排水措施或选用具有截水帷幕的复合土钉墙支护。坑底存在软弱地层时应经地基加固或采取其他加强措施后再采用。

复合土钉墙支护具有轻型、机动灵活、适用范围广、造价低、工期短、安全可靠、支护能力强等特点，可作超前支护，并兼备支护、截水等效果。复合土钉墙是一项技术先进、施工简便、经济合理、综合性能突出的基坑支护技术。

复合土钉墙基坑支护工程的使用期限不应超过一年，且不应超过设计规定。超过使用期后应重新对基坑进行安全评估。

(二) 施工方法

复合土钉墙施工前，施工单位应按照审核通过的基坑工程设计方案，根据工程地质与水文地质条件、施工工艺、作业条件和基坑周边环境限制条件，编制专项施工方案。

1. 一般规定

(1) 复合土钉墙施工前除应做好常规的人员、技术、材料、设备、场地准备外，应做好以下准备工作：

① 对照设计图纸认真复核并妥善处理地下、地上管线、设施和障碍物等。

② 明确用地红线、建筑物定位轴线，确定基坑开挖边线、位移观测控制点、监测点等，并妥善保护。

③ 掌握基坑工程设计对施工和监测的各项技术要求及有关规范要求、编制专项施工方案，分析关键质量控制点和安全风险源，并提出相应的防治措施。

④ 做好场区地面硬化和临时排水系统规划，临时排水不得破坏基坑边坡和相邻建筑的地基。检查场区内既有给水、排水管道，发现渗漏和积水应及时处理。雨季作业应加强对施工现场排水系统的检查和维护，保证排水通畅。

⑤ 编制应急预案，做好抢险准备工作。

(2) 基坑周围临时设施的搭设以及建筑材料、构件、机具、设备的布置应符合施工现场平面布置图的要求，基坑周边地面堆载、动载严禁超过设计规定。

(3) 土方开挖应与土钉、锚杆及降水施工密切结合，开挖顺序、方法应与设计工况相一致。复合土钉墙施工必须符合"超前支护，分层分段，逐层施作，限时封闭，严禁超挖"的要求。

为了控制地下水和限制基坑侧壁位移，保证基坑稳定，截水帷幕、微型桩应提前施工完成，达到规定强度后方可开挖基坑，即所谓"超前支护"。

基坑开挖所产生的地层位移受时空效应的影响，开挖暴露的面积越大，位移也越大，为控制位移，施工应按照设计工况分段、分层开挖，分层厚度应与土钉竖向间距一致。下层土的开挖应待上层土钉注浆体强度达到设计强度的70%后方可进行。

每层开挖后应及时施作该层土钉并喷护面层，封闭临空面，减少基坑无土钉的暴露时间，即所谓"逐层施作，限时封闭"。一般情况下，应在1d内完成土钉安设和喷射混凝土面层。在淤泥质地层和松散地层中开挖基坑时，应在12h内完成土钉安设和喷射混凝土面层。

超挖是基坑工程的又一"大敌"。工程中因超挖而造成的基坑坍塌事故屡有发生，即使未造成基坑坍塌事故，基坑开挖期位移过大，也会使基坑使用期的安全度下降。因此，分层开挖时应严格控制每层开挖深度，协调好挖土与土钉施工的进度，严禁多层一起开挖或一挖到底。

(4) 施工过程中，如发现地质条件、工程条件、场地条件与勘察、设计不符，周边环境出现异常等情况应及时会同设计单位处理。出现危险征兆，应立即启动应急预案。

2. 截水帷幕-微型桩-预应力锚杆复合土钉墙形式的施工流程

施作截水帷幕和微型桩→截水帷幕、微型桩强度满足后，开挖工作面，修整土壁→施作土钉、预应力锚杆并养护→铺设、固定钢筋网→喷射混凝土面层并养护→施作围檩，张拉和锁定预应力锚杆→进入下一层施工，重复第2—6步骤直至完成。

根据不同施工工艺确定截水帷幕和微型桩的施工先后顺序。如果微型桩是非挤土桩，可以截水帷幕先施工，微型桩后施工；如果微型桩是挤土桩，则宜微型桩先施工，再施工截水帷幕。

3. 截水帷幕的施工规定

(1) 施工前，应进行成桩试验，工艺性试桩数量不应少于3根。应通过成桩试验确定注浆流量、搅拌头或喷浆头下沉和提升速度、注浆压力等技术参数，必要时应根据试桩参数调整水泥浆的配合比。

(2) 水泥土桩应采取搭接法施工，相邻桩搭接宽度应符合设计要求。

(3) 桩位偏差不应大于50mm，桩机的垂直度偏差不应超过0.5%。

(4) 水泥土搅拌桩施工要求如下：

① 宜采用喷浆法施工，桩径偏差不应大于设计桩径的4%。水泥浆液的水灰比宜按照试桩结果确定。

② 应按照试桩确定的搅拌次数和提升速度提升搅拌头。喷浆速度应与提升速度相协调，应确保喷浆量在桩身长度范围内分布均匀。高塑性黏性土、含砂量较大及暗浜土层中，应增加喷浆搅拌次数。

③ 施工中如因故停浆，恢复供浆后，应从停浆点返回0.5m，重新喷浆搅拌。相邻水泥土搅拌桩施工间隔时间不应超过24h，如超过24h，应采取补强措施。若桩身插筋，宜在搅拌桩完成后8h内进行。

(5) 高压喷射注浆分高压旋喷、高压摆喷和高压定喷三种形式，因高压旋喷帷幕厚度大，止水和稳定性效果好，是目前复合土钉墙中采用的主要形式。

高压喷射注浆施工宜采用高压旋喷。高压旋喷可采用单管法、二重管法和三重管法，设计桩径大于800mm时宜用三重管法。单管法及二重管法的高压液流压力一般大于20MPa，压力范围多为20～30MPa。高压三重管比单管和二重管喷射直径大，高压水射流的压力可达40MPa左右，常用的压力范围为30～40MPa；低压水泥浆的注浆压力宜大于1MPa，气流压力不宜小于0.7MPa，提升速度宜为50～200mm/min，旋转速度宜为10～20r/min。对于较硬的黏性土层、密实的砂土、碎石土层及较深处土层宜取较小的提升速度、较大的喷射压力。

高压喷射水泥浆液水灰比宜按照试桩结果确定。高压喷射注浆的喷射压力、提升速度、旋转速度、注浆流量等工艺参数应按照土层性状、水泥土固结体的设计有效半径等选择。喷浆管分段提升时的搭接长度不应小于100mm。

在高压喷射注浆过程中出现压力陡增或陡降、冒浆量过大或不冒浆等情况时，应查明原因并及时采取措施。应采取隔孔分序作业方式，相邻孔作业间隔时间不宜小于24h。

4. 微型桩施工规定

桩位偏差不应大于50mm，垂直度偏差不应大于1.0%。成孔类微型桩孔内应充填密实，灌注过程中应防止钢管或钢筋笼上浮。桩的接头承载力不应小于母材承载力。

5. 土钉施工规定

（1）注浆用水泥浆的水灰比宜为0.45～0.55，注浆应饱满，注浆量应满足设计要求。

（2）土钉施工中应做好施工记录。

（3）钻孔注浆法施工要求如下。

① 成孔机具的选择要适应施工现场的岩土特点和环境条件，保证钻进和成孔过程中不引起塌孔；在易塌孔土层中，宜采用套管跟进成孔。

② 土钉应设置对中架，对中架间距1000～2000mm，支架的构造不应妨碍注浆。

③ 钻孔后应进行清孔，清孔后方应及时置入土钉并进行注浆和孔口封闭。

④ 注浆宜采用压力注浆，压力注浆时应设置止浆塞，注满后保持压力1～2min。

（4）击入法施工要求如下。

① 击入法施工宜选用气动冲击机械，在易液化土层中宜采用静力压入法或自钻式土钉施工工艺。

② 钢管注浆土钉应采用压力注浆，注浆压力不宜小于0.6MPa，并应在管口设置止浆塞，注满后保持压力1～2min。若不出现反浆时，在排除窜入地下管道或冒出地表等情况外，可采用间歇注浆的措施。

6. 预应力锚杆的施工规定

（1）锚杆成孔设备的选择应考虑岩土层性状、地下水条件及锚杆承载力的设计要求，成孔应保证孔壁的稳定性。当无可靠工程经验时，可按下列要求选择成孔方法。

① 不易塌孔的地层，宜采用长螺旋干作业钻进和清水钻进工艺，不宜采用冲洗钻进工艺；

② 地下水位以上的含有石块的较坚硬土层及风化岩地层，宜采用气动潜孔锤钻进或气动冲击回转钻进工艺；

③ 松散的可塑黏性土地层，宜采用回转挤密钻进工艺；

④ 易塌孔的砂土、卵石、粉土、软黏土等地层及地下水丰富的地层，宜采用跟管钻进工艺或采用自钻式锚杆。

（2）杆体应按设计要求安放套管、对中架、注浆管和排气管等构件，围檩应平整，垫板承压面应与锚杆轴线垂直。

（3）锚固段注浆宜采用二次高压注浆法。第一次宜采用水泥砂浆低压注浆或重力注浆，灰砂比宜为1:0.5～1:1，水灰比不宜大于0.6；第二次宜采用水泥浆高压注浆，水灰比宜为0.45～0.55，注浆时间应在第一次灌注的水泥砂浆初凝后即刻进行，注浆压力宜为2.5～5.0MPa。注浆管应与锚杆杆体一起插入孔底，管底距离孔底宜为100～200mm。

（4）锚杆张拉与锁定应符合下列规定。

① 锚固段注浆体及混凝土围檩强度应达到设计强度的75%，且大于15MPa后，再

进行锚杆张拉。

② 锚杆宜采用间隔张拉。正式张拉前，应取 10%～20% 的设计张拉荷载预张拉 1～2 次。

③ 锚杆锁定时，宜先张拉至锚杆承载力设计值的 1.1 倍，卸荷后按设计锁定值进行锁定。

④ 变形控制严格的一级基坑，锚杆锁定后 48h 内，锚杆拉力值低于设计锁定值的 80% 时，应进行预应力补偿。

7. 混凝土面层施工规定

钢筋网应随土钉分层施工，逐层设置，钢筋保护层厚度不宜小于 20mm。钢筋的搭接长度不应小于 30 倍钢筋直径。焊接连接可采用单面焊，焊缝长度不应小于 10 倍钢筋直径。

面层喷射混凝土配合比宜通过试验确定。

湿法喷射时，水泥与砂石的质量比宜为 1:3.5～1:4，水灰比宜为 0.42～0.50，砂率宜为 0.5～0.6，粗骨料的粒径不宜大于 15mm，混合料坍落度宜为 80～120mm。

干法喷射时，水泥与砂石的质量比宜为 1:4～1:4.5，水灰比宜为 0.4～0.45，砂率宜为 0.4～0.5，粗骨料的粒径不宜大于 25mm。干混合料宜随拌随用，存放时间不应超过 2h，掺入速凝剂后不应超过 20min。

喷射混凝土作业应与挖土协调，分段进行，同一段内喷射顺序应自下而上。当面层厚度超过 100mm 时，混凝土应分层喷射，第一层厚度不宜小于 40mm，前一层混凝土终凝后方可喷射后一层混凝土。

喷射混凝土施工缝结合面应清除浮浆层和松散石屑。喷射混凝土施工 24h 后，应喷水养护，养护时间不应少于 7d。气温低于 +5℃ 时，不得喷水养护。

喷射混凝土冬期施工的临界强度需求如下：普通硅酸盐水泥配制的混凝土不得小于设计强度的 30%，矿渣水泥配制的混凝土不得小于设计强度的 40%。

8. 基坑降水

基坑降水会引起周边地表和建筑沉降，因此基坑降水应遵循"按需降水"的原则。水井深度、水泵安放位置应与设计要求一致。设有截水帷幕的基坑工程，应待截水帷幕施工完成后方可坑内降水。为了保证排水通畅，防止雨水、施工用水等地表水漫坡流动或倒流回渗基坑，硬化后的场区地面排水坡度不宜小于 0.3%，并宜设置排水沟。基坑内应设置排水沟、集水坑，及时排放积聚在基坑内的渗水和雨水。

9. 基坑开挖

截水帷幕及微型桩应达到养护龄期和设计规定强度后，再进行基坑开挖。对自稳能力差的土体，如含水量高的黏性土、淤泥质土及松散砂土等开挖后应立即进行支护，初喷混凝土应随挖随喷。基坑开挖至坑底后应及时浇筑基础垫层，特别在软土地区及时浇筑垫层尤其显得重要。根据软土地区淤泥和淤泥质土的特点，基坑垫层浇筑时间宜控制在 2h 以内，最迟不应超过 4h。

基坑土方开挖分层厚度应与设计要求相一致，分段长度软土中厚度不宜大于 15m，其他一般性土厚度不宜大于 30m。基坑面积较大时，土方开挖宜分块分区、对称进行。上一层土钉注浆完成后的养护时间应满足设计要求，当设计未提出具体要求时，应至少养护 48h 再进行下层土方开挖。预应力锚杆应在张拉锁定后，再进行下层土方开挖。土方开挖后应在 24h 内完成土钉及喷射混凝土施工。对自稳能力差的土体宜采用二次喷射,初喷应随挖随喷。基坑侧壁应采用小型机具或铲锹进行切削清坡,挖土机械不得碰撞支护结构、坑壁土体及降排水设施。基坑侧壁的坡率应符合设计规定。开挖后发现土层特征与提供地质报告不符或有重大地质隐患时,应立即停止施工并通知有关各方。基坑开挖至坑底后应尽快浇筑基础垫层,地下结构完成后,应及时回填土方。

三、型钢水泥土复合搅拌墙支护结构技术

型钢水泥土墙是在连续套接形成的水泥土墙体内插入型钢形成的复合挡土、截水结构。目前关于型钢水泥土墙已有国家标准《型钢水泥土搅拌墙技术规程》(JGJ/T 199—2010)、上海市工程建设规范《型钢水泥土搅拌墙技术规程(试行)》(DGJ 08—116—2005)和浙江省工程建设标准《型钢水泥土搅拌墙技术规程》(DB33/T 1082—2011)等行业和地方规范。

表1-4 型钢水泥土复合搅拌墙分类

	水泥土生成方式	墙体水平断面	工法
型钢水泥土墙	原位搅拌法	排柱	SMW工法
		等厚	TRD工法
	置换法	排柱	BH·W工法、钻孔后注浆连续墙
		等厚	CRM工法

SMW工法和TRD工法形成的水泥土墙均采用在地层中原位搅拌的形式。CRM工法、BH·W工法和钻孔后注浆连续墙等工法,则采用预先成孔或成墙,然后注入在坑外搅拌好的水泥土浆液,因此水泥土墙不受土层参数影响,质量相对可靠,但施工过程相对复杂。目前在国内应用较多、技术相对成熟的是SMW工法和TRD工法。

(一) SMW工法和TRD工法的特点

1. SMW工法 (Soil Mixed Wall Method)

SMW工法是目前国内应用最多的型钢水泥土墙,即利用三轴搅拌桩钻机在原地层中切削土体,同时钻机前端低压注入水泥浆液,达到预定深度后,边提钻边从钻头端部再次注入水泥浆液,与土体原位搅拌,形成隔水性较高的水泥土柱列式挡墙;然后再依次套接施工其余墙段。在水泥土浆液尚未硬化前插入H型钢,形成具有一定强度和刚度、连续完整的地下墙体。如图1-10。

SMW工法具有如下特点:

(1) 适用土层范围广,在淤泥质土、黏性土、粉性和砂性土中均可施工。如果采用预成孔施工工艺,适用土质更为广泛。

(2) H型钢水泥土墙所需施工空间仅为三轴水泥土搅拌桩的厚度和施工机械必要的操作空间,与其他围护形式相比具有空间优势。

(3) 内插H型钢在地下室施工完成后可以拔除,不仅可避免形成地下永久障碍物,而且拔除的型钢可以回收利用,节约资金和社会成本。

(4) 该工法对周围环境影响小,无须开槽或钻孔,不存在槽(孔)壁坍塌现象,可以减少对邻近土体的扰动,降低施工期间对邻近地面、道路、建筑物、地下设施的不利影响。

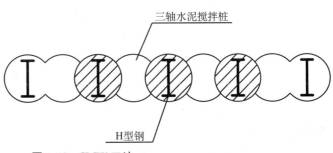

图 1-10 SMW 工法

(5) 该工法止水防渗性能好，水泥土渗透系数小，一般可达到 $10^{-8} \sim 10^{-7}$ cm/s。由于采用套接一孔法施工，且钻削与搅拌反复进行，使浆液与土体充分混合形成较为均匀的水泥土，与传统的围护形式相比具有更好的截水性。

(6) 施工深度大，振动小、噪声低。

(7) 工序简单、成本低、工期短。

2. TRD 工法（Trench-Cutting & Re-mixing Deep Wall Method）

TRD 工法是在 SMW 工法基础上，针对三轴水泥土搅拌桩桩架过高、稳定性较差、成墙垂直度偏低和成墙深度较浅等缺点研发的新工法。该法首先通过箱式刀具（由刀具立柱和链式刀具组成）自行切削插入地基至墙体设计深度，然后注入固化剂，通过刀具立柱的横向移动和链式刀具的竖向切削，对土体同时进行水平向切削和垂直向混合搅拌，并持续施工而构筑成地下连续水泥土墙。适用于开挖面积较大、开挖深度较深、对止水帷幕的止水效果和垂直度有较高要求的基坑工程。如图 1-11。

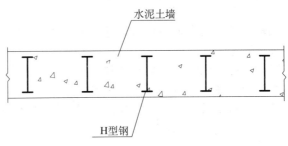

图 1-11 TRD 工法

TRD 工法具有如下特点：

（1）施工机架高度 10~12m，重心低、稳定性好。TRD 工法可施工墙体厚度为 450~850mm，深度最大可达 60m。

（2）施工垂直度高，墙面平整度好。通过刀具立柱内安装的多段倾斜计，对施工墙体平面内和平面外实时监测以控制垂直度，实现高精度施工。

（3）墙体连续等厚度，横向连续，截水性能好，水泥土的渗透系数在砂质土可达 10^{-8}~10^{-7}cm/s，在砂质黏土中达到 10^{-9}cm/s。成墙作业连续无接头，型钢间距可以根据设计需要调整，不受桩位限制。

（4）主机架可变角度施工，其与地面的夹角最小可为 30°，从而可对倾斜的水泥土墙体施工，满足特殊设计要求。

（5）在墙体全深度范围内对土体进行竖向混合、搅拌，墙体上下固化性质均一，墙体质量均匀。

（6）转角施工困难，对于小曲率半径或 90°转角位置，须将箱式刀具拔出、拆卸、改变方向后，再重新组装并插入地层，拆卸和组装时间长，转角施工过程较复杂。

国内在型钢水泥土墙推广应用的过程中，内插芯材除了目前最为常用的型钢以外，也出现了内插钢管、槽钢以及预制钢筋混凝土 T（工）形桩。预制钢筋混凝土 T（工）形桩具有刚度大、无须回收利用的优点。但相对于型钢，其截面尺寸大，重量大，施工时须采取专门压桩设备。为规范施工，加强质量控制和管理，如施工其他内插芯材时，必须有可靠的质量控制措施，确保水泥土墙的整体性、挡土和止水效果。

（二）SMW 工法的施工

1. SMW 工法施工设备

型钢水泥土墙应根据地质条件、作业环境与成桩深度选用不同形式和功率的三轴搅拌机，配套桩架的性能参数必须与三轴搅拌机的成桩深度和提升能力相匹配。SMW 工法标准施工配置详见表 1-5。

表 1-5　型钢水泥土墙标准施工配置表

编号	设备	编号	设备
1	散装水泥运输车	7	50t 履带吊
2	30t 水泥筒仓	8	DH 系列全液压履带式（步履式）桩架
3	高压洗净机	9	三轴搅拌机
4	2m³ 电脑计量拌浆系统	10	钢板
5	6~12m³ 空压机	11	0.5m³ 挖机
6	型钢堆场	12	涌土堆场

三轴搅拌机由多轴装置（减速器）和钻具组成。钻具包括：搅拌钻杆、钻杆接箍、搅拌翼和钻头。

内插芯材采用钢筋混凝土预制桩时，需采用专门的多功能水泥搅拌土植桩机，其特点是将强力水泥搅拌机械和压桩机械组合在一起，可以同步进行强力搅拌桩施工和压桩，其中压桩配备了静力压桩和振动成管桩功能（可实现高频振动辅助压桩）。

2. 三轴水泥土搅拌桩的施工顺序

（1）跳槽式全套打复搅式连接方式

常规情况下采用该施工方式，适用于标贯击数 N 值为 50 以下的土层。一般先施工第一单元和第二单元，后续第三单元的 A 轴、C 轴分别插入第一单元的 C 轴孔和第二单元的 A 轴孔中，依次类推，施工第四单元和套接的第五单元，从而形成连续套接的水泥土连续墙体，如图 1-12（a）所示。

（2）单侧挤压式连接方式

该施工方式适用于 N 值为 50 以下的土层，在施工受限制时采用，如在围护墙体转角处，密插型钢或施工间断等情况。施工顺序如图 1-12（b）所示，先施工第一单元，第二单元的 A 轴插入第一单元的 C 轴中，边孔套接施工，依次类推完成水泥土连续墙体施工。

（3）先行钻孔套打方式

该施工方式适用于 N 值超过 50 的密实土层，或者 N 值虽低于 50，但含有 Ø100mm 以上卵石的砂卵砾石层或软岩。一般采用装备有大功率减速机的螺旋钻孔机，先行施工 a1、a2、a3…等孔，如图 1-12（c）、（d）所示，局部疏松并捣碎地层，然后用三轴水泥土搅拌机选择跳槽式双孔全套打复搅式或单侧挤压式连接方式施工水泥土连续墙体。

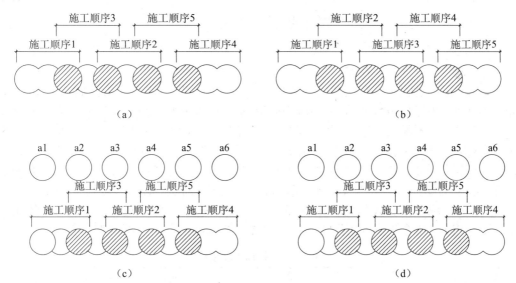

图 1-12 三轴水泥搅拌墙施工顺序

SMW 工法施工时一般采用套接一孔法式施工，即在连续的三轴水泥土搅拌桩中有一个孔是完全重叠的施工工艺。目前常用成孔直径可以分为 Ø650@450、Ø850@600、Ø1000@750 三种。

3. 施工技术要点

（1）施工过程的控制参数

三轴水泥土搅拌桩施工时应均匀搅拌，保持表面密实、平整。为确保桩体的连续性和桩体质量，一般桩顶以上约 1m 范围应喷射注浆，浆液的水泥掺量应和桩体一致，土方开挖期间桩顶以上部位予以凿除。桩端则比型钢端部深 0.5~1.0m。其主要施工参数为，水泥浆流量：280~320L/min（双泵）；水灰比为 1.5~2.0；泵送压力为 1.5~2.5MPa。机架垂直度偏差不超过 1/250，成桩垂直度偏差不超过 1/200，桩位布置偏差不大于 50mm。

(2) 三轴搅拌机钻杆下沉（提升）及注浆控制要求

三轴搅拌机就位后，主轴正转喷浆搅拌下沉至桩底后，再反转喷浆复搅提升。下沉和提升时应匀速，一般下沉速度为 0.5～1.0m/min，提升速度为 1.0～2.0m/min。具体适用的速度值应根据地质条件、水灰比、注浆泵工作流量、成桩工艺等计算确定。桩底位置宜适当持续搅拌注浆，对于不易匀速钻进下沉的地层，可增加搅拌次数。

注浆泵流量控制应与三轴搅拌机下沉（提升）速度相匹配。一般下沉时喷浆量为每幅桩总浆量的 70%～80%，提升时喷浆量为 20%～30%。由于三轴搅拌机中间轴注入压缩空气，应考虑其成桩对水泥土强度的影响。施工时如因故停浆，应在恢复压浆前，将搅拌机提升或下沉 0.5m 后，再注浆搅拌施工，以确保连续墙的连续性。正常条件下，三轴水泥土搅拌桩施工速度见表 1-6。

表 1-6　下沉与提升速度

土性	下沉搅拌速度/(m/min)	提升搅拌速度/(m/min)
黏性土	0.3～1.0	1～2
砂性土	0.5～1.0	
砂砾土	根据现场状况确定	
特殊土		

(3) 施工过程涌土率控制

水泥土搅拌过程中，置换涌土的数量是判断土层性状和调整施工参数的重要标志。黏性土特别是当标贯击数 N 值和黏聚力较高时，土体遇水湿胀，置换涌土多，螺旋钻头易形成泥塞，不易匀速钻进下沉，此时可调整搅拌翼的形式，增加下沉、提升复搅次数，适当增大送气量。对于透水性强的砂土地层，土体湿胀性小，置换涌土少，此时水灰比宜调整为 1.2～1.5。同时控制下沉和提升速度以及送气量，必要时在水泥浆液中掺加一定量的膨润土，以堵塞水泥浆渗漏通道，保持孔壁稳定，膨润土掺量一般为 3%～5%。膨润土具有较强的保水性能，可以增加水泥土的变形能力，提高墙体抗渗性。日本 SMW 协会提供的不同土质三轴搅拌机置换涌土发生率见表 1-7。

表 1-7　置换涌土发生率

土质	置换涌土发生率/%
砾质土	60
砂质土	70
粉土	90
黏性土（含砂质黏土、粉质黏土、粉土）	90～100
固结黏土（固结粉土）	比黏性土增加 20～25

(4) 搅拌桩底部的质量保证措施

三轴水泥土搅拌桩采用套接一孔法施工，为保证搅拌桩质量，在土性较差或者周边环境较复杂的工程，搅拌桩底部可以采用复搅施工。

(三) TRD 工法的施工

TRD 工法形成的水泥土连续墙为等截面形式，沿基坑方向厚度不变，内插型钢的间距可以不受三轴水泥土搅拌桩的孔径限制。

1. TRD 工法施工设备

TRD 工法的施工设备由 TRD 主机和刀具系统组成。主机包括底盘系统、动力系统、操作系统、机架系统。刀具系统包括立柱、刀具链条、刀头底板、刀头。

TRD 工法可通过改变刀头底板的宽度，形成以 50mm 为一级、范围在 450~850mm 的不同厚度的水泥土地下连续墙。可拆卸刀头在切削施工导致刀具链条磨损后，可方便地将刀具链条上的刀头拆卸、更换，有效地降低了维护成本和维护人员的劳动强度，提高了设备的工作效率，具有较高的实用性和经济效益。

2. 机架的架设顺序

（1）将带有随动轮的箱式刀具节与主机连接，切削出可以容纳 1 节箱式刀具的预制沟槽。

（2）切削结束后，主机将带有随动轮的箱式刀具提升出沟槽，与施工的方向反向移动。移动至一定距离后主机停止，再切削 1 个沟槽。切削完毕后，将带有随动轮的箱式刀具与主机分解，放入沟槽内，同时用起重机将另一节箱式刀具放入预制沟槽内，并加以固定。

（3）主机向预制沟槽移动。

（4）主机与预置沟槽内的箱式刀具连接，将其提升出沟槽。

（5）主机带着该节箱式刀具向放在沟槽内带有随动轮的箱式刀具移动。

（6）移动到位后主机与带有随动轮的箱式刀具连接，同时在原位置进行更深的切削。

根据待施工墙体的深度，重复（2）—（6）的顺序，直至完成施工装置的架设。如图 1-13。

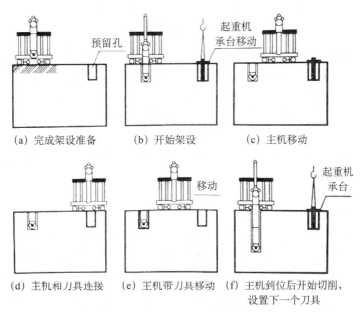

图 1-13 TRD 工法施工装置的架设

3. 施工顺序

① 主机施工装置连接，直至带有随动轮的箱式刀具抵达待建设墙体的底部。

②主机沿沟槽的切削方向作横向移动,根据土层性质和切削刀具各部位状态,选择向上或向下的切削方式,切削过程中刀具立柱底端喷出切削液和固化液,在链式刀具旋转作用下切削土与固化液混合搅拌。

③主机再次移动,在移动的过程中,将工字钢芯材按设计要求插入地中,插入深度用直尺测量,此时即筑成了地下连续墙体。

④施工间断而箱式刀具不拔出时,继续进行施工养护段的施工。

⑤继续启动后,回行切削和先前的水泥土连续墙进行搭接切削。

如图1-14。

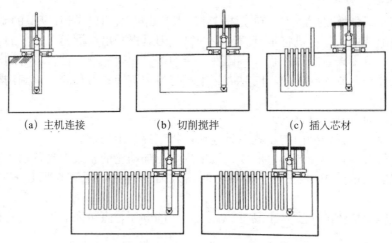

(a) 主机连接　　(b) 切削搅拌　　(c) 插入芯材

(d) 退出切削　(e) 搭接施工,通过退出部位后,返回到2工序

图1-14　施工顺序

鉴于箱式刀具拔出和组装复杂,操作时间长,当无法24h连续施工作业或夜间施工须停止时,箱式刀具可直接停留在水泥土浆液中,待第二天施工时再重新启动,继续施工。因此,当天水泥土墙体施工完成后,还需再进行箱式刀具夜间养护段的施工。此时养护段根据养护时间的长短,注入切削液,必要时掺加适量的缓凝剂,以防第二天施工时箱式刀具抱死。第二天箱式刀具正常启动后,须回行切削,并和前一天的水泥土连续墙进行不少于500mm的搭接切削,防止出现冷缝,确保水泥土墙的连续性。

4. 施工技术要点

(1) 施工方法

TRD工法可分为一步施工法、二步施工法、三步施工法。一般一步施工法同时注入切削液和固化液;二步施工法即第一步横向前行注入切削液进行切削,然后反向回切注入固化液;三步施工法中第一步横向前行时注入切削液切削,一定距离后切削终止;主机反向回切(第二步),即向相反方向移动;移动过程中链式刀具旋转,使切削土进一步混合搅拌,此工况可根据土层性质选择是否再次注入切削液;主机正向回位(第三步),刀具立柱底端注入固化液,使切削土与固化液混合搅拌。

一步施工法直接注入固化液,易出现箱式刀具周边水泥土固化的问题,一般用于深度较浅的水泥土墙的施工。二步施工法施工的起点和终点一致,一般仅在起始墙幅、终点墙幅或较短施工段采用,实际施工中应用较少。三步施工法搅拌时间长,搅拌均匀,可用于深度较深的水泥土墙施工,其中第一步施工墙幅的长度不宜超过t6m。一般多采用一步和三步施工法。

TRD工法机械施工时，前进距离过大，容易造成墙体偏位、卡链等现象，不仅影响成墙质量，而且对设备损伤大。一般横向切削的步进距离不宜超过50mm。当日水泥土连续墙施工时，施工机械须反向行走，并与前一天的水泥土墙进行搭接切削施工，搭接长度不宜小于500mm。

（2）箱式刀具拔出及注浆要求

TRD水泥土墙施工结束或直线边施工完成、施工段发生变化时，需用履带式起重机将箱式刀具拔出。

箱式刀具拔出过程中要防止水泥土浆液液面下降，应注入一定量的固化液。固化液填充速度应与箱式刀具拔出速度相匹配，拔出速度过快时，固化液填充未及时跟进，水泥土浆液液面将大幅下降，导致沟壁上部崩塌，机械下沉无法作业。同时箱式刀具顶端处形成真空，影响墙体质量。反之，固化液填充速度过快，注入量过多会造成固化液的满溢，产生不必要的浪费。

考虑箱式刀具的刚度以及再次施工时组装的需要，拔出后的箱式刀具应进行分割和仔细检查，对损耗部位须进行保养和维修。

四、组合内支撑施工技术

采用内支撑系统的深基坑工程，一般由围护体、内支撑以及竖向支承三部分组成。其中内支撑与竖向支承两部分合称为内支撑系统。内支撑系统具有无须占用基坑外侧地下空间资源、可提高整个围护体系的整体强度和刚度以及支撑刚度大可有效控制基坑变形等诸多优点，在深基坑工程中已得到了广泛的应用，特别在软土地区及环境保护要求高的深大基坑工程中更是成为优选的设计方案。

内支撑作为基坑开挖阶段围护体坑内外两侧压力差的平衡体系，经过多年来大量深基坑工程的实践，内支撑形式日益丰富多样。常用的内支撑按材料分有钢筋混凝土支撑、钢支撑以及钢筋混凝土与钢组合支撑等形式；按竖向布置可分为单层或多层平面布置形式和竖向斜撑形式。内支撑系统中的竖向支承一般由钢立柱和立柱桩一体化施工构成，其主要功能是作为内支撑的竖向承重结构，并保证内支撑的纵向稳定、加强内支撑体系的空间刚度，常用的钢立柱形式一般有角钢柱、H型钢柱以及钢管混凝土柱等，常用的立柱桩为灌注桩。

（一）内支撑系统的设计

1. 平面布置原则

（1）水平支撑系统

水平支撑系统中内支撑与围檩必须形成稳定的结构体系，有可靠的连接，满足承载力、变形和稳定性要求。一般要求如下：

① 内支撑杆件相邻水平距离首先应确保支撑系统整体变形和支撑构件承载力在要求范围之内，其次应满足土方工程的施工要求。

② 水平支撑应在同一平面内形成整体，上、下各道支撑杆件的中心线应布置在同一竖向平面内。

③ 支撑的平面布置应有利于利用主体工程桩作为支撑立柱桩。

④ 支撑系统平面布置时，支撑轴线应尽量避开主体工程的柱网轴线；同时，避免出现整根支撑位于结构剪力墙之上的情况。另外主体地下结构竖向结构构件采用内插钢骨的劲性结构时，应严格复核支撑的平面分布，确保支撑杆件完全避让劲性结构。

⑤ 当支撑系统采用钢筋混凝土围檩时，沿着围檩方向的支撑点间距不宜大于9m；采用钢围檩时，支撑点间距不宜大于4m。

⑥ 当需要采用相邻水平间距较大的支撑时，宜根据支撑冠梁、腰梁的受力和承载力要求，在支撑端部两侧设置八字斜撑杆与冠梁、腰梁连接。八字斜撑杆宜在支撑两侧对称布置，且斜撑的长度不宜超过9m，斜撑与冠梁、腰梁之间的夹角不宜大于60°；当主撑两侧的八字斜撑需要不对称布置且其轴向力相差较大时，可在受力较大的斜撑与相邻支撑之间设置水平连杆。

⑦ 平面设计时尽量避免出现坑内折角（阳角），当无法避免时，阳角位置应从多方面进行加强处理，如在阳角的两个方向上设置支撑点，或者根据实际情况将该位置的支撑杆件布置现浇板，通过增设现浇板增强该区域的支撑刚度，控制该位置的变形。无足够的经验可鉴时，最好对阳角处的坑外地基进行加固，提高坑外土体的强度，以减少围护墙体的侧向土压力。

（2）钢支撑体系

钢支撑体系平面布置原则除了应遵循上述一般要求之外，尚应满足下列要求：

① 支撑宜采用十字正交布置、对撑结合角撑等简洁的平面布置形式；

② 支撑平面布置应避免出现复杂节点形式，尽量使用标准装配式节点，以及减少焊接工作；

③ 支撑间距在满足承载力要求的情况下，应加大支撑平面间净距，以便于土方的开挖。

（3）钢筋混凝土支撑体系

钢筋混凝土支撑体系平面布置原则除应遵循上述一般要求之外，尚应满足下列要求。

① 水平支撑可采用由对撑、角撑、圆环撑、半圆环撑、拱形撑、边桁架及连系杆件等结构形式所组成的平面结构。

② 长条形基坑工程中，可设置以短边方向的对撑体系，两端可设置水平角撑体系支撑。

③ 当基坑周边紧邻保护要求较高的建（构）筑物、地铁车站或隧道，以及对基坑工程的变形控制要求较为严格时，或者基坑面积较小、两个方向的平面尺寸大致相等时，或者基坑形状不规则，其他形式的支撑布置有较大难度时，宜采用相互正交的对撑布置方式。

④ 当基坑面积较大、平面形状不规则、同时在支撑平面中需要留设较大作业空间时，宜采用角部设置角撑、长边设置沿短边方向的对撑结合边桁架的支撑体系。

⑤ 基坑平面为规则的方形、圆形或者平面虽不规则但基坑两个方向的平面尺寸大致相等，或者是为了完全避让塔楼框架柱、剪力墙等竖向结构以方便施工、加快塔楼施工工期（尤其是当塔楼竖向结构采用劲性构件）时，临时支撑平面应错开塔楼竖向结构，以利于塔楼竖向结构的施工，可采用圆环形支撑。如果基坑两个方向平面尺寸相差较大时，也可采用双半圆环支撑或者多圆环支撑。

⑥ 当采用环形支撑时，环梁宜采用圆形、椭圆形等封闭曲线的形式。并应按环梁弯矩、剪力最小的原则布设辐射支撑。

（4）竖向斜撑体系

竖向斜撑体系应满足下列要求：

① 支撑材料可采用钢或钢筋混凝土，支撑结构布置宜均匀、对称。

② 竖向斜撑待地下室顶板完成、基坑周围回填之后再拆除时，穿地下室外墙板位置的斜撑应采用 H 型钢替代，墙板厚度范围内的 H 型钢应设置止水措施。

③ 斜撑坡度不宜大于 1∶2。当斜撑长度大于 15m 时，宜在斜撑中部设置立柱。

④ 竖向斜撑应设置可靠的斜撑支座，避免设置在水平向不连续处、局部落深区等位置，而且其位置不应妨碍主体结构的正常施工。

2. 竖向布置原则

基坑竖向需要布置水平支撑的数量，主要根据工程场地水文、土层地质情况、周围环境保护要求、基坑围护墙的承载力和变形控制计算确定，同时应满足土方开挖的施工要求。

一般情况下，支撑系统竖向布置可按如下原则进行确定：

① 基坑竖向水平支撑的层数应根据基坑开挖深度、土方工程施工、围护结构类型及工程经验、围护结构的计算工况确定。

② 相邻水平支撑的净距以及支撑与基底之间的净距不宜小于 3m，当采用机械下坑开挖及运输时应根据机械的操作所需空间要求适当放大。

③ 各层水平支撑与腰梁的轴线标高应在同一平面上，且设定的各层水平支撑的标高不得妨碍主体工程施工。水平支撑构件与地下结构楼板及基础底板间的净距不宜小于 500mm，且应满足墙、柱竖向结构构件的插筋高度要求。

④ 首道水平支撑和腰梁的布置宜尽量与围护墙结构的顶圈梁相结合。在环境条件容许时，可尽量降低首道支撑标高。基坑设置多道支撑时，最下道支撑的布置在不影响主体结构施工和土方开挖条件下，宜尽量降低。当基础底板的厚度较大，且得到主体结构设计认可时，也可将最下道支撑留置在主体基础底板内。

（二）内支撑系统的施工

1. 水平支撑的施工

无论何种支撑，其总体施工原则都是相同的，支撑的施工、土方开挖的顺序、方法必须与设计工况一致，并遵循"先撑后挖、限时支撑、分层开挖、严禁超挖"的原则进行施工，尽量减小基坑无支撑暴露时间和空间。同时应根据基坑工程等级、支撑形式、场内条件等因素，确定基坑开挖的分区及其顺序。宜先开挖周边环境要求较低的一侧土方，并及时设置支撑。环境要求较高一侧的土方开挖，宜采用抽条对称开挖、限时完成支撑或垫层的方式。

基坑开挖应按支护结构设计、降排水要求等确定开挖方案，开挖过程中应分段、分层、随挖随撑、按规定时限完成支撑的施工，做好基坑排水，减少基坑暴露时间。基坑开挖过程中，应采取措施防止碰撞支护结构、工程桩或扰动原状土。支撑的拆除过程时，必须遵循"先换撑、后拆除"的原则进行施工。

（1）钢筋混凝土的施工

钢筋混凝土支撑的施工有多项分部工程组成，根据施工的先后顺序，一般可分为施工测量、钢筋工程、模板工程以及混凝土工程。

压顶圈梁施工前应清除围护墙体顶部泛浆。围檩施工前应凿出围檩处围护墙体表面泥浆、混凝土松软层、凸出墙面的混凝土。

支撑底模应具有一定的强度、刚度和稳定性，采用混凝土垫层作底模时，应有隔离措施，基坑开挖支撑下层土方时应及时清除。

围檩与支撑宜整体浇筑,超长支撑杆件宜分段浇筑。

支撑拆除应在换撑形成并达到设计强度后进行。钢筋混凝土支撑拆除可采用人工拆除、机械拆除、爆破拆除、切割拆除。支撑拆除时应设置安全可靠的防护措施,并应对永久结构采取保护措施。

钢筋混凝土支撑爆破拆除应符合下列要求:
① 宜根据支撑结构特点制定爆破拆除顺序;
② 爆破孔宜在钢筋混凝土支撑施工时预留;
③ 支撑杆件与围檩连接的区域应切断。

支撑施工质量应符合下列要求:
① 钢筋混凝土支撑截面尺寸允许偏差为+20mm、-10mm;
② 支撑标高允许偏差为 20mm;
③ 支撑轴线平面位置允许偏差为 30mm。

(2) 钢支撑的施工

钢支撑的施工根据流程安排一般可分为量测定位、起吊、安装、施加预应力以及拆撑等施工步骤。

钢支撑的安装前宜在地面进行预拼装。钢围檩与围护墙之间的空隙应采用混凝土或砂浆填充密实。采用无围檩的钢支撑系统时,钢支撑与围护墙的连接应可靠牢固。

钢支撑预应力施加应符合下列要求:
① 支撑安装完毕后,应及时检查各节点连接状况,符合要求后方可施加预应力;
② 预应力应均匀、对称、分级施加;
③ 预应力施加过程中应检查支撑连接节点,必要时应对支撑节点进行加固;预应力加完毕后应在额定压力稳定后予以锁定;
④ 支撑端部的八字撑应在主撑预应力施加完毕后安装;
⑤ 钢支撑使用过程应进行支撑轴力验算。

按照设计的施工流程拆除基坑内的钢支撑,支撑拆除前,先解除预应力。

2. 竖向支承的施工

竖向支承的施工与检测要求与水平支撑大致相同,需要格外考虑的是竖向支撑的垂直度与转向的偏差要满足要求。

竖向支撑的施工方法如下:
① 立柱的加工、运输、堆放应采取控制平直度的技术措施;
② 立柱宜采用专用装置控制定位、垂直度与转向的偏差;
③ 施工时,应先安装立柱就位,再浇筑立柱桩混凝土;
④ 立柱周边的桩孔应均匀填充密实。

竖向支承要求立柱桩成孔垂直度不应大于 1/150,沉渣厚度不应大于 100mm,立柱和立柱桩定位偏差不应大于 20mm,格构柱、H 型钢柱转向不宜大于 5°,立柱垂直度不应大于 1/200,每根立柱桩的抗压强度试块数量不少于 1 组。

(三) 常见工程问题及对策

1. 钢立柱与支撑距离过大的连接处理

钢立柱施工时定位发生偏差,或者立柱平面布置时为避让主体竖向结构,导致钢立柱平面部分或者完全偏离出支撑界面范围之外，因此在设计阶段要考虑到这一特殊情况。

设计时可通过将支撑截面局部位置适当扩大来包住钢立柱。扩大部分的支撑截面配筋应结合立柱偏离支撑的尺寸、该位置支撑的自重及施工荷载等情况，通过计算确定。

2. 钢立柱垂直度施工偏差过大的处理

钢立柱在实际施工过程中由于柱中心定位误差、柱身倾斜、基坑开挖或者浇筑桩身混凝土时产生位移等原因，会产生钢立柱中心偏离设计位置或竖向垂直度偏离过大的情况，过大偏离将造成立柱承载力的下降，因此在设计阶段要考虑到这一特殊情况。

基坑开挖土方期间，钢立柱暴露出来以后，应及时复核钢立柱的水平偏差和竖向垂直度，应根据实际的偏差测量数据对钢立柱的承载力进一步校核。若施工偏差过大以致钢立柱不能满足承载力要求，应采取限制荷载、设置柱间支撑等措施确保钢立柱承载力和稳定性满足要求。限制荷载，对于栈桥区域的施工偏差过大的钢立柱应限制其对应区域栈桥施工荷载。设置柱间支撑，对于施工偏差过大的钢立柱可采取设置柱间支撑的方式进行加固，工程中常用槽钢或角钢作为柱间支撑。

3. 钢立柱与支撑节点钢筋穿越问题的处理

角钢格构柱一般由四根等边的角钢和缀板拼接而成，角钢的肢宽以及缀条会阻碍支撑主筋的穿越，角钢格构柱因施工偏差的原因、平面位置上的移动或者角度发生偏转会加大支撑主筋穿越立柱的难度，因此在设计阶段要考虑到这一特殊情况。

设计时，根据支撑截面宽度、主筋直径以及数量等情况，主筋穿越柱节点位置一般有钻孔钢筋连接法、传力钢板法以及梁侧加腋法。

（1）钻孔钢筋连接法

钻孔钢筋连接法是为了便于支撑主筋在柱节点位置的穿越，在角钢格构柱的缀板或角钢上钻孔支撑钢筋的方法，如图1-15。该方法在支撑截面宽度小、主筋直径较小以及数量较少的情况下适用，但由于在角钢格构柱上钻孔对基坑施工阶段竖向支承钢立柱有截面损伤的不利影响，因此该方法应通过严格计算，确保截面损失后的角钢格构柱截面承载力满足要求时方可使用。具体如图1-15所示。

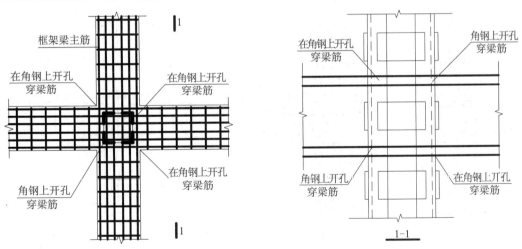

图 1-15 钻孔钢筋连接法示意图

(2) 传力钢板法

传力钢板法是在格构柱上焊接连接钢板，将受角钢格构柱阻碍无法穿越的支撑主筋与传力钢板焊接连接的方法。该方法的特点是无须在角钢格构柱上钻孔，可保证角钢格构柱截面的完整性，但在施工第二道及以下水平支撑时，需要在已经处于受力状态的角钢上进行大量的焊接作业，因此施工时应对高温下钢结构的承载力降低因素给予充分考虑。具体如图1-16所示。

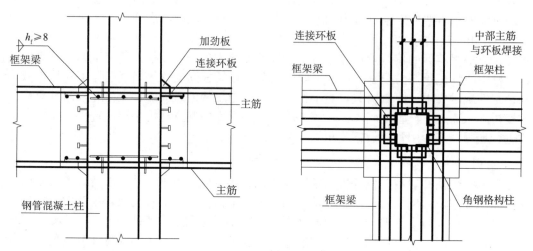

图 1-16 传力钢板法连接示意图

(3) 梁侧加腋法

梁侧加腋法是通过在支撑侧面加腋的方式扩大支撑与立柱节点位置支撑的宽度，使得支撑的主筋得以从角钢格构柱侧面绕行贯通的方法。该方法回避以上两种方法的不足之处。但由于需要在支撑侧面加腋，加腋位置的箍筋尺寸需根据加腋尺寸进行调整，且节点位置绕行的钢筋需在施工现场根据实际情况进行定型加工，一定程度上增加了现场施工的难度。具体如图1-17所示。

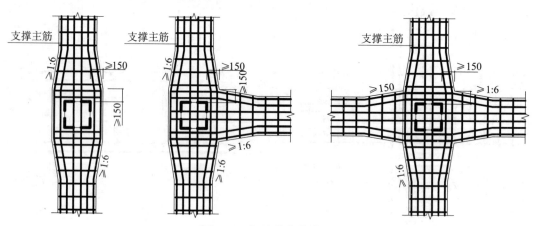

图 1-17 加腋节点构造图

五、地下连续墙施工技术

（一）概述

地下连续墙技术是奥地利的 Veder 教授于 20 世纪 40 年代基于采用触变泥浆维持开挖形成的槽壁稳定性的概念而发展起来的。早期地下连续墙的功能主要是用于防渗及承受水平荷载，随后逐渐扩展到能承受上部结构荷载的集挡土、承重和防渗于一身的"三合一"的墙体。这样，地下连续墙技术也被成功地应用于大型基础工程中，作为上部结构的基础发挥着很强的承载功能，并取得了很好的经济效果。在基坑工程中，尤其是对于超深基坑，地下连续墙不仅能作为挡土结构，承担水土压力，也可防水截渗，起到止水帷幕的作用，并且可以作为地下结构的外墙，充分发挥其竖向承载能力。根据《建筑地基基础术语标准》，地下连续墙是用专门的成槽机或槽壁桩挖掘设备，采用泥浆护壁，开挖出具有一定宽度和深度的槽。在槽内浇筑混凝土，形成单元槽段。将若干单元槽段按一定构造连接成水平向连续的混凝土墙。当在墙体中放置钢筋笼或型钢时，则形成连续的钢筋混凝土墙。

（二）地下连续墙的类型

根据地下连续墙的施工方法，地下连续墙可分为现浇地下连续墙和预制地下连续墙两类。

1. 现浇地下连续墙

现浇地下连续墙是指采用专用机械设备现场成槽、现场制作钢筋笼并浇筑混凝土的现浇混凝土或钢筋混凝土地下连续墙。

对现浇地下连续墙，根据其平面形状和功能，可分为以下五类：

（1）素混凝土地下连续墙

主要作为深基坑的止水帷幕用于截水、防渗，由于没有钢筋笼或型钢，故不能作为结构来受力。素混凝土地下连续墙主要应用于水利水电工程，节省材料并降低墙体的刚度，避免上部高坝作用下在地基中产生应力集中，也可用水泥、骨料、黏土、膨润土与粉煤灰等组成的塑性混凝土连续墙，单纯用于防渗，其中每立方米塑性混凝土的水泥用量可以少于 100kg。近年来，随着开挖深度达 20～40m 的超深基坑的出现，素混凝土地下连续墙可用于在地层深部用于截断承压含水层，其上部可为钢筋混凝土地下连续墙，起到承担土压力、保证基坑稳定的作用。

（2）型钢混凝土地下连续墙

型钢混凝土地下连续墙采用常规地下连续墙成槽工艺，灌注混凝土后插入型钢。主要用于场地狭窄、大型地下连续墙施工设备难以操作、整体式钢筋笼现场难以制作的工程。该墙体的特点是型钢之间的混凝土可以传递型钢之间的竖向剪力和垂直于墙体平面的水平向剪力，但墙体自身不能承担水平向弯矩。

（3）整片式钢筋笼壁板式地下连续墙

当在一个单元槽段内配置整片的钢筋笼时可形成壁板式地下连续墙。由于在槽段宽度范围内墙体横向钢筋是连续的，故而槽段单元内，既可承担水平向和横向弯矩，也可传递平面内的竖向剪力和垂直墙体的水平向剪力，墙体受力与变形的整体性明显好于素混凝土地下连续墙和型钢泥混凝土地下连续墙。

(4) 预制箱型型钢（NS-BOX）混凝土地下连续墙

日本1992年开发了一种采用预制箱型型钢（NS-BOX）代替整片式钢筋笼的混凝土地下连续墙。箱型型钢由GH-R和GH-H两种单元连接而成，其中GH-R翼缘两端均设有"C"形接头，面GH-H两端是"T"形接头。实际施工时，先在做好的槽中放入左右两个GH-R单元，然后在中间放入GH-H单元，如图1-18。如此级次完成一个单元槽段的箱型型钢的设置后，采用导管浇筑混凝土形成一个完整槽段。

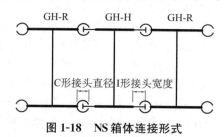

图1-18 NS箱体连接形式

NS-BOX箱型型钢地下连续墙相对于常规整片式钢筋笼地下连续墙来说，具有更高的抗弯强度与抗剪强度，因此可形成高强、薄壁的地下连续墙，可用于场地狭窄的情况。

(5) 异形地下连续墙

当地下连续墙在一个槽段宽度范围内出现转折时，可形成"L"形、"A"形等折板型地下连续墙。也可将两个槽段正交形成"T"形或"Π"形地下连续墙，也可因多个槽段连续转折形成更加复杂的平面布置。当设备基础或条件合适时，常采用圆形地下连续墙，充分利用土拱效应，将周围均匀作用的水土荷载转化为墙体平面内压应力，充分发挥混凝土抗压强度高的优势。

异形地下连续墙抗弯刚度较高，常用于基坑变形需要严格控制的位置。

(6) 格构形地下连续墙

在一些情况下，需要墙体具有很大的抗弯刚度，但施工能力或加大墙体的厚度受到限制，异形地下连续墙也不能满足要求时，可通过多个单元槽段在平面上进行组合，形成封闭的格构形地下连续墙。当因条件限制，无法设置水平支撑而导致地下连续墙需要悬臂支挡开挖深度很大的基坑和岸坡时，可采用多格构形的地下连续墙，总体厚度可达10m甚至20m以上。例如，天津中央大道海河隧道在塘沽区于家堡附近海河与中央大道的交会处，岸边段拟采用明挖法施工，最大开挖深度约24m，在沿海河岸边部分采用了格构形地下连续墙支护结构，无须采用地下连续墙支撑。

格构形地下连续墙多用于船坞、河岸岸坡、大型的工业基坑及其他特殊条件下无法设置水平支撑的基坑工程。

2. 预制地下连续墙

对于现浇混凝土地下连续墙，当地下连续墙深度和槽段宽度较大时，钢筋笼的现场加工需要占用较大的场地，这在城市场地狭窄地区会造成一定的困难。为此，发展了预制地下连续墙，采用现场成槽后插入预制的墙板，预制墙板之间采用现浇混凝土形成接头，防止接头渗漏。这种预制地下连续墙施工采用成槽机成槽、泥浆护壁，然后起吊预制墙板插入槽的施工方法。通常预制墙段厚度较成槽机抓斗厚度小20mm，墙段入槽时两侧可各预留 10mm 空隙便于插槽施工。

3. 地下连续墙适用范围

地下连续墙具有显著的优越性，结合经济性的考虑，地下连续墙主要适用于以下条件的基坑工程：

(1) 地下连续墙可充分利用建筑红线范围内的空间，且其刚度有利于控制基坑变形，故常用于场地空间狭小，且周边环境变形要求严格的基坑工程；

(2) 除了具备很强的抗弯刚度可用于抵抗水土压力外，地下连续墙具有竖向承载能力大及防渗功能好的优点，可以用于作为地下室外墙，成为地下结构的一部分，也可用于逆作法施工，实现地上和地下同步施工，缩短工期；

(3) 由于地下连续墙只有在一定的深度范围内才具有较好的经济性和特有的优势，故一般适用于开挖深度大于 10m 的深基坑工程，当其他围护结构无法满足要求时也可采用地下连续墙；

(4) 基坑开挖深度很大，且需截断深层的含水层，采用其他止水帷幕难以满足要求时可采用地下连续墙。目前地下连续墙最大施工深度可达 150m，最大施工厚度可达 2.5m。

(三) 地下连续墙施工

地下连续墙的施工是利用专用的挖槽机械在泥浆护壁下开挖一定长度（一个单元槽段），挖至设计深度并清除沉渣后，插入接头管，再将在地面上加工好的钢筋笼用起重机吊入充满泥浆的沟槽内，最后用导管浇筑混凝土，待混凝后拔出接头管，一个单元槽段即施工结束（如图 1-19），如此逐段施工，即形成地下连续的钢筋混凝土墙。

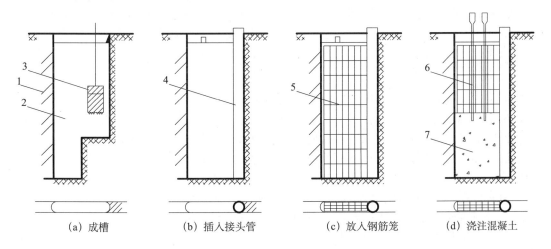

(a) 成槽　　(b) 插入接头管　　(c) 放入钢筋笼　　(d) 浇注混凝土

图 1-19　地下连续墙施工过程示意图

1. 已完成的单元槽段；2. 泥浆；3. 成槽机；4. 接头管；5. 钢筋笼；6. 导管；7. 浇筑的混凝土

1. 施工准备

为了保证地下连续墙施工的顺利进行，在进行施工之前，需要进行周密的准备工作，具体包含以下内容：

(1) 收集地下连续墙设计图纸及相关文字说明，并收集相关的国家及地区政策法规、施工规范等；

（2）研究现场地质情况，了解各土层的具体性状，尤其是特殊土层特点，如软弱土层、密实砂层、硬钻土层、卵石层、砾石或漂石层等，为选择合适的机械设备做准备，必要时进行补充勘查；

（3）查清地下水分布情况，尤其是承压含水层分布、水头高低以及不同承压层的相互补给程度，以便选择合适的泥浆和槽壁保护方案；

（4）调查地面及地下障碍物，对地面的高压线、高架管道、高架桥等采取拆迁、移位或现场保护等措施，对地下管道、埋设线缆等进行移位等处理；

（5）对邻近建（构）筑物的结构类型、使用历史、基础形式及埋深、允许变形等进行调查，必要时采取相应的保护措施；

（6）进行现场机械设备的运输及进出场地计划安排，并配备必要的动力及供水设备；

（7）合理安排施工平台，制定弃土及废泥浆的处理方法，并对噪音、振动及泥浆污染采取相应的保护措施；

（8）合理安排槽段的长度、槽孔的划分及布置，保证施工高效有序进行。

2. 导墙

导墙通常为就地灌注的钢筋混凝土结构，其主要作用：①保证地下连续墙设计的几何尺寸和形状；②储蓄部分泥浆，保证成槽施工时液面稳定；③承受挖槽机械的荷载，保护槽口土壁不破坏，并作为安装钢筋骨架的基准。导墙深度一般为 1.2～1.5m。墙顶高出地面 10～15cm，以防地表水流入而影响泥浆质量。导墙底不能设在松散的土层或地下水位波动的部位。

内外导墙墙面间距为地下墙设计厚度和施工余量（40～60mm），导墙顶面应水平，内墙面应垂直。导墙墙背侧用黏性土回填并夯实，防止漏浆。导墙拆模后，应立即在墙间加设支撑，且在达到规定强度之前禁止重型机械在旁边行驶。

3. 泥浆

泥浆主要是对槽壁施加压力以保护挖成的深槽形状不变，并通过灌注混凝土把泥浆置换出来。泥浆材料通常由膨润土、水、化学处理剂和一些惰性物质组成。泥浆的作用是在槽壁上形成不透水的泥皮，从而使泥浆的静水压力有效地作用在槽壁上，防止地下水的渗水和槽壁的剥落，保持壁面的稳定，同时泥浆还有悬浮土渣和将土渣携带出地面的功能。施工应注意的主要问题包括：

（1）根据现场的具体条件定期对泥浆进行质量控制试验，当泥浆不能满足所需的要求时，及时查明原因，修正配合比，更换材料或采取其他措施；

（2）为避免因水的酸碱性而导致泥浆性质发生变化，膨润土泥浆的拌和水应采用 pH 值接近于中性的自来水进行搅拌；

（3）泥浆的最优配合比应根据不同地区的水文地质条件、施工设备进行选择，以保证最佳的护壁效果，一般软土地层中，可根据重量比配制；

（4）泥浆配制过程中，膨润土在搅拌机加水旋转后缓慢均匀加入，搅拌 7～9min，然后缓慢加入 CMC、纯碱及一定量的水充分搅拌（搅拌 7～9min）；

（5）新配制的泥浆需静置 24h 以上，使膨润土充分水化后方可使用，且使用时应进行泥浆指标的测定；

(6) 成槽结束后应对泥浆进行清底置换，不达标的泥浆应废弃；

(7) 泥浆的储备应按最大槽段体积的 1.5~2 倍进行考虑；

(8) 施工过程中定期对泥浆指标进行检查测试，随时进行调整，做好记录；

(9) 使用过的泥浆因掺入了大量的土渣及电解质离子等，欲重复使用时需采用物理或化学方法进行泥浆处理，必要时加入必要的掺合剂，保证各项指标合格后方可重复使用，对于恶化的泥浆应废弃处理。

4. 成槽与防塌槽措施

在地下连续墙的成槽过程中，土体的开挖将引发原始地层土压力的失衡，如果泥浆护壁效果不佳，将导致槽壁发生坍塌。为了防止槽壁失稳，除了采取措施保证泥浆的质量外，主要的控制措施还包括：

(1) 根据土层情况，选择合适的导墙截面形式，尤其是对于土质条件较差的情况，宜采用较大导墙底面的截面形式；

(2) 当预知槽段开挖深度范围内存在软弱土层时，可在成槽前对不良地层采用水泥土搅拌桩或高压旋喷桩等工艺进行预加固，确保槽壁的稳定；

(3) 在拐角处等槽段的阳角区域进行注浆加固，防止成槽开挖时发生阳角坍塌；

(4) 在周边环境允许的条件下，应降低施工墙体周围的地下水位，促使泥皮的形成，避免管涌或流砂等现象；

(5) 泥浆性能的优劣直接影响槽壁的稳定性，故需选用黏度大、失水量小的泥浆，形成泥皮薄且坚韧，并随时根据泥浆的指标变化进行调整，及时添加外加剂，确保槽壁稳定；

(6) 严格控制泥浆的液位，确保液位位于地下水位以上 0.5m，并不低于导墙顶面以下 0.3m，及时补浆，在容易渗漏的土层，提高泥浆黏度和增加储备量，备好补漏材料；

(7) 在遇到较厚的粉砂、细砂地层（尤其是埋深 10m 以上）时，可适当增大泥浆黏度，但不宜超过 45s；

(8) 在地下水位较高，又不宜提高导墙顶面标高时，可适当增大泥浆的相对密度（比重），但不宜超过 1.25，并采用掺加重晶石的技术方案；

(9) 严格限制槽段附近重型机械设备的反复压载及振动，施工机械应采用铺设钢板办法减小集中荷载的作用，并严禁在槽段周边堆放施工材料；

(10) 妥善处理废土及废弃泥浆，避免因泥浆洒漏导致场地环境恶化，并影响槽段周围土体的稳定性；

(11) 缩短裸槽的时间，当成槽完成且清底完成后，及时进行钢筋笼下放并浇灌混凝土，减小槽壁的颈缩。

5. 钢筋笼焊接、起吊与下放

(1) 钢筋笼的焊接

钢筋笼的焊接质量对于地下连续墙的受力性能有着重要的影响，在焊接施工过程中，应注意的主要问题如下：

① 钢筋笼加工场地应设置在材料运输进场及钢筋笼吊放较为方便的位置，且应在型钢或钢筋制作的平台上成形。平台需具备一定的尺寸，一般应大于钢筋笼的尺寸，且保证平整度；

② 为保证纵向钢筋的定位准确，一般需在施工平台上设置带凹槽的钢筋定位条进

行定位；

③ 钢筋笼应根据地下连续墙的施工配筋图进行钢筋配置和槽段的划分，一般以单元槽段为一整体，当墙体深度较大或起重设备起重能力受限时，可采用分段制作，在吊放时进行逐段连接；

④ 根据钢筋笼的质量、尺寸、起吊方式和吊点布置情况，在笼内设置一定数量的纵向桁架，一般为（2～4）榀；

⑤ 制作钢筋笼时，应根据配筋图以确保钢筋位置的准确，同时对钢筋型号、间距及根数进行校正，纵向钢筋的搭接一般采用气压焊接、双面或单面搭接焊进行连接，且除了两道钢筋的交点需全部点焊外，其余可采用50%交叉点焊，成形时使用的临时扎结铁丝焊后应全部拆除；

⑥ 钢筋笼的纵筋底端应距离槽底面10～20cm，侧面端部与接头管或混凝土接头面间应留有15～20cm的空隙，主筋的净保护层厚度通常为7～8cm，保护层垫块一般采用5mm厚钢板。当地下连续墙作为永久性地下结构时，主筋保护层应根据设计要求确定；

⑦ 在制作钢筋笼时，需预先确定浇注混凝土所用导管的位置。为保证该位置的上下贯通，需将横向钢筋放在纵向主筋的外侧，并在周围增设箍筋和连接筋进行加固，尤其是当导管位于单元槽段接头附近时，应对该处的密集钢筋进行特别处理；

⑧ 纵向钢筋的底部应向内弯折，以便于钢筋笼的下放，并不至于擦伤槽壁，但弯折度不得影响导管的插入；

⑨ 对于拐角部位的钢筋笼，当单元槽段的长度较长时，可分别进行钢筋笼的加工，当单元槽段长度较小时，则可直接将钢筋笼组装成"L"形，形成钢筋笼整体；

⑩ 在钢筋重叠的地方，应确保混凝土流动所必需的间距，并确保原定保护层厚度不影响；

⑪ 根据配筋图的要求，应进行斜拉补强钢筋、剪力连接钢筋、连接钢筋以及起吊用附加筋的绑扎焊接，应考虑其相应的保护层厚度，当设计图纸未详细标明附加钢筋时，应进行研究，另行附加；

⑫ 钢筋笼制作速度应与挖槽速度协调一致，在钢筋笼制作完成后应按使用顺序进行堆放，并标明单元槽段编号、钢筋笼的上下头及里外面，以便使用。

（2）钢筋笼的起吊

钢筋笼的起吊需注意以下内容：

① 根据钢筋笼的重量及尺寸，选择合适的主吊、副吊设备，同时选择主、副吊扁担，并进行验算；此外对主、副吊钢丝绳、吊具索具、吊点及主吊把杆长度进行验算；

② 根据起吊设备的选择及布置，合理布置吊点，吊点的布置及起吊方式不得导致钢筋笼发生过大变形，且不允许发生不可恢复的变形，同时对吊点进行局部加强，沿纵向及横向设置桁架，增强钢筋笼的整体刚度；

③ 在钢筋笼起吊之前，根据起吊设备条件，制定周密的起吊方案，保证起吊的顺利进行，并便于后续的钢筋笼运输及下放；

④ 钢筋笼的起吊应采用横吊梁或吊架，起吊时不得使钢筋笼下端在地面上拖引，以免造成下端钢筋弯曲变形，同时应避免起吊后在空中摆动，在钢筋笼下端使用搜引绳以便于人力操纵。

（3）钢筋笼的下放

在钢筋笼的下放过程中，需注意以下内容：

① 在钢筋笼下放入槽内前，可采用经纬仪或测锤等方式对钢筋笼的垂直度进行检查，保证入槽前钢筋笼的垂直度；

② 钢筋笼进入槽内时，钢筋笼必须对准单元槽段的重心，垂直准确地插入槽内，且控制好插入速度，缓慢地下放钢筋笼，下放过程中避免因起重臂摆动或其他因素导致钢筋笼发生横向摆动，撞击槽壁而导致塌槽；

③ 如钢筋笼无法顺利插入槽内时，应重新吊出，查明原因并采取措施进行解决，然后重新进行下放，不可强行插入，以免造成钢筋笼变形或槽壁坍塌；

④ 当钢筋笼采用分段制作时，吊放时应进行接长，下端钢筋笼对准槽段中心暂时搁置于导墙上，然后将上端钢筋笼垂直吊起，检查其纵筋是否与搁置下端钢筋笼所使用的水平筋成直角，确保垂直后进行上下段钢筋笼的直线连接；

⑤ 当钢筋笼上安装过多的泡沫苯乙烯等附加部件或水泥浆的比重过大时，将对钢筋笼产生较大的浮力，阻碍钢筋笼插入槽内，必要时应对钢筋笼施加配重；

⑥ 对于拐角部位的钢筋笼，当相连两墙段采用分离组装时，一般先将带有接头的钢筋笼吊入槽内，然后吊装另一片钢筋笼，当采用整体组装的"L"形钢筋笼时，吊入时应避免碰撞拐角，以免导致塌陷。

6. 混凝土灌注

地下连续墙的混凝土灌注采用水下浇注工艺，其浇注质量的优劣直接影响墙体的强度和刚度，在施工过程中，需注意以下问题：

① 浇筑混凝土之前，需要合理安排导管的布置、安设及拔出程序，制定混凝土的运输措施，避免出现浇灌中断，保证施工高效进行。

② 导管间距取决于导管的直径，一般为 3~4m，间距过大易导致导管中间部位混凝土面较低，泥浆易卷入。当同一槽段内采用两根或两根以上导管时，应使各导管处的混凝土面同时上升，大致位于同一标高处，同时导管距槽段端部的距离不超过 2m。

③ 导管在使用前应进行水密性的检查，紧固部分涂刷黄油，且保证导管无破损或变形，在使用后迅速清除黏附在导管上的混凝土，保持清洁。

④ 尽可能使用大直径导管，管径过小易导致混凝土的下落喷射力减弱，而使混凝土向上的推压力不足，致使无法清除底部沉渣，易导致泥浆或沉渣卷入混凝土内部，降低混凝土的品质。

⑤ 混凝土应在搅拌后 1.5h 内使用，避免因间隔时间过长而导致混凝土塌落度降低，使混凝土从导管底端流出困难，甚至造成堵塞，尤其是在夏天进行施工，应尽量在搅拌后 1h 内浇灌完。

⑥ 浇灌过程中应实时测量混凝土的浇灌量及上升高度，采用测绳悬吊测锤的方法测定混凝土表面距离地面的深度。为避免因混凝土表面不平导致误差，应对每个单元槽段选取三个以上的测点，取平均值确定混凝土表面的高度，此外，在吊放测锤时，应在碰到软弱部分后再下放 10~20cm，方可测得混凝土粗骨料位置高度。

⑦ 采用管塞方式浇灌混凝土时，导管底端应与槽底相距 10~20cm，且在管塞放入导管的同时注入混凝土，在管内混凝土停止下降以前，必须连续浇灌，避免泥浆进入管内；而采用铁底板方式浇灌混凝土时，导管的底端应紧贴槽底，待混凝土灌满导管后慢慢提起 10~20cm。

⑧ 导管应埋入混凝土内 1.5m 以上，避免沉渣或泥浆卷入混凝土内部，但最大的埋

入深度不可超过 9m，避免混凝土浇灌不畅，甚至导致钢筋笼上浮。当浇灌至墙体顶部附近时，因导管内的混凝土不易流出，导管的埋入深度可减小为 1m 左右，必要时可将导管上下抽动，但最小埋入深度应保证在 30cm 以上。

⑨ 浇灌过程中，导管不可横向运动，以免将泥浆和沉渣卷入混凝土内部，影响墙体质量。

⑩ 混凝土应连续浇灌，且尽量加快单元槽段混凝土的浇灌速度，一般槽段内混凝土面的上升速度不宜小于 2m/h，并保证墙体质量的均匀，提高施工的可靠性。

⑪ 采用漏斗接收混凝土时，混凝土不可溢出漏斗，避免流入槽内影响泥浆的质量。

⑫ 浇灌混凝土所置换出的泥浆应送入沉淀池进行处理，勿使泥浆溢出导墙，不能重复使用的泥浆应直接进行排除处理。

⑬ 为去除混凝土最上部的浮浆层，应保证混凝土多浇灌 30~50cm。

⑭ 为防止施工中发生故障而影响地下连续墙的质量，应提前制定适当的措施，保证发生施工事故时能及时处理，减小事故危害。

（四）常见工程问题及措施

1. 槽壁失稳

（1）在地下连续墙施工过程中，当墙体槽壁发生坍塌时，通常会有如下现象：

① 槽内泥浆大量漏失、液位出现显著下降；

② 泥浆中冒出大量泡沫或出现异常搅动；

③ 排出的泥渣量明显大于设计断面土方量；

④ 导墙及周边地面出现沉降。

（2）当槽壁发生失稳，出现塌槽时，需立即采取下列措施：

① 及时停止施工，将成槽机械提升至地面；

② 向槽内填入砂土，并用抓斗进行逐层填埋压实；

③ 在槽内和槽外（离槽壁 1m 处）进行注浆加固，待注浆密实后再进行挖槽。

2. 钢筋笼未按设计标高就位

下放钢筋笼时，常由于一些原因使钢筋笼不能按设计标高就位。当出现这种情况时，应据具体原因采取相应补救措施，防止塌槽等更严重的后果。

（1）当槽底沉渣过厚、钢筋笼下沉过程中发生塌槽等原因而无法下放到设计标高（或槽底）时，应根据槽壁稳定情况，尽快灌注混凝土或提出钢筋笼后进行回填处理再重新挖槽以防止塌槽。

（2）当地下连续墙下端主要用于截断承压含水层时，如因墙底沉渣导致连续墙不能穿越承压含水层进入隔水层而被其截断时，应根据具体情况在深度不够的槽段处采用旋喷桩形成一道止水帷幕，或补打一幅地下连续墙。

（3）当发生钢筋笼下放过程中因槽壁倾斜导致钢筋笼倾斜时，可尝试轻微上提钢筋笼然后再进行下放，如多次尝试不能成功时，应在钢筋笼下放至现有标高基础上，迅速浇灌混凝土，防止塌槽，然后在基坑外补打第二幅地下连续墙，并设置严密的防渗构造；或迅速回填砂土，并用抓斗进行逐层填埋压实，再按前述方法处理后重新挖槽。

3. 槽段钢筋被部分切割

当成槽过程中，遇地下障碍物而无法清除时，为顺利下放钢筋笼，需将钢筋笼切割一部分，钢筋切割处的墙体厚度也可能因障碍物影响而不能达到设计墙厚。为了弥补由此导致的对墙体受力的影响，可采取下列措施：

（1）当钢筋切除位置位于基底以下，墙体受力较小，且钢筋仅少量切除时，可在相应位置处进行旋喷加固，保证墙体的止水性能。

（2）当被切掉的钢筋笼仅是局部或一小部分时，可以在相应处的坑外侧施加几根钻孔灌注桩进行加固，同时围绕灌注桩进行高压旋喷加固，形成隔水帷幕。

（3）当在一个槽段较大范围内将钢筋笼切除并导致墙体难以满足要求时，应在问题槽段地下连续墙外侧增加一单元槽段的地连续墙，并在后作墙体与原墙体接缝处采用高压旋喷进行止水加固，起到承载及防水功能。

（4）当钢筋切除位置位于开挖面以上时，可在对墙体受力与变形进行可靠复核计算基础上，在开挖后进行修复。将钢筋切除处的混凝土凿除，并凿出相邻两槽段的钢筋笼后将侧面清洗干净，焊上该处所缺钢筋，并架设墙体坑内侧的模板，浇筑与原墙体同一强度等级或高一等级的混凝土，同时在墙体内测设置钢筋混凝土内衬墙，保证墙体的防渗性能。

4. 墙身缺陷

当地下连续墙施工不当时，墙体可能出现墙身方面的缺陷，具体缺陷及处理措施如下：

（1）墙身表面出现露筋或孔洞。当墙身出现露筋时，先清除露筋处墙体表面的疏松物质，并进行清洗、凿毛和接浆处理。然后采用硫铝酸盐超早强膨胀水泥和一定量的中粗砂配置成的水泥砂浆来进行修补。当墙身出现较大的孔洞时，除了采取措施进行清洗、凿毛和接浆处理外，采用微膨胀混凝土进行修补，混凝土强度等级应较墙身混凝土至少高一等级。

（2）槽段接缝夹泥

槽段接缝夹泥是黏性土中成槽常见缺陷。当发现墙身接缝夹泥时，应尽快清除至一定深度（保证地下水不涌出），然后用快硬微膨胀混凝土进行处理。为防止接缝处未清除的夹泥混凝土在墙外地下水压力作用下被挤出导致渗漏，还可在接缝处采用钢板封堵，钢板采用膨胀螺栓固定在墙身上。

（3）墙身局部出现渗漏

当墙身出现局部渗漏，具体措施步骤如下：

① 根据渗漏现象查找渗水源头，将渗漏点周围的夹泥和杂质清除，并用清水冲洗干净；

② 在接缝表面两侧一定范围内凿毛，在凿毛后的沟槽处埋入塑料管对漏水进行引流，并用水泥掺合料进行封堵；

③ 在水泥掺合料达到一定强度后，选用水溶性聚氨酯堵漏剂，用注浆泵进行化学压力灌浆；

④ 待注浆凝固后，拆除注浆管。

5. 接缝渗漏

在地下连续墙的施工过程中，接缝渗漏是墙体常见的质量问题。为了对接缝渗漏问题进行有效的处理，根据接缝渗漏的严重程度，可以将渗漏情况分为以下两种情况：

（1）接缝少量渗漏，当发现接缝发生轻微渗漏时，可采用双快水泥结合化学注浆法，其处理步骤为：

① 观察接缝的渗漏状况，确定渗漏部位，并清除渗漏部位处松散混凝土、夹砂和夹泥等；

② 沿渗漏接缝处手工凿出"V"形凹槽，深度控制在50～100mm；

③ 配置水灰比为0.3～0.35的水泥浆堵漏料，搅拌均匀，并放置至有硬热感即可使用；

④ 将堵漏料塞进凹槽，并用器械进行挤压，并轻砸保证挤压密实；

⑤ 当渗漏较为严重时，可采用特种材料处理，埋设注浆管，待特种材料干硬后24h内注入聚氨酯进行填充。

(2) 接缝严重渗漏

当由于接缝存在大面积夹泥或者在水头较高的高渗透土层位置处，接缝渗漏严重时，应采取以下步骤进行处理：

① 可采用沙袋等进行临时封堵，严重时可采用沙袋围成围堰，并在围堰内浇灌混凝土进行封堵，并对渗漏水进行引流，以免影响正常施工；

② 当渗漏是由于锁口管的拔断引发，可将先行将钢筋笼的水平筋和拔断的锁口管凿出，并在水平向焊接 $\varnothing 16@50mm$ 的钢筋以封闭接缝，钢筋间距可根据需要适当加密；

③ 当渗漏是因为导管拔空导致接缝夹泥引起时，应对夹泥进行清除后修补接缝；

④ 在严重渗漏处的坑外相应位置处，进行双液注浆填充；

⑤ 在已发生严重渗漏且采用回填土或混凝土进行反压后无渗流现象者，当渗漏点附近有重要的建筑或地下管线、设施时，还可采用冻结法对渗流处进行处理。

第四节 地下空间工程施工技术

一、概述

随着城市化进程的加快，城市建设快速发展，城市规模不断扩大。在这样的背景下，目前城市地下空间发展由20世纪90年代前的人防工程建设转变到以"城市可持续发展"为目标，地下空间工程的建设显得尤为重要。常用的施工技术包括暗挖法、盾构法、逆作法以及非开挖埋管技术等。

(1) 暗挖法即新奥法，是在传统矿山法修建隧道方法的基础上发展起来的。新奥法(NATM) 全称为"新奥地利隧道施工法"(New Austria Tunnelling Method)，由奥地利学者L.腊布兹维奇教授1963年命名。它是以控制爆破或机械开挖为主要掘进手段，以锚杆、喷射混凝土为主要支护方法，将理论指导、监控量测和工程经验相结合的一种施工方法。

(2) 盾构法是在地表以下土层或松软岩层中暗挖隧道的一种施工方法。自1818年法国工程师布鲁诺尔(Brunel)发明盾构法以来，经过100多年的应用与发展，盾构法已能适用于任何水文地质条件下的施工，无论是松软的、坚硬的、有地下水的、无地下水的暗挖隧道工程都可采用盾构法。

(3) 逆作法是建筑基坑支护的一种施工技术，它通过合理利用建（构）筑物地下结构自身的抗力，达到支护基坑的目的。传统意义上的逆作法是自上而下作业，即将地下结构的外墙作为基坑支护的挡墙（地下连续墙），将结构的梁板作为挡墙的水平支撑，将结构的框架柱作为挡墙支撑立柱进行基坑支护施工。

(4) 非开挖埋管技术即人们通常所说的顶管法施工技术。顶管法是直接在松软土层或富水松软地层中敷设中、小型管道的一种施工方法。它无须挖槽，可避免为疏干和固结土体而采用降低水位等辅助措施，从而大大加快施工进度。短距离、小管径类地下管线工程施工中广泛采用顶管法。近几十年，中继接力顶进技术的出现使顶管法已发展成为可长距离顶进的施工方法。

在地下空间建筑中应用最广泛的是逆作法。与其他施工技术相比，逆作法具有以下技术特点：①适用性广，可在各种地质条件和周围环境下作业；②基坑变形小，对周围环境和建筑物影响小；③施工效率高，工程施工总工期短；④结构设计合理；⑤施工工序简化，经济效益明显。

二、逆作法施工技术

1933 年，日本首次提出逆作法的设想，并于 1935 年应用于东京都千代田区第一生命保险相互会社本社大厦（人工挖孔桩）。

1950 年，意大利米兰的 ICOS 公司首先开发了排桩式地下连续墙，随后又创造了"两钻一抓"的地下连续墙施工方法。地下连续墙的开发成功为地下工程提供了良好的挡土墙与止水结构，使逆作法在地下水位以下施工成为可能。不久，米兰地区就首次利用地下墙作围护，采用盖挖逆作法进行过街地道的施工。

进入 20 世纪 60 年代，低振动、低噪声的机械被开发利用，如贝诺特挖掘机、钻孔挖掘机等。机械化施工在各方面成为主流，机械的进步促进了逆作法在更大范围内推广。美国纽约芝加哥水塔大厦、德国德意志联邦银行大楼、法国巴黎拉弗埃特百货大楼都是采用逆作法施工。其中美国芝加哥水塔大厦，地上 74 层，地下 4 层，采用 18m 深的地下连续墙和 144 根大直径套管钻孔扩底桩共同作用，并用逆作法施工，使地下结构和上部结构的施工可以同时立体交叉进行，从而使整个工程的工期缩短。

我国对逆作法研究和施工运用较迟，我国于 1955 年在哈尔滨地下人防工程中，首次提出应用逆作法施工技术，国内工程界开始了对逆作法施工技术进行探索和研究。到 1958 年，地下连续墙在我国得到应用。1993 年，上海地铁一号线陕西南路、常熟路、黄陂南路三个地铁车站主体工程采用"一明二暗"盖挖法施工，这是我国第一次在地铁车站建设中采用逆作法施工技术，施工面积缩小了一半，减少动拆迁近 1/3，比顺作法提前一年半恢复路面和车站两侧的商业活动。

（一）逆作法的概念

逆作法施工如下：①沿建筑物地下室外壁施工地下连续墙或沿基坑的周围施工其他临时围护墙，同时在建筑物内部的有关位置（柱子或隔墙相交处等）浇筑或打下中间支承桩和柱，作为施工期间至底板封底之前承受上部结构自重和施工荷载的竖向支承；②施工地面一层的梁板结构，作为地下连续墙或其他围护墙的水平支撑，随后逐层向下开挖土方和浇筑各层地下结构，直至底板封底；③由于地面一层的楼面结构已经完成，为上部结构的施工创造了条件，因此也可以同时向上逐层进行地上结构的施工，如此地面上、下同时进行施工，直至工程结束。逆作法的这种施工流程有别于传统的顺作法。传统顺作法是在基坑土方开挖至坑底后再从下往上开始施工主体结构。

1. 逆作法的分类与优缺点

逆作法包括全拟作法和半逆作法。

图1-20 全逆作法示意图

（1）全逆作法

按照地下结构从上至下的工序先浇筑楼板，再开挖该层楼板下的土体，然后浇筑下一层的楼板，开挖下一层楼板下的土体，这样一直施工至底板浇筑完成。在地下结构施工时同步进行上部结构施工。上部结构施工层数，则根据桩基的布置和承载力、地下结构状况、上部建筑荷载等确定，具体如图1-20所示。

（2）半逆作法

地下结构与全逆作法相同，按上至下的工序逐层施工，待地下结构完成后再施工上部主体结构。在软土地区因桩的承载力较小，往往采用这种施工方法。具体如图1-21所示。

逆作法形式的选择应根据工程特点、基坑规模、工程地质与水文地质条件、环境条件、施工条件、工期要求等设计条件，通过技术与经济性比较综合确定。例如，对于工期进度要求高的工程，可采用上下部结构同时施工的逆作法，可缩短施工总工期；对于全埋地下结构的变电站、地铁车站或对上部结构工期要求不是很紧迫的工程可采用仅地下结构逆作法；对于面积较大的基坑工程，为加快基坑出土速度，可采用地下结构框架逆作；对于基坑面积巨大，塔楼位于场地中央且塔楼总工期较长，需要优先完成，可选择主楼先顺作、裙楼后逆作方案；对裙楼工期要求非常高，希望其尽快施工完成，而对塔楼工期要求不高时，可采用裙楼先逆作、主楼后顺作方案；对于超大面积的基坑工程，当基坑周边环境保护要求不是很高时，可采用中心顺作、周边逆作方案。

逆作法施工主要有以下优点：

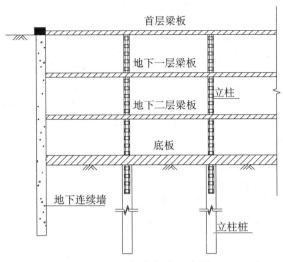

图 1-21　半逆作法示意图

（1）上部结构和地下结构施工能同步立体作业，在地下室范围大、地下层数多时可体现节省工期的优势。

（2）首层结构梁板作适当加强后可作为施工平台，不必另外设置工作平台或栈桥，大幅减少了支撑和工作平台等大型临时设施，减少了临时施工场地要求，减少了施工费用。

（3）楼板整体性好，刚度大，围护结构变形量小，对邻近建筑影响小。

（4）主体结构与支护结构的结合能最大限度地减少资源损耗。

（5）采用两墙合一的地下连续墙施工时能最大限度地利用地下空间，扩大地下室的建筑面积。

（6）施工不易受到气候的影响，能够提供较好的作业环境；噪声和粉尘对周边环境影响大幅度减少；土方开挖可不占或少占施工总工期。

（7）由于开挖和施工的交错进行，逆作结构的自身荷载由立柱直接承担并传递至地基，减少了基坑开挖时卸载对桩基影响。

尽管逆作法有不少优点，但也有它不足的地方，主要有以下几点：

（1）施工精度要求高，技术难度大，节点处理复杂。

（2）系统性强，需要设计与施工紧密配合。

（3）由于挖土是在顶部封闭状态下进行，基坑中还分布有一定数量的中间支承柱和降水用井点管，挖土困难，土方工程工期可能较常规顺作法长。

（4）支撑位置受地下室层高的限制，遇较大层高的地下室，需另设临时水平支撑或加大围护墙的断面及配筋。

总的来说，逆作法能够提高地下工程安全性，减少资源浪费，缩短施工总工期，对周边环境影响小，是一种值得推广的基坑支护技术。

2. 逆作法的设计条件

逆作法需要设计与施工相互配合协调，除了常规顺作法基坑工程需要的设计条件外，在逆作法设计前还需要明确如下必要的设计条件：

（1）需要了解主体结构资料。

通常情况下采用逆作法实施的地下结构宜采用框架结构体系，水平结构宜采用梁板结构或无梁楼盖。对于上部建筑较高的（超）高层结构以及采用剪力墙作为主要承重构件的结构，从抗震性能和抗风角度，其竖向承重构件的受力要求相对更高，不适合采用逆作法的实施方案。但可以根据高层结构的位置和平面形状，通过留设大开口或设置局部临时支撑的形式，在基坑逆作开挖到底形成基础底板后再进行这部分结构的施工，从而实现逆作施工基坑工程和顺作施工部分主体结构的结合。实际工程中，由于工程工期要求、环境保护要求、工程经济性要求等的不同，采用的基坑工程实施方法也各不相同。逆作法作为一种基坑工程设计与实施的方案，也可以与顺作法相结合，从而使得工程建设更加符合实际的需要。

（2）明确是否采用上下同步施工的逆作法设计方案。

上下同步施工可以缩短地面结构甚至整个工程的工期，但也对逆作法的设计提出了更高的要求。上下同步施工意味着施工阶段的竖向荷载大大增加，在基础底板封闭前，所有竖向荷载将全部通过竖向支承构件传递至地基土中，因此上部结构能够施工多少层取决于竖向支承构件的布置数量以及单桩的竖向承载能力。过高的同步设计楼层的要求将直接导致竖向支承构件的工程量过大，使得工程经济性大大降低。而且基坑工程逆作施工阶段，上部结构的同步施工不仅会对竖向支承构件设计产生影响，上部结构的布置也会影响出土口布置以及首层结构上受力转换构件的设置。因此是否采用上下同步施工的逆作法方案以及基坑逆作期间上部同步设计的层数都应综合确定，以确保工期、工程经济性的平衡和设计的合理。

（3）应确定逆作首层结构梁板的施工布置，提出具体的施工行车路线、荷载安排以及出土口布置等。

逆作法工程中，地下室结构梁板随基坑开挖逐层封闭，这给地下各层的土方开挖带来一定困难。为了解决土方开挖的问题，逆作结构梁板上应设置局部开口，为其下土方开挖、施工材料运输、施工照明以及通风等创造条件。逆作法设计前应与施工单位充分结合，共同确定首层结构梁板上的施工布局，明确施工行车路线、施工车辆荷载以及挖土机械、混凝土泵车等重要施工超载等，根据结构体系的布置和施工需要对结构梁板进行设计和加强，为逆作施工提供便利的同时，确保基坑逆作施工的结构安全。

（二）逆作法的设计

1. 设计与施工紧密结合的原则

由于逆作法可以使地下主体结构设计更加趋于合理，因此，采用地下主体结构逆作法施工的结构要求设计和施工紧密结合，这样才能保证结构设计的合理，也是逆作法工程成败的关键。

2. 逆作法的总体设计

总体设计主要包括两个方面：

① 逆作法流程设计：即逆作法施工的时间顺序和空间顺序。流程设计时应考虑以下几个方面：工程的具体条件和要求；主体结构形式；施工的可操作性。

② 逆作法的结构整体分析：根据逆作法的施工流程，分析结构在不同施工阶段的受力及变形机理，进行总体概念设计。逆作法是一个分步的施工过程，结构的主要受力构件兼有临时结构和永久结构的双重功能，其结构形式、刚度、支承条件和荷载情况随开挖过程不断变化。

(1) 设计时应考虑的施工问题

出土口、进料口;"一柱一桩"的定位;模板体系。

(2) 地下连续墙作为主体结构的设计。

当采用地下连续墙与主体地下结构外墙相结合时,其设计方法因地下连续墙布置方式(即与主题结构的结合方式)不同而有差别。地下连续墙作为主体结构的布置方式主要有四种:单一墙、分离墙、重合墙和复合墙。

把地下连续墙既作为围护结构又作为主体结构来设计时,即"两墙合一"的设计,应验算三种应力状态:①在施工阶段由作用在地下连续墙上的土压力、水压力产生的应力;②主体结构竣工后,作用在墙体上的土压力以及作用在主体结构上垂直、水平荷载产生的应力;③主体结构建成若干年后,水土压力已从施工阶段恢复到稳定的状态。

(3) 水平构件结合的设计

利用地下结构的梁板等内部水平构件兼作基坑支撑、围檩时,结构水平构件除应满足地下结构使用期设计要求外,尚应进行各种施工工况条件的内力、变形等计算。

结构体系可采用梁板体系和无梁楼盖。结构接头设计采用刚性接头、铰接接头和不完全刚接。

(4) 竖向构件结合的设计

竖向构件的结合即地下结构的竖向承重构件(立柱及柱下桩)作为逆作法施工过程中结构水平构件的竖向支承构件。在逆作法施工期间,与地下连续墙一起承受地下自重和地上施工荷载;其承受的最大荷载是地下结构已修筑完成及地面施工荷载总和。逆作法中结构水平构件的竖向支承立柱和立柱桩可采用临时立柱与主体结构工程桩相结合的立柱桩("一柱多桩"),或与主体地下结构柱及工程桩相结合的立柱和立柱桩("一柱一桩")。当采用临时立柱时,可在地下室结构施工完成后,拆除临时立柱,完成主体结构柱的托换。

(三) 逆作法的施工

1. 逆作法中围护结构的施工

逆作法中围护结构可采用"两墙合一"地下连续墙或临时围护体,如灌注排桩结合止水帷幕、咬合桩和型钢水泥土搅拌墙等。"两墙合一"地下连续墙在基坑开挖阶段起挡土止水的作用,而在永久使用阶段作为地下室的外墙,因此其施工在垂直度控制、平整度控制、接头防渗等方面较临时的地下连续墙要求更高。此外,"两墙合一"一般要求采取墙底注浆措施,以控制沉降和提高竖向承载力。

(1) 成槽设备选择

对于较松软的土,如黏土、淤泥质黏土、粉质黏土等,可采取常规液压抓斗成槽机械进行成槽施工。当土层标贯击数 N 值超过 30 时,可采用适合于硬土层掘进的铣削式成槽机(也称铣槽机)进行成槽。铣槽机以切削方式在硬土里进行成槽,具有施工振动小、工效强、施工精度高等特点。对于上部土层较软弱而下部土层坚硬的情况,可以采用常规抓斗与铣槽机相站合的方式进行成槽施工。由于"两墙合一"的地下连续墙的垂直度要求高,因此成槽应采用具有自动纠偏功能的成槽设备。

(2) 预埋件施工

"两墙合一"的地下连续墙钢筋笼制作时,应在钢筋笼上预留剪力槽、插筋、接驳器等预埋件,预埋件应可靠固定。剪力槽、插筋、接驳器等预埋件位置的准确性,将直接影响后续结构工程施工的质量,因此预埋件应固定可靠,位置准确。为了方便基坑开挖后凿出剪力槽和预埋件,可在剪力槽和预埋件一侧设置泡沫塑料或夹板,开挖后再清除。

(3) 垂直度控制

地下连续墙,垂直度一般需达到 1/300,而超深地下连续墙对成槽垂直度要求达到 1/600,因此施工中需采取相应的措施来保证超深地下连续墙的垂直度。"两墙合一"的地下连续墙成槽前,应加强对成槽机械操作人员的技术交底,并提高相关人员的质量意识。成槽所采用的液压抓斗成槽机或铣槽机均需具有自动纠偏装置。严格按照设计槽孔偏差控制斗体和液压铣铣头下放位置,将斗体和液压铣铣头中心线对正槽孔中心线,缓慢下放斗体和液压铣铣头进行施工。单元槽段成槽挖土过程中,抓斗中心应每次对准放在导墙上的孔位标志物,保证挖土位置准确。抓斗闭斗下放,开挖时再张开,上、下抓斗时要缓慢进行,避免形成涡流冲刷槽壁,引起塌方,同时在槽孔混凝土未灌注前严禁重型机械在槽孔附近行驶。成槽过程须随时注意槽壁垂直度情况,每一抓到底后,用超声波测井仪监测成槽情况,发现倾斜指针超过规定范围,应立即启动纠偏系统调整垂直度,确保垂直精度达到规定的要求。

(4) 平整度控制

对地下连续墙墙面平整度影响的首要因素是泥浆护壁效果,因此可根据实际试成槽的施工情况,调节泥浆比重,一般控制在 1.18 左右,并对每一批新制的泥浆进行主要性能测试。另外可根据现场场地实际情况,采用暗浜加固、施工道路侧水泥土搅拌桩加固、控制抓斗成槽或铣槽速度、控制施工过程中大型机械不在槽段边缘频繁走动、泥浆应随着出土及时补入以保证泥浆液面在规定高度上等辅助措施。

(5) 墙底注浆

墙底注浆加固采用在地下连续墙钢筋笼上预埋注浆钢管,在地下连续墙施工完成后直接压注施工。注浆施工要点如下:

① 当地下连续墙混凝土强度大于 70%的设计强度时即可对地下连续墙进行墙底注浆;

② 注浆压力必须大于注浆深度处的土层压力,正常情况下一般控制在 0.4~0.6MPa,终止压力可控制在 2MPa 左右;

③ 注浆流量为 15~20L/min;

④ 单管水泥用量约为 2000kg;

⑤ 注浆材料采用 P.O 42.5 普通硅酸盐水泥,水灰比 0.5~0.6;

⑥ 拌制注浆浆液时,必须严格按配合比控制材料掺入量;

⑦ 应严格控制浆液搅拌时间,浆液搅拌应均匀;

⑧ 压浆管与钢筋笼同时下入,压浆器焊接在压浆管上,同时必须超出钢筋笼底端 0.5m;

⑨ 在地下连续墙的混凝土达到初凝的时间内(控制在 6~8h)进行清水劈裂,以确保预埋管的畅通;

⑩ 当注浆量达到设计要求时,可终止注浆,当注浆压力≥2MPa 并稳压 3min,且注浆量达到设计注浆量的 80%时,也可终止压浆。

2. 竖向支承系统施工

在逆作法工程中,竖向支承系统一般采用钢立柱插入底板以下的立柱桩的形式。钢立柱通常为钢格构柱或钢管立柱，立柱桩通常采用钻孔灌注桩。对于逆作法的工程，在施工时中间支承柱承受上部结构自重和施工荷载等竖向荷载，而在施工结束后，中间支承柱一般外包混凝土后作为正式地下室结构柱的一部分，永久承受上部荷载。因此中间支承柱的定位和垂直度必须严格满足要求。

(1) "一柱一桩"调垂施工

"一柱一桩"的定位和垂直度必须严格满足要求，一般规定中间支承柱轴线偏差控制在±10mm，标高控制在±10mm，垂直度控制在1/300～1/600以内。立柱桩根据不同的种类，需采用专门定位措施，钻孔灌注桩必要时应适当扩大桩孔。钢立柱的施工必须采用专门的定位调垂方法，如气囊法、机械调垂架法和导向套筒法等，对其进行定位和调垂。

(2) 钢管立柱混凝土施工

竖向支承采用钢管立柱时，一般钢管内混凝土强度等级高于工程桩的混凝土，并应严格控制不同强度等级的混凝土施工界面，确保混凝土浇捣施工。水下混凝土浇灌至钢管底标高时，即更换高强度等级混凝土，在高强度等级混凝土浇筑的同时，在钢管立柱外侧回填碎石、黄砂等，阻止管外混凝土上升。

(3) 桩端后注浆施工

"一柱一桩"在逆作施工时承受的竖向荷载较大，需通过桩端后注浆来提高"一柱一桩"的承载力并减少沉降，为逆作法施工提供有效的保障。由于注浆量、控制压力等技术参数对桩端后浆承载力影响的机理尚不明确，承载力理论计算还不完善，因此在正式施工前必须通过现场试成桩来确保成桩工艺的可靠性，并通过现场载荷试验来了解其实际承载力与沉降。

3. 地下水平结构施工

根据逆作法的特点，地下室结构都是由上到下分层浇筑的。地下室结构的浇筑方法有三种：

(1) 利用土模浇筑梁板

对于首层结构梁板及地下各层梁板，开挖至其设计标高后，将土面整平夯实，浇筑一层厚约50mm的素混凝土（如果土质好则抹一层砂浆亦可），然后刷一层隔离层，即成楼板的模板。对于梁模板，如土质好的可用土胎模，按梁断面挖出沟槽即可；如土质较差，可用模板搭设梁模板。

柱头模板施工时先把柱头处的土挖出至梁底以下500mm处，设置柱子的施工缝模板，为使下部柱子易于浇筑，该模板宜呈斜面安装，柱子钢筋通穿模板向下伸出接头长度，在施工缝模板上面组立柱头模板与梁板连接。如土质好的柱头可用土胎模，否则就用模板搭设。柱头下部的柱子在挖出后再搭设模板进行浇筑。

(2) 利用支模方法浇筑梁板

用此法施工时，先挖去地下结构一层高的土层，然后按常规方法搭设梁板模板，浇筑梁板混凝土，再向下延伸竖向结构（柱或墙板）。为此，需解决两个问题，一个是设法减少梁板支承的沉降和结构的变形；另一个是解决竖向构件的上、下连接和混凝土浇筑。

为了减少楼板支承的沉降和结构变形，施工时需对土层采取措施进行临时加固。加固的方法有两种：一种方法是浇筑一层素混凝土，以提高土层的承载能力和减少沉降，待墙、梁浇筑完毕，开挖下层土方时随土一同挖除，这就要额外耗费一些混凝土；另一种方法是铺设砂垫层，上铺枕木以扩大支承面积，这样上层柱子或墙板的钢筋可插入砂垫层，以便与下层后浇筑结构的钢筋连接。

水平构件施工时，竖向构件采用在板面和板底预留插筋，在竖向构件施工时进行连接。逆作法施工时混凝土的浇筑是从顶部的侧面入仓，为便于浇筑和保证连接处的密实性，除对竖向钢筋间距适当调整外，构件顶部的模板需做成喇叭形。

由于上、下层构件的结合面在上层构件的底部，再加上地面沉降和刚浇筑混凝土的收缩，在结合面处易出现缝隙。为此，宜在结合面处的模板上预留若干注浆孔，以便用压力灌浆消除缝隙，保证构件连接处的密实性。

(3) 无排吊模施工方法

采用无排吊模施工工艺时，挖土深度基本同土模施工。对于地面梁板或地下各层梁板，挖至其设计标高后，将上面整平夯实，浇筑一层厚约50mm的混凝土（若土质好抹一层砂浆亦可），然后在垫层上铺设模板，模板预留吊筋，在下一层土方开挖时用于固定模板。

4. 地下竖向结构施工

(1) 中间支承柱及剪力墙施工

结构性板墙的主筋与水平构件中预留插筋进行连接，板面钢筋接头采用电渣压力焊连接，板底钢筋采用电焊连接。

"一柱一桩"格构柱混凝土逆作施工时，分两次支模，第一次支模高度为柱高减去预留柱帽的高度，主要为方便格构柱振捣混凝土。第二次支模到顶，顶部形成柱帽的形式。当剪力墙也采用逆作法施工时，施工方法与格构柱相似，顶部也形成开口形类似柱帽的形式。

柱子施工缝处的浇筑方法，常用的方法有三种，即直接法、充填法和注浆法。①直接法即在施工缝下部继续浇筑混凝土时，仍然浇筑相同的混凝土，有时添加一些铝粉以减少收缩，为浇筑密实可做出一个假牛腿，混凝土硬化后可凿去。②充填法即在施工缝处留出充填接缝，待混凝土面处理后，再于接缝处充填膨胀混凝土或无浮浆混凝土。③注浆法即在施工缝处留出缝隙，待后浇混凝土硬化后用压力压入水泥浆充填。在上述三种方法直接法施工最简单，成本也最低，施工时可对接缝处混凝土进行二次振捣，以进一步排出混凝土中的气泡，确保混凝土密实和减少收缩。

(2) 内衬墙施工

内衬墙的施工流程为：衬墙面分格弹线→凿出地下连续墙立筋→衬墙螺杆焊接→放线→搭设脚手排架→衬墙与地下连续墙的堵漏→衬墙外排钢筋绑扎→衬墙内侧钢筋绑扎→拉杆焊接→衬墙钢筋隐蔽验收→支衬墙模板→支板底模→绑扎板钢筋→板钢筋验收→板、衬墙和梁混凝土浇筑→混凝土养护。

施工内衬墙结构时采用脚手管搭设排架，模板采用九夹板，内部结构施工要严格控制内衬墙的轴线，保证内衬墙的厚度，并要对地下连续墙墙面进行清洗凿毛处理。地下连续墙接缝有渗漏必须进行修补，验收合格后方可进行结构施工。在衬墙混凝土浇筑前应对纵向、横向施工缝进行凿毛和接口防水处理。

5. 梁柱的节点施工

逆作阶段往往需要在框架柱位置设置立柱作为竖向支承，待逆作结束后再在钢立柱外侧浇筑混凝土形成永久的框架柱。而逆作阶段框架柱位置存在立柱，从而带来梁柱节点的框架梁钢筋穿越的问题，该问题也是逆作工艺中的共性难题。以下为几种立柱形式的梁柱节点处理方法。

(1) 角钢格构柱与梁的连接节点。处理方法包括钻孔钢筋连接法、传力钢板法和梁侧加腋法等。

(2) 钢管混凝土柱与梁的连接节点。与角钢格构柱不同的是，钢管混凝土柱由于为实腹式的，其平面范围之内的梁主筋均无法穿越，其梁柱节点的处理难度更大。在工程中应用比较多的连接节点主要有如下几种：

① 双梁节点。双梁节点即将原框架梁一分为二，分成两根梁从钢管柱的侧面穿过，具体如图1-22所示。

② 环梁节点。环梁节点是在钢管柱的周边设置一圈刚度较大的钢筋混凝土环梁，形成一个刚性节点区，利用这个刚性区域的整体工作来承受和传递梁运的弯距和剪力，具体如图1-23所示。

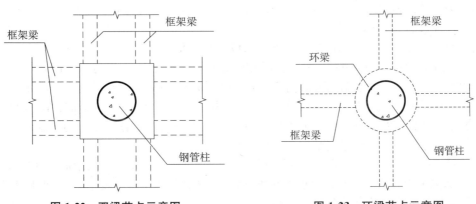

图1-22 双梁节点示意图　　　　图1-23 环梁节点示意图

③ 传力钢板法。在结构梁顶标高处钢管设置两个方向且标高错位的四块环形加劲板，双向框架梁顶部第一排主筋遇钢管阻挡处，钢筋断开并与加劲环焊接，而梁底部第一排主筋遇钢管则下弯，梁顶和梁底第二、三排主筋从钢管两侧穿越。

6. 土方开挖

逆作法施工时，土体开挖首先要满足支护结构的变形及受力要求；其次，在确保已完成结构满足受力要求的情况下尽可能地提高挖土效率。

(1) 取土口的设置

在逆作法施工工艺中，除顶板施工阶段采用明挖法以外，其余地下结构的土方均采用暗挖法施工。逆作法施工中，为了满足结构受力以及有效传递水平力的要求，常规取土口大小一般在150m²左右，布置时需满足以下几个原则：

① 出土口位置的留设应根据主体结构平面布置以及施工组织设计等共同确定，并尽量用主体结构设计的缺失区域、电梯井以及楼梯井等位置作为出土口；

② 出土口的数量需要考虑搬运挖掘土的难易程度和施工材料运输的方便性等之后进行决定，一般每600～700m²需要设置1个出土口；

③ 出土口的大小应考虑搬入地下材料的大小（如钢筋、钢骨、临时材料等）、用于内挖掘的机械大小等来确定；

④ 相邻出土之间应保持一定的距离，以保证出土口之间的梁板能形成完整的传力带，利于逆作施工阶段水平力的传递；

⑤ 由于出土口呈矩形，为避免逆作施工阶段结构在水平力作用下出土口四角产生较应力集

中，从而导致局部结构的破坏，在出土口四角均应增设三角形梁板以扩散该范围的应力；

⑥ 由于逆作施工阶段出土口周边有施工车辆的运作，将出土口边梁设计为上翻口梁以避免施工车辆、人员坠入基坑内等事故的发生；

⑦ 由于首层结构在永久使用阶段其上往往需要覆盖较大厚度的土，而出土口区域的结构梁分两次浇筑，削弱了连接位置结构梁的抗剪能力，因此在出土口周边的结构梁内预留槽钢作为与后接结构梁的抗剪件。

(2) 土方开挖形式

为了有效控制基坑变形，基坑土方开挖和结构施工时可通过划分施工块并采取分块开挖与施工的方法，施工块划分的原则是：

① 按照"时空效应"原理，采取"分层、分块、平衡对称、限时支撑"的施工方法；

② 综合考虑基坑立体施工交叉流水的要求；

③ 合理设置结构施工缝。

结合以上原则，在土方开挖时，可采取以下技术措施：

① 合理划分各层分块的大小，尽可能缩短每块的挖土和结构施工时间，从而使围护结构的变形减小，地下结构分块时需考虑每个分块挖土时能够有较为方便的出土口。

② 采用盆式开挖方式时，周边留土，明挖中间大部分土方，一方面控制基坑变形，另一方面增加明挖工作量从而增加了出土效率。对于顶板以下各层土方的开挖，也可采用盆式开挖的方式，起到控制基坑变形的作用。

③ 采用抽条开挖方式，即基坑中部底板达到一定强度后，按一定间距抽条开挖周边土方，并分块浇捣基础底板，每块底板土方开挖至混凝土浇捣完毕，必须控制在72h以内。

④ 楼板结构局部加强代替挖土栈桥。逆作法中由于顶板先于大量土方开挖施工，因此可以将栈桥的设计和水平梁板的永久结构设计结合起来，并充分利用永久结构的工程桩，对楼板局部节点进行加强；作为逆作挖土的施工栈桥，需满足工程挖土施工的需要。

(3) 土方开挖设备

采用逆作法施工工艺时，需在结构楼板下进行大量土方的暗挖作业，开挖时通风照明条件较差，施工作业环境较差，因此选择有效的施工作业机械对于提高挖土工效具有重要意义。目前逆作法施工一般在坑内采用小型挖机进行作业，地面采用吊机、长臂挖机、滑臂挖机、取土架等设备进行作业。根据各种挖机设备的施工性能，其挖土作业深度也有所不同，一般长臂挖机作业深度为7～14m，滑臂挖机一般为7～19m，吊机及取土架作业深度则可达30m。

7. 逆作通风与照明

当地下结构挖土时，在各操作面安装大功率轴流风扇用于排风，使地下、地上空气形成对流，保持空气新鲜，确保施工人员的身体健康。通风管道采用塑料波纹软管，软管固定在结构楼板和格构柱上，并加设到挖土作业点，在作业点设风机进行送风，在出口处设风机进行抽风。

地下施工动力、照明线路需设置专用防水线路，并埋设在楼板、梁、柱等结构中，专用的防水电箱应设置在柱上，不得随意挪动。随着地下工作面的推进，自电箱至各电器设备的线路均需采用双层绝缘电线，并架空铺设在楼板底。通常情况下，照明线路水平向可通过在楼板中的预设管路，竖向利用固定在格构柱上的预设管，照明灯具应置于预先制作的标准灯架上，灯架固定在格构柱或结构楼板上。

第二章 钢筋混凝土结构施工技术

钢筋混凝土结构具有坚固、耐久、防火性能好、较钢结构节省钢材和成本低等优点。近年来,钢筋混凝土结构的应用越来越广泛,成为应用最多的结构形式,我国也成为世界上使用钢筋混凝土结构最多的地区。本章主要介绍模板及支撑技术、钢筋技术和混凝土技术。

第一节 模板及支撑技术

一、清水混凝土模板技术

(一)清水混凝土及模板技术背景

清水混凝土具有朴实无华、自然沉稳的外观,它不需要装饰,无涂料、饰面等化工产品,是名副其实的绿色混凝土;同时清水混凝土结构一次成型,不需剔凿修补和抹灰,减少了大量的建筑垃圾,有利于环境保护。

清水混凝土建筑作为一种建筑表现形式,最早出现于20世纪60年代的日本,以后逐渐出现在德国、美国等欧美国家。这种建筑表现形式能够体现出建筑与人和自然的和谐与完美,实现了人们内心深处对纯净自然的向往和回归。

在我国,清水混凝土是随着混凝土结构的发展而不断发展的,20世纪90年代以前,主要用于道路桥梁、厂房等建筑。随着绿色建筑、低碳建筑的客观需求以及人们环保意识的提高,我国清水混凝土建筑的需求已不再局限于道路桥梁、厂房、大坝和机场等,大型公共建筑的地下室、车库、设备基础、水塔、烟囱、挡墙、防火墙等工程中都有应用。这些混凝土结构在施工中一次成型,无须抹灰装饰,因施工工期短而降低工程造价,是建筑工程发展的一个重要方向。

清水混凝土模板技术是按照清水混凝土技术要求进行设计加工,满足清水混凝土质量要求和外观装饰效果要求的模板技术。根据其发展及外观、质量要求,有钢模板技术、钢木模板技术及聚氨酯内衬模板技术。

(二)技术特点

清水混凝土工程是直接利用混凝土成型后的自然质感作为饰面效果的混凝土工程,根据《清水混凝土应用技术规程》(JGJ 169—2009)规定,清水混凝土工程分为普通清水混凝土、饰面清水混凝土和装饰清水混凝土。根据不同的清水混凝土饰面及质量要求,清水混凝土模板选择也不一样,普通清水混凝土可以选择钢模板,饰面清水混凝土可以选择木胶合板面板的模板,装饰清水混凝土可以选择聚氨酯作内衬图案的模板。

在清水混凝土模板设计前,应先根据建筑师的要求对清水混凝土工程进行全面深化设计,设计出清水混凝土外观效果图,在效果图中应明确明缝、蝉缝、对拉螺栓孔眼、假眼、装饰图案等位置。然后根据效果图的效果设计模板，模板设计应根据设置合理、均匀对称、长宽比例协调的原则，确定模板分块、面板分割尺寸。

明缝：是凹入混凝土表面的分格线或装饰线，是清水混凝土表面重要的装饰效果之一。明缝位置也可作为模板上下连接和分段、分块连接的施工缝，可设在模板的周边，也可设在面板中间。

蝉缝：是利用有规则的模板拼缝或面板拼缝在混凝土表面上留下的隐约可见、犹如蝉衣一样的印迹。设计整齐匀称的蝉缝是混凝土表面的装饰效果之一。配模设计时考虑设缝合理、均匀对称、长宽比例协调的原则，确定模板分块、面板分割尺寸。

对拉螺栓孔眼：是按照清水混凝土工程设计要求，利用模板工程中的对拉螺栓。在混凝土表面形成有规则排列的孔眼，是清水混凝土表面重要的装饰效果之一，如图 2-1 所示。

图 2-1　螺栓孔眼及对拉螺栓

假眼：是为了统一螺栓孔眼的装饰效果，在模板工程中，在没有对拉螺栓的位置设计堵头或接头而形成的有饰面效果的孔眼。其外观尺寸要求与其他对拉螺栓孔眼一致。

装饰图案：是利用带图案的聚氨酯内衬模作为模具，在混凝土表面形成特殊的装饰图案效果。

（三）主要技术内容

1. 普通清水混凝土模板

普通清水混凝土由于对饰面和质量要求较低，可以选择钢模板，钢模板要具有足够的强度、刚度和稳定性，且模板必须经过设计和验算；为保证模板拼缝严密、尺寸准确要求面板板边必须铣边，如图 2-2 所示。

图 2-2　桥梁钢模板

2. 饰面清水混凝土模板

(1) 模板体系由面板、竖肋、背楞、边框、斜撑、挑架组成。

面板采用优质木胶合板,竖肋采用"几"字形材,背楞采用双槽钢,边框采用空腹冷弯薄壁型钢。面板采用自攻螺钉从背面与竖肋固定,竖肋与背楞通过 U 形卡扣(或勾头螺栓)连接,相邻模板间连接采用夹具。面板上的穿墙孔眼采用护孔套保护。

(2) 模板体系的特点与优点

① 模板间的连接采用夹具,连接紧固、方便快捷,极大地提高了工效。同时彻底地防止了接缝处的错台和漏浆现象,如图 2-3 所示。

图 2-3 夹具

② 模板背楞与竖肋之间采用 U 形卡扣(勾头螺栓)连接,连接紧固、拆装方便,易于周转与维修。

③ 面板与竖肋的背面连接,能有效保证清水混凝土墙面的饰面效果,而不留下任何其他痕迹。

④ 对面板裁切边的防水处理和穿墙孔眼的护孔套保护,能有效提高模板的周转使用率,合理降低成本。

⑤ 穿墙套管和套管堵头的配合使用,满足模板受力要求的同时,也满足了螺栓孔眼装饰效果的要求。

(3) 模板体系加工要求

① 模板面板要求板材强度高、韧性好,加工性能好且具有足够的刚度。

② 模板表面覆膜要求强度高,耐磨性好和耐久性高,物理化学性能均匀稳定,表面平整光滑、无污染、无破损、清洁干净。

③ 模板竖肋要求顺直、规格一致,具有足够的刚度,并紧贴面板,同时满足自攻螺钉从背面固定的要求。

④ 螺栓孔眼的布置必须满足饰面装饰要求,最小直径需满足墙体受力要求。

⑤ 面板布置必须满足设计师对明缝、蝉缝及对拉螺栓孔位的分布要求,更好地体现了设计师的意图。

⑥ 模板加工制作时,下料尺寸应准确,料口应平整。

⑦ 模板组拼焊接应在专用胎具和操作平台上进行,采用合理的焊接、组装顺序和方法。

⑧ 阴角模面板采用斜口连接或平口连接。斜口连接时,角模面板的两端切口倒角应略小于 45°,切口处涂防水胶黏结,平口连接时,连接端应刨平并涂刷防水胶黏结,如图 2-4 所示。

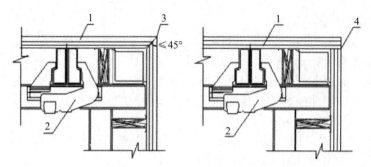

图 2-4 阴角模面板连接方式
1. 多层板面板；2. 夹具；3. 斜口连接；4. 平口连接

⑨ 木胶合板拼缝宽度应不大于 1.5mm，为防止面板拼缝位置漏浆，模板接缝处背面切 85°坡口，并注满密封胶。

⑩ 模板应采用自攻螺钉从背面固定，螺钉进入面板需要保证一定的深度，螺钉间距控制在 150～300mm，以便面板与竖肋有效连接。

⑪ 螺栓孔布置必须按照设计的效果图进行，对无法设置对拉螺栓，而又必须有对拉螺栓孔效果的部位，需要设置假眼，假眼采用同直径的堵头和同直径的螺杆固定。

(4) 清水混凝土模板施工

① 模板安装前准备：核对清水混凝土模板的数量与编号，复核模板控制线；检查装饰条、内衬模的稳固性，确保隔离剂涂刷均匀。

② 模板吊运：吊装模板时必须有专人指挥，模板起吊应平稳，吊装过程中，必须慢起轻放，严禁碰撞；入模和出模过程中，必须采用牵引措施，以保护面板。

③ 模板安装：根据模板编号进行模板安装，并保证明缝和蝉缝的垂直度及交圈。调整模板的垂直度及拼缝，模板之间的连接采用夹具两面墙之间锁紧对拉螺栓。

模板安装时应遵循先内侧、后外侧，先横墙、后纵墙，先角模后墙模的原则。

④ 模板拆除与保养：拆除过程中要加强对清水混凝土特别是对螺栓孔的保护，模板拆除后，应立即清理，对变形与损坏的部位进行修整，并均匀涂刷隔离剂，吊至存放处备用。

⑤ 节点处理：阴角与阳角部位的处理，阴角部位应配置阴角模，以保证阴角部位模板的稳定性；阳角部位采用两侧模板直接搭接、夹具固定的方式。

⑥ 外墙施工缝：利用明缝条来防止模板下边沿错台、漏浆。

⑦ 堵头模板处理：采用夹具或槽钢背楞配合边框钩头螺栓加固。

3. 装饰清水混凝土模板

模板体系由模板基层和带装饰图案聚氨酯内衬模组成，模板基层可以使用普通清水混凝土模板和饰面混凝土模板。

聚氨酯内衬模技术是利用混凝土的可塑性，在混凝土浇筑成型时，通过特制衬模的拓印，使其形成具有一定质感、线形或花饰等饰面效果的清水混凝土或清水混凝土预制挂板。该技术广泛应用于桥梁饰面造型及清水混凝土预制挂板上。

(四) 主要技术参数

清水混凝土模板主要的制作尺寸和安装尺寸允许偏差与检验方法如表 2-1 和表 2-2 所示。

表 2-1 清水混凝土模板制作尺寸允许偏差与检验方法

项次	项目	允许偏差/mm		检验方法
		普通清水混凝土	饰面清水混凝土	
1	模板高度	±2	±2	尺量
2	模板宽度	±1	±1	尺量
3	整块模板对角线	≤3	≤3	塞尺、尺量
4	单块模板对角线	≤3	≤2	塞尺、尺量
5	板面平整度	3	2	2m靠尺、塞尺
6	边肋平直度	2	2	2m靠尺、塞尺
7	相邻面板拼缝高低差	≤1.0	≤0.5	平尺、塞尺
8	相邻面板拼缝间隙	≤0.8	≤0.8	塞尺、尺量
9	连接孔中心距	±1	±1	游标卡尺
10	边框连接孔与板面距离	±0.5	±0.5	游标卡尺

表 2-2 清水混凝土模板安装尺寸允许偏差与检验方法

项次	项目		允许偏差/mm		检验方法
			普通清水混凝土	饰面清水混凝土	
1	轴线位移	墙、柱、梁	4	3	尺量
2	截面尺寸	墙、柱、梁	±4	±3	尺量
3	标高		±5	±3	水准仪、尺量
4	相邻板面高低差		3	2	尺量
5	模板垂直度	不大于5m	4	3	经纬仪、线坠、尺量
		大于5m	6	5	
6	表面平整度		3	2	塞尺、尺量
7	阴阳角	方正	3	2	方尺、塞尺
		顺直	3	2	线尺
8	预留洞口	中心线位移	8	6	拉线、尺量
		孔洞尺寸	+8.0	+4.0	
9	预埋件、管、螺栓	中心线位移	3	2	拉线、尺量
10	门窗洞口	中心线位移	8	5	拉线、尺量
		宽、高	±6	±4	
		对角线	8	6	

(五) 清水混凝土模板技术应用范围

体育场馆、候机楼、车站、码头、剧场、展览馆、写字楼、住宅楼、科研楼、学校等，桥梁、筒仓、高耸构筑物等。

(六) 技术经济效果

清水混凝土模板中最常用的是饰面清水混凝土模板，通过测算其综合成本只比钢模板贵15%～20%。由于清水混凝土不再用作装饰，在经济上节省了混凝土剔凿修补、装饰材料使用、装饰人工、装饰操作装备等，同时减少了装饰中可能产生的安全事故及剔凿修补中的噪声污染，因此其在经济安全以及社会效益上效果明显，是一种低碳环保的施工技术。

二、钢（铝）框胶合板模板技术

（一）技术背景

在全钢模板和全木模板发展的过程中，全钢模板重量大、成本高和全木模板周转使用次数低、材料浪费严重的缺点逐渐暴露出来，国内外的一些模板公司在它们的基础上研究如何将两者的优点结合起来，提高模板的性价比和使用寿命，于是就研发出来了钢框胶合板模板。

为了在没有起重设备的结构工程以及在顶板混凝土结构上使用，要求模板重量比钢框胶合板模板更轻，因此在钢框胶合板模板的基础上，研发出来了铝框胶合板模板。

（二）技术特点

钢（铝）框胶合板模板是一种模数化、定型化的模板，框体为钢（铝）制框体、面板为胶合板，通用性强、配件齐全，模板总重量轻，强度、刚度大、板面平整，周转使用次数高、每次摊销费用少，装拆方便。模板面板周转使用次数30～50次，钢（铝）框骨架周转使用次数100～150次，每次摊销费用少，经济技术效果显著。

钢（铝）框胶合板面板采用拉铆钉或自攻螺钉与框体连接，面板更换简单快捷；同时钢（铝）制边框可以有效地保护胶合板面板。

（三）主要技术内容

1. 钢框胶合板模板

钢框胶合板模板分为实腹和空腹两种，以特制钢边框型材和竖肋、横肋、水平背楞焊接成骨架，嵌入12～18mm厚双面覆膜木胶合板，以拉铆钉或自攻螺钉连接紧固。面板厚12～15mm，用于梁、板结构支模；面板厚15～18mm，用于墙、柱结构支模。如图2-5所示。

图2-5 钢框胶合板模板

以下介绍用于墙柱结构支模的空腹钢框胶合板模板技术，用于梁板结构支模的钢框胶合板模板技术参见铝框胶合板模板。

(1) 模板体系组成

模板体系由各规格标准模板、标准角模、对拉螺栓、模板夹具、加强背楞、吊钩、斜撑、挑架等组成。

(2) 模板体系的特点与优点

① 面板为优质覆膜木胶合板，骨架为空腹型材、无背楞，模板重量轻，约 $64kg/m^2$。

② 模板间采用夹具连接和加强背楞加强，操作简单快捷，模板体系的强度、刚度和平整度得到了有效保证。

③ 加强背楞由双型钢、专用钩头件和楔型钢销组成为一个整体，搬运方便，操作简单。加强背楞有直角背楞、直背楞、可调节任意角度的背楞。

④ 模板斜撑可以进行调节，适用于不同高度与支撑角度的模板，如图 2-6 所示。

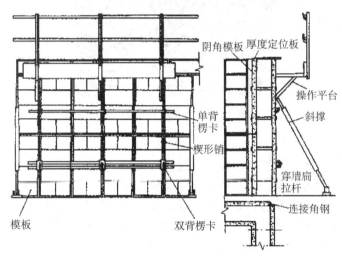

图 2-6 操作平台与斜撑用法

⑤ 模板下口配合撬杠的撬点，非常方便模板的安装与拆除。

⑥ 吊钩与模板边框型材相吻合，受力合理，吊钩安装方便、快捷；吊钩受力时紧紧扣住模板边框，大大提高了模板吊装过程中的安全性；需摘钩时，将吊钩的自锁件打开，吊钩自动松开，轻松摘下。

(3) 模板施工

① 模板安装前准备：核对模板的数量与编号，复核模板控制线；检查模板塑料套管设置，确保隔离剂涂刷均匀。

② 模板吊运：将吊钩的自锁件打开，套在模板上边框上，合上自锁件，即可起吊；吊装模板时必须有专人指挥，模板起吊应平稳，吊装过程中，必须慢起轻放，严禁碰撞；入模和出模过程中，必须采用牵引措施，以保护面板。

③ 模板安装：根据模板编号进行模板安装入位，通过定位塑料套管套上穿墙螺杆，并初步固定，调整模板的垂直度及拼缝，模板间的连接采用夹具。销紧夹具，锁紧穿墙杆螺母。模板安装时应遵循先内侧、后外侧，先横墙、后纵墙，先角模后墙模的原则。

④ 模板拆除与保养：先松开穿墙杆螺母，将穿墙杆从墙体中退出来，松开模板夹具，松开墙体模板的支撑，使模板与墙体分离；模板拆除后，应立即清理，对变形与损坏的部位进行修整，并均匀涂刷隔离剂，吊至存放处备用。

(4) 模板配套的冷弯型材生产线

根据钢框胶合板模板体系边框型材的设计要求，冷弯型材生产线能生产工程使用的各种截面的冷弯型钢（壁厚1.5～3.5mm），如模板龙骨、轻钢隔断龙骨、防火门、防盗门、人防门等门框、窗框等。

冷弯型材生产线通过加工变形和焊接功能把卷钢加工成型为各种截面的冷弯型材（见图2-7），完全满足产品尺寸和精度要求，达到无污染、能耗低、效率高的特点。

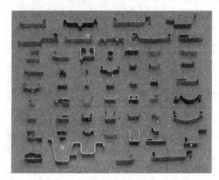

图 2-7　各种截面的冷弯型材

2. 铝框胶合板模板

以空腹铝边框和矩形铝型材焊接成骨架，嵌入15～18mm厚双面覆膜木胶合板，以拉铆钉连接紧固，模板之间用夹具或螺栓连接成大模板。铝框胶合板模板也分为重型和轻型两种，其中重型铝框胶合板模板用于墙、柱；轻型铝框胶合板模板用于梁、板。

以下介绍用于梁板结构支模的铝框胶合板模板技术，用于墙柱结构支模的铝框胶合板模板技术参见钢框胶合板模板。

(1) 模板体系组成

铝框胶合板模板体系由两部分组成：带顶托、三脚架的钢支撑和铝框胶合板模板（见图2-8）。

图 2-8　铝框胶合板模板体系

① 铝框胶合板模板：由横边框、竖边框、次龙骨、提手、角连接件、面板等组成；横、竖边框和次龙骨焊接成铝合金框架，四角位采用角连接件加强。

② 独立式钢支撑：由支撑杆、支撑头和折叠三脚架组成，是一种可伸缩微调的独立式钢支撑，主要用于建筑物水平结构作垂直支撑。单根支撑杆也可用作斜撑、水平撑

(见图 2-9)。

构造：支撑杆由内外两个套管组成。内管采用 $\varphi48\times3.5$ 钢管，内管上每隔 100mm 有一个销孔，可插入回形钢销调整支撑高度；外管采用 $\varphi60mm\times3.5mm$ 钢管，外管上部焊有一节螺纹管，同微调螺母配合，微调范围为 150mm。由于采用内螺纹调节，螺纹不外露，可以防止螺纹的碰损和污染。支撑头插入支撑杆顶部，支撑头上焊有 4 根小角钢。净空 85mm 宽的方向用于搁置单根空腹工字钢梁；净空 170mm 宽的方向用双根钢梁搭接。折叠三脚架打开后卡住支撑杆，用锁紧把手紧固，使支撑杆独立、稳定。

图 2-9　独立式钢支撑

（2）模板体系的特点与优点

① 铝框胶合板模板体系操作简单、快捷，与采用传统方法散支、散拆的顶板模板体系相比，可节省至少 50% 的操作时间。

② 钢支撑采用三脚架固定，支撑体系操作简单、安全、快捷。

③ 铝框胶合板模板标准规格 1800mm×900mm，模板重量轻（25.92kg/块），单人就可搬运安装。

3. 模板施工

铝框胶合板模板体系安装从墙角开始，第一块模板调整好标高后，其他模板按此标准进行支设。

（四）主要技术参数

（1）模板面板：应采用酚醛覆膜竹（木）胶合板，表面平整；

（2）模板面板厚度：12mm、15mm、18mm；

（3）模板厚度：实腹钢框胶合板模板 55～120mm；

空腹钢框胶合板模板 120mm；

铝框胶合板模板 120mm；

（4）标准模板尺寸：600mm×2400mm、600mm×1800mm、600mm×1200mm、900mm×2400mm、900mm×1800mm、900mm×1200mm、1200mm×2400mm。

（五）应用范围

可适用于各类型的公共建筑、工业与民用建筑的墙、柱、梁板以及桥墩等。

（六）技术经济效果

钢（铝）框胶合板模板比全钢（铝）模板用钢（铝）量少、比全木模板周转次数高且面板能翻面使用，因此其综合成本相对较低；同时钢（铝）框胶合板模板技术能有效地减少人工、提高工效，施工效果比钢（铝）模板好，且能大量节省木材，是一种环保、绿色的模板技术，是模板技术更新换代的一个发展方向。

三、液压爬升模板技术

爬模装置通过承载体附着或支承在混凝土结构上，当新浇筑的混凝土脱模后，以液压油缸或液压升降千斤顶为动力，以导轨或支承杆为爬升轨道，将爬模装置向上爬升，反复循环作业。目前国内应用较多的是以液压油缸为动力的爬模。爬升模板的应用如图2-10所示。

（一）国内外爬模概况

国外爬模工艺广泛应用在高层建筑、核心筒、桥塔、高耸构造物等工程。国外爬模的种类主要有：液压油缸爬模、电动爬模、吊爬模。

图 2-10 爬升模板

我国从20世纪70年代就有爬模，最早是上海的手动爬模，以模板爬架子，以架子爬模板；20世纪80年代在北京采用3.5t液压千斤顶进行模板互爬；20世纪90年代在广东等地采用了6t千斤顶的整体液压爬模；2000年后多采用以油缸为动力的爬模。

（二）爬模的特点

（1）液压爬升模板按常规方法浇筑混凝土，劳动组织和施工管理简便，混凝土表面质量易于保证，又避免了滑模施工常见的缺陷，施工偏差可逐层消除。在爬升方法上它同滑模工艺一样，模板及滑模装置以液压千斤顶或油缸为动力自行向上爬升。

（2）可从基础底板或任意层开始组装和使用爬升模板。

（3）内外墙体和柱子都可以采用爬模，无须塔吊反复装拆，可将塔吊的重点放到钢结构安装上。

（4）钢筋绑扎随升随绑，操作安全；根据工程的特点，可采取爬升一层墙，浇筑一层楼板；也可以墙体连续爬模施工；有的电梯井到一定高度变为有楼板的房间，只需卸除下包模板和吊架，不需改变爬模施工工艺；所有模板上都可带有脱模器，确保模板顺利脱模而不黏模。

(5) 爬模可节省模板堆放场地,对于施工场地狭窄的项目有明显的优越性。一项工程完成后,模板、爬模装置及液压设备可继续在其他工程通用,周转使用次数多。

(三) 主要技术内容

1. 爬模工作原理

爬模装置的爬升运动通过液压油缸对导轨和爬模架体交替顶升来实现。导轨和爬模架体是爬模装置的两个独立系统,二者之间可进行相对运动。当爬模浇筑混凝土时,导轨和爬模架体都挂在连接座上。退模后立即在退模留下的预埋件孔上安装连接座组(承载螺栓、锥形承载接头、挂钩连接座),调整上、下爬升器内棘爪方向来顶升导轨,后启动油缸,待导轨顶升到位,就位于该挂钩连接座上后,操作人员立即转到最下平台拆除导轨,提升后露出的位于下平台处的连接座组件等。在解除爬模架体上所有拉结之后就可以开始顶升爬模架体,此时导轨保持不动,调整上下棘爪方向后启动油缸,爬模架体相对于导轨运动,通过导轨和爬模架体交替提升对方,爬模装置即可沿着墙体逐层爬升。如图 2-11 所示。

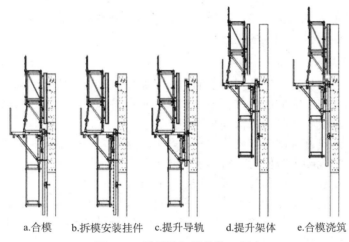

a.合模　b.拆模安装挂件　c.提升导轨　d.提升架体　e.合模浇筑

图 2-11　液压油缸爬模施工程序

2. 爬模设计

(1) 采用液压爬升模板施工的工程,必须编制爬模专项施工方案,进行爬模装置设计与工作荷载计算。

(2) 爬模专项施工方案应包括下列内容:

① 工程概况和编制依据;

② 爬模施工部署,管理目标、施工组织、总包和分包协调、劳动组织与培训计划、爬模施工程序、爬模施工进度计划、主要机械设备计划;

③ 劳动组织与培训计划、爬模装置设计,爬模装置系统、爬模装置构造、计算书、主要节点图;

④ 爬模主要施工方法,爬模装置安装、水平结构紧跟或滞后施工、特殊部位及变截面施工、测量控制与纠偏、爬模装置拆除;

⑤ 施工管理措施:安全措施、水电安装配合措施、季节性施工措施、爬模装置维

护与成品保护、现场文明施工、环保措施、应急预案。

(3) 采用油缸和架体的爬模装置由模板系统、架体与操作平台系统、液压爬升系统、电气控制系统四部分组成。

① 模板系统包括组拼式大钢模板或钢框（铝框、木梁）胶合板模板、阴角模、阳角模、钢背楞、对拉螺栓、铸钢螺母、铸钢垫片等；

② 架体与操作平台系统包括上架体、可调斜撑、上操作平台、下架体、架体挂钩、架体防倾调节支腿、下操作平台、吊平台、纵向连系梁、栏杆、安全网等；

液压爬升系统包括导轨、挂钩连接座、锥型承载接头、承载螺栓、油缸、液压控制台、防坠爬升器、各种油管、阀门及油管接头等；

电气控制系统包括动力、照明、信号、通信、电源控制箱、电气控制台、电视监控等。

(4) 根据工程具体情况，爬模技术可以实现墙体外爬、外爬内吊、内爬外吊、内爬内吊等爬升施工。

(5) 模板优先采用组拼式全钢大模板及成套模板配件，也可根据工程具体情况，采用钢（铝）框胶合板模板、木工字梁槽钢背楞胶合板模板等。模板的高度为标准层层高，模板之间以对拉螺栓紧固。

(6) 模板采用水平油缸合模、脱模，也可采用吊杆滑轮合模、脱模。所有模板上都应带有脱模器，确保模板顺利脱模。

3. 爬模施工

(1) 爬模组装需从已施工2层以上的结构开始施工。楼板需要滞后4～5层施工。

(2) 液压系统安装完成后应进行系统调试和加压试验，确保施工过程中所有接头和密封处无渗漏，爬模爬升时要确保同步平稳上升。

(3) 混凝土浇筑宜采用布料机均匀布料，分层浇筑，分层振捣；在混凝土养护期间绑扎上层钢筋；当混凝土脱模后，将爬模装置向上爬升一层。

(4) 采用油缸和架体的爬模装置应按下列程序施工：

浇筑混凝土→混凝土养护→绑扎上层钢筋→安装门窗洞口模板→预埋承载螺栓套管或锥形承载接头→检查验收→脱模→安装挂钩连接座→导轨爬升→架体爬升→合模→紧固对拉螺栓→继续循环施工

4. 主要技术关键

(1) 应对承载螺栓、支承杆、导轨主要受力部件按施工、爬升、停工三种工况分别进行强度、刚度及稳定性计算。

(2) 爬模装置爬升时，承载体受力处的混凝土强度必须大于10MPa，并应满足爬模设计要求。

(3) 爬模装置应由专业生产厂家设计、制作，应进行产品制作质量检验。出厂前应进行至少两个机位的爬模装置安装试验、爬升性能试验和承载试验，并提供试验报告。

(4) 爬模装置现场安装后，应进行安装质量检验。对液压系统应进行加压调试，检查密封性。

(5) 爬升施工必须建立专门的指挥管理组织，制定管理制度，液压控制台操作人员应进行专业培训，合格后方可上岗操作，严禁其他人员操作。

(6) 非标准层层高大于标准层层高时，爬升模板可多爬升一次或在模板上口支模接高。非标准层层高小于标准层层高时，混凝土按实际高度要求浇筑。非标准层必须同标准层一样在模板上口以下规定位置预埋锥形承载接头或承载螺栓套管。

(7) 爬升施工应在合模完成和混凝土浇筑后进行两次垂直偏差测量，并做好记录。如有偏差，应在上层模板紧固前进行校正。

(8) 爬模装置拆除前，必须编制拆除技术方案，明确拆除先后顺序，制定拆除安全措施，进行安全技术交底。

(9) 模板检验应放在平台上，按模板平放状态进行。模板制作允许偏差与检验方法应符合表 2-3 的规定。

表 2-3 模板制作允许偏差与检验方法

项次	项目	允许偏差/mm	检验方法
1	模板高度	±2.0	钢卷尺检查
2	模板宽度	+1.0 −2.0	钢卷尺检查
3	模板板面对角线差	3.0	钢卷尺检查
4	板面平整度	2.0	2m靠尺及塞尺检查
5	边肋平直度	2.0	2m靠尺及塞尺检查
6	相邻板面拼缝高低差	0.5	平尺及塞尺检查
7	相邻板面拼缝间隙	0.8	塞尺检查
8	连接孔中心距	±0.5	游标卡尺检查

(10) 爬模装置制作检验应在校正后进行，主要部件制作允许偏差与检验方法应符合表 2-4 的规定。

表 2-4 主要部件制作允许偏差与检验方法

项次	项目	允许偏差/mm	检验方法
1	连接孔中心位置	±0.5	游标卡尺检查
2	下架体挂点位置	±2.0	钢卷尺检查
3	梯挡间距	±2.0	钢卷尺检查
4	导轨平直度	2.0	2m靠尺、塞尺检查
5	提升架宽度	±5.0	钢卷尺检查
6	提升架高度	±3.0	钢卷尺检查
7	平移滑轮与轴配合	0.2～0.5	游标卡尺检查
8	支腿丝杠与螺母配合	0.1～0.3	游标卡尺检查

(11) 爬模装置采用油缸时，主要部件质量要求和检验方法应符合表 2-5 的规定。

表 2-5 主要部件质量要求和检验方法

项次	项目	检验内容	检验方法
1	液压系统	工作可靠压力正常	开机检查
2	防坠爬升器	动作灵敏度可靠	插入导轨、观察动作
3	油缸	往复动作无渗漏	接入试验高压油，作往复动作不少于10次

(四) 技术指标

(1) 液压油缸额定荷载 50kN、100kN、150kN；工作行程 150～600mm。

(2) 油缸机位间距不宜超过 5m，当机位间距内采用梁模板时，间距不宜超过 6m。

(3) 油缸布置数量需根据爬模装置自重及施工荷载进行计算确定，根据《液压爬升模板工程技术规程》（JGJ 195—2010）的规定，油缸的工作荷载应小于额定荷载 1/2。

（五）适用范围

适用于高层建筑剪力墙结构、框架结构核心筒、桥墩、桥塔、高耸构筑物等现浇钢筋混凝土结构工程的液压爬升模板施工。

（六）质量保证措施

1. 建立强有力的组织领导机构

爬模施工是集施工管理、劳动组织、施工技术、材料供应、工程质量、生产安全、水电安装、信息资料、生活服务等各项管理工作及混凝土、钢筋、木作、液压、电气焊、机械操作、测量、清理等各工种共同协调配合的一项系统工程，是技术性强、组织严密的先进施工工艺。为了确保工艺实施过程中，各项工作有条不紊地正常进行，必须建立一套强有力的指挥管理系统，强调统一指挥，一切服从指挥决策，并向指挥反馈各方信息，把各项管理工作落实到各部门，落实到每个具体的人，明确其职责范围。

2. 制定、落实爬模装置检查制度

（1）每层爬模施工均需做好检查工作，并做好记录。

（2）爬升前检查墙体混凝土强度、是否有埋件漏埋、附墙装置是否安装牢固、爬升机盒功能是否正确、构件连接有无松动、是否有阻碍爬升的障碍物、平台上是否有未固定的活动物品、是否有堆载超重、看护人员是否到位以及人员沟通是否顺畅等。

（3）检查完毕后，土建、监理、爬模施工方、项目部爬模管理人员等相关人员会签后方可进行爬升作业。

（4）爬升中检查油缸是否同步、液压系统是否有泄漏、导轨提升后下部锥形承载接头及附墙装置是否及时拆除、爬升一个行程后承重销是否及时拔出以及爬升到位后承重销是否及时插入、导轨和架体爬升是否正常等。

（5）爬升后应检查是否及时将爬升机盒转到爬轨功能上、有无构件松动等。

（6）每月均对整个爬模系统作全面检查，并做好记录。

3. 其他措施

（1）混凝土严格分层浇筑、分层振捣，并注意变换浇筑方向，即从中间向两端，从两端向中间交错进行。

（2）模板清理需划分区段，定员定岗，从下到上、一包到顶，做到层层涂刷隔离剂，并由专业工长进行检查。每隔 5~8 层进行一次大清理。

（3）加强测量观测，每层提供 2 次垂直偏差观测结果，即混凝土浇筑前和混凝土浇筑后的观测结果。如果有偏差，可在上层模板紧固前按纠偏措施进行校正。

（4）混凝土浇筑位置的操作平台应采取铺铁皮、设置铁簸箕等措施，保护爬模装置和下层混凝土表面不受污染。导轨顶端加设防护盖，防止混凝土污染。

（5）在操作平台上显著位置挂牌标明允许荷载值，设备、材料及人员等荷载应均匀分布，人员、物料不得超过允许荷载。

（6）爬模装置爬升时不得堆放钢筋等施工材料，非操作人员应撤离操作平台。爬模装置的安装、操作、拆除必须在专业厂家指导下进行，专业操作人员应进行技术培训，并取得相应的上岗证书。

（7）与气象部门保持密切联系。遇有六级以上强风、雨雪、浓雾、雷电等恶劣天气，禁止进行爬模施工作业，并应采取可靠的加固措施。

四、插接式钢管脚手架及支撑架

插接式钢管脚手架及支撑架适应性强，除搭设一些常规脚手架外，还可搭设悬挑结构、悬跨结构、整体移动、整体吊装架体等。

（一）技术背景

为从源头上对脚手架产品全面升级，推动整个脚手架行业在节能减排、绿色环保方面起到示范带头作用，从而引导整个行业的进步，体现了产品的先进性，我国在从法国引进的 CRAB 系统产品的基础上，对其进行消化、吸收，再结合中国建筑市场的特点形成了插接式钢管脚手架独立完整的体系。

（二）技术特点

杆件的原材料升级，节点连接可靠，结构形式设计科学、合理，搭设的精度高，因此，该脚手架结构体系具有承载力高、稳定性好的特点。插接式钢管脚手架体系的连接方式不同于传统的扣件式、碗扣式脚手架体系，将节点的扣件焊接于杆件上，极大地提高了施工工效。

由于上述特点，此种脚手架搭设而成的结构形式多样，除了传统的满堂红脚手架，还可以搭设成悬挑形式、悬跨形式、移动脚手架等结构类型。

（三）主要技术内容

1. 插接式钢管脚手架设计

（1）基本组件为立杆、横杆、斜杆、底座等。

（2）功能组件为顶托、承重横杆、用于安装踏板的横杆、踏板横梁、中部横杆、水平杆上立杆。

（3）连接配件为锁销、销子、螺栓。

（4）其特征是沿立杆杆壁的圆周方向均匀分布有 4 个 U 形插接耳组，横杆端部焊接有横向的 C 形或 V 形卡，斜杆端部有销轴。

（5）连接方式：立杆与横杆之间采用预先焊接于立杆上的 U 形插接耳组与焊接于横杆端部的 C 形或 V 形卡以适当的形式相扣，再用楔形锁销穿插其间的连接形式；立杆与斜杆之间采用斜杆端部的销轴与立杆上的 U 形卡侧面的插孔相连接；根据管径不同，上下立杆之间可采用内插或外套两种连接方式，见图 2-12。

（6）节点的承载力由扣件的材料、焊缝的强度决定，由于锁销的倾角远小于锁销的摩擦角，受力状态下，锁销始终处于自锁状态。

（7）架体杆件主要承重构件采用低碳合金结构钢，结构承载力得到极大的提高。该类产品均采用热镀锌处理，构件不会发生锈蚀，使用寿命延长，也保证了结构承载力不

图 2-12 插接式钢管脚手架

会因结构构件锈蚀而降低。

2. 插接式钢管脚手架施工

(1) 根据工程结构设计图、施工要求、施工目的、服务对象及施工现场条件，编制脚手架或模板支撑架专项施工方案及施工图。

(2) 对设计方案进行详细的结构计算，确保脚手架或模板支撑架的稳定性。

(3) 制定确保质量和安全施工等有关措施。

(4) 制定脚手架或模板支撑架施工工艺流程和工艺要点。

(5) 根据专项施工方案对所需材料进行统计。

（四）主要技术参数

(1) 立杆规格为 $\Phi 48mm \times 2.7mm$，$\Phi 60mm \times 3.2mm$，材质为 Q345B；横杆规格为 $\Phi 48mm \times 2.7mm$，材质为 Q345B；

(2) $\Phi 48mm$ 立杆套管插接长度不小于 150mm，$\Phi 60mm$ 立杆套管插接长度不小于 110mm；

(3) 脚手架安装后的垂直偏差应控制在 $3h/1000$ 以内；

(4) 底座丝杠外露尺寸不得大于规定要求；

(5) 应对节点承载力进行校核，确保节点满足承载力要求，保证结构安全；

(6) 表面处理：热镀锌。

（五）应用范围

插接式钢管脚手架及支撑架可广泛应用于建筑结构及市政桥梁工程的脚手架及模板支撑系统、装修工程及钢结构安装工程施工、航空、船舶工业维修，还可作为临时看台、临时人行天桥、临时大屏幕等临时设施的支承结构。

（六）技术经济效果

插接式钢管脚手架体系安全可靠，施工快捷，美观大方，能够有效地保证建筑工程的施工安全，质量稳定可靠，周转率高，并且由于没有零散小部件，从源头上大大降低了材料的丢失率，从而达到节约成本的目的。

从其自身方便快捷的安装和结构承载能力大，周转率高的特点上来看，大大节约了劳动力成本；和传统脚手架相比，同类型结构的安装工效至少能提高 2~3 倍，并且该产品的热镀锌工艺能保证该产品至少能使用 20 年以上。其热镀锌工艺的组成，大大提高了产品的清洁性,减少了本身钢材对环境的污染。其长时间的使用寿命,减少了不可再生资源投入,从而达到绿色环保的要求。

五、盘销式钢管脚手架及支撑架

(一)技术背景

由于目前我国在脚手架与支撑架的设计、制造、使用过程中没有进行严格的功能区分,造成在很多情况下使用脚手架来替代支撑架,并且没有对产品加工质量进行严格的控制,使用过程没有严格把关,造成架体垮塌事故频发。为了区别于现有的碗扣架、钢管架、门型架等脚手架,特别是针对桥梁、大型公建等需要的高大支撑架体,结合国外的支撑架与脚手架的主流形式,有必要引进、开发一种新型脚手架、支撑架系统,有针对性地满足不同工程的需求,确保架体的安全性、适用性、经济性。而盘销式钢管脚手架满足了这样的要求。

(二)技术特点

1. 安全可靠

立杆上的圆盘与焊接在横杆或斜拉杆上的插头锁紧,接头传力可靠;立杆与立杆的连接为同轴心承插,各杆件轴心交于一点,架体受力以轴心受压为主,由于有斜拉杆的连接,使得架体的每个单元近似于格构柱,因而承载力高,不易发生失稳。(如图 2-13)。

图 2-13 盘销式钢管脚手架

2. 搭拆快、易管理

横杆、斜拉杆与立杆连接,用一把铁锤敲击楔型销即可完成搭设与拆除,速度快,功效高。全部杆件系列化、标难化,便于仓储、运输和堆放。

3. 适应性强

除搭设一些常规架体外,由于有斜拉杆的连接,盘销式脚手架,还可搭设悬挑结构、跨空结构、整体移动、整体吊装、拆卸的架体。

4. 节省材料、绿色环保

由于采用低合金结构钢为主要材料,在表面热浸镀锌处理后,与其他支撑体系相比,在同等荷载情况下,材料可以节省1/3左右,产品寿命可达15年。

(三) 主要技术内容

(1) 盘销式钢管脚手架的立杆上每隔一定距离焊有圆盘，横杆、斜拉杆两端焊有插头，通过敲击楔形插销将焊接在横杆、斜拉杆的插头与焊接在立杆的圆盘锁紧。

(2) 盘销式钢管脚手架分为 Φ60mm 系列重型支撑架和 Φ48mm 系列轻型脚手架两大类：

① Φ60mm 系列重型支撑架的立杆为 Φ60mm×3.2mm 焊管制成（材质为 Q345、Q235），立杆规格有 1m、2m 和 3m，每隔 0.5m 焊有一个圆盘；横杆及斜拉杆均采用 Φ48mm×3.5mm 焊管制成，两端焊有插头并配有楔形插销；搭设时每隔 1.5m 搭设一步横杆。

② Φ48mm 系列轻型脚手架的立杆为 Φ48mm×3.5mm 焊管制成（材质为 Q345），立杆规格有：1m、2m 和 3m，每隔 1.0m 焊有一个圆盘；横杆及斜拉杆均为采用 Φ48mm×3.5mm 焊管制成，两端焊有插头并配有楔形插销；搭设时每隔 2m 搭设一步横杆。

(3) 盘销式钢管脚手架一般与可调底座、可调托座以及连墙撑等多种辅助件配套使用。

(四) 主要技术参数

(1) 盘销式钢管脚手架以容许荷载法设计架体。架设模板支撑架应用前必须编制专项施工方案，确保架体稳定。

(2) 盘销式脚手架以验算立杆允许荷载确定搭设尺寸。以 Φ60mm 系列重型支撑架为例，步距 1.5m，立杆间距 1.5m×1.5m，3 步架（5m 高）极限承载力值 834.3kN，单根立杆允许载荷为 104kN；5 步架（8m 高）极限承载力值 752.0kN，单根立杆允许载荷为 94kN；8 步架（12.5m 高）极限承载力值 759.8kN，单根立杆允许载荷为 94kN。

(3) 表面处理：热镀锌。

(五) 应用范围

1. Φ60mm 系列重型支撑架可广泛应用于公路、铁路的跨河桥、跨线桥、高架桥中的现浇盖梁及箱梁的施工，用作水平模板的承重支撑架。

2. Φ48mm 系列轻型脚手架适用于直接搭设各类房屋建筑的外墙脚手架；梁板模板支撑架；船舶维修、大坝、核电站施工用的脚手架；各类钢结构施工现场拼装的承重架；各类演出用的舞台架、灯光架、临时看台、临时过街天桥等。

(六) 技术经济效果

1. 经济效益

(1) 采用盘销式钢管支撑架相对于模板木支撑体系既保证了支架的整体性，又减少材料的损耗；相对扣件式钢管脚手架、门型式支撑体系可以节省人工费用 0.5 元/m^2 且能减少小型配件的管理；

(2) 由于用量少、重量轻，操作人员可以更加方便地进行组装。搭拆费、运输费、租赁费、维护费都会相应地节省，一般情况下可以节省三分之一左右。

2. 社会效益

（1）采用盘销式钢管支撑体系作为梁板模板的支撑系统，解决了模板支架的施工难题，提高工程质量，降低工程造价；同时可以有效缩短工期。就一层模板而言，相比扣件式钢管支撑体系可以缩短半天的工期，为企业确保工期，按时完成工程赢得了时间。

（2）采用盘销式钢管支架作为模板的支撑体系保证了模板施工的安全，有效减少了模板的整体坍塌，从而保证了人民群众的生命安全。

第二节　钢筋技术

一、大直径钢筋直螺纹连接技术

（一）钢筋直螺纹连接技术概述

20世纪70年代，工业发达国家如德国、美国、法国、日本、英国等开始发展钢筋机械连接技术，包括套筒挤压接头、锥螺纹接头、直螺纹接头、水泥灌浆接头、熔融金属充填接头等多种机械连接类型，并在混凝土工程中得到广泛应用。由于机械连接对钢筋无可焊性要求、接头质量比较稳定、操作比较简单，不仅受到施工承包商的欢迎，也得到设计工程师的青睐，美国混凝土房屋建筑规范（ACI 318—1999）修改了1995年以前历届规范版本中将焊接连接置于首要位置的惯例，明确将钢筋机械连接置于焊接之前，并提高钢筋机械接头的强度要求，允许高质量的机械接头不受限制地用于结构中的任何部位。

我国于20世纪80年代后期开始发展套筒挤压接头和锥螺纹钢筋接头，并在混凝土工程中获得普遍推广应用。20世纪90年代后期，我国自主开发出镦粗直螺纹钢筋接头。随后又开发出滚轧直螺纹钢筋接头。我国自主开发的钢筋镦粗设备重量仅为法国镦粗设备重量的1/3，轻巧好用，操作速度快，设备成本低，已呈后来居上之态势，而且推广应用极为迅速，我国大量高层建筑、大跨桥梁、越江隧道、地铁、电视塔、核电站等大型结构工程都大量采用了镦粗直螺纹钢筋接头，并已开始出口国际市场。

我国的滚轧直螺纹钢筋接头，由于滚丝设备投资少，滚丝工艺简单，接头成本低，发展也非常迅速，尤其在房屋建筑中的应用更为广泛。上述两种直螺纹钢筋接头已逐步成为我国混凝土工程中钢筋机械连接的主导产品。

我国建筑行业标准《钢筋机械连接通用技术规程》（JGJ 107—1996）的公布实施，对我国钢筋机械连接技术的发展起了积极推动作用，随着钢筋连接制造技术和质量控制水平的提高，2003年、2010年、2016年我国又公布实施了新修订版《钢筋机械连接通用技术规程》（JGJ 107—2003）《钢筋机械连接技术规程》（JGJ 107—2010）及《钢筋机械连接技术规程》（JGJ 107—2016）。推广应用直螺纹钢筋接头可提高钢筋工程质量、加快工程进度、节约钢材、降低成本，对提高我国建筑工程的技术水平和综合社会经济效益具有现实意义。

(二) 钢筋直螺纹连接技术内容和特点

钢筋直螺纹连接技术是指在热轧带肋钢筋的端部制作出直螺纹，利用带内螺纹的连接套筒对接钢筋，达到传递钢筋拉力和压力的一种钢筋机械连接技术。

根据直螺纹制作工艺的不同，钢筋直螺纹连接分为镦粗直螺纹钢筋连接技术、滚轧直螺纹钢筋连接技术、精轧螺纹钢筋连接技术等，目前我国混凝土结构中所用的 HRB 335、HRB 400 和 HRB 500 级钢筋，它的连接主要是前述二种连接方式，后一种精轧螺纹钢筋连接技术主要是针对预应力混凝土结构用的高强度（屈服强度为 785～930MPa 级）钢筋的连接，这类钢筋在钢厂轧制时可通过特制的轧滚直接轧制出没有纵肋、仅有螺旋状横肋的表面外形，因此，在任何位置切断钢筋，均可通过特制的连接套筒直接对接钢筋。近年来，国外也有在普通混凝土结构中采用精轧螺纹钢筋，用特制连接套筒对接钢筋，同时要求在套筒和钢筋缝隙间灌注水泥浆以减少接头变形。

1. 镦粗直螺纹钢筋连接技术

（1）基本原理

镦粗直螺纹钢筋连接技术是先将钢筋端部镦粗，在镦粗段上制作直螺纹，再用带内螺纹的连接套筒对接钢筋。目前以采用冷镦工艺为主，在常温下进行，工艺简单，不受环境影响。通过冷镦工艺，不仅扩大了钢筋端部横截面积，同时钢筋经冷镦加工后，钢材的屈服和极限强度均有所提高，从而可确保接头的强度高于钢筋母材强度。

（2）技术内容

本技术主要包括钢筋镦粗技术和直螺纹制作技术。

① 钢筋的镦粗技术，钢筋的镦粗是采用专用的钢筋镦头机来实现的（如图 2-14），镦头机为液压设备，由高压油泵作为动力源。各个油缸的进油、回油都是经过预先设定的顺序和预定的压力通过顺序阀及油泵换向阀自动及手动控制的，因此工人操作十分简单，生产效率也比较高，一般镦粗一个头 30～40s。

图 2-14 钢筋镦头机

② 钢筋的直螺纹制作技术，在钢筋镦粗段上制作直螺纹是用专用钢筋直螺纹套丝机（如图 2-15）对钢筋镦粗段加工直螺纹。

图 2-15 钢筋直螺纹套丝机

套丝机由套丝机头、变速电动机、钢筋夹紧钳、进给及行程控制系统、冷却系统、机架等组成,其核心部件是套丝机头,机头内装有相互呈 90°布置的可调节径向距离的四个刀架,其上装有四把直螺纹梳刀。电源启动后,电动机通过变速机带动套丝机头绕钢筋轴线旋转,操作进给柄使机头移动,在此过程中围绕工件旋转的机头开始切削螺纹,用机械限位装置控制丝头加工长度,并自动涨刀退出工作,机头复位。

(3) 技术特点

镦粗直螺纹钢筋接头强度高、钢筋丝头螺纹质量好、接头的整体质量稳定可靠、适合各种工况应用,尤其适合加长丝头型接头对接钢筋笼。

镦粗直螺纹钢筋接头的关键技术是钢筋的镦粗工艺,它的技术特点如下:

① 镦粗过程对钢筋有冷作硬化作用,使钢筋的强度提高,延性降低。要控制好镦头头型和镦粗压力、优化工艺参数;

② 国产 HRB 335、HRB 400 级钢筋有良好的延性,极限延伸率高达 20%以上,比美、英、德、法、日等先进工业国家同类钢筋的延性都高,非常适合镦粗工艺;

③ 钢筋镦粗应采用良好的设备,选用技术水平和管理水平高的单位供货或分包;

④ 镦粗直螺纹钢筋接头还适合用于钢筋无法转动时的钢筋对接,如钢筋笼的整体对接。

2. 滚轧直螺纹钢筋接头技术

(1) 基本原理

滚轧直螺纹钢筋接头的基本原理是利用钢筋的冷作硬化原理,在滚轧螺纹过程中提高钢筋材料的强度,用来补偿钢筋净截面面积减小而给钢筋强度带来的不利影响,使滚轧后的钢筋接头能基本保持与钢筋母材等强。

(2) 技术内容

滚轧直螺纹钢筋接头目前主要分为直接滚轧直螺纹钢筋接头和剥肋滚轧直螺纹钢筋接头两种类型,我国最早出现的是直接滚轧,是使用滚丝机直接在钢筋端部滚丝的一种工艺;剥肋滚轧是对上述工艺的一种改进,它是在滚轧螺纹前先将钢筋的纵横肋剥(切削)去,然后再进行滚丝,两者的技术内容很相似,剥肋滚轧比直接滚轧多一道切削工序。下面就以剥肋滚轧直螺纹钢筋接头为例作简单说明。

滚轧直螺纹钢筋连接技术主要是钢筋端部的滚轧螺纹技术,钢筋直螺纹滚丝机的结构与图 2-15 中套丝机的构造基本一致，不同的是将套丝机头改为滚丝机头。

直接滚轧与剥肋滚轧直螺纹滚丝机结构大体相同，只是滚丝机的机头及机头前后机械限位部分有所区别。滚丝机头的滚丝部分又可分为直径可调式和直径不可调式两种。

(3) 技术特点

滚轧直螺纹钢筋连接技术工艺简单、操作容易、设备投资少，受到用户的普遍欢迎，其主要技术特点如下：

① 滚轧直螺纹钢筋接头强度高、工艺简单，最适合钢筋尺寸公差小的工况。

② 当钢筋尺寸公差或形位公差过大时，易影响螺纹及接头质量。

③ 钢筋纵横肋过高对直接滚轧不利，滚轧过程中纵横肋倒伏易形成虚假螺纹，剥肋工序可明显改善滚轧螺纹外观和螺纹内在质量。

④ 选择技术和质量管理水平高的单位供应或分包钢筋接头是重要的，用不良设备、工艺制作的螺纹丝头还常带有较大锥度或椭圆度。

⑤ 严格控制丝头直径及圆柱度是重要的，否则，滚轧直螺纹钢筋接头易出现接头滑脱。

⑥ 按照《钢筋机械连接技术规程》（JGJ 107—2016）规程的要求，在现场工艺检验中增加了对接头变形的检验，目前已有接头公司在设备中增加了钢筋端头倒角的工艺，它可以将滚丝造成的丝头端部卷边的现象全部消除，从而改善接头的变形性能。

(三) 直螺纹钢筋接头的质量控制

无论是镦粗直螺纹钢筋接头还是滚轧直螺纹钢筋接头，其质量控制主要包括连接套筒的质量控制、钢筋端部螺纹丝头的质量控制、接头安装、接头的工艺检验和现场抽检，下面分别作简要介绍：

1. 套筒的质量控制

直螺纹接头的连接套筒是确保接头质量的重要环节，其质量控制要点如下：

(1) 套筒设计

设计 I 级接头套筒尺寸时，应使套筒的净横截面积与套筒材料设计强度值的乘积大于钢筋面积与钢筋标准强度乘积的 1.1 倍，并应留有安全储备量；套筒的内螺纹应满足产品性能要求。

(2) 套筒原材料

应选用强度高、延性好、易加工且价格较低的钢材来制造，通常采用 45 号优质碳素结构钢，也可选用低合金高强度结构钢制造；应有合格的原材料供应商，确保材料性能合格、稳定，生产加工前应对原材料的机械性能进行抽样复检。

(3) 生产过程的质量控制

套筒生产从毛坯到制成品各道工序均应有严格的抽检制度和质量控制标准，成品表面应有产品标识，如供应商商标、规格、型号、生产批号等，以便必要时可以核查与追溯。

(4) 套筒应进行防锈处理和分类包装

套筒的质量是通过供应商的产品合格证来保证的，为此，用户应该选择技术水平高、有规模、有信誉的供应商，尤其是重要结构工程应选用经过国家产品认证或经过 ISO 9001 产品质量认证的供应商来供货。

2. 钢筋端部螺纹的质量控制

钢筋端部螺纹（简称丝头）的质量控制是正确实施本技术的关键，其要点如下：

(1) 选择良好的设备及工艺是制作合格丝头的前提；

(2) 操作工人必须经培训合格后持证上岗，且班组人员应相对稳定；

(3) 用专用螺纹量具（通端螺纹环规和止端螺纹环规）对螺纹中径尺寸进行检验，抽检数量不少于10%；

(4) 用专用量规检查丝头长度。加工工人应逐个检查丝头的外观质量。

3. 接头安装

(1) 应保证钢筋丝头在套筒中央位置相互顶紧；

(2) 按照《钢筋机械连接技术规程》（JGJ 107—2016）版规程的安装扭矩（见表2-6）的要求，用专用扭矩扳手对安装好的接头进行抽检，检查是否满足规定的力矩值。

表2-6 直螺纹接头安装时的最小拧紧扭矩值

钢筋直径/mm	≤16	18~20	22~25	28~32	36~40	50
拧紧扭矩/(N·m)	100	200	260	320	360	460

4. 接头的工艺检验和现场抽检

(1) 钢筋连接工程开始前及施工过程中，应对每批进场钢筋进行接头工艺检验，工艺检验应符合下列要求：

① 每种规格钢筋的接头试件不应少于3根；

② 每根试件的抗拉强度和3根接头试件的残余变形的平均值均应符合表2-7的规定；

表2-7 接头极限抗拉强度

接头等级	I	II	III
极限抗拉强度	$f_{mst}^0 \geqslant f_{stk}$ 钢筋拉断 或 $f_{mst}^0 \geqslant 1.10 f_{stk}$ 连接件破坏	$f_{mst}^0 \geqslant f_{stk}$	$f_{mst}^0 \geqslant 1.25 f_{yk}$

注：f_{mst}^0——接头试件实测极限抗拉强度；

f_{stk}——钢筋极限抗拉强度标准值；

f_{yk}——钢筋屈服强度标准值。

③ 允许接头试件在测量残余变形后再进行抗拉强度试验，并宜按《钢筋机械连接技术规程》（JGJ 107—2016）规程附录中的单向拉伸加载制度进行试验；

④ 第一次工艺检验中1根试件抗拉强度或3根试件的残余变形平均值不合格时，允许再抽3根试件进行复检，复检仍不合格时判为工艺检验不合格。

(2) 接头的现场检验按验收批进行。同一施工条件下采用同一批材料的同等级、同形式、同规格接头，以500个为一个验收批进行检验与验收，不足500个也作为一个验收批。

对接头的每一验收批，必须在工程结构中随机截取3个接头试件作抗拉强度试验，按设计要求的接头等级进行评定。

当3个接头试件的抗拉强度均符合表2-7中相应等级的要求时，该验收批评为合格。

如有1个试件的强度不符合要求，应再取6个试件进行复检，复检中如仍有1个试件的强度不符合要求，则该验收批评为不合格。

(3) 现场检验连续10个验收批抽样试件抗拉强度试验1次合格率为100%时，验收批接头数量可以扩大 1 倍。

(四) 钢筋机械接头的使用规定

我国行业标准《钢筋机械连接技术规程》(JGJ 107—2016)(以下简称《规程》)对钢筋机械接头的分级、性能要求和接头在结构中的应用都作了明确规定,现作简单介绍:

(1) 接头应根据极限抗拉强度、残余变形、最大力下总伸长率以及高应力和大变形条件下反复拉压性能,分为Ⅰ级、Ⅱ级、Ⅲ级三个等级。接头变形性能要求见表 2-8。

表 2-8 接头变形性能

接头等级		Ⅰ	Ⅱ	Ⅲ
单向拉伸	残余变形/mm	$u_0 \leq 0.10$ (d≤32) $u_0 \leq 0.14$ (d>32)	$u_0 \leq 0.14$ (d≤32) $u_0 \leq 0.16$ (d>32)	$u_0 \leq 0.14$ (d≤32) $u_0 \leq 0.16$ (d>32)
	最大力下总伸长率/%	$A_{sgt} \geq 6.0$	$A_{sgt} \geq 6.0$	$A_{sgt} \geq 3.0$
高应力反复拉压	残余变形/mm	$u_{20} \leq 0.3$	$u_{20} \leq 0.3$	$u_{20} \leq 0.3$
大变形反复拉压	残余变形/mm	$u_4 \leq 0.3$ 且 $u_8 \leq 0.6$	$u_4 \leq 0.3$ 且 $u_8 \leq 0.6$	$u_4 \leq 0.6$

注:A_{sgt}——接头试件的最大力下总伸长率;
　　d——钢筋公称直径;
　　u_0——接头试件加载至 $0.6f_{yk}$ 并卸载后在规定标距内的残余变形;
　　u_{20}——接头试件按规程加载制度经高应力反复拉压 20 次后的残余变形;
　　u_4——接头试件按规程加载制度经大变形反复拉压 4 次后的残余变形;
　　u_8——接头试件按规程加载制度经大变形反复拉压 8 次后的残余变形。

(2)《规程》对不同等级接头的应用作了如下规定:

① 接头等级的选定应符合下列规定:

1) 混凝土结构中要求充分发挥钢筋强度或对延性要求高的部位应优先选用Ⅱ级接头;当在同一连接区段内必须实施 100% 钢筋接头的连接时,应采用Ⅰ级接头。

2) 混凝土结构中钢筋应力较高但对延性要求不高的部位可采用Ⅲ级接头。

3) 结构设计图纸中宜列出设计选用的钢筋接头等级和应用部位。

② 钢筋连接件的混凝土保护层厚度,宜符合国家标准《混凝土结构设计规范》(GB 50010—2010,2015 年版)中受力钢筋混凝土保护层最小厚度的规定,且不得小于 15mm。连接件之间的横向净距不宜小于 25mm。

③ 结构构件中纵向受力钢筋的接头宜相互错开,钢筋机械连接的连接区段长度应按 $35d$ 计算(d 为被连接钢筋中的较大直径)。在同一连接区段内有接头的受力钢筋截面面积占受力钢筋总截面面积的百分率(以下简称接头百分率),应符合下列规定:

1) 接头宜设置在结构构件受拉钢筋应力较小部位,当需要在高应力部位设置接头时,在同一连接区段内Ⅲ级接头的接头百分率不应大于 25;Ⅱ级接头的接头百分率不应大于 50%;Ⅰ级接头的接头百分率除《规程》中 4.0.3 条 2 所列情况外可不受限制。

2) 接头宜避开有抗震设防要求的框架的梁端、柱端箍筋加密区;当无法避开时,应采用Ⅱ级接头或Ⅰ级接头,且接头百分率不应大于 50%。

3) 受拉钢筋应力较小部位或纵向受压钢筋,接头百分率可不受限制。

4) 对直接承受动力荷载的结构构件,接头百分率不应大于 50%。

④ 当对具有钢筋接头的构件进行试验并取得可靠数据时，接头的应用范围可根据工程实际情况进行调整。

《规程》的条文说明中指出，Ⅰ级、Ⅱ级接头均属于高质量接头，对重要的房屋结构，如无特殊需要，选用Ⅱ级接头并控制在同一连接区段内接头百分率不大于50%是合适的。《规程》并不鼓励在同一连接区段实施100%钢筋连接（尽管《规程》允许这样做）。

实际上，规程对Ⅰ级、Ⅱ级接头的使用部位已不作限制，可以在结构中的任何部位使用，包括梁端、柱端箍筋加密区。Ⅰ级、Ⅱ级接头的应用仅仅是在允许的接头百分率上有差别。

（五）技术经济效益

近几年来，直螺纹钢筋接头在众多的国内工程中大量广泛应用，已占据国内钢筋机械连接市场的主导地位，尤其国家重点工程基本全部采用。

据粗略的统计，每年我国应用于各种工程的直螺纹钢筋接头数量已达数亿个，如果同套筒冷挤压及锥螺纹钢筋接头相比，每年可至少为国家节约数万吨钢材，它无论在节约人力、物力、财力还是在节能、环保方面，都为国家创造了可观的经济效益和社会效益。

二、钢筋机械锚固技术

（一）主要技术内容

1. 技术简介

钢筋的锚固是混凝土结构工程中的一项基本技术。该项钢筋机械锚固技术为混凝土结构中的钢筋锚固提供了一种全新的机械锚固方法，该技术是将螺帽与垫板合二为一的锚固板通过直螺纹连接方式与钢筋端部相连形成钢筋机械锚固装置。锚固板分为"部分锚固板"和"全锚固板"两种，部分锚固板与钢筋组装后称为部分锚固板钢筋，其锚固作用机理为钢筋的锚固力由埋入段钢筋与混凝土之间的黏结力和锚固板的局部承压力共同承担（如图2-16）。全锚固板与钢筋组装后称为全锚固板钢筋，其锚固能力可完全由锚固板的局部承压力提供，因此特别适用于梁、板抗剪钢筋等场合使用。

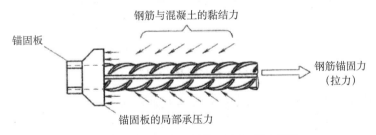

图2-16 带锚固板钢筋的受力机理示意图

2. 施工工艺流程及操作要点

（1）施工工艺流程

施工准备→工艺检验→钢筋切割→钢筋端部滚轧螺纹→螺纹检验→安装锚固板→锚固板钢筋拧紧扭矩检查。

(2) 操作要点

① 施工准备，检验合格的钢筋锚固板，应按规格存放整齐备用。锚固板进入现场后应妥善保管，不得造成锈蚀及损坏，做好操作人员的技术、安全培训及考核工作，对考核合格人员颁发上岗证书。

② 工艺检验，丝头正式加工前应按有关规定进行组装件的单向拉伸试验，并应符合下列要求：每种规格的钢筋锚固板的单向拉伸试件不应少于3根；3根试件的抗拉强度值均不应小于钢筋抗拉强度标准值。

③ 钢筋切割，钢筋下料宜用GQ50型机械式专用钢筋切断机；钢筋端部不得有弯曲，出现弯曲时应调直；钢筋端面须平整并与钢筋轴线垂直，不得有马蹄形或扭曲。

④ 钢筋端部滚轧螺纹，钢筋螺纹加工宜用QGL40（50）型钢筋滚丝机。在台钳夹紧钢筋前应用与钢筋规格相匹配的挡铁控制钢筋位置，不得用目测进行；钢筋丝头尺寸应严格控制，并应满足有关要求；用滚丝机对钢筋进行丝头加工时应使用水性润滑液，不得使用油性润滑液。

⑤ 螺纹检验，螺纹检验包括螺纹直径和螺纹长度检验。螺纹直径和长度检验方法和要求应符合有关规定，见表2-9。

表2-9 钢筋螺纹检验方法及要求

序号	检验项目	量具名称	检验要求
1	丝头长度	专用检验螺母	丝头长度应满足设计要求，标准丝头长度公差为+1p
2	螺纹直径	专用检验螺母	能顺利旋入螺纹并达到旋合长度
		环止规	环止规旋入量不应超过3p

⑥ 安装锚固板

锚固板安装时，锚固板规格应与钢筋规格保持一致；检验合格的钢筋丝头，应立即安装锚固板并码放在适当区域，以免钢筋丝头受到损伤和沾污。

⑦ 锚固板钢筋拧紧扭矩检查

锚固板安装后应用扭力扳手进行抽检，校核拧紧力矩。拧紧力矩值不应小于表2-10中的规定。

表2-10 锚固板安装时的最小拧紧扭矩值

钢筋直径/mm	≤16	18～20	22～25	28～32	36～40
拧紧扭矩/（N·m）	100	200	260	320	360

3. 技术特点

该技术相比传统的钢筋锚固技术，具有以下显著特点：

（1）可减少钢筋锚固长度，节约40%以上的锚固用钢材，降低成本。

（2）锚固板与钢筋端部通过螺纹连接，安装快捷，质量及性能易于保证。

（3）锚固板具有锚固刚度大、锚固性能好、方便施工等优点，有利于商品化供应。

（4）采用锚固板钢筋的混凝土框架顶层端节点与中间层端节点钢筋锚固的构造形式，可大大简化钢筋工程的现场施工，避免了钢筋密集拥堵，绑扎困难的问题，并可改善节点受力性能和提高混凝土浇筑质量。

（二）经济效益

该技术符合国家的节能减排政策和节能建筑的要求。与传统的直钢筋锚固相比，应用锚固板钢筋锚固可减少钢筋锚固长度60%以上，节约锚固钢筋40%以上；可以代替钢筋的弯折锚固，节约钢材，方便施工。锚固板与钢筋端部通过螺纹连接，安装快捷，质量及性能易于保证；新型锚固板具有锚固刚度大、锚固性能好、方便施工等优点，有利于商品化供应；采用锚固板钢筋的混凝土框架顶层端节点与中间层端节点钢筋锚固的构造形式，可大大简化钢筋工程的现场施工，避免了钢筋密集拥堵，绑扎困难的问题，并可改善节点受力性能和提高混凝土浇筑质量。

（三）适用范围

该技术适用于混凝土结构中钢筋的机械锚固，用锚固板钢筋代替传统弯筋和直钢筋锚固，其主要适用范围有框架结构梁柱节点；简支梁支座、梁或板的抗剪钢筋；以及桥梁、水工结构、地铁、隧道、核电站等各类混凝土结构工程的钢筋锚固；且可用作钢筋锚杆（或拉杆）的紧固件等。

三、钢筋焊接网应用技术

（一）钢筋焊接网国内外发展概况

钢筋焊接网是在工厂制造，用专门的焊网机采用电阻点焊（低电压、高电流、焊接接触时间很短）焊接成型的网状钢筋制品。即纵向钢筋和横向钢筋分别以一定间距排列且互成直角，全部交叉点均用电阻点焊在一起的钢筋网片。多头点焊机用计算机自动控制生产，焊接质量良好，焊接前后钢筋的力学性能几乎没有变化，与二十世纪五六十年代采用冷拔低碳钢丝生产的用于板类构件构造配筋用的焊接网有很大的不同。冷轧带肋钢筋由于三面带有横肋，易矫直，圆度好，焊点处纵横向钢筋能很好地熔为一体，是当前国内外最主要的焊接网品种。欧洲有些国家也开始生产热轧带肋钢筋焊接网。在保证延性（如最大力总伸长率 $A_{sgt} \geqslant 5\%$）的前提下，先将热轧带肋钢筋经适当冷拉以提高强度并可减少氧化铁皮，易于焊接及矫直，欧洲有些国家使用此种钢筋焊接网。

自20世纪70年代，欧洲的许多国家普遍开始采用抗拉强度550N/mm²，直径5~12mm的冷轧带肋钢筋制作焊接网。目前焊接网在欧洲已形成一个高度发达的钢筋深加工行业，焊网厂规模较大，一般年产量在3万~5万t，设备先进，生产效率高，最高年产量达90万t。焊接网广泛用于现浇钢筋混凝土结构和预制构件，主要用在工业与民用房屋的楼板、屋盖、墙体、地坪、梁柱的箍筋笼以及高速公路、高速铁路、水工、港工、构筑物、隧洞衬砌等。焊接网另一个主要应用方面是利用自动化钢筋笼滚焊机，当采用电阻点焊时，可生产直径290~4100mm多种断面形状的钢筋笼，钢筋直径变化范围在5~12mm。该技术采用高效自动化生产，可有不同尺寸和断面形状，目前广泛用于钢筋混凝土排水管、预应力混凝土管、混凝土桩及电杆等。还有一些国家利用三角形焊接骨架制作预制格构梁和叠合板，效果良好。

欧洲焊接网应用较多的国家首推德国，欧洲几个主要国家的焊接网产量大致如表2-11所示。

表 2-11 欧洲部分国家焊接网产量及焊接网占钢材比例

国家	1993年 焊接网产量/万t	1993年 占钢材比例/%	2004年 焊接网产量/万t	2004年 占钢材比例/%	2006年 焊接网产量/万t	2006年 占钢材比例/%	2007年 焊接网产量/万t	2007年 占钢材比例/%	2008年 焊接网产量/万t	2008年 占钢材比例/%	2009年 焊接网产量/万t	2009年 占钢材比例/%
德国	195.7	47	120	32	137	36	160	40	200	40	150	38
意大利	54.0	14	64	15	50	25	60	25	50	25	40	25
西班牙	19.0	10	75	15	120	20	120	20	40	20	40	20
奥地利	16.3	37	25	35	20	35	20	35	15	35	15	35
法国	32.0	28	54	30	30	30	40	30	25	30	20	30
荷兰	15.5	33	70	40	85	40	120	40	90	40	80	40

注：占钢材比例为焊接网产量与（钢筋产量＋焊接网产量）的比例。

苏联在二十世纪三四十年代就开始对冷拔低碳钢丝焊接网混凝土板进行试验研究，20世纪40年代又对焊接骨架和焊接网配筋的肋形混凝土板以及大直径（40mm）钢筋焊接网混凝土梁的力学性能进行了试验工作。在20世纪50年代陆续颁布一些有关焊接骨架和焊接网的标准、规程。在俄罗斯，焊接网大量用在预制构件、现浇混凝土工程以及构筑物中。

美国从20世纪30年代至20世纪末的几十年间，对焊接网钢筋的力学性能、板梁构件的结构性能、焊接箍筋笼用于梁柱的受力性能以及锚固与搭接性能等进行了多方面的试验研究，成立有关协会，制定了产品标准、应用手册，并在混凝土房屋建筑和桥梁工程的设计规范中对焊接网作了相应规定。在美国的预制板类构件和现浇工程，特别是在高层、超高层建筑的楼板以及路面中，焊接网得到较多应用。2005年美国焊接网用量达150万t，占整个钢筋用量的14.5%。

日本早在20世纪60年代颁布了《焊接网产品标准》（JISG 3551），后经多次修订。于1971年焊接网已正式列入混凝土结构设计规范中，以后的历次版本中均有焊接网的规定。目前，在日本的现浇混凝土板类构件中焊接网已得到较多的应用。

新加坡是亚洲应用焊接网非常成功的国家，早在1957年就建厂，目前几大焊网厂规模均较大，设备先进，生产效率高，对焊接网有很丰富的使用经验。在民用建筑的板、墙体中几乎全部采用焊接网，梁柱也采用由工厂深加工组装的预制钢筋笼，并有各种构件的焊接网配筋构造图集。其他如在桥面、路面、输水渠道、港口建筑等也有较多应用。

新加坡焊接网仍以冷轧带肋钢筋为主，最大直径达13mm，热轧钢筋直径最大可焊到25mm。目前年产量达40万t，约占混凝土用钢筋总量的30%。马来西亚从20世纪60年代开始应用钢筋焊接网，技术成熟，应用很普遍，目前全国有50多家焊网厂，每年焊网用量70万t，约占混凝土用钢筋总量的30%。东南亚的其他国家如泰国、印度尼西亚等也都建有一些焊网厂，焊网应用已有几十年历史。

1987年我国从国外引进了5条焊接网生产线，之后，各地又陆续引进一批生产线。国内的科研院所、设备生产厂家，在消化、吸收国外设备的基础上，研制出符合我国国情的焊接网生产设备。据不完全统计，目前国内已有焊网厂70家左右，年生产焊网50多万t，可生产冷轧或热轧带肋钢筋焊接网。厂家主要分布在珠江三角洲、长江下游各省（含上海）及京津等经济较发达地区，其中有些厂已具有一定规模、设备技术先进，具有较好的管理水平。其他如四川、重庆、安徽、河北、陕西、西南、西北和东北等地区也建有少量焊网厂。经过二十多年的努力，我国焊接网行业已从初期发展阶段，进入到目前相对稳定的发展阶段。近几年产量平均以20%的速度增长。焊接网在我国的房屋建筑（包括超高层建筑）、高速公路（市政）桥梁、高速铁路、水工结构等方面均取得较成功地应用，积累了丰富的使用经验。

在原焊接网产品标准和使用规程颁布后的几年中，规程编制组在吸取国内外焊接网科研成果和工程应用经验的基础上，对原产品标准进行了较大的修订并上升为国家标准《钢筋混凝土用钢筋焊接网》（GB/T 1499.3—2002）。随后，《钢筋焊接网混凝土结构技术规程》（JGJ 114—2003）现行标准《钢筋混凝用钢 第3部分：钢筋焊接网》（GB/T 1499.3—2010）现行标准为《钢筋焊接网混凝土结构技术规程》（JGJ 114—2014）也增补了很多新内容，进一步扩大了规程的覆盖面，增加了焊接网在桥梁、路面及隧洞衬砌等方面的应用内容。除了材料方面增加热轧钢筋规定外，在配筋构造、板、墙体及抗震设计等方面又补充一些新规定。借鉴国外多年应用经验，增加了梁柱用焊接箍筋笼的内容。总结国内多年工程经验，编制了焊接网混凝土板、墙体的构造图集。

值得注意的是，我国台湾经过1999年"9.21"大地震后的调查表明，没有一幢房屋因采用冷轧带肋钢筋焊接网而造成房屋破坏。为了提高钢筋工程质量，减少施工现场的不规范做法，台湾地区冷轧带肋钢筋焊接网的用量逐年增加。从2004年至2009年间，平均每年以14.4%的速度增加。大地震后建成的台北国际金融中心（即101大楼），从第2层至101层的楼板总共使用冷轧带肋钢筋焊接网超过4200t。

（二）钢筋焊接网的技术特点

1. 焊接网的钢筋

钢筋焊接网宜采用CRB 550级冷轧带肋钢筋或HRB 400级热轧带肋钢筋制作，也可采用CPB 550级冷拔光面钢筋制作。

焊接网用钢筋的技术要求应符合现行国家标准《钢筋混凝土用钢筋焊接网》（GB/T 1499.3）的规定。冷轧带肋钢筋焊接网由于钢筋三面带肋、圆度好，开盘矫直方便，焊接质量好，价格偏低，是目前国内外主要应用的焊接网品种。热轧带肋钢筋焊接网在国外已经应用，国内也有部分工程开始应用。由于热轧带肋钢筋延性好，除用于一般钢筋混凝土板类结构外，也适用于有抗震要求的构件（如剪力墙底部加强区）配筋。由于热轧钢筋二面带肋圆度较差，给矫直增加一定困难，易扭曲，有时表面擦伤。为了增加二面肋热轧钢筋的圆度，减少矫直难度，增加焊点强度，根据现行国家标准《钢筋混凝土用钢 第3部分：钢筋焊接网》（GB/T 1499.3—2010）的规定，只要力学性能满足要求，征得用户同意，对于HRB 400级钢筋可以取消纵肋。直径12mm以下的盘卷供应的小直径HRB 400级钢筋往往没有明显屈服点，当计算相对界限受压区高度（ξ_b）时应按有关规定处理。由于我国地域辽阔，有抗震设防要求的结构构件很多，对于有些构件采用HRB 400级钢筋焊接网更合适，热轧带肋钢筋焊接网在我国的应用会逐步增加。

2. 焊接网的分类与规格

钢筋焊接网一般分为定型焊接网和定制焊接网两种。定型焊接网有时也称为标准网，通用性较强，一般可在工厂提前预制，有大量库存、待用。在国外，焊接网应用较发达的国家标准网占主要比例，欧洲平均达70%左右。定型网在网片的两个方向上钢筋的间距和直径可不同，但在同一方向上一般采用同一牌号的钢筋并有相同的直径、间距和长度。

网格尺寸为正方形或矩形，网片的宽度和长度可根据设备生产能力或由工程设计人员确定。考虑到工程中板、墙及桥面中各种可能配筋情况，使用《钢筋焊接网混凝土结构技术规程》（JGJ 114—2014）附录 A 仅根据直径和网格尺寸推荐了包括 11 种直径和 6 种网格尺寸组合的定型钢筋焊接网。遗憾的是，目前还不能给出每种网片具体的长、宽尺寸。随着我国焊接网行业的发展和焊接网应用的进一步普及，经过优化筛选，定出若干种包括网片长度和宽度的标准网片，以利于大规模工业化生产，降低成本。

定制钢筋焊接网也称为非标准网，采用的钢筋直径、间距和长度可根据具体工程情况由供需双方确定，并以设计图表示。目前我国应用的焊接网绝大多数为定制网，随着焊接网进一步推广应用，注意标准化模数的积累，逐步增加标准焊接网的比例，这是我国焊接网今后努力的方向。

钢筋焊接网的规格宜符合下列规定：

（1）钢筋直径：冷轧带肋钢筋为 4～12mm，且在直径 4～12mm 范围内可采用 0.5mm 晋级，受力钢筋焊接网的钢筋直径宜采用 5～12mm，从构件耐久性考虑，直径 5mm 以下的钢筋不宜用作受力主筋；热轧带肋钢筋宜采用 6～16mm。

（2）焊接网长度不宜超过 12m，宽度不宜超过 3.3m，主要考虑焊网机的能力及运输条件的限制。

（3）焊接网制作方向的钢筋间距宜为 100mm、150mm 或 200mm；与制作方向垂直的钢筋间距宜为 100～400mm，且宜为 10mm 的整倍数。当双向板采用双层配筋时，非受力方向钢筋间距可适当增大。

3. 设计计算

（1）一般规定

钢筋焊接网混凝土结构构件设计时，其基本设计假定、承载能力极限状态计算、正常使用极限状态验算以及构件的抗震设计等，基本上与普通钢筋混凝土结构构件的设计计算相同。除应符合焊接网使用规程的要求外，尚应满足现行国家标准的有关规定。

钢筋焊接网混凝土结构构件的最大裂缝宽度限值按环境类别规定：一类环境 0.3mm；二、三类环境 0.2mm。如在其他类环境或使用条件下的结构构件，其裂缝控制要求应符合专门规定。

冷轧带肋钢筋焊接网配筋的混凝土连续板的内力计算可考虑塑性内力重分布，其支座弯矩调幅值不应大于按弹性体系计算值的 15%。热轧带肋钢筋焊接网混凝土连续板的内力重分布计算，可参照现行工程标准的有关规定。

（2）承载力计算

焊接网配筋的混凝土结构构件计算与普通钢筋混凝土构件相同。相对界限受压区高度 ξ_b 的取值如下：当混凝土强度等级不超过 C50 时，对 CRB550 级钢筋，取 $\xi_b=0.37$。

斜截面受剪承载力计算时，焊接网片或箍筋笼中带肋钢筋的抗拉强度设计值按 360N/mm² 取值。试验表明，用变形钢筋网片作箍筋，对斜裂缝的约束明显优于光面钢筋，试件破坏时箍筋可达到较高应力，其高强作用在抗剪计算时得到充分发挥，提高构件斜截面抗裂性能。封闭式或开口式焊接箍筋笼以及单片式焊接网作为梁的受剪箍筋在国外早已正式列入标准规范中，实际应用有较长时间。试验研究表明，当箍筋构造满足规范要求，控制合理的使用范围，其抗剪性能可得到很好利用。

(3) 裂缝计算

钢筋焊接网配筋的混凝土受弯构件,在正常使用状态下,一般应验算裂缝宽度。按荷载效应的标准组合并考虑长期作用影响计算的最大裂缝宽度不应超过规程的限值。为简化计算,对在一类环境(室内正常环境)下带肋钢筋焊接网板类构件,当混凝土强度等级不低于C20、纵向受力钢筋直径不大于10mm且混凝土保护层厚度不大于20mm时,可不作最大裂缝宽度验算。

根据规程编制组对带肋钢筋焊接网和光面钢筋焊接网混凝土板刚度、裂缝的试验结果表明,焊接网横筋可有效提高纵筋与混凝土间的黏结锚固性能,且横筋间距越小,提高的效果越大,从而可有效地抑制使用阶段裂缝的开展。规程对裂缝宽度的基本公式与原规程没有大的实质性变化,其中对热轧带肋钢筋焊接网混凝土板类构件的受力特征系数 α_{cr} 取与冷轧带肋钢筋焊接网混凝土板相同。

4. 构造规定

(1) 焊接网的锚固与搭接

带肋钢筋焊接网的锚固长度与钢筋强度、焊点抗剪力、混凝土强度、钢筋外形以及截面单位长度锚固钢筋的配筋量等因素有关。根据锚固拔出试验结果得出临界锚固长度,在此基础上考虑1.8~2.2倍的安全储备系数作为设计上采用的最小锚固长度值。考虑国内设计与现场工程技术人员的习惯和使用方便,在广泛征求各方面意见后,锚固长度仍按混凝土强度等级分档。

当焊接网在锚固长度内有一根横向钢筋且此横筋至计算截面的距离不小于50mm时,由于横向钢筋的锚固作用,使单根带肋钢筋的锚固长度减少25%左右。当锚固区内无横筋时,锚固长度按单根钢筋锚固长度取值。规程增加了HRB400级钢筋焊接网的锚固长度。

焊接网的搭接均是两张网片的所有钢筋在同一搭接处完成,国内外几十年的工程实践证明,这种搭接方式是合适的、施工方便、性能可靠。

焊接网搭接处受力比较复杂,试验表明,试件破坏时绝大部分发生在搭接区域,特别是当钢筋直径较大时,表现更明显。布网设计时必须避开在受力较大处设置搭接接头。在国外的标准中也有类似规定。由于搭接一般都设置在受力较小处,接头强度一般均能满足设计要求。当要求须复核搭接处(特别是采用叠搭法或扣搭法时)截面强度时,此时截面的有效高度应取内层网片受力钢筋的重心到受压区混凝土外边缘的距离。

为了施工方便,加快铺网速度且当截面厚度也适合时,常采用叠搭法。此时要求在搭接区内每张网片至少有一根横向钢筋。为了充分发挥搭接区内混凝土的抗剪强度,两网片最外一根横向钢筋间的距离不应小于50mm(如图2-17),两片焊接网钢筋末端(对带肋钢筋)之间的搭接长度不应小于1.3倍最小锚固长度,且不小于200mm。

有时受截面厚度或保护层厚度所限可采用平搭法,即一张网片的钢筋镶入另一张网片中,使两张网片的受力主筋在同一平面内,构件的有效高度 h_0 相同,各断面承载力没有突变,当板厚偏小时,平搭法具有一定优点。平搭法只允许搭接区内一张网片无横向钢筋,另一张网片在搭接区内必须有横向钢筋。平搭法的搭接长度比叠搭法约增加30%。

根据路面设计规范规定及国内上千座桥面铺装工程经验,采用平搭法可有效地减少钢筋所占的厚度,桥面铺装常用的钢筋直径在6~11mm范围。搭接长度不应小于35d(平搭法)或25d(叠搭法),且在任何情况下不应小于200mm。

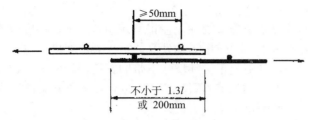

图 2-17 带肋钢筋焊接网搭接接头

考虑地震作用的焊接网构件，规程按不同抗震等级给出了增加钢筋受拉锚固长度 5%~15% 的规定，在此基础上乘以 1.3 倍增大系数，得出考虑抗震要求的受拉钢筋搭接长度。

（2）板的构造

板伸入支座的下部纵向受力钢筋，其间距不应大于 400mm，截面面积不应小于跨中受力钢筋截面面积的 1/2，伸入支座的锚固长度不宜小于 $10d$，且不宜小于 100mm。网片最外侧钢筋距梁边的距离不应大于该方向钢筋间距的 1/2，且不宜大于 100mm。

板的焊接网配筋应按板的梁系区格布置，尽量减少搭接。单向板底网的受力主筋不宜设置搭接，双向板长跨方向底网搭接宜布置在梁边 1/3 净跨区段内。满铺面网的搭接宜设置在梁边 1/4 净跨区段以外且面网与底网的搭接宜错开，不宜在同一断面搭接。

根据国内外焊接网工程实践经验，给出现浇双向板底网经济合理的布网方式，可减少搭接或不用搭接。现浇双向板的底网及满铺面网可采用单向焊接网的布网方式。当双向板的纵向钢筋和横向钢筋分别与构造钢筋焊成单向纵向网和单向横向网时，应按受力钢筋的位置和方向分层设置，底网应分别伸入相应的梁中（如图 2.18a）；面网应按受力钢筋的位置和方向分层布置（如图 2.18b）。

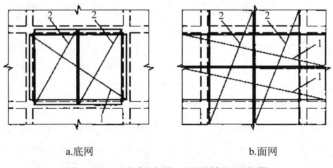

a.底网　　　　　　　　　　b.面网

图 2-18 双向板底网、面网的双层布置

1. 横向单向网；2. 纵向单向网

（3）墙的构造

焊接网可用作钢筋混凝土房屋结构剪力墙中的分布筋，其适用范围应符合下列规定：

① 可用于无抗震设防要求的钢筋混凝土房屋的剪力墙，以及抗震设防烈度为 6 度、7 度和 8 度的丙类钢筋混凝土房屋中的框架-剪力墙结构、剪力墙结构、部分框支剪力墙结构和筒体结构中的剪力墙；

② 关于抗震房屋的最大高度应满足：当采用热轧带肋钢筋焊接网时，应符合混凝

土结构设计规范中的现浇混凝土房屋适用的最大高度的规定，当采用冷轧带肋钢筋焊接网时，应比规范规定的适用最大高度低20m；

③ 一级、二级抗震等级剪力墙底部加强区的分布筋，宜优先采用热轧带肋钢筋焊接网。对一、二、三级抗震等级的剪力墙的竖向和水平分布钢筋，配筋率均不应小于0.25%，四级抗震等级不应小于0.2%。当钢筋直径为6mm时，分布钢筋间距不应大于150mm；当分布钢筋直径不小于8mm时，其间距不应大于300mm。冷轧带肋钢筋焊接网用作底部加强区以上的剪力墙的分布筋，在国内的部分高层建筑中已经采用。

（4）焊接箍筋笼

焊接箍筋笼主要用于建筑工程中的梁、柱构件。生产时将钢筋与几根较细直径的连接钢筋先焊接成平面网片，然后用网片弯折机弯折成设计尺寸的焊接箍筋骨架。

在国外，特别是欧洲和东南亚的一些国家，焊接箍筋笼在工程中得到广泛应用，可免去现场绑扎钢筋，显著提高施工进度。减少现场钢筋工数量。当全部钢筋工程采用焊接网和箍筋笼时，更能体现出焊接网的优越性，因此，在焊接网应用普及的国家，箍筋笼的应用也很多，如奥地利的箍筋笼用量占钢筋总量的50%左右，新加坡的应用更是相当普及。

根据加工箍筋笼设备的能力及梁（柱）尺寸，可将一根梁（柱）的箍筋做成一段或几段箍筋笼，运至现场后，穿入主筋形成尺寸推确的钢筋骨架，放入模板中浇灌混凝土。为了更进一步提高现场效率，新加坡等国将柱的主筋与箍筋笼在焊网厂预先用二氧化碳保护焊焊成整体骨架，运至工地浇筑混凝土。

梁、柱焊接箍筋笼在国外已作过很多专门试验，其结构性能是可靠的。梁、柱的箍筋笼宜采用带肋钢筋制作。

1）柱的箍筋笼应符合下列要求：

① 柱的箍筋笼应做成封闭式并在箍筋末端应做成135°的弯钩，弯钩末端平直段长度不应小于5倍箍筋直径；

② 当有抗震要求时，平直段长度不应小于10倍箍筋直径；

③ 箍筋间距不应大于400mm及构件截面的短边尺寸，且不应大于15d；

④ 箍筋直径不应小于$d/4$（d为纵向受力钢筋的最大直径），且不应小于5mm；

⑤ 箍筋笼长度应根据柱高可采用一段或分成多段，并应考虑焊网机和弯折机的工艺参数。

2）梁的箍筋笼应符合下列要求：

① 梁的箍筋笼可做成封闭式或开口式，当为受扭所需箍筋或考虑抗震要求时，箍筋笼应做成封闭式，箍筋末端应做成135°弯钩，弯折后平直段长度不应小于箍筋直径的10倍和75mm两者中的较大值（如图2-19a）；

② 对非抗震的梁，平直段长度不应小于5倍箍筋直径，并应在角部弯成稍大于90°的弯钩（如图2-19b）；

③ 当梁与板整体浇筑不考虑抗震要求且不需计算要求的受压钢筋亦不需进行受扭计算时，可采用"U"形开口箍筋笼（如图2-20），且箍筋应尽量靠近构件周边位置，开口箍的顶部应布置连续（不应有搭接）的焊接网片。

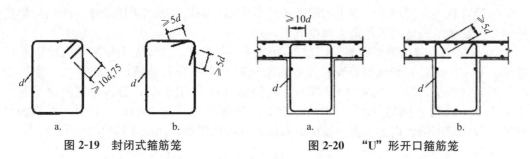

图 2-19 封闭式箍筋笼　　　　图 2-20 "U"形开口箍筋笼

④ 梁中钢筋的间距应符合混凝土结构设计规范的有关规定，当梁高大于 800mm 时，箍筋直径不宜小于 8mm，当梁高不超过 800mm 时，箍筋直径不宜小于 6mm，当梁中配有计算需要的纵向受压钢筋时，箍筋直径尚不应小于 $d/4$（d 为纵向受压钢筋的最大直径）。

（三）钢筋焊接网的优点

1. 显著提高钢筋工程质量

焊接网的网格尺寸非常规整，远超过手工绑扎网，网片刚度大、弹性好、浇筑混凝土时钢筋不易被局部踏弯，混凝土保护层厚度易于控制均匀，在一些桥面铺装中，实测焊接网保护层的合格率在 95% 以上，特别适用于大面积板、墙类混凝土构件的配筋，并可杜绝人为因素造成的钢筋工程质量问题。

2. 明显提高施工速度

国外、国内大量工程实践表明，采用焊接网大量降低现场安装工时，省去钢筋加工场地。根据欧洲几个国家统计结果，随配筋量不同，铺设焊接网与手工绑扎钢筋消耗的工时也不同。在钢筋用量相同（如 $10kg/m^2$）的前提下，1000kg 焊接网如按单层铺放需 4 个多工时，如采用双层网需要 6 个多工时，而手工绑扎需 22 个工时。焊接网铺放时间仅为手工绑扎时间的 20%～30%。根据国内一批房屋工程和桥面铺装的统计结果，与绑扎网相比可节省人工 50%～70%。

在某些特殊情况下，要求加快施工进度，焊接网显出更大的优越性。例如，深圳一幢 52 层双塔楼多用途综合建筑，在 14 万 m^2 的楼面中采用焊接网，每层楼面 $1400m^2$。采用焊接网后每层楼面的施工速度由原来的 4.5d/层提高到 3.5d/层，最快的速度达到 2.5d/层，其中楼板焊接网的安装（包括底网与面网间的管道安装）仅安排了 4h，保证了整幢房屋按时封顶，满足了业主的要求。

3. 增强混凝土抗裂性能

传统配筋在纵横钢筋交叉点使用钢丝人工绑扎，绑扎点处易滑动，钢筋与混凝土握裹力较弱，易产生裂缝。焊接网的焊点不仅能承受拉力，还能承受剪力，纵横向钢筋形成网状结构共同起黏结锚固作用。当焊接网钢筋采用较小直径、较密的间距时，由于单位面积焊接点数量的增多，更有利于增强混凝土的抗裂性能，有利于减少或防止混凝土裂缝的产生与发展。

4. 具有较好的综合经济效益

采用焊接网节省大量现场绑扎人工和施工场地，可以做到文明施工，使钢筋工程质量有明显提高。由于焊接网在工厂提前预制，现场不需再加工，无钢筋废料头。减少现场人工，加快施工进度。另外，由于缩短了施工周期，从而可减少吊装机械等费用。根据过去国内部分楼面工程总结，采用焊接网可适当降低钢筋工程造价具有较好的综合经济效益。

（四）钢筋焊接网的工程应用

1. 焊接网在房屋建筑中的应用

钢筋焊接网在国内房屋建筑中的应用逐年增多，应用的房屋类型有多层、高层住宅、办公楼、商店、医院、厂房和仓库等。主要用作楼（屋面）板、地坪、墙体等配筋。早期的一些工程曾采用过冷拔光面钢筋焊接网，如深圳81层地王大厦采用冷拔光面钢筋焊接网。冷轧焊接网已用在国内很多房屋工程中，尤其在珠江三角洲、长江中下游及京津地区用得更多。

2. 焊接网在桥梁工程中的应用

钢筋焊接网在桥梁工程中的应用逐年增加，主要用作市政桥梁和高速公路桥梁的桥面铺装、旧桥面改造、桥墩防裂等。

在桥梁工程，特别在大面积的桥面铺装中，采用焊接网显著提高施工速度、减少大量现场绑扎人工，提高桥面平整度，保护层厚度合格率大幅度提高。桥面网片型号很少，为逐步走向"标准网"创造有利条件。

3. 焊接网及焊接骨架在高速铁路客运专线中的应用

近几年，在我国高速铁路客运专线中，如京津城际专线、武广客运专线、郑西客运专线、京沪高铁、沪杭客运专线及沪宁城际铁路等很多客运专线中，均采用了大量的平面钢筋焊接网，有的专线还采用了三角形钢筋焊接骨架。

4. 焊接网在其他方面的应用

焊接网在水工、港工结构、隧洞衬砌、特殊构筑物等方面也有很多应用。马路中间混凝土隔离带中的配筋、采用滚焊机生产焊接箍筋笼用作混凝土桩、混凝土输水管的配筋以及大量应用在高速公路两侧的隔离网、住宅小区周围的围栏网等得到了很好的应用。

（五）钢筋焊接网的前景展望与建议

1. 钢筋工程走焊接网道路是世界发展潮流，也是钢筋深加工的有效途径。钢筋焊接网既是一种新型、高性能结构材料，也是一种高效施工技术，是提高钢筋工程质量的有效技术保证。

2. 吸取过去发展新型钢筋的经验教训，建议应具有一定经济和技术实力的单位（特别是钢厂、或与钢厂联合、或与钢材配送中心联合）建立一批能形成一定规模产量（宜不低于2万～3万 t/a）的焊网厂，保证质量，降低成本。最好与钢筋配送结合建厂。

3. 进一步提高国产焊网机质量及其相应配套设备（如弯折机等），进一步完善布网设计软件，编制焊接网结构构造图集。加强对热轧带肋钢筋焊接网应用技术的研究，改进热轧钢筋外形，以适应生产加工的需要。在单体工程的布网设计中，注意标准化模数的积累，逐步增加"标准网"的应用比例，为最终走向"标准网"做准备。同时，要培养一批高素质的布网设计人员。

4. 政府有关部门加强引导，规划全国焊网厂的合理布局，应优先加强沿海地区大中城市的发展力度，逐渐向中、西部地区推广。对于某一地区宜考虑焊网厂的合理布点及供应半径的经济距离。加强该技术的宣传力度，转变工程技术人员的传统观念。

四、无黏结预应力技术

（一）技术概况

无黏结预应力成套技术包括采用挤出涂塑工艺制作无黏结筋的生产线及工艺参数，张拉锚固配套机具，以及无黏结预应力混凝土结构设计与施工方法。该技术已在国内数百项多层、高层建筑楼盖及特种结构中推广应用，面积达数千万平方米，经济和社会效益明显。

（二）基本原理及主要技术内容

无黏结预应力筋由单根钢绞线涂抹建筑油脂外包塑料套管组成，它可像普通钢筋一样配置于混凝土结构内，待混凝土硬化达到一定强度后，通过张拉预应力筋并采用专用锚具将张拉力永久锚固在结构中。其技术内容主要包括材料及设计技术、预应力筋安装及单根钢绞线张拉锚固技术、锚头保护技术等，详细内容请见《无粘结预应力混凝土结构技术规程》（JGJ 92—2016）。

（三）技术指标及适用范围

无黏结预应力技术用于混凝土楼盖结构对平板结构适用跨度为 7～12m，高跨比为 1/40～1/50；对密肋楼盖或扁梁楼盖适用跨度为 8～18m，高跨比为 1/20～1/28。在高层或超高层楼盖建筑中采用该技术可在保证净空的条件下显著降低层高，从而降低总建筑高度，节省材料和造价；在多层大面积楼盖中采用该技术可提高结构性能、简化梁板施工工艺、加快施工速度、降低建筑造价。

该技术可用于多、高层房屋建筑的楼盖结构、基础底板、地下室墙板等，以抵抗大跨度或超长度混凝土结构在荷载、温度或收缩等效应下产生的裂缝，提高结构、构件的性能，降低造价。也可用于筒仓、水池等承受拉应力的特种工程结构。

（四）无黏结预应力采用材料与设备

1. 无黏结预应力筋

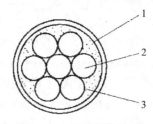

图 2-21 无黏结筋组成
1. 塑料套管；2. 钢绞线；3. 防腐润滑油脂

无黏结预应力混凝土采用的无黏结预应力筋，简称无黏结筋，系由高强度低松弛钢绞线通过专用设备涂包防腐润滑脂和塑料套管而构成的一种新型预应力筋。其外形如图 2-21 所示，性能符合中华人民共和国建筑工业行业标准《无粘结预应力钢绞线》（JG/T 161—2016），无黏结筋主要规格与性能见表 2-12。

表 2-12 无黏结预应力筋的主要规格与性能

项目	钢绞线规格与性能	
	$\Phi 12.7 mm$	$\Phi 15.2 mm$
产品标记	UPS—12.7—1860	UPS—15.2—1860
抗拉强度/（N/mm²）	1860	1860
伸长率/%	3.5	3.5
弹性模量/（N/mm²）	1.95×10^5	1.95×10^5
截面积/mm²	98.7	140
重量/（kg/m）	0.85	1.22
防腐润滑脂重量/（g/m）	大于 43	50
高密度聚乙烯护套厚度/mm	不小于 1.0	1.0
无黏结预应力筋与壁之间的摩擦系数 μ	0.04~0.10	0.04~0.10
考虑无黏结预应力筋壁每米长度局部偏差对摩擦的影响系数 κ	0.003~0.004	0.003~0.004

注：根据不同用途经供需双方协议，可供应其他强度和直径的无黏结预应力筋。

2. 锚具系统

无黏结预应力筋锚具系统应按设计图纸的要求选用，其锚固性能的质量检验和合格验收应符合现行国家标准《预应力筋用锚具、夹具和连接器》（GB/T 14370—2015）、《混凝土结构工程施工质量验收规范》（GB 50204—2015）及国家现行标准《预应力筋用锚具、夹具和连接器应用技术规程》（JGJ 85—2010）的规定。锚具的选用，应考虑无黏结预应力筋的品种及工程应用的环境类别。对常用的单根钢绞线无黏结预应力筋，其张拉端宜采用夹片锚具，即圆套筒式或垫板连体式夹片锚具；埋入式固定端宜采用挤压锚具或经预紧的垫板连体式夹片锚具。常用张拉端锚具构造见图 2-22。

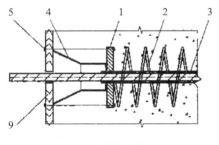
圆套筒式锚具

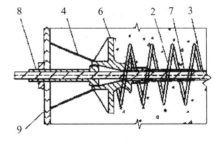
垫板连体式锚具

图 2-22 张拉端锚固系统构造

1. 承压板；2. 螺旋筋；3. 无黏结预应力筋；4. 穴模；5. 钩螺栓和螺母；
6. 连体锚板；7. 塑料保护套；8. 安装金属封堵和螺母；9. 端模板

3. 常用制作与安装设备

无黏结预应力钢绞线一般为工厂生产，施工安装制作可在工厂或现场进行，采用

305mm 砂轮切割机按要求的下料长度切断，如采用埋入式固定端，则可用 JY-45 等型号挤压机及其配套油泵制作挤压锚或组装整体锚。

预应力筋张拉一般采用小型千斤顶及配套油泵，常用千斤顶如 YCQ-20 型前卡千斤顶，自重约 20kg；油泵采用 ZB0.6-63 或 STDB 型小油泵。

（五）无黏结预应力设计和施工的概念与构造

无黏结预应力技术在建筑工程中一般用于板和次梁类楼盖结构，在板中的使用跨度为 6～12m，可用于单向板、双向板、点支撑板和悬臂板；在次梁中的使用跨度一般为 8～18m。无黏结预应力钢绞线若不含孔道摩擦损失，则其余预应力损失一般为 10%～15%控制应力，孔道摩擦损失可根据束长及转角计算确定，板式楼盖一般在 8%～15%控制应力，因此总损失预估为 15%～25%。无黏结筋极限状态下应力处于有效预应力值和预应力筋设计强度值之间，一般可取有效应力值再加 200～300MPa。无黏结筋布置可采用双向均布；一个方向均布、另一个方向集中；或双向集中布置。

预应力混凝土结构设计应满足安全、适用、耐久、经济和美观的原则，设计工作可分为三个阶段，即概念设计、结构分析、截面设计和结构构造。

在设计中宜根据结构类型、预应力构件类别和工程经验，采取如下措施减少柱和墙等约束构件对梁、板预加应力效果的不利影响：

(1) 将抗侧力构件布置在结构位移中心不动点附近；采用相对细长的柔性柱子。

(2) 板的长度超过 60m 时，可采用后浇带或临时施工缝对结构分段施加预应力。

(3) 将梁和支承柱之间的节点设计成在张拉过程中可产生无约束滑动的滑动支座。

(4) 当未能按上述措施考虑柱和墙对梁、板的侧向约束影响时，在柱、墙中可配置附加钢筋承担约束作用产生的附加弯矩，同时应考虑约束作用对梁、板中有效预应力的影响。

在无黏结预应力混凝土现浇板、梁中，为防止由温度、收缩应力产生的裂缝，应按现行国家标准《混凝土结构设计规范》（GB 50010—2010，2015 年版）有关要求适当配置温度、收缩及构造钢筋。

（六）无黏结预应力施工工艺与技术

1. 工艺原理

无黏结预应力混凝土施工时，不需要预留孔道、穿筋、灌浆等工序，而是把预先组装好的无黏结筋在浇筑混凝土之前，同非预应力筋一道按设计要求铺放在模板内，然后浇筑混凝土。待混凝土达到强度后，利用无黏结筋与周围混凝土不黏结，在结构内可作纵向滑动的特性，进行张拉锚固，借助两端锚具，达到对结构产生预应力的效果。

2. 工艺流程

安装梁或楼板模板→放线→下部非预应力钢筋铺放、绑扎→铺放暗管、预埋件→安装无黏结筋张拉端模板（包括打眼、钉焊预埋承压板、螺旋筋、穴模及各部位马凳筋等）→铺放无黏结筋→修补破损的护套→上部非预应力钢筋铺放、绑扎→自检无黏结筋的矢高、位置及端部状况→隐蔽工程检查验收→浇筑混凝土→混凝土养护→松动穴模、拆除侧模→张拉准备→混凝土强度试验→张拉无黏结筋→切除超长的无黏结筋→安放封端罩、端部封闭。

3. 操作要点

详见《无粘结预应力混凝土结构技术规程》(JGJ 92—2016)。

第三节 混凝土技术

一、高强高性能混凝土

(一) 高强高性能混凝土的应用和发展

20世纪90年代以来，高强高性能混凝土在美国、加拿大、日本、挪威、德国、澳大利亚等国家得以大量的应用，德国现行的混凝土结构设计规范已达C110级，是目前世界上设计规范中采用混凝土强度等级最高的国家，挪威是混凝土结构设计规范中采用混凝土强度等级第二高的国家，结构设计规范中采用了C105级超高强混凝土。挪威建成的世界上最深的钻井平台即1998年建成的比著名的埃菲尔铁塔还高的挪威Troll平台使用的就是超高强混凝土，其抗压强度超过100MPa。美国西雅图双联广场泵送混凝土56d抗压强度达133.5MPa。法国Catenom核电站2000多根预制预应力梁的混凝土抗压强度约为250MPa，加拿大Sherbrooke市60m跨人行桥的混凝土抗压强度为350MPa。

近几年，我国已大量应用C80以上的高强高性能混凝土，例如，2009年竣工的广州珠江新城西塔工程为432m，采用C100的高强高性能混凝土；深圳京基中心高度为411m，采用了120MPa的高强高性能混凝土。

目前，高强高性能混凝土尚有其不足之处，最主要的是其脆性问题还未完全解决，主要通过掺入纤维增加韧性，降低开裂。

(二) 基本原理与定义

高强高性能混凝土（HS-HPC）是指强度等级超过C80的高性能混凝土，具有更高的强度、耐久性、工作性和体积稳定性。制备高强高性能混凝土采用优良的矿物微细粉和高效减水剂，质量良好的粗细骨料，并且优化配合比；矿物微细粉多用硅灰、磨细矿渣粉和微珠等，减水剂多用聚羧酸高效减水剂。

HS-HPC的水胶比≤28%，用水量≤200kg/m³，胶凝材料用量650～700kg/m³，其中水泥用量450～500kg/m³，硅粉及矿物微细粉用量150～200kg/m³，粗骨料用量900～950kg/m³，细骨料用量750～800kg/m³，采用聚羧酸高效减水剂或氨基磺酸高效减水剂。

HS-HPC用于钢筋混凝土结构还需要掺入体积含量2.0%～2.5%的纤维，如聚丙烯纤维、钢纤维等。

(三) 技术指标与技术措施

(1) 工作性，新拌HS-HPC混凝土的工作性直接影响其施工性能，其最主要的特点是黏度大，流动慢，不利于超高泵送施工。

混凝土拌和物的技术指标主要是坍落度、扩展度和倒坍落度筒混凝土流下时间（简称倒筒时间），坍落度≥240mm，扩展度≥600mm，倒筒时间≤10s，同时不得有离析泌水现象。

（2）HS-HPC 的配比设计强度应符合以下公式：

$$f_{cu,o} = 1.15 f_{cu,k} \tag{2-1}$$

（3）UHPC 比 HPC 应具有更高的耐久性，其内部结构密实，孔结构更加合理。

HS-HPC 的抗冻性、碳化等方面的耐久性可以免检，如按照 CECS207：2006 标准检验，导电量应在 500C（库仑）以下；为满足抗硫酸盐腐蚀性应选择低 C_3A 含量（<5%）的水泥；如存在潜在碱骨料反应的情况，应选择非碱活性骨料。

（4）HS-HPC 自收缩及其控制

① 自收缩与对策，当 HS-HPC 浇筑成型并处于密闭条件下，到初凝之后，由于水泥继续水化，吸取毛细管中的水分，使毛细管失水，产生毛细管张力，如果此张力大于该时的饱凝土抗拉强度，混凝土将发生开裂，称之自收缩开裂。水灰比越低，自收缩会越严重。

对策：一般可以控制粗细骨料的总量不要过低，胶凝材料的总量不要过高。通过掺加钢纤维可以补偿其韧性损失，但在侵蚀环境中，钢纤维不适用，需要掺入有机纤维，如聚丙烯纤维或其他纤维，采用外掺 5% 饱水超细沸石粉的方法，以及充分养护等技术措施可以有效地控制 UHPC 的自收缩和自收缩开裂。

（2）自收缩的测定方法，参照《普通混凝土长期性能和耐久性能试验方法标准》（GB/T 50082—2009）和中国工程建设标准化协会标准《高性能混凝土应用技术规程》（CECS 207—2006）进行。UHPC 的早期开裂、自收缩开裂及长期开裂的总宽度要低于 0.2mm。

普通混凝土的应变达到 3‰时，其承载能力仍保持一半以上。若 HS-HPC 的应变也处于 3‰时，实际承载力已近接于 0，这就意味着在这种情况下，在 HS-HPC 中只观察到裂缝形成，然后是迅速的破坏。

（四）适用范围与应用前景

适用于对混凝土强度要求较高的结构工程，超高层建筑、大跨度桥梁和海上钻井平台等工程，随着我国高层和超高层建筑的增多和基础设施建设规模的不断扩大，高强高性能混凝土将有广阔的应用前景。

二、超高泵送混凝土技术

（一）国内外泵送混凝土发展概述

1937 年美国 E.W·斯克里彻取得了用亚硫酸盐纸浆废液改善混凝土和易性，提高强度和耐久性的专利，启动了现代外加剂的研究和使用序幕。1962 年日本服部建一等将萘磺酸甲醛聚合物用于混凝土分散剂，制造出高效减水剂。1963 年联邦德国研制成功三聚氰胺磺酸盐甲醛缩聚物，并成功配制出坍落度 18～22cm 的流动性混凝土，标志流动性混凝土时代的开始。

1973 年，联邦德国采用的泵送混凝土占商品混凝土的 20%，近年又有所提高。法国在 20 世纪 70 年代，泵送混凝土已占到混凝土总量的 15%～20%，美国泵送混凝土

1980年占到混凝土总量的50%,1990年发展至60%,现在发展到70%以上。日本的泵送混凝土使用较晚,至1950年研制出第一台机械式混凝土泵,其排量只有$10m^3/h$,水平运距只有240m,但发展十分迅速。目前已成为采用泵送混凝土比例最高的国家。就日本全国而言,1973年泵送混凝土所占的比例已达到60%,特别是东京地区,1971年已达到96%。

进入20世纪90年代,高层建筑在我国大城市蓬勃兴起,其中大多数是用泵送混凝土施工,创造了一个又一个泵送高度。例如,389.9m高的广州中天广场,用BSC1400-HDCAT型混凝土泵2台,将C60高强混凝土泵至146.4m,将C30和C50混凝土送至321.9m;384m高的深圳地王商业大厦,用BSC1400-HDCAT型混凝土泵将混凝土送至325m;420.5m高的上海金茂大厦,一泵的泵送高度达到382m。其他结构和构筑物在利用泵送混凝土方面也取得了良好效果。如上海杨浦大桥的桥塔,泵送高度达208m。在大体积混凝土泵送施工方面,自20世纪90年代以来我国也取得了巨大成就。如上海中鑫大厦底板混凝土$10000m^3$,采用6台混凝土泵车、70辆混凝土运输车53h浇筑完毕。上海世贸商城基础工程,混凝土一次连续供应量可达2.4万m^3,浇筑施工时集中了120辆搅拌运输车、20台混凝土泵、在24h内完成。有关施工经验说明,掺入高效减水剂和粉煤灰的C60级高强混凝土,采用泵送施工,与传统的施工方法相比,可提高施工速度1.5~3倍,缩短工期1/3以上,还能够提高混凝土质量。

(二)超高泵送混凝土定义

超高泵送混凝土技术一般是指泵送高度超过200m的现代混凝土泵送技术,近年来,随着经济和社会发展,泵送高度超过300m的建筑工程越来越多,因而超高泵送混凝土技术已成为超高层建筑施工中的关键技术之一。超高泵送混凝土技术是一项综合技术,包含混凝土制备技术、泵送参数计算、泵送机械选定与调试、泵管布设和过程控制等内容。

(三)主要技术内容

1. 原材料的选择

(1) 水泥

水泥的矿物组成对混凝土施工性能影响较大,最理想的情况是C_2S的含量高(40%~70%)、C_3A含量低。对比国内外有关资料,国外高流动性混凝土所用水泥的C_2S的含量是我国普通水泥的一倍,但在我国没有水泥厂专门生产这种水泥。只有从市场上现有的品牌水泥中选择出性能相对良好的水泥。

(2) 粉煤灰

对比试验发现,不同产地、不同种类的Ⅰ级粉煤灰对混凝土拌和物性能的影响有较大差异,比如C类较F类对强度控制有利,但应控制其最大掺量。

(3) 砂石

常规泵送作业要求最大骨料粒径与管径之比不大于1:3;但在超高层泵送中因管道内压力大易出现分层离析现象,此比例宜小于1:5,且应控制粗骨料的针片状含量。

(4) 外加剂

外加剂选用减水率较高、保塑时间较长的聚羧酸系。同时,适当调整外加剂中引气剂的比例，以提高混凝土的含气量，进一步改善混凝土在较大坍落度情况下有较好的黏聚性和黏度。

2. 混凝土的制备

（1）首先进行水泥与外加剂的适应性试验，确定水泥和外加剂品种；

（2）根据混凝土的和易性和强度等指标选择确定优质矿物掺合料；

（3）寻找最佳掺合料双掺比例，最大限度地发挥掺合料的"叠加效应"；

（4）根据混凝土性能指标和成本控制指标等确定掺和料的最佳替代掺量；

（5）通过调整外加剂性能、砂率、粉体含量等措施，进一步降低混凝土和易性尤其是黏度的经时变化率；

（6）确定满足技术指标要求的一组或几组配合比，确定为试验室最佳配合比；

（7）根据现场实际泵送高度变化（混凝土性能泵送损失）情况，采用不同的配合比进行生产施工。

砂率对混凝土泵送也有一定影响。当混凝土拌和物通过非直管或软管时，粗骨料颗粒间相对位置将产生变化。此时，若砂浆量不足，则拌和物变形不够，便会产生堵塞现象。若砂率过大，集料的总表面积和孔隙率都增大，拌和物显得干稠，流动性较小。因此，合理的砂率值主要根据混合物的坍落度及黏聚性、保水性等特性来确定（此时，黏聚性及保水性良好，坍落度最大）。

单位用水量对高强度等级混凝土的强度影响较大。采用V形漏斗试验对黏度进行检测时发现，当扩展度同样达到（600±20）mm的条件下，如采用低用水量与高掺量泵送剂匹配，V形漏斗通过时间就增加；相反高用水量，低掺量泵送剂配伍，通过时间就缩短。

因此，对于同一通过时间，用水量与泵送剂掺量的组合是多个的。综合考虑用水量对强度、压力泌水率和拌和物稳定性等因素的影响，确定最大用水量后再通过调整外加剂组成、掺量等，配制出经时损失满足要求的混凝土。

3. 泵送设备的选择和泵管的布设

混凝土的泵送距离受许多因素影响：

（1）泵的功率；

（2）泵管的尺寸与布置；

（3）均匀流动所需克服的阻力；

（4）泵送的速率；

（5）混凝土特性。

泵必须提供足够的力量以克服混凝土和管内壁之间的摩擦力。管道弯曲或管径缩小会明显增加摩擦阻力。当混凝土垂直泵送时，还需克服重力，需要大约23kPa/m的升力。设备的泵送能力是关键因素之一，其能力应有一定的储备，以保证输送顺利，避免堵管。此外，两套独立的泵和管道系统也是顺利施工强有力的保障。在管道布置时，应根据混凝土的浇筑方案设置并少用弯管和软管，尽可能缩短管道长度。超高层泵送所用的管道应为耐超高压管道。在泵送过程中，管道内压力最大可达到22MPa，甚至更高，纵向将产生27t的拉力，必须采用耐超高压的管道系统。而且，在连接与密封方式上也要采取与常规方法不同的措施：采用强度级别高的螺杆进行管道连接，使用带骨架的超高压混凝土密封圈能防止水泥浆在22MPa的高压下从管夹间隙中挤出。同时，也应注意输送管管径对泵送施工的影响,管径越小则输送阻力越大,但管径过大其抗爆能力变差,而且混凝土在管道内流速变慢、停留时间过长,影响混凝土的性能。

4. 泵送施工的过程控制

在施工过程中应注意的是应先采用合适的砂浆或水泥浆对泵送管道进行充分润滑,确保管壁之间由一层砂浆或水泥浆分开。具体操作时,先泵送润泵水,再泵送一斗水泥浆,然后再泵送一斗浓度较高的水泥浆,最后再放入同配合比砂浆进行泵送。而且,要保证混凝土供应的连续性。同时,因混凝土泵送压力较大,一定要做好泵管壁厚的定期检查和泵送过程中的安全管理工作。在泵送施工过程中,按照泵送高度的变化,掌握相应的坍落度与扩展度泵送损失的具体数据,并根据实际泵送过程中出现的情况采取相应的措施进行调整,确保超高层高强混凝土保质按期顺利浇筑施工。

(四) 技术指标

(1) 混凝土拌和物的工作性良好,无离析泌水,坍落度一放在 180~200mm,泵送高度超过 300m 的,坍落度宜>240mm,扩展度>600mm,倒锥法混凝土下落时间<15s。

(2) 硬化混凝土物理力学性能符合设计要求。

(3) 混凝土的输送排量、输送压力和泵管的布设要依据准确的计算,并制定详细的实施方案,并进行模拟高程泵送试验。

(五) 适用范围

超高泵送混凝土适用于泵送高度大于 200m 的各种超高层建筑。

三、预制混凝土装配整体式结构施工技术

(一) 国内外发展概述

1. 国外建筑工业化发展现状

建筑工业化是建筑业现代化的主要载体,是建筑业产业化及其技术进步的重要方向。建筑工业化把不同类型的房屋作为工业产品,分别采用统一的结构形式和成套的标准构配件,采用先进的工艺,按专业分工集中在工厂进行大批量生产,最后在现场进行机械化的施工安装。建筑工业化,是世界各国建筑业在面向未来发展中的共同取向。建筑工业化在西方发达国家已有半个世纪以上的发展历史,形成了各有特色和比较成熟的产业和技术。

20世纪初,欧洲兴起新建筑运动,采用标准构件,实行工厂预制、现场机械装配,为建筑转向大工业生产方式奠定了理论基础;到20世纪20—30年代,建筑工业化的理论初步形成,并在一些主要的工业发达国家相继试行。法国是世界上最早推行建筑工业化的国家之一,从20世纪50—70年代走过了一条以全装配式大板和工具式模板现浇工艺为标志的建筑工业化道路,有人把它称为"第一代建筑工业化"。到70年代,为适应建筑市场的需求,向以发展通用构配件制品和设备为特征的"第二代建筑工业化"过渡。为发展建筑通用体系,法国于1977年成立构件建筑协会(ACC),作为推动第二代

建筑工业化的调研和协调中心。1978年该协会制定尺寸协调规则，同年，法国住房部提出以推广"构造体系"作为向通用建筑体系过渡的一种手段。

日本的建筑工业化始于20世纪60年代初期，当时住宅需求急剧增加，而建筑技术人员和熟练工人明显不足。为了使现场施工简化，提高产品质量和效率，日本政府开始推动日本住宅建筑工业化的发展。在学习和借鉴丹麦、瑞典、法国等欧洲国家发展建筑工业化经验的基础上，于1960年建立了公营住宅KJ制度，即在公营住宅建造中推广采用工业化生产的规格部件。20世纪70年代是日本建筑工业化的成熟期，大企业联合组建集团进入建筑行业，在技术上产生了盒子住宅、单元住宅等多种形式，同时设立了工业化住宅性能认证制度，以保证工业化住宅的质量和功能。这一时期，工业化方式生产的住宅占竣工住宅总数的10%左右。20世纪80年代中期，在此基础上，为了提高工业化住宅体系的质量和功能，日本建设省正式批准优良住宅部品（BL部品）认定制度。这一时期工业化方式生产的住宅占竣工住宅总数的15%～20%，住宅的质量功能有了提高。到20世纪90年代，采用工业化方式生产的住宅占竣工住宅总数的25%～28%。

目前美国住宅建筑广泛采用的建筑体系以水泥混凝土和混凝土砌块为基础，以石膏板、玻璃棉、纤维板（或聚氨酯硬质泡沫板）等复合轻质板为围护墙体，以木型材为框架的木结构建筑体系。这种建筑体系，具有轻质、节能、施工速度快、使用面积大等特点，很受建筑师和用户的欢迎。而住宅建筑工业化发展良好，和经济发展水平、新型建材发展、环境要求提高、宏观管理和政策引导有关。在美国，住宅用构件和产品的标准化、系列化、专业化、商品化、社会化程度很高，几乎达到100%。

2. 国内建筑工业化发展现状

我国预制混凝土结构研究和应用始于20世纪50年代；直到20世纪80年代，在工业与民用建筑中一直有着比较广泛的应用。在20世纪90年代以后，由于种种原因，预制混凝土结构的应用尤其是在民用建筑中的应用逐渐减少，迎来了一个相对低潮阶段。进入21世纪后，伴随着我国城镇化和城市现代化进程的快速发展，能源与资源不足的矛盾越来越突出，生态建设和环境保护的形势日益严峻，原来建立在我国劳动力价格相对低廉基础之上的建筑行业，正在面临劳动力成本的不断上升，逐渐成为制约我国建筑业进一步发展的瓶颈，中国住宅产业生产效率与发达国家相比，仍有一定的差距，主要表现在：劳动生产率低，我国建筑产业的人均年竣工面积仅为美国和日本等发达国家的1/5～1/4。建造效率低，同样一栋18层的住宅，国内以毛坯房交付需要13～14个月的建造时间，而日本等发达国家以精装修房交付，仅需要9～10个月时间。行业整体质量水平偏低，技术落后、机械化程度低，无标准化、流程化作业。质量稳定性差，传统施工方式容易受气候、人力、环境等诸多不可控因素影响。劳动力紧缺，民工荒已成建筑行业的普遍现象。劳动力素质及专业性不高，缺乏专业培训的临时性、业余性民工越来越多。参照国际上建筑业的发展过程，当国内生产总值达到人均1000～3000美元后，开发新型的预制混凝土结构体系，实现工厂化生产就成为解决传统建筑人工化生产方式缺陷、促进建筑工业化快速发展的主要途径。

随着国民经济的持续快速发展，节能环保要求的提高，劳动力成本的不断增长，近年来，我国在装配式混凝土建筑方面的研究逐渐升温，多家单位开展了这方面的工作：如预制预应力混凝土装配整体式框架结构体系；蒸压轻质加气混凝土（NALC）板材产品；装配整体式剪力墙结构体系；全预制装配整体式剪力墙结构（NPC）体系；预制装配整体式混凝土剪力墙结构体系和叠合板装配整体式混凝土结构体系等，并在项目中得到了一定规模的示范和应用。

采用预制装配式混凝土结构，可以有效节约资源和能源，提高材料在实现建筑节能和结构性能方面的效率，减少现场施工对场地等环境条件的要求，减少建筑垃圾对环境的不良影响，提高建筑功能和结构性能，有效实现"四节一环保"的绿色发展要求，实现低能耗、低排放的建造过程，促进我国建筑业的整体发展，实现预定的节能、减排目标。

（二）基本原理与定义

建筑工业化是指采用大工业生产的方式建造工业和民用建筑。它是建筑业从分散、落后的手工业生产方式逐步过渡到以现代技术为基础的大工业生产方式的全过程，是建筑业生产方式的变革。建筑工业化的基本内容和发展方向可概括为：

建筑标推化：这是建筑工业化的前提。要求设计标准化与多样化相结合，构配件设计要在标准化的基础上做到系列化、通用化。

施工机械化：这是建筑工业化的核心，即实行机械化、半机械化和改良工具相结合，有计划有步骤地提高施工机械化水平。

构配件生产工厂化：采用装配式结构，预先在工厂生产出各种构配件运到工地进行装配；混凝土构配件实行工厂预制、现场预制和工具式钢模板现浇相结合，发展构配件生产专业化、商品化，有计划有步骤地提高预制装配程度；在建筑材料方面，积极发展经济适用的新型材料，重视就地取材，利用工业废料，节约能源，降低费用。

组织管理科学化：运用计算机等信息化手段，从设计、制作到施工现场安装实行科学化组织管理，这是建筑工业化的重要保证。

（三）主要技术内容及特点

预制预应力混凝土梁、板，通过钢筋混凝土后浇部分将梁、板、柱及节点连成整体的新型框架结构体系。该体系主要有三种形式：采用预制柱、预制预应力混凝土叠合梁、板的全装配框架结构；采用现浇柱、预制预应力混凝土叠合梁、板的半装配框架结构；采用预制预应力混凝土叠合板。

应用预制预应力混凝土装配整体式框架结构体系新技术，与一般常规框架结构相比，具有以下特点：

（1）采用预应力高强钢筋及高强混凝土，梁、板截面减小，梁高可降低为跨度的 1/15，板厚可降低为跨度的 1/40，建筑物的自重减轻，且梁、板含钢量也可降低约 30%，与现浇结构相比，建筑物的造价可降低 10% 以上。

（2）预制板采用预应力技术，楼板抗裂性能大大提高，克服了现浇楼板容易出现裂缝的质量通病。而且预制梁、板均在工厂机械化生产，产品质量更易得到控制，构件外观质量好，耐久性好。

（3）梁、板现场施工均不需模板，板下支撑立杆间距可加大到 2.0~2.5m，与现浇结构相比，周转材料总量节约可达 80% 以上。

（4）梁、板构件均在工厂事先生产，施工现场直接安装，方便快捷，工期可节约 30% 以上。

（5）梁、板均不需粉刷，减少施工现场湿作业量，有利于环境保护，减轻噪声污染,现场施工更加文明。

(6) 与普通预制构件相比,预制板尺寸不受模数的限制,可按设计要求随意分割,灵活性大,适用性强。

(四) 适用范围与应用前景

1. 对预制预应力混凝土装配整体式框架结构,乙类、丙类建筑的适用高度应符合表2-13的规定。

表2-13 预制预应力混凝土装配整体式结构适用的最大高度 单位:m

结构类型		非抗震设计	抗震设防裂度	
			6度	7度
装配式框架结构	采用预制柱	70	50	45
	采用现浇柱	70	55	50
装配式框架-剪力墙结构	采用现浇柱、墙	140	120	110

2. 预制预应力混凝土装配整体式房屋应根据设防类别、烈度、结构类型和房屋高度采用不同的抗震等级,并应符合相应的计算和构造措施要求。丙类建筑的抗震等级应符合表2-14的规定。

表2-14 预制预应力混凝土装配整体式房屋的抗震等级

结构类型		烈度			
		6		7	
装配式框架结构	高度/m	≤24	>24	≤24	>24
	框架	四	三	三	二
	大跨度框架	三		二	
装配式框架-剪力墙结构	高度/m	≤60	>60	<24	24~60	>60
	框架	四	三	四	三	二
	剪力墙	三		三	二	

预制预应力混凝土装配整体式框架结构等建筑工业化体系将对我国房屋建筑的发展起到巨大的推动作用。大力发展建筑工业化结构体系建筑可以增加建筑使用面积;可节约取暖和保温能耗;可灵活地根据用户不同时期的要求重新合理分隔空间,按设计定尺加工自动化生产,现场拼装,可缩短施工工期;降低工程造价;节能、节土、节水,保护生态环境,贯彻了建筑业可持续发展战略。预计在不久的将来将成为我国经济发展较快地区的重要结构体系,发展前景非常广阔。

(五) 施工工艺

以中建七局完成的全预制装配剪力墙结构为例介绍基本的工艺原理及流程。

1. 装配式环筋扣合砼剪力墙体系工艺原理及特点

装配式环筋扣合砼剪力墙体系工艺原理为:将剪力墙结构的竖向构件拆分为"一"字形预制构件,楼层墙体采用"L"形、"T"形、"十"字形现浇节点连接,上下层墙体采用"一"字形现浇节点连接,水平构件采用叠合梁板形式,构件通过现浇节点连接形成装配整体式结构。本体系特点为在不影响建筑设计意图的前提下,最大限度地提高产业化程度,仍然符合结构设计服从建筑设计的设计理念构件均为"一"字形,制作、运输方便;连接方式单一,便于工人掌握和熟练操作。

2. 施工工艺流程

本工程采用全预制装配式环筋扣合砼剪力墙体系,依照构件拆分及连接节点构造确定本工程预制结构施工工艺流程如图2-23,在完成下层预制构件吊装及现浇节点、叠合层混凝土浇筑后,再向上施工上一层结构。

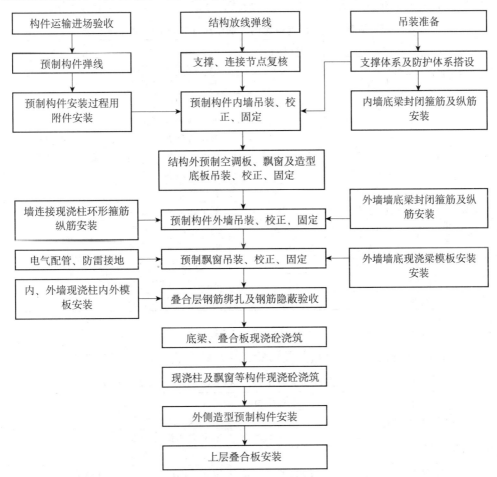

图2-23 全预制装配剪力墙结构施工工艺流程

3. 预制构件验收

(1) 驻预制厂工作人员应当在工厂做好质量把关工作,主要把关内容是预制构件的几何尺寸、钢材及砼等材料的质量检验过程,以及构件外观观感及安装配件的预留位置和预埋套筒的有效性。

(2) 进入现场的预制构件应具有出厂合格证及相关质量证明文件,产品质量应符合设计及相关技术标准要求。

(3) 预制构件应在明显部位标明生产单位、项目名称、构件型号、生产日期、安装方向及质量合格标志。

(4) 预制构件吊装预留吊环、预埋件应安装牢固、无松动。

(5) 预制构件的预埋件、外露钢筋及预留孔洞等规格、位置和数量应符合设计要求。

(6) 预制构件的外观质量不应有严重缺陷。对出现的一般缺陷，应按技术处理方案进行处理，并重新检查验收。

(7) 预制构件不应有影响结构性能和安装、使用功能的尺寸偏差。对超过尺寸允许偏差且影响结构性能和安装、使用功能的部位，应按技术处理方案进行处理，并重新检查验收。

(8) 预制内外墙板尺寸允许偏差及检验方法，应符合表 2-15 的相关规定。

表 2-15　预制环形钢筋混凝土内外墙板尺寸允许偏差及检验方法

项目		允许偏差/mm	检验方法
预留钢筋	中心位置	3	钢尺或测距仪检查
	外露长度	±3	钢尺或测距仪检查
两侧 100mm 范围内平整度		2	2m 靠尺和塞尺检查
长度		±3	钢尺或测距仪检查
宽度、高（厚）度		±3	钢尺或测距仪量一端及中部，取其中较大值
侧向弯曲		$L/1000$ 且 $\leqslant 3$	拉线、钢尺或测距仪量最大侧向弯曲处
预埋件	中心位置	3	钢尺或测距仪检查
	安装平整度	3	靠尺和塞尺检查
预埋线盒、预留孔洞位置		3	钢尺或测距仪检查
预留螺母	中心位置	3	钢尺或测距仪检查
	螺母外露长度	0，−3	钢尺或测距仪检查
对角线差		5	钢尺或测距仪测量两个对角线
表面平整度		3	2m 靠尺和塞尺检查
翘曲		$L/1000$	调平尺在两端量测

注：1. L 为构件长度（mm）。
2. 检查中心线位置时，应沿纵、横两个方向量测，并取其中较大值。

(9) 预制叠合楼板尺寸允许偏差及检验方法应符合表 2-16 的相关规定。

表 2-16　预制环形钢筋混凝土叠合楼板尺寸允许偏差及检验方法

项目		允许偏差/mm	检验方法
桁架钢筋高度		0，3	钢尺或测距仪检查
长度		±3	钢尺或测距仪检查
宽度、高（厚）度		±3	钢尺或测距仪检查
侧向弯曲		$L/1000$ 且 $\leqslant 8$	拉线、钢尺或测距仪量最大侧向弯曲处
对角线差		5	钢尺或测距仪测量两个对角线
表面平整度		3	2m 靠尺和塞尺检查
预埋线盒	中心位置	3	钢尺或测距仪检查
	安装平整度	3	靠尺和塞尺检查
预埋吊环	中心位置	3	钢尺或测距仪检查
	外露长度	−10，0	钢尺或测距仪检查
预留钢筋	中心位置	3	钢尺或测距仪检查
	外露长度	0，5	钢尺或测距仪检查
预留孔洞位置		3	钢尺或测距仪检查

注：1. L 为构件长度（mm）。
2. 检查中心线位置时，应沿纵、横两个方向量测，并取其中较大值。

(10) 预制混凝土楼梯尺寸允许偏差及检验方法应符合表 2-17 的相关规定。

表 2-17 预制环形钢筋混凝土楼梯尺寸允许偏差及检验方法

项目		允许偏差/mm	检验方法
长度		±3	钢尺或测距仪检查
侧向弯曲		$L/1000$ 且≤5	拉线、钢尺或测距仪量最大侧向弯曲处
宽度、高（厚）度		±3	钢尺或测距仪量一端及中部，取其中较大值
预留钢筋	中心位置	3	钢尺或测距仪检查
	外露长度	0，5	钢尺或测距仪检查
预埋螺母	中心位置	3	钢尺或测距仪检查
	螺母外露长度	0，-3	钢尺或测距仪检查
预埋件	中心位置	3	钢尺或测距仪检查
	安装平整度	3	靠尺和塞尺检查
对角线差		5	钢尺或测距仪测量两个对角线
表面平整度		3	2m 靠尺和塞尺检查
翘曲		$L/1000$	调平尺在两端量测
相邻踏步高低差		3	钢尺或测距仪检查

注：1. L 为构件长度（mm）。
2. 检查中心线位置时，应沿纵、横两个方向量测，并取其中较大值。

(11) 预制混凝土构件外装饰尺寸允许偏差及检验方法除应符合表 2-18 的相关规定外，尚应符合《建筑装饰装修工程质量验收规范》(GB 50210—2001) 的相关规定。

表 2-18 构件外装饰尺寸允许偏差及检验方法

外装饰种类	项目	允许偏差/mm	检验方法
通用	表面平整度	2	2m 靠尺或塞尺检查
石材和面砖	阴阳角方正	2	用托线板检查
	上口平直	2	拉通线用钢尺或测距仪检查
	竖缝垂直度	2	铅垂仪或吊线用钢尺或测距仪检查
	竖缝直线度	2	拉通线用钢尺或测距仪检查
	接缝平直	3	用钢尺、测距仪或塞尺检查
	接缝宽度	±2	用钢尺或测距仪检查

注：当采用计数检验时，除有专门要求外，合格点率应达到 80% 及以上，且不得有严重缺陷，可以评定为合格。

(12) 门窗框与构件整体预制时，门窗框安装除应符合《建筑装饰装修工程质量验收规范》(GB 50210—50210) 的相关规定外，安装位置允许偏差及检验方法尚应符合表 2-19 的相关规定。

表 2-19 门框和窗框安装位置允许偏差及检验方法

项目	允许偏差/mm	检验方法
门窗框定位	3	钢尺或测距仪检查
门窗框对角线	3	钢尺或测距仪检查
门窗框水平度	2	水平尺和塞尺检查

注：当采用计数检验时，除有专门要求外，合格点率应达到 80% 及以上，且不得有严重缺陷，可以评定为合格。

4. 预制构件存放

(1) 堆放构件的场地应平整坚实，并应有排水措施，沉降差不应大于 5mm。

（2）预制构件运至现场后，根据施工平面布置图进行构件存放，构件存放应按照吊装顺序、构件型号等配套堆放在塔吊有效吊重覆盖范围内。

（3）不同构件堆放之间设宽度1.2m宽通道。

（4）预制剪力墙墙板插放于墙板专用固定架内，固定架采用型钢焊接成型，地锚固定，墙板插放时根据墙板的吊装编号顺序从外至内依次插放，固定架如图2-24所示。

图 2-24　剪力墙固定架

（5）叠合板采用叠放方式，叠合板底部应垫型钢或方木，保证最下部叠合板离地10cm以上；上下层叠合板之间宜沿垂直受力方向设置硬方木支撑分层平放，每层间的支撑应上下对齐，叠放层数不应大于8层，叠合板叠放顺序应按吊装顺序从上到下依次堆放，叠合板叠放如图2-25所示。

图 2-25　叠合板叠放图

（6）构件直接堆放必须在构件上加设枕木。场地上的构件应作防倾覆措施，运输及堆放支架数量要具备周转使用；堆放好以后要采取临时固定措施。

（7）预制环形钢筋混凝土楼梯堆放时应立放。

5. 吊装前准备

（1）对进场检验合格的构件进行构件弹线及尺寸复核，在建筑物拐角两侧的外墙内、外侧弹出轴线平移垂线，按照板定位轴线向左右两边往内500mm各弹出两条竖向控制平移线，距离满足测量要求，并且内外线定位一致，作为建筑物整体垂直度及定位的控制线，在外墙内侧弹出各楼层1000mm标高水平控制线，要求标高水平控制线与垂直轴线相垂直，并保证构件竖向及水平钢筋的定位满足图纸设计要求及规范允许偏差，可以节省吊装校正时间，也有利于安装质量控制。

（2）预制构件吊装前应根据构件类型准备吊具。剪力墙及楼梯在构件生产过程中留置内吊装杆，采用专用吊钩与吊装绳连接，吊装构件如图2-26所示，楼梯吊装，叠合板吊装采用4个卸扣挂在钢筋桁架上弦纵筋，对称进行吊装。

图2-26 吊装构件吊钩和预埋吊杆

（3）将每块剪力墙上用于墙体垂直度调整及支撑的构件，房屋四周直角相邻构件稳定连接斜撑的连接构件，上层叠合楼板就位支撑构件，外挂外脚手架支撑及拉结连接件等措施性构件在起吊前需要安装到位，以便于后需安装施工进度加快及保证施工质量及安全。

（4）预制构件进场存放后根据施工流水计划在构件上标出吊装顺序号，标注顺序号与图纸上序号一致。

（5）构件吊装之前，需要将连接面清理干净，并将每层构件安装后现浇配筋按照图纸数量准备到位，并做好分类、分部位捆扎，便于钢筋吊装及安装进行。

6. 结构安装

墙体从地上一层开始安装，整体现浇结构施工至−1.080m位置。地下一层现浇结构分两次进行浇筑，第一次浇筑剪力墙混凝土至板底位置，即−1.080m；然后安装第一层剪力墙结构，安装找正及固定完成后，第二次浇筑顶板混凝土及一层预制墙体水平接缝。然后搭设叠合板临时支撑，安装上层叠合板结构。浇筑剪力墙现浇立柱节点，随后按照剪力墙安装工艺依次进行上层预制构件的安装。

7. 现浇节点施工

（1）水平现浇节点

① 墙体水平节点钢筋绑扎，每片墙体就位完成后，应及时穿插水平接缝处纵向钢筋，水平纵向钢筋分段穿插，连接采用搭接连接，搭接长度应符合设计要求。填充墙顶部框架梁（连梁）上部纵向钢筋穿插锚入两边墙体或现浇柱内。钢筋穿插到位后及时绑扎牢固，墙体转角处水平钢筋弯折锚入现浇暗柱内。

② 叠合板钢筋绑扎，根据设计图纸布设线管，做好线管与预制构件预留线管的连接。待机电管线铺设、连接完成后，根据在叠合板上方钢筋间距控制线进行钢筋绑扎，保证钢筋搭接和间距符合设计要求。同时利用叠合板桁架钢筋作为上层钢筋的马凳，确保上层钢筋的保护层厚度。叠合板之间接缝200mm宽，采用预留"U"形钢筋相互扣合，内部穿纵向钢筋，连接构造如图2-27所示。

③ 叠合板接缝处模板支撑，接缝处模板采用300mm宽钢模板，龙骨采用40mm×80mm方钢，竖向支撑采用承插式钢管脚手架支撑或吊模支撑方式。竖向支撑立杆间距

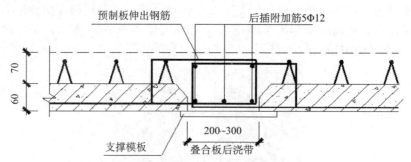

图 2-27 叠合楼板与叠合楼板水平连接构造 单位：mm

1.2m，水平杆步距 1.8m，与叠合板临时支撑架体连成整体。由于内侧叠合板后浇筑混凝土标高比墙体水平暗梁上面标高高出 10mm，故剪力墙水平构造节点只需要安装外侧模板即可，外模板采用钢模板，采用内拉式固定。

④ 叠合板混凝土及墙体水平接缝浇筑，对叠合面进行认真清扫，并在混凝土浇筑前进行湿润。首先浇筑上下墙体连接处混凝土，混凝土采用微膨胀混凝土，强度等级比比预制墙体混凝土强度高一个等级。叠合板混凝土浇筑时，为了保证叠合板及支撑受力均匀，混凝土浇筑采取从四周向中间对称浇筑，连续施工，一次完成。同时使用平板振动器振捣，确保混凝土振捣密实。根据楼板标高控制线，控制板厚；浇筑时采用 2m 刮杠将混凝土刮平，随即进行混凝土抹面及拉毛处理。混凝土浇筑完毕后立即进行养护，养护时间不得少于 7d。

（2）竖向现浇节点

叠合板浇筑完成，现浇部分混凝土强度达到 1.2MPa 后，可以进行竖向现浇节点施工。竖向现浇节点主要有 "一"字形、"T"形、"L"形、"十"字形四种节点。分别如图 2-28、图 2-29、图 2-30、图 2-31 所示。

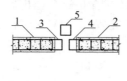

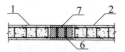

图 2-28 "一"字形连接构造

1. 预制环形钢筋混凝土内外墙板 1；2. 预制环形钢筋混凝土内外墙板 2；
3. 环形钢筋 1；4. 环形钢筋 2；5. 封闭箍筋；6. 纵向钢筋；7. 现浇段

（3）现浇墙体支模

墙体模板采用定型钢模板，安装模板前将墙内杂物清扫干净，在模板下口抹砂浆找平层，解决地面不平造成混凝土浇筑时漏浆的现象，定型钢模与预制墙板接缝部位使用海绵条或 1mm 厚双面胶带密封。

1）"一"字形现浇节点

两块预制墙板之间 "一"字形现浇节点，采用内侧定型钢模板单侧支模；外侧预制的保温层和保护层一体化的 "一"字形构件作为外模板，并布设增强方钢背楞，用防水

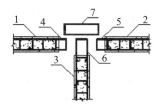

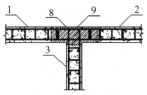

图 2-29 "T"形连接构造

1. 预制环形钢筋混凝土内外墙板1；2. 预制环形钢筋混凝土内外墙板2；3. 预制环形钢筋混凝土内墙板3；
4. 环形钢筋1；5. 环形钢筋2；6. 环形钢筋3；7. 封闭箍筋；8. 纵向钢筋；9. 现浇段

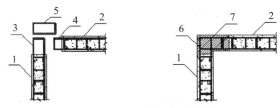

图 2-30 "L"形连接构造

1. 预制环形钢筋混凝土内外墙板1；2. 预制环形钢筋混凝土内外墙板2；3. 环形钢筋1；
4. 环形钢筋2；5. 封闭箍筋；6. 纵向钢筋；7. 现浇段

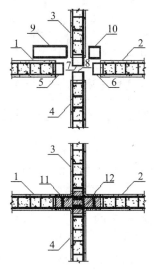

图 2-31 "十"字形连接构造

1. 预制环形钢筋混凝土内墙板1；2. 预制环形钢筋混凝土内墙板2；3. 预制环形钢筋混凝土内墙板3；
4. 预制环形钢筋混凝土内墙板4；5. 环形钢筋1；6. 环形钢筋2；7. 环形钢筋3；8. 环形钢筋4；
9. 封闭箍筋1；10. 封闭箍筋2；11. 纵向钢筋；12. 现浇段

对拉螺杆支撑固定模板,"一"字形节点模板支设如图 2-32 所示。

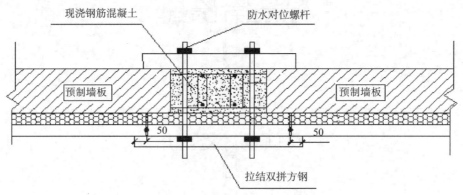

图 2-32 "一"字形节点模板支设图

2) "T"形现浇节点

两块预制外墙板与内墙之间"T"形现浇节点,现浇节点内侧采用"L"形模板单侧支模,墙板外侧采用预制的保温层和保护层一体化的"一"字形构件作为外模板,并布设增强方钢背楞,用防水对拉螺杆支撑固定模板,"T"形现浇节点模板支设如图 2-33 所示。

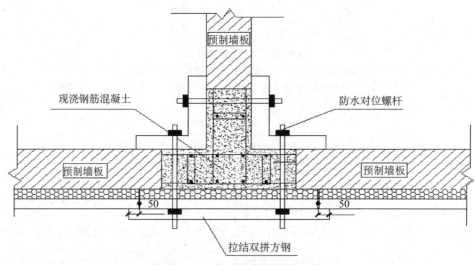

图 2-33 "T"字形节点模板支设图

3) "L"形现浇节点

预制外墙板转角处两块预制墙板之间"L"形现浇节点,现浇节点内侧采用标准角模,墙板外侧采用预制的保温层和保护层一体化的"L"字形构件作为外模板,并布设增强方钢背楞,用防水对拉螺杆支撑固定模板,"L"形现浇节点模板支设如图 2-34 所示。

4) "十"字形现浇节点

内墙"十"字形现浇节点四面采用四块标准角模,对拉螺栓支撑固定模板。

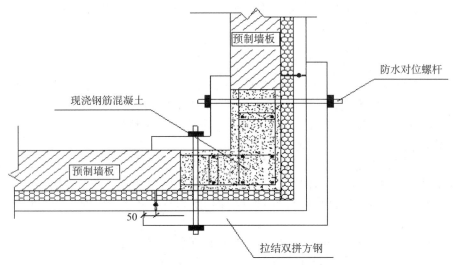

图 2-34 "L"字形节点模板支设图

8. 外墙板缝保温

(1) 外墙板接缝处,预留保温层应连续无损。

(2) 竖缝缝封闭前应按设计要求插入同种材质的保温条。

(3) 外墙板上口水平缝处预留保温条应连续铺放,不得中断。

9. 外墙板缝防水

(1) 构造防水

1) 进场的外墙板,在堆放、吊装过程中,应注意保护其外侧壁保温保护层、立槽、水平缝的防水台等部位,以免损坏。对有缺棱掉角及边缘有裂纹的墙板应立即进行修补,修补应采用具有防水及耐久性的黏合剂黏合,修补完后应在其表面涂刷一道弹性防水胶。

2) 预制构件与现浇节点平接合面应做成有凹凸的人工粗糙面,预制梁的凹凸不宜小于 6mm,预制板的凹凸不宜小于 4mm。

3) 在竖向现浇暗柱及外墙暗梁外预制保温及保护层接缝合拢前后,其防水胶棒槽应畅通,竖向接缝封闭前,应先清理防水胶条棒槽,合模时将防水胶棒条安装到位。

4) 在结构外浇筑完成,拆除模板背楞后,再用预留接缝防水胶棒填制外侧,打耐候性防水胶条,防水对拉螺杆穿孔处先做防水材料堵漏,再采用同种材料修补外面。

(2) 材料防水

应先对嵌缝材料的性能进行检验,嵌缝材料必须与板材粘接牢固,不应有漏嵌和虚粘现象。外墙模板采用防水对拉螺杆固定,防止对拉螺杆穿过处漏水。

(六) 经济效益与社会效益

预制预应力混凝土装配整体式框架结构体系具有建造速度快、质量易于控制、节省材料、降低工程造价、构件外观质量好、耐久性好以及减少现场湿作业、有利于环保、节能减排等诸多优点。

(1) 该体系采用预应力技术,减小了构件截面,含钢量降低 20% 以上,工程造价低于现浇框架结构。而该体系产品采用先张法长台座生产，是目前造价最经济的预应力技术应用。

（2）构件可事先在工厂内生产，不受气候影响；施工现场只需搭设支撑脚手架，支撑减少50%以上，基本不需要模板，施工既方便又快捷；工期可节约50%，优势明显。

（3）工厂机械化生产，产品质量更易得到控制，构件外观质量好、耐久性好。

（4）基本不需要模板，支撑减少50%以上，节省周转材料总量达60%～80%。

（5）减少施工现场湿作业量，减少了污水排放及建筑垃圾，减轻粉尘、噪声污染，有利于环境保护，现场施工更加文明。

（6）经测算，采用叠合楼板的工程，每百平方面积耗材与现浇结构相比，钢材节约437kg，木材节约0.35m^3，水泥节约600kg，用水节约1420kg；这些材料的节约能使每百平方米建筑生产过程二氧化碳排放量减少约8500kg，相当于一辆小轿车行驶一年排放8.64t二氧化碳的量。

工业化生产与传统建筑模式相比，可实现节水30%，节电30%，施工周期缩短30%，周转耗材减少60%，施工现场垃圾减少80%，建筑节能20%以上，质量易于控制、构件外观质量好，同时还可大大降低施工噪声和扬尘污染。

第三章 钢结构施工技术

钢结构作为建筑结构的一种形式,有着广泛的适用范围和良好的应用前景。本章主要介绍钢与混凝土组合结构技术、大型钢结构滑移安装施工技术和住宅钢结构技术。

第一节 钢与混凝土组合技术

组合结构是指由不同种类或不同性质的材料组成共同受力、协调变形的结构。组合结构的种类繁多,本节所介绍的组合结构是由钢构件与混凝土通过一定方式连接所形成的钢-混凝土组合结构,它充分利用钢与混凝土两种材料各自的优势,具有承载能力高、刚度和延性大、抗震性能好等优点,且造价经济合理,施工速度快。因此,钢-混凝土组合结构是继木结构、砌体结构、钢筋混凝土结构和钢结构之后发展兴起的第五大类结构。

国内外常用的钢-混凝土组合结构主要包括以下四大类:(1)压型钢板-混凝土组合板;(2)钢-混凝土组合梁;(3)钢骨混凝土结构(也称为型钢混凝土结构或劲性混凝土结构);(4)钢管混凝土结构。

一、压型钢板-混凝土组合板

压型钢板-混凝土组合板是指压型钢板通过剪力连接件与现浇混凝土共同工作承受载荷的楼板或屋面板。压型钢板的形式主要有开口型、缩口型和闭口型,与混凝土形成的组合楼板截面如图3-1所示。压型钢板在施工阶段用作楼面混凝土板的永久性模板,在混凝土未凝固之前的施工阶段,它仅承受自重、混凝土自重及施工活荷载;在使用阶段当作组合板结构中的下部受力钢筋,从而减少混凝土板中的钢筋。

压型钢板—组合楼板的施工工艺流程为:压型钢板加工制作→压型钢板安装→栓钉焊接→钢筋绑扎→混凝土浇筑→混凝土养护。

1. 施工前的准备工作

压型钢板在施工前,应对压型钢板的运输、存放、铺设、连接方法、组合板内钢筋配置、预埋件型号及位置、混凝土浇筑等做出详细的计划,并编制详细的施工组织设计。

压型钢板材质应符合现行国家标准《连续热镀锌钢板及钢带》(GB/T 2518—2008)、《碳素结构钢》(GB/T 700—2006)和《低合金高强度结构钢》(GB/T 1591—2008)的规定。栓钉的规格应符合现行国家标准《电弧螺柱焊用圆柱头焊钉》(GB/T 10433—2002)有关规定,其材料及力学性能应符合相关规定。

压型钢板及配件所需的原材料进场时,首先检查其规格、型号、材质等是否满足设

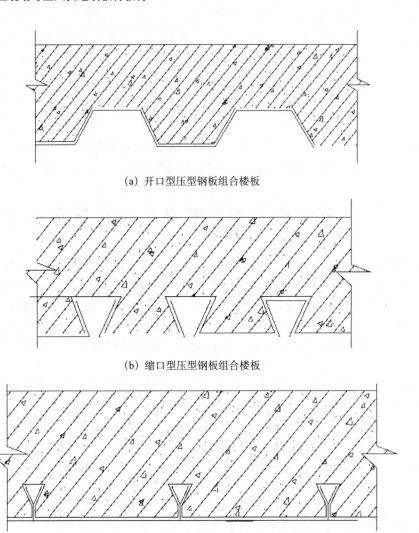

(a) 开口型压型钢板组合楼板

(b) 缩口型压型钢板组合楼板

(c) 闭口型压型钢板组合楼板

图 3-1 组合楼板截面

计图纸要求和国家现行有关标准的规定，在满足设计要求的前提下，检查厂家出具的质量证明书、中文标志及检验报告，以上两项内容同时满足的前提下，才能抽样复检，复检合格后才能下料加工。

压型钢板制作、储存、运输应避免损害与污染。运输时宜在钢板下部用方木垫起，卸车时应先抬高再移动，避免板面之间互相摩擦，并确保板的边缘和端部不损坏。堆放场地应基本平整，堆放高度不宜超过 2000mm。吊装应采用专用吊装带，吊装前应先核对板捆号及吊装位置是否准确。

2. 压型钢板加工制作

由于不同厂家生产的基板延伸率存在差异，为保证压型钢板成品满足设计要求的外形尺寸、波宽、波高等技术参数，在压型钢板批量加工前，应通过试制确定压型钢板的下料尺寸。组合楼板用压型钢板基板的净厚度不应小于 0.75mm，作为永久模板使用的压型钢板基板的净厚度不宜小于 0.5mm。压型钢板浇筑混凝土前，开口型压型钢板凹槽重心轴处宽度（$b_{l,m}$）、缩口型和闭口型压型钢板槽口最小浇宽度（$b_{l,m}$）不应小于50mm（如图3-2）。当槽内放置栓钉时，压型钢板总高（包括压痕）不宜大于80mm。组合楼板总厚度 h 不应小于 90mm，压型钢板肋顶部以上混凝土厚度 h_c 不应小于 50mm。

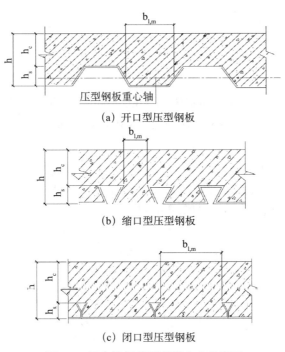

图 3-2 组合楼板截面凹槽宽度示意图

压型钢板制作安装时，原则上应采取机械加工，不得损伤压型钢板的材质和形状。禁止使用乙炔火焰切割，以防止形成镀锌层被破坏而导致钢板锈蚀、切口不整齐等影响结构质量的缺陷。

3. 压型钢板的安装及连接

钢结构及必要的支承构件验收合格后，方可进行压型钢板铺设。压型钢板安装前，应根据工程特征编制垂直运输、安装施工专项方案。铺设前，应割除影响安装的钢梁吊耳，清扫支承面杂物、锈皮及油污，并对有弯曲或扭曲的楼承板进行矫正。在压型钢板铺设前，宜在支承梁上弹设基准线，并且必须将梁顶面杂物清扫干净，对有弯曲或扭曲的楼承板进行矫正。封口板、边模、边模补强收尾工程应在浇注混凝土前及时完成。楼承板铺设，宜按楼层顺序由下往上逐层进行。

压型钢板的铺设应按排版图进行。用墨线在梁顶测量、划分每块压型钢板安装线，沿墨线排列压型钢板。由于在施工阶段压型钢板具有模板和工作平台的双重作用，为保证安全，板与板、板与混凝土构件、板与钢梁之间必须焊接牢固。

压型钢板之间、其端部和边缘与钢梁之间均应采用间断焊或塞焊进行连接固定。压型钢板混凝土墙（柱）应采用预埋件的方式进行连接，不得采用膨胀螺栓固定；当遗漏预埋件时，应采用化学锚栓或植筋的方法进行处理。宜先安装、焊接柱梁节点处的支托构件，再安装压型钢板或钢筋椅架板。

楼承板在钢梁上的支承长度不应小于50mm，在设有预埋件的混凝土梁上的支承长度不应小于75mm（如图3-3所示）。

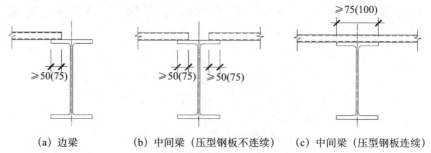

(a) 边梁　　(b) 中间梁（压型钢板不连续）　　(c) 中间梁（压型钢板连续）

图 3-3　楼承板的支撑要求　单位：mm

注：括号内数字适用于楼承板支撑在混凝土梁上。

楼承板侧向在钢梁上的搭接长度不应小于25mm，在设有预埋件的混凝土梁上的搭接长度不应小于50mm（如图3-4（a））；楼承板铺设末端距钢梁上翼缘或预埋件边不大于200mm时，可用收边板收头（如图3-4（b））。

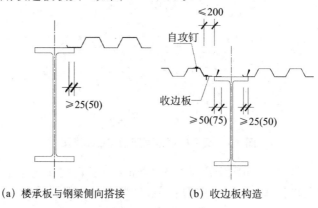

(a) 楼承板与钢梁侧向搭接　　(b) 收边板构造

图 3-4　楼承板侧向搭接要求　单位：mm

注：括号内数字适合于楼承板侧向与混凝土梁搭接。

4．栓钉焊接

组合楼板与梁之间应设有抗剪连接件。一般可采用栓钉连接，栓钉焊接应符合国家现行标准《栓钉焊接技术规程》（CECS 226—2007）的规定。当楼承板端部采用栓钉固定时，栓钉中心至钢梁上翼缘侧边或预埋件的距离不应小于35mm，至设有预埋件的混凝土梁上翼缘侧边的距离不应小于60mm。栓钉顶面混凝土保护层厚度不应小于15mm，栓钉钉头下表面高出压型钢板底部钢筋顶面不应小于30mm。栓钉应设置在压型钢板凹肋处，穿透压型钢板并将栓钉焊牢于钢梁或混凝土预埋件上。栓钉的设置应符合以下规定：

（1）栓钉沿梁轴线方向间距不应小于栓钉杆径的6倍，不应大于楼板厚度的4倍，且不应大于400 mm；栓钉垂直于梁轴线方向不应小于栓钉杆径的4倍，且不应大于400 mm。

（2）栓钉中心至钢梁上翼缘侧边或预埋件边的距离不应小于35mm，至设有预埋件的混凝土梁上翼缘侧边的距离不应小于60mm。

(3) 栓钉顶面混凝土保护层厚度不应小于15mm，栓钉钉头下表面高出压型钢板底部钢筋顶面不应小于30mm。

(4) 当栓钉位置不正对钢梁腹板时，在钢梁上翼缘受拉区，栓钉杆直径不应大于钢梁上翼缘厚度的1.5倍，在钢梁上翼缘非受拉区，栓钉杆直径不应大于钢梁上翼缘厚度的2.5倍；栓钉杆直径不应大于压型钢板凹槽宽度的0.4倍，且不宜大于19 mm。

(5) 栓钉长度不应小于其杆径的4倍。

5. 混凝土施工

组合楼板支座处构造钢筋及板面温度钢筋配置应符合现行国家标准《混凝土结构设计规范》(GB 50010—2010, 2015年版)的有关规定。

浇筑混凝土前，应采用封口板对楼承板进行封堵。可采用通用Z型封口板，也可采用专用封堵件。采用金属封口板，封口板应于压型钢板波峰、波谷处点焊连接。浇筑混凝土前必须清除楼承板上的杂物（包括栓钉上的瓷环）及灰尘、油脂等。在人员、小车走动较频繁的楼承板区域应铺设脚手板。混凝土施工时，为防止倾倒混凝土对压型钢板造成较大冲击，混凝土浇筑应均匀布料，不得过于集中，宜在正对钢梁或临时支撑的部位倾倒，倾倒范围或倾倒混凝土造成的临时堆积不得超过钢梁或临时支撑左右各1/6板跨范围内的楼承板上，并应迅速向四周摊开，应避免堆积过高；严禁在楼承板跨中（临时支撑此时视为支座）部位倾倒混凝土。泵送混凝土管道支架应支撑在钢梁上。

6. 板的临时支撑

当设计要求施工阶段设置临时支撑时，应按设计要求在相应位置设置临时支撑。临时支撑一般有以下几种：①底部临时支撑；②压型钢板下设置临时支撑梁。临时支撑不得采用孤立的点支撑，应设置木材或钢板等带状水平支撑，带状水平支撑与楼承板接触面宽度不应小于100mm。

临时支撑的承载力和稳定性应满足有关现行国家标准的要求。当临时支撑采用从下层楼面支顶方式时，应保证下一层楼板或楼承板的承载能力和挠度满足有关现行国家标准要求。并应考虑受施工阶段永久荷载作用产生挠度。

当组合楼板的混凝土未达到设计强度75%前，不得拆除临时支撑，对裂缝控制严格的组合楼板或悬挑部位，临时支撑应在混凝土达到设计强度100%后方可拆除。

二、钢-混凝土组合梁

钢-混凝土组合梁是指通过剪力连接件将混凝土板与钢梁连接在一起，使其共同工作的构件。这种组合梁能够充分的利用钢材所具有的抗拉性能和混凝土所具有的抗压性能，从而使这两种不同性能的材料得到合理的利用。钢-混凝土组合梁由钢梁、混凝土翼缘板（或加板托）和抗剪连接件等构件组成，如图3-5所示。组合梁中的钢梁截面一般是工字钢梁、箱形钢梁、轻钢桁架及普通钢桁架梁、蜂窝式梁，如图3-6所示。为了保证板与钢梁上下结构有效的共同工作，必须在交界面上设置抗剪连接件，连接件种类如图3-7所示。

钢-混凝土组合梁的施工主要包括钢梁制作安装和混凝土施工两大部分，其中混凝土的施工与一般混凝土结构的施工要求相同，因此本节主要介绍钢梁制作与安装部分的

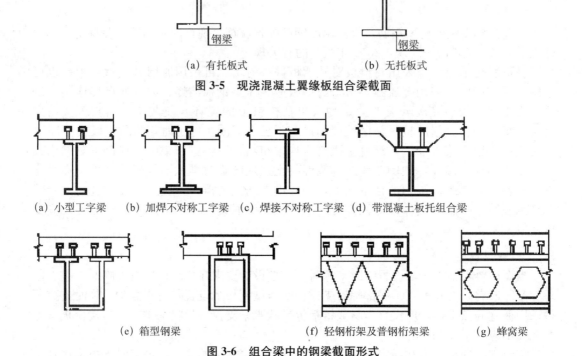

图 3-5 现浇混凝土翼缘板组合梁截面

图 3-6 组合梁中的钢梁截面形式

内容及有关要求。

钢梁的制作一般在工厂或施工现场进行,工厂制作受天气条件影响小,制作精度高,更容易保证质量;现场制作可以省去大量的运输和吊装工作,具体施工时采用何种制作方案,应结合构件大小及施工条件确定。钢梁的施工工艺流程为:下料→腹板及翼缘拼接→组装型钢梁及钢梁焊接→矫正变形及加劲肋焊接→抗剪连接件焊接→钢梁吊装与临时支撑→混凝土板翼缘板施工。

1. 下料

根据施工图纸的设计要求,逐个核对钢梁各组成部分的尺寸和相互关系,并结合施工工艺的特点,采用不同的切割下料方法。在下料尺寸计算时,焊接构件应按规范要求预留足够的焊接收缩余量,需要边缘加工的构件注意切割、刨边和铣平等的加工余量。切割下料时,应根据钢材截面形状、厚度以及切割边缘质量要求的不同采用机械切割法、气割法或等离子切割法。

2. 腹板及翼缘拼接

腹板及翼板的拼接缝一般应设坡口,当采用较薄钢板(如板厚为 8mm 时)拼接时,可不设坡口。为保证焊接质量,焊缝边缘要用砂轮除锈。

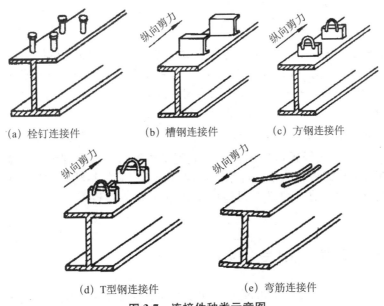

图 3-7 连接件种类示意图

3. 组装型钢梁及钢梁焊接

组装前,首先要将钢板表面上及沿焊缝周围 30~50mm 宽范围内的铁锈、毛刺和油污等清除干净。工字型钢梁的组装定位可采用专门的固定胎具,施工现场若无专用固定胎具,也可在平台上用方木将腹板填平,用夹具将上、下翼缘板对上。

当钢梁跨度较大时,宜将梁放置在临时三脚架上(三脚架间距约 1.5~2m 左右)施焊。为减少梁的焊接变形,对于上窄、下宽的工字形钢梁宜按自下而上的顺序焊接。

4. 矫正变形及加劲肋焊接

钢材在存放、运输、吊运和加工成型过程中会变形,对不符合技术标准的钢材、构件必须进行矫正。当梁跨度较大时,可从梁中分别向梁端施焊两侧和一侧的加劲肋,然后用千斤顶、卡具及火焰修正梁腹板的起鼓及上、下翼缘的旁弯,最后将梁立正。

5. 抗剪连接件焊接

当组合梁采用弯起钢筋、槽钢等做连接件(圆柱头焊钉除外)时,弯起钢筋应成对称布置,直径不应小于 12mm,弯起角一般为 45°;弯折方向应与混凝土翼板对钢梁的水平剪力方向相一致。槽钢连接件沿梁跨度方向的间距不应大于混凝土翼板(包括板托)厚度的 4 倍,且不应大于 400mm。

当组合梁采用焊钉做连接件时,栓钉的位置不正对钢梁腹板时,钢梁上翼缘承受拉力,则栓钉杆直径不应大于钢梁上翼缘厚度的 1.5 倍;钢梁的上翼缘不承受拉力,则栓钉杆直径不应大于钢梁上翼缘厚度的 2.5 倍。栓钉沿梁跨方向间距不应小于杆径 6 倍,垂直于梁跨方向的间距不应小于杆径 4 倍。

焊接时应注意避免焊接连接件后引起梁的下挠,施焊时可采用两遍焊、交错施焊的方法,以减少焊接变形。如果钢梁在地面上施工,可将梁跨中部位垫起,使梁形成 T 形悬臂状后再进行焊接。焊接时,梁的两侧仍用三角架保证垂直位置。施焊前应根据设计要求在母材表面按焊钉焊接的准确位置放线,母材和焊钉端头不得有锈蚀和污物。当室外气温在 0℃以下及降雨、雪时不得施焊。

6. 钢梁吊装与临时支撑

组合梁中钢梁的吊装与一般钢结构中钢梁吊装的工艺和要求相同。

根据设计要求,确定钢-混凝土组合梁在吊装就位后是否需要设置临时支撑。如需要设置,应在钢梁安装完成后,按设计图纸要求及时设置临时支撑,直到翼缘板混凝土强度等级达到设计要求时,才可拆除临时支撑。

7. 钢-混凝土组合梁翼缘板施工

钢-混凝土组合梁翼缘板可采用预应力混凝土翼缘板、预制翼缘板、压型钢板组合楼板和现浇混凝土翼缘板。为了保证钢梁与混凝土板之间的粘结,钢梁顶面不得涂刷油漆。在混凝土板施工之前,钢梁上对应的支承部位应清除铁锈、焊渣、冰雪、积灰等杂物。

三、型钢混凝土组合结构

型钢混凝土组合结构是指在混凝土内配置型钢和钢筋形成的结构。它的特征是在型钢结构的外面包以钢筋混凝土所形成的组合结构,型钢除采用轧制型钢外,还广泛使用焊接型钢。这种结构在各国有不同的名称,在英、美等西方国家将这种结构叫作混凝土包钢结构,在日本则称为钢骨钢筋混凝土,在苏联则称为劲性钢筋混凝土。我国过去也采用劲性钢筋混凝土这个名称,住房和城乡建设部 2001 年 10 月 23 日发布的《型钢混凝土组合结构技术规程》(JGJ 138—2001)正式将该种结构称为型钢混凝土组合结构。

型钢混凝土梁和柱是型钢混凝土组合结构最基本的构件。型钢混凝土梁根据型钢截面形式不同可分为实腹式型钢混凝土梁和空腹式型钢混凝土梁两种。实腹式一般为轧制或焊接的工字钢或 H 型钢,如图 3-8 所示。空腹式型钢截面分为桁架式(如图 3-9(a)所示)和缀板式(如图 3-9(b)所示)两种。型钢混凝土柱根据型钢截面形式可分为实腹式和格构式两大类。实腹式型钢可采用 H 形轧制型钢和各种形式截面的焊接型钢,常见的截面形式有工形、H 形和箱型,如图 3-10 所示。格构式型钢主要是由角钢或槽钢加缀板或缀条连接而成,常见的截面形式有十字形、T 字形和箱型,如图 3-11 所示。

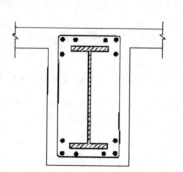

图 3-8 实腹式型钢混凝土梁截面形式示意图

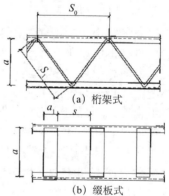

图 3-9 空腹式型钢混凝土梁

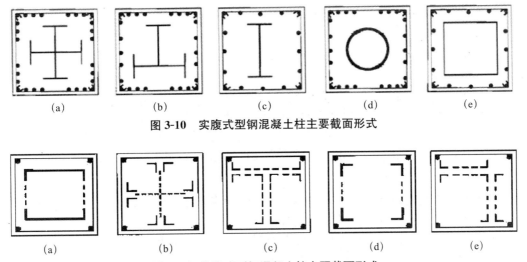

图 3-10　实腹式型钢混凝土柱主要截面形式

图 3-11　格构式型钢混凝土柱主要截面形式

型钢混凝土柱（梁）工艺流程：钢柱（梁）加工制作→钢柱（梁）安装→钢筋绑扎→模板支设→混凝土浇筑→混凝土养护。

1. 钢柱（梁）加工制作

在型钢混凝土结构中，型钢的制作宜在钢结构工厂进行，并且必须采用机械加工。型钢制作时，应根据设计和施工详图，编制制作工艺书。型钢的切割、焊接、运输、吊装、探伤检验应符合现行国家标准《钢结构工程施工质量验收规范》（GB 50205—2001）。

2. 钢柱（梁）安装

型钢拼接前应将构件焊接面的油、锈清除。承担焊接工作的焊工，应按现行行业标准《建筑钢结构焊接技术规程》（JGJ 81）的规定，持证上岗。

钢结构的安装应严格按照施工图纸规定的轴线位置和方向定位，受力和孔位应正确。吊装过程中应使用经纬仪严格校准垂直度，并及时定位。

型钢柱拼接和梁柱节点连接的焊缝质量应满足一级焊缝质量等级的要求。对一般部位的焊缝，应进行外观质量检查，并达二级焊缝质量等级的要求；工字型和十字型型钢柱的腹板与翼缘、水平加劲肋与翼缘的焊接应采用坡口熔透焊缝，水平加劲肋与腹板连接可采用角焊缝。箱形柱隔板与柱的焊接宜采用坡口熔透焊缝。

型钢钢板制孔应采用工厂车床制孔，严禁现场用氧气切割开孔。柱型钢腹板上预留孔洞的直径，既要方便穿钢筋，又不能过多削弱型钢腹板，一般预留孔洞的孔径较钢筋直径大 4~6mm 为宜。

3. 钢筋绑扎

在型钢混凝土结构中，钢筋绑扎工艺与混凝土结构基本相同。对首次使用的钢筋连接套筒、钢材与焊接材料、焊接方法、焊后热处理等应进行焊接工艺评定，并应根据评定报告确定焊接工艺。

梁与柱节点处钢筋的锚固长度应满足设计要求；不能满足设计要求时，应采用绕开法、穿孔法、连接件法处理。箍筋套入主梁后绑扎固定，其弯钩锚固长度不能满足要求时，应进行焊接；梁顶多排纵向钢筋之间可采用短钢筋支垫来控制排距。

4. 模板支设

型钢混凝土柱模板支设宜设置T形对拉螺栓，螺杆可在型钢腹板开孔穿过或焊接连接套筒，对拉螺栓的变形值不应超过模板的允许偏差。当无法设置对拉螺杆时，可采用刚度较大的整体式套框固定，模板支撑体系应进行强度、刚度、变形等验算。

型钢混凝土梁模板支撑系统的荷载可计入型钢结构重量。侧模板可采用穿孔对拉螺栓，也可在型钢梁腹板上设置耳板对拉固定。耳板设置或腹板开孔应经设计单位认可，并应在加工厂制作完成。当利用型钢梁作为模板的悬挂支撑时，应经设计单位同意。

5. 混凝土浇筑和养护

型钢混凝土柱浇筑混凝土前，型钢柱的稳定性应满足要求。混凝土浇筑完毕后，可采取浇水、覆膜或涂刷养护剂的方式进行养护。

型钢混凝土梁浇筑混凝土时应符合下列规定：①大跨度型钢混凝土组合梁应分层连续浇筑混凝土，分层投料高度控制在500mm以内；②对钢筋密集部位，宜采用小直径振捣器浇筑混凝土或选用自密实混凝土进行浇筑；③在型钢组合转换梁的上部立柱处，宜采用分层赶浆和间歇法浇筑混凝土。

四、钢管混凝土结构

钢管混凝土结构是指在钢管内浇筑混凝土而形成的结构。钢管混凝土使用最多的是圆钢管，在特殊情况下也采用方钢管或异型钢管，除了在一些特殊结构中有采用钢筋混凝土的情况之外，一般为素混凝土。因此，钢管混凝土结构施工兼有钢结构施工与混凝土结构施工的内容，同时还要考虑钢管混凝土结构的自身特点。钢管混凝土结构的施工和验收应符合现行国家标准《钢结构工程施工质量验收规范》（GB 50205—2001）、《混凝土结构工程施工质量验收规范》（GB 50204—2015）和《钢管混凝土结构技术规程》（CECS 28—2012）的规定。

钢管混凝土工艺流程宜为：钢管加工制作→钢管拼接组装→钢管吊装→混凝土浇筑→混凝土养护。

1. 钢管加工制作

钢管混凝土结构使用的钢管可从生产厂家购买或由施工单位自行制作。购买成品无缝钢管或焊接钢管应具有产品出厂合格证书。钢材质量应符合现行国家标准《碳素结构钢》（GB/T 700—2006）和《低合金高强度结构钢》（GB/T 1591—2008）的规定。当有可靠根据时，可采用其他牌号的钢材。钢管采用耐候钢时，其质量要求应符合现行国家标准《耐候结构钢》（GB/T 4171—2008）的要求。当有可靠依据时，也可采用高性能耐火耐候建筑用钢。

施工单位自行卷制钢管时，所采用的板材应平直，表面未受冲击，未锈蚀，当表面有轻微锈蚀、麻点、划痕等缺陷时，其深度不得大于钢板厚度负偏差值的1/2，铜管壁厚的负偏差不应超过设计壁厚的3%。圆钢管可采用直焊缝钢管或者螺旋焊缝钢管。当管径较小无法卷制时，可采用无缝钢管，并应满足设计要求。直缝焊接钢管应在卷板机上进行弯管，在弯曲前钢板两端应先进行压头处理，螺旋焊钢管应由专业生产厂加工制造。焊接成型的矩形钢管纵向焊缝应设在角部，焊缝数量不宜超过4条。钢管制作的允许偏差应符合表 3-1 的要求。

表 3-1 钢管制作允许偏差

偏差名称	示意图	允许值
钢管外径		$\pm \dfrac{d}{500}$
纵向弯曲		$f \leqslant \dfrac{l}{1500}$，且 $f \leqslant 5\text{mm}$
椭圆度		$\dfrac{f}{d} \leqslant \dfrac{1}{500}$
管端不平度		$\dfrac{f}{d} \leqslant \dfrac{5}{1000}$ $f \leqslant 3\text{mm}$
管肢组合误差		$\dfrac{\delta_1}{b} \leqslant \dfrac{1}{1000}$ $\dfrac{\delta_2}{h} \leqslant \dfrac{1}{1000}$
缀件组合误差		$\dfrac{\delta_1}{l_1} \leqslant \dfrac{1}{1000}$ $\dfrac{\delta_2}{l_2} \leqslant \dfrac{1}{1000}$

2. 钢管拼接组装

钢管柱单元柱段在出厂前宜进行工厂预拼装，预拼装检查合格后，宜标注中心线、控制基准线等标记，必要时应设置定位器。钢管现场拼接加长时，宜分段对称施焊，采取有效措施避免或减少焊接残余变形。焊缝应满足二级焊缝的质量要求。当管壁厚大于或等于 30mm 时，施焊前宜均匀加热焊缝附近部位，以减少焊接残余应力。

钢管拼接加长接缝处应设置附加内衬管。当钢管壁厚 $t \leqslant 16\text{mm}$ 时，衬管壁厚不小于钢管壁厚；当钢管壁厚 $t > 16\text{mm}$ 时，衬管壁厚不小于 16mm。内衬管宽度不宜小于

200mm，外径宜比上层钢管内径小 4mm。内衬管与钢管间的角焊缝高不应小于 0.7 倍衬管壁厚，并应满足三级焊缝的质量要求。

对由若干管段组成的焊接钢管柱，应先组对、矫正、焊接纵向焊缝形成单元管段，然后焊接钢管内的加强环肋板，最后组对、矫正、焊接环向焊缝形成钢管柱安装的单元柱段。相邻两管段的纵缝应相互错开 300mm 以上。

3. 钢管吊装

钢管运输及现场安装时应避免钢管的附加变形，吊点的位置应根据吊装方法、钢管的受力状况经验算后确定。钢管柱吊装时，管上口应临时加盖或包封。钢管柱吊装就位后，应进行校正，并应采取固定措施。钢管的吊装允许偏差应符合表 3-2 的要求。

表 3-2　钢管制作允许偏差

序号	检查项目	允许偏差
1	立柱中心线与基础中心线	±5mm
2	立柱顶面标高和设计标高	±10mm，中间层±20mm
3	立柱顶面不平度	5mm
4	立柱不垂直度	长度的 1/1000，最大不大于 15mm
5	各柱之间的距离	间距的 1/1000
6	各柱上下两平面对应的对角线差	长度的 1/1000，最大不大于 20mm

由钢管混凝土柱-钢框架梁构成的多层和高层框架结构，应在一个竖向安装段的全部构件安装、校正和固定完毕，并应经测量检验合格后，方可浇筑管芯混凝土。

由钢管棍凝土柱-钢筋混凝土框架梁构成的多层或高层框架结构，竖向安装柱段不宜超过 3 层。在钢管柱安装、校正并完成上下柱段的焊接后，经测量检验合格后，方可浇筑管芯混凝土和施工楼层的钢筋混凝土梁板。

4. 混凝土浇筑

混凝土施工前应有切实可行的施工组织计划，应有应对突然遇雨、突然停电等异常情况的应急措施。目前，国内采用的管内混凝土浇筑方法有三种，即常规人工浇捣法、高位抛落无振捣法和泵送顶升法，可结合工程特点和施工场地条件的不同选用相应的混凝土浇筑方法。当采用高位抛落无振捣法或泵送顶升法缺乏可靠经验时，应做混凝土配合比试验，确保混凝土浇灌质量。

(1) 人工浇捣法

常规人工浇捣法是将混凝土从钢管上口灌入，并用振捣器振实。混凝土一次浇灌高度不宜大于 1.5m。

当管径不小于 400mm 时，宜采用插入式振动器振捣，插点应均匀，每点振捣时间约 15～30s；当管径小于 400mm 时，可采用外部振动器（附着式振动器）于钢管外部振捣。振动器位置应随管内混凝土面的升高而调整，每次宜升高 1～1.5m。当管径不小于 1000mm 时，工人可进入管内按常规方法用振动棒振捣。

(2) 高位抛落无振捣法

高位抛落无振捣法是将混凝土由柱顶连续向下抛落，利用混凝土下落时产生的动能达到振实混凝土的目的。该方法适用于管径大于 300mm，高度不小于 4m 的情况。当抛落高度不足 4m 时，应辅以插入式振动器振实。混凝土既可用泵车泵至柱顶，由顶端管口连续注入管内，也可用料斗装填。用料斗装填时，每次抛落的混凝土量宜在 0.7m³ 左右，料斗的下口尺寸应比钢管内径小 100～200mm，以便混凝土下落时，管内空气能通畅排出。

在已经结硬的混凝土上新浇筑混凝土时，为避免新混凝土自由下落时粗骨料弹起，应先浇筑一层与混凝土强度等级相同的水泥砂浆，厚度为 10～20mm。

(3) 泵送顶升浇筑法

泵送顶升浇筑法是在钢管下端接近地面的适当位置安装一个带止回阀的进料支管，该进料管直接与泵车的输送管连接，依靠混凝土泵的压力，将混凝土连续不断地自下而上压入钢管。这种方法浇筑的混凝土无须振捣，但钢管的直径宜大于泵管直径的两倍。

在条件许可的情况下，管内混凝土的浇筑应优先采用泵送顶升浇筑法，这种方法不仅能提高施工效率，而且容易保证混凝土的密实度。

管内混凝土应连续浇筑完成。施工缝宜留于钢管端口以下 500～600m 处。当浮浆过厚时，应刮去浮浆。混凝土终凝后，可注入清水养护，水深不宜少于 200mm。混凝土的塌落度可根据混凝土的浇筑工艺确定。当采用预拌混凝土时，塌落度不宜小于 10cm，不宜大于 16cm。对于 C50 以上的高强混凝土，应重视混凝土配合比的设计及试配。当缺乏充分依据时，不应采用膨胀剂。

钢管混凝土柱可采用敲击钢管或超声波的方法来检验混凝土浇筑后的密实度；对有疑问的部位可采取钻取芯样混凝土进行检测，检测构件数不宜少于总构件数 25％，且不应少于 3 根。对混凝土不密实的部位应采取措施进行处理。

第二节　大型钢结构滑移安装施工技术

滑移施工技术是利用在事先设置的滑轨上滑移分条的单元或者胎架来完成屋盖整体安装的方法。即在建筑物的一侧搭设一条施工平台，在建筑物两边或跨中铺设滑道，所有构件都在施工平台上组装，分条组装后用牵引设备向前牵引滑移，结构整体安装完毕并滑移到位后，拆除滑道实现就位。

该施工方法能有效地将散件吊运散拼、滑移、组装等施工程序同时进行，加快施工进度，减少胎架用量和大型设备，提高焊接安装质量，并且施工灵活多变，适合各种大小工程的施工。

一、滑移施工技术的分类

(1) 按滑行方式分为单条滑移法和逐条累积滑移法；
(2) 按滑移过程中摩擦方式可分为滚动式滑移法及滑动式滑移；
(3) 按滑移过程中移动对象可分为胎架滑移、结构主体滑移、结构和胎架一起滑移；
(4) 按滑移轨道布置方式可分为直线滑移和曲线滑移；
(5) 按滑移牵引力作用方式分为牵引法滑移和顶推法滑移。

二、滑移施工技术的特点

（1）滑移施工在土建完成框架、圈梁以后进行，网架是架空作业的，因此不影响网架覆盖面内其他专业工作的进行，能够大大加快工期。

（2）高空滑移法对起重设备、牵引设备要求不高，可用小型起重机或卷扬机，甚至不用，而且只需搭设局部的拼装支架，如建筑物端部有平台可利用，可不搭设脚手架。

（3）采用单条滑移时，摩阻力较小，如再加上滚轮，小跨度时有人力撬棍即可撬动前进。但采用累积滑移法时，牵引力逐渐加大，也只需用小型卷扬机即可。

三、滑移施工技术的适用范围

（1）滑移施工法可用于大跨度网架结构、平面立体桁架（包括曲面桁架）及平面形式为矩形的钢结构屋盖的安装施工。

（2）支承情况可为周边简支或点支承与周边支承相结合等情况。

（3）当空间网格结构为大面积、大柱网或狭长平面时，可采用滑移法施工。

（4）滑移法适用于能设置平行滑轨的各种空间网格结构，尤其适用于跨越施工（待安装的屋盖结构下部不允许搭设支架或行走起重机），如车间屋盖的更换、轧钢、机械等厂房内设备基础、设备与屋面结构平行施工。

（5）滑移施工法适用于现场狭窄、山区等地区施工，特别是由于现场条件的限制，吊车无法直接安装的结构，也适用于跨越施工。

四、主要滑移施工方法

1. 单条滑移法

将条状单元一条一条地分别从一端滑移到另一端就位安装，各条单元之间分别在高空再连接。即逐条滑移，逐条连成整体。

2. 逐条积累滑移法

先将条状单元滑移一段距离后（能连接上第二条单元的宽度即可），连接上第二条单元后，两条单元一起在滑移一段距离（宽度同上），再接第三条，三条又一起滑移一段距离……如此循环操作直至接上最后一条单元为止。当采用逐条累积滑移法时，条状单元拼接时容易造成轴线偏差，可采取试拼、套拼或散件拼装等措施加以避免。

单条滑移法的特点是摩阻力小，如装上滚轮，当小跨度时可不必用机械牵引，用撬棍即可撬动，但单元之间的连接需要脚手架；逐条积累滑移法的特点是在建筑物一端搭设支架（或利用建筑物屋顶平台），牵引力逐次加大，要求滑移速度较慢（约为1m/min），一般需要多门滑轮组变速，故采用小型卷扬机或手动葫芦牵引即可。

五、滑移施工法相关技术要求

1. 滑移法的一般施工步骤

搭设脚手架→设置滑道→设置导轨→安装反力架→设置牵引环→网架组装→安装滑

车→滑移→根据轴线定位→段与段间的连接→检查验收，滑移工艺流程如图 3-12 所示。

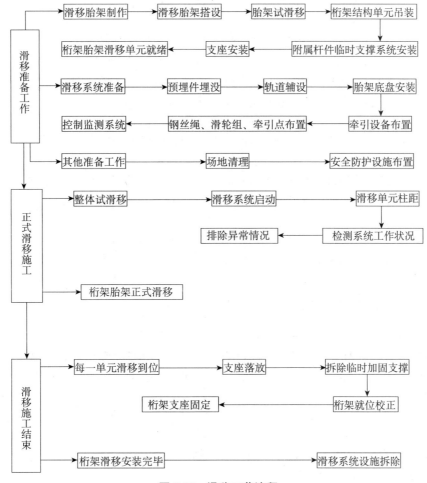

图 3-12　滑移工艺流程

2. 材料的关键要求

（1）滑轨

滑移用的轨道根据网架大小可采用不同形式，对于中小型网架可用圆钢、扁铁、角钢或小槽钢构成；对于大型网架可用钢轨、工字钢、槽钢等构成，一般为 Q235 钢。

（2）钢丝绳

牵引用钢丝绳的质量和安全系数应符合有关规定，以免出现安全事故。

（3）拼装承重支架

拼装承重支架一般用扣件式钢管脚手架，如采用已建的建筑物作操作平台，采用型钢做胎具即可。

3. 技术质量关键要求

（1）滑轨和导向轮

滑轨标高宜与网架支座同高，这样拆除滑轨较方便。采用滚动摩擦式滑移时，滚轮也可装于侧边，以便拆除滑轨及安装网架支座。

导向轮为滑移安全保险装置，一般设在导轨内侧，在正常滑移时导向轮与导轨脱开，其间隙为10～20mm，一般只有当同步差或拼装偏差超出规定值较大时才会碰上。

(2) 挠度控制

网架分成条状单元进行滑移时，其受力特点为两端自由搁置的立体桁架或平面桁架，属单向受力体系，施工挠度情况与分条安装法相同。当网架结构采用逐条累积滑移时，网架是两端自由搁置的立体桁架。因而滑移时网架虽仅承受自重，但其挠度仍会超过形成整体的挠度，因此在连接新单元前，应将已滑移好的部分网架进行挠度调整，然后再拼接。施工中通常可采取下列措施减小挠度影响：

① 加大网架高度。需进行网架设计调整，此法限制因素较多，较少使用；

② 增设中间滑轨；

③ 施工起拱。根据计算模拟得出的挠度值，在网架拼装时进行预起拱；在滑移过程中在下弦增加预应力钢绞线等方法，保证将施工挠度影响降至最低。

(3) 同步控制

网架滑移时同步控制的精度是滑移法施工的主要技术指标之一，若滑移过程中，(特别是曲线滑移时) 同步差值过大，可能会引起滑移单元较大的施工附加应力，使牵引设备牵引力不均匀，导致桁架的定位偏移而难以就位，严重时可能会导致卡轨而无法滑移，因此必须对滑移的同步差值进行严格控制。

滑移时各牵引点的速度应尽量同步。当网架采用两点牵引滑移时，如不设置导向轮，则滑移要求同步；当设置导向轮时，两侧的牵引允许不同步值，其值大小与导向轮间隙及网架积累长度有关。对于大跨度网架，可在跨中增设牵引点，形成三点以上牵引，这时应对各牵引点间的允许不同步值进行验算。两点或两点以上牵引时必须设置同步监测设施。

最简单的同步控制方法是在网架两侧的导轨或梁面上标出尺寸，牵引时两侧报告滑移距离，但这种方法的精度较差，在三点以上牵引时不适用。较好的办法是用自整角机同步指示装置直接在指挥台观察各牵引点移动情况，读数精度可达1mm。

4. 滑移施工法注意事项

(1) 需对滑移工况做施工分析，明确滑移支点反力对地面、梁、楼面作用，必要时采取适当的加固措施；

(2) 滑轨可固定于梁顶面的预埋件、地面或楼面上，滑轨与预埋件、地面及楼面的连接牢固可靠；

(3) 滑移可采用滑动或滚动两种方法，其动力可采用卷扬机、倒链或钢绞线液压千斤顶和千斤顶等，滑移时防止由静摩擦力转为动摩擦力时的突然滑动。滑移的方法根据水平力和垂直力的大小确定。

(4) 当采用多点牵引时，宜采用计算机控制。

5. 技术指标

结构滑移设计时要对滑移工况进行受力性能验算，保证结构的杆件内力与变形符合规范和设计要求。滑移牵引力要正确计算，当钢与钢面滑动摩擦时，摩擦系数取0.12～0.15；当滚动摩擦时，滚动轴处摩擦系数取0.1；当不锈钢与四氟聚乙烯板之间有滑靴摩擦时，摩擦系数取0.08。滑移时要确保同步，位移不同步应小于50mm，同时应满足结构安全的要求。

第三节 轻型钢结构住宅技术

随着国民经济的迅速发展，人们对住房的要求越来越高，对安全住宅、舒适住宅、健康住宅、绿色住宅等高品质住宅的需求越来越强烈，轻钢结构住宅满足了人们对理想住宅的要求。随着 2010 年 4 月 17 日住房和城乡建设部批准发布的《轻型钢结构住宅技术规程》(JGJ 209—2010) 的正式实施，我国轻型钢结构住宅产业化步入了发展的快车道。

轻型钢结构住宅是指由轻型钢框架结构体系和水泥基的轻质墙体、轻质楼面、轻质屋面建筑体系所组成的轻型节能房屋建筑，适用于层数不超过 6 层的非抗震设防以及抗震设防烈度为 6～8 度的轻型钢结构住宅。其结构体系大致可分为两类：适用于 1～3 层的热轧型钢龙骨结构体系、冷弯 C 型钢龙骨结构体系；适用于 6 层及以下的的纯钢框架体系。

一、材料要求

轻型钢结构住宅承重结构采用的钢材宜为 Q235—B 钢或 Q345—B 钢，也可采用 Q345—A 钢，其质量应分别符合现行国家标准《碳素结构钢》(GB/T 700—2006) 和《低合金高强度结构钢》(GB/T 1591—2008) 的规定。当采用其他牌号的钢材时，应符合相应的规定和要求。

轻型钢结构住宅的轻质围护材料宜采用水泥基的复合型多功能轻质材料；也可以采用水泥加气发泡类材料、轻质混凝土空心材料、轻钢龙骨复合墙体材料等。轻质围护材料应采用节地、节能、利废、环保的原材料，不得使用国家明令淘汰、禁止或限制使用的材料。

二、钢结构的制作与安装

轻型钢结构住宅的钢结构制作、安装和验收应符合现行国家标准《钢结构工程施工质量验收规范》(GB 50205—2001) 的要求。轻型钢结构住宅的钢结构工程应为一个分部工程，宜划分为制作、安装、连接、涂装等若干个分项工程，每个分项工程应包含一个或若干个检验批。

钢结构制作、除锈和涂装应在工厂进行，钢构件在制作前应根据设计图纸编制构件加工详图，并应制定合理的加工流程。钢结构所用材料（包括钢材、连接材料、涂装材料等）应具有质量证明文件，并应符合设计文件要求和现行国家有关标准的规定。

钢结构安装时，应先形成稳定的空间单元，然后再向外扩展，安装过程中应及时消除误差。柱的定位轴线应从地面控制轴线直接上引，不得从下层柱轴线上引。

高强度螺栓摩擦面、埋入钢筋混凝土结构内的钢构件表面及密封构件内表面不应做涂装。待安装的焊缝附近、高强度螺栓节点板表面及节点板附近，在安装完毕后应予补涂。钢构件的螺栓孔应采用钻成孔，严禁烧孔或现场气割扩孔。

三、轻质楼板安装

目前，工程中使用的轻质楼板主要有两类，一类是厚型板，如预制圆孔板、水泥加气发泡板。另一类是薄型板，如 OSB 板、钢丝网水泥板等。

轻质楼板吊装应按楼板排板图进行，并应严格控制施工荷载，对悬挑部分的施工应设临时支撑措施。楼板安装应平整，相邻板面高差不宜超过 3mm。大于 100mm 的楼板洞口应在工厂预留，对所有洞口应填补密实。

当采用预制圆孔板或配筋的水泥发泡类楼板时，板与钢梁搭接长度不应小于 50mm，并应有可靠连接，采用焊接时应对焊缝进行防腐处理；当采用 OSB 板或钢丝网水泥板等薄型楼板时，板与钢梁搭接长度不应小于 30mm，采用自攻螺钉连接时，规格不宜小于 ST5.5，长度应穿透钢梁翼缘板不少于 3 圈螺纹，间距对 OSB 板不宜大于 300 mm，对钢丝网水泥板应在板四角固定。

有楼面次梁结构的，次梁连接节点应满足承载力要求，次梁挠度不应大于跨度的 1/200。对桁架式次梁，各榀桁架的下弦之间应有系杆或钢带拉结。

四、轻质墙板安装

外墙干挂施工时，干挂节点应专门设计，干挂金属构件应采用镀锌或不锈钢件，宜避免现场施焊，否则应对焊缝做好有效的防腐处理。外墙干挂施工应由专业施工队伍或在专业技术人员指导下进行。

双层墙板施工时，在安装好外侧墙板后，可根据设计要求安装固定好墙内管线，验收合格后方可安装内侧板。双层外墙的内侧墙板宜镶嵌在钢框架内，与外层墙板拼缝宜错开 200～300mm 排列，并应按内隔墙板安装方法进行。

内隔墙板安装时，应从主体钢柱的一端向另一端顺序安装，有门窗洞口时，宜从洞口向两侧安装，并应将板侧榫槽对准另一板的榫头，对接缝隙内填满的黏结材料应挤紧密实，并应将挤出的黏结材料刮平。

内隔墙板安装前应先安装定位板，并在板侧的企口处、板的两端均匀满刮黏结材料，空心条板的上端应局部封孔。板上、下与主体结构应采用 U 形钢卡连接。

五、轻质砌块墙体安装

砌块应采用专用工具锯割，禁止砍剁。砌块施工前，应进行排块，排列应拼缝平直，上、下层应交错布置，错缝搭接不应小于 1/3 块长，并且不应小于 100mm。

砌筑底部第一皮砌块时，应采用 1∶3 水泥砂浆铺垫，各层砌块均应带线砌筑，并应保证砌筑砂浆或胶黏剂饱满均匀，缝宽宜为 2～3mm。丁字墙与转角墙应同时砌筑，如不能同时砌筑，应留出斜槎或有拉结筋的直槎。

砌筑时应随时用水平尺和靠尺检查，发现超标应及时调整，在砌筑后 24h 内不得敲击切凿墙体。

六、轻质保温屋面安装

屋面施工前，应设计屋面排板图，确定屋面板搬运、起重和安装方法，并制定高空作业安全措施。

屋面施工应由专业施工队伍或由专业技术人员指导进行。每块屋面板应至少有两根

檩条支撑，板与檩条连接应按产品专业技术规定进行或采用螺栓连接。屋面板与檩条当采用自钻自攻螺钉连接时，应符合相关技术要求

屋面板侧边应有企口，拼缝处的保温材料应连续，企口内应有填缝剂，板应紧密排列，不得有热桥。屋面板安装验收合格后，方可进行防水层或安装屋面瓦施工。

七、轻钢龙骨复合墙体施工

轻钢龙骨复合墙体施工应由专业施工队伍或在专业技术人员指导下进行。

1. 龙骨的安装要求

（1）应按放线位置固定上下槽型导轨到主体结构上，固定槽型导轨应采用六角头带法兰盘的自钻自攻螺钉，规格不宜小于ST5.5，间距不宜大于600mm，钉长应满足穿透钢梁翼板后外露不小于3圈螺纹；

（2）竖向龙骨端部应安装在导轨内，龙骨与导轨壁用平头自钻自攻螺钉ST4.2固定，竖向龙骨应平直，不得扭曲，龙骨间距应符合专业设计要求或产品使用要求；

（3）预埋管线应与龙骨固定。

2. 面板的安装要求

（1）面板宜竖向铺设，面板长边接缝应安装在竖龙骨上，对曲面隔墙，面板可横向铺设；

（2）面板安装应错缝排列，接缝不应在同一根竖向龙骨上，面板间的接缝应采用专用材料填补；

（3）安装面板时，宜采用不小于ST5.5的平头自钻自攻螺钉从板中部向板的四边固定，钉头略埋入板内，钉眼宜用石膏腻子抹平，钉长应满足穿透龙骨壁板厚度外露不小于3圈螺纹；

（4）有防水、防潮要求的面板不得采用普通纸面石膏板，外墙的外表面应按设计要求做防水施工。

八、施工验收

轻质楼板工程的施工验收应按主体结构验收要求进行，可作为主体结构中的一个分项工程。轻质墙体和屋面工程施工质量验收应按一个分部工程进行，其中应包含外墙、内墙、屋面和门窗等若干个分项工程。墙体施工允许偏差和检验方法应符合表3-3的规定。

表3-3 墙体施工允许偏差和检验方法

序号	项目			允许偏差/mm	检验方法
1	轴线位移			5	用尺量
2	表面平整度			3	用2m靠尺和塞尺量
3	垂直度	每层	≤3m	3	用2m脱线板或吊线，尺量
			>3m	5	
		全高	≤10m	10	用经纬仪或吊线，尺量
			>10m	15	
4	门窗洞口尺寸			±5	用尺量
5	外墙上下窗偏移			10	用经纬仪或吊线

第四章 绿色施工技术

绿色施工技术是实现建筑领域资源节约和节能减排的关键环节。本章的绿色施工技术主要介绍基坑施工封闭降水技术、预拌砂浆技术以及外墙保温体系施工技术。

第一节 概 述

20世纪60年代，全球发展面临着一系列的环境问题以及发展模式的挑战，传统的发展模式和消费方式需要改变，由此全球兴起了一场"绿色运动"。为了维持生态平衡、保护生态环境，在建筑这一与人类发展密切相关的领域，绿色建筑也开始日益受到重视。近半个世纪以来，各国政府、研究机构的专家投入了大量时间、精力，从生态学、经济学以及社会学等不同领域对可持续发展的理念、意义与实际应用进行了深入的研究。伴随着可持续发展理论体系的发展与完善，可持续发展这一价值观已经逐渐深入人心。包括建筑行业在内的多个行业纷纷展开行动，把可持续发展理念贯彻于具体实践之中。

伴随着可持续发展理念在国际社会的推广，绿色建筑这一理念也应运而生，逐渐得到从业人员的认可和重视。将可持续发展理论引入建筑行业进而产生绿色建筑理念，这是国际建筑业对人类可持续发展战略的积极回应，是未来建筑行业的主导理念。而施工是建筑全寿命周期中非常重要的一个环节，施工过程中会对周边环境造成一定的影响。因此，应用绿色施工技术对环境保护意义重大，不但能够保护和改善施工环境，保障从业人员身心健康，而且可以减少或消除有毒、有害物质进入周边环境。

绿色施工是指工程建设中，在保证质量、安全等基本要求的前提下，通过科学管理和技术进步，最大限度地节约资源并减少对环境负面影响的施工活动，实现节能、节地、节水、节材和环境保护（"四节一环保"）。绿色施工是建筑寿命全周期中的一个重要环节，通过科学的管理与技术手段可以节约资源，达到节能减排的效果。绿色施工的实施主体是企业，建筑企业在绿色施工过程中既能产生环境效益，同时又能带动社会效益与经济效益的发展，进而可以提高企业的综合效益。

绿色施工过程中，应首先贯彻执行国家、行业与地方的相关技术经济政策与法律法规，然后还要根据具体的工程建设地点因地制宜地采取技术手段。绿色施工是可持续发展理念在工程建设中的具体应用，绿色施工涉及可持续发展的各个方面，如生态环境保护、资源的合理利用、社会与经济的发展等。

第二节 基坑施工封闭降水技术

一、基本概念

基坑封闭降水是指在基坑周围采用渗透系数较小的封闭结构，来阻挡地下水向基坑内部渗流，然后再抽取开挖范围内的地下水这一控制措施。基坑施工封闭降水技术一般采用基坑侧壁帷幕或基坑侧壁帷幕与基坑底封底的截水措施，阻滞基坑侧壁与基坑底面的地下水渗入基坑，同时采用一定的降水措施抽取或引渗基坑开挖范围内的地下水的降水方法。

二、国内应用概述

基坑封闭降水技术在我国的应用历史可以追溯到20世纪50年代，我国在山东省青岛市月子口水库修建的圆孔套接水泥黏土混凝土防渗墙，这是我国第一个垂直防渗墙工程。从20世纪50年代开始，我国的垂直防渗技术发展很快。最近20年在垂直防渗方面较为常用的基坑封闭技术有薄抓斗成槽造墙技术、高压喷射灌浆成墙技术、深层搅拌桩截渗墙技术等。

三、技术内容及特点

基坑封闭截水帷幕常采用的有深层搅拌桩防水帷幕、高压摆喷墙、地下连续墙、旋喷桩止水帷幕。基坑施工封闭降水技术的主要特点是：抽水量少，对周边环境影响小，不污染周边水源，止水帷幕配合支护系统一起设计施工可以显著降低造价，是一种典型的绿色施工技术。

四、技术指标

1. 基坑封闭深度

宜采用悬挂式竖向截水和水平封底相结合的方式，在没有水平封底措施的情况下则要求侧壁帷幕（连续墙、搅拌桩、旋喷桩等）深入基坑下不透水土层一定深度，具体深度应满足下列计算：

$$L = 0.2h_w - 0.5b \tag{4-1}$$

式中，L——帷幕深入不透水层的深度；

h_w——作用水头；

b——帷幕厚度。

当截水帷幕插入弱透水地层时，还应进行基坑底部抗管涌、隆起验算。

抗管涌计算公式：

$$K\gamma_0 h' \gamma_w \leqslant (h' + 2D)\gamma' \tag{4-2}$$

式中，γ_0——基坑侧壁重要性系数；

γ'——土的有效重度，kN/m^3；

γ_w——地下水重度，kN/m^3；

h'——地下水位至基坑底的垂直距离，m；

D——桩（墙）入土深度，m；

K——抗管涌稳定安全系数（$\geqslant 1.5$）。

抗隆起计算公式：

$$K_s = \frac{\gamma D N_q + c N_c}{\gamma (H+D) + q} \tag{4-3}$$

抗隆起安全系数 $K_s \geqslant 1.2 \sim 1.3$

式中，γ——各土层天然重度的加权平均值；

H——基坑开挖深度，m；

q——地面上荷载；

D——桩（墙）入土深度，m；

c——土的黏聚力；

N_q、N_c——地基极限承载力的计算系数。

用普朗特公式 N_q、N_c 分别为

$$N_q = \left[\tan\left(45° + \frac{\varphi}{2}\right)\right]^2 e^{\pi\tan\varphi} \tag{4-4}$$

$$N_c = (N_q - 1)\frac{1}{\tan\varphi}$$

式中，φ——土的内摩擦角。

若计算不能满足要求，则应该采取封底技术或在坑内布置降压井。

2. 截水帷幕厚度

帷幕搭接处最小厚度应满足抗渗要求，渗透系数宜小于 $1.0 \times 10^{-6} cm/s$。

3. 帷幕桩的搭接长度

帷幕桩的搭接长度$\geqslant 150mm$。

4. 基坑内井深度

基坑内可采用降水井与疏干井。如果采用降水井，井深度不宜大于截水帷幕深度；如果采用疏干井，井深应深入下层强透水层。

5. 结构安全性

截水帷幕必须在有可靠的基坑支护措施下配合使用（如排桩支护、注浆法等），或帷幕自身经计算能同时满足基坑支护的要求（如水泥土挡墙、地下连续墙等）。

五、全封闭深基坑降水技术

基坑封闭降水可以分为以下两种模式：

一是用止水桩深入不透水层，阻隔地下水渗入，称为全封闭降水，如图4-1所示。

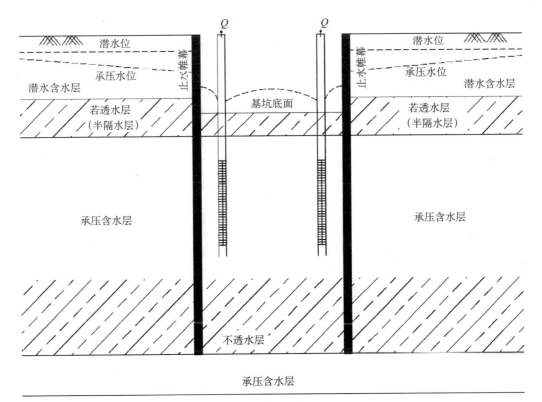

图 4-1 基坑全封闭降水示意图

第二种是止水桩未深入不透水层,可以称为非全封闭降水,如图 4-2 所示。

一般在不透水层埋置深度不大时,为阻止地下水渗入基坑内部,可将止水桩深入不透水层中,以形成全封闭不透水的深基坑。基坑外部的地下水受止水桩的阻滞不能渗入到基坑内部,这样在施工过程中只需要抽取基坑底部以下一定深度范围内的地下水即可,从而减少了地下水抽取量也减轻了对周围环境的影响。

(一) 全封闭深基坑降水量计算

全封闭深基坑降水计算时,只需要抽取基坑内一定深度的静态水,结合止水桩内土体的给水度进行计算。在施工过程中,并不需要把止水桩范围内的地下水全部抽干,只需要抽取基坑内一定深度以上的地下水,通常情况下把地下水位降至基坑底面以下 0.5~1m 即可,如图 4-3 所示。采用全封闭深基坑降水时,还要考虑土层的性质和特点、含水层的特点、基坑深度、止水帷幕深度等多种因素。

以图 4-3 为例,如果降水范围内土层为同一类土,则建立全封闭基坑,基坑内降水总量计算公式为

$$Q = A \times (S + ir) \times \mu \tag{4-5}$$

式中,Q——基坑内降水总量;

A——基坑平面面积;

S——水位降低值;

i——降水的坡度,通常取 0.1;

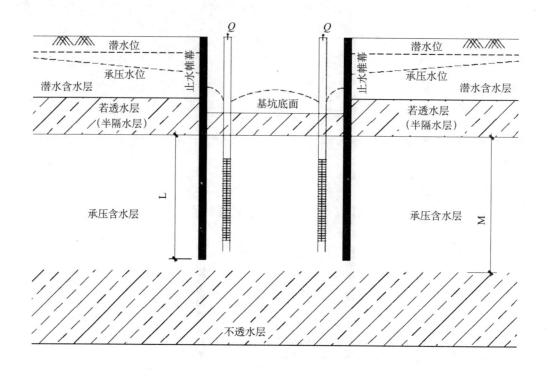

图 4-2 基坑半封闭降水

r——降水半径，可取 $r = \dfrac{x_0}{2}$；

μ——基坑内土体的给水度。

如果地下水位到降水井管端部有不同的土层，则计算降水量时要分层考虑每一土层给水量，将每一土层的给水量相加得到封闭基坑内的总降水量。同时，公式（4-5）建立的条件是未考虑雨期施工，如在雨期施工，还应该考虑雨期的降水量以及全封闭止水帷幕可能的漏水现象。

（二）计算实例

河南省某工程平面基坑面积约为 5400m²，采用 CSM 水泥土地下连续墙作为基坑止水帷幕。基坑内土层为中砂，已知土层渗透系数 $K=8.64\text{m/d}$，基坑深度 6m，地下水水位距离地面 1m，含水层厚度 8m，施工要求降水深度要达到基坑底面以下 1.6m，基坑内土层给水度为 0.1，试计算基坑内总降水量以及所需的井数。

解：按全封闭降水进行设计，计算简图如图 4-3：

$$S = 6 - 1.6 + 1 = 5.4\text{m}$$

$$X_0 = \sqrt{\dfrac{A}{\pi}} = \sqrt{\dfrac{5400}{3.14}} = 41.5\text{m}$$

$$r = \dfrac{1}{2}X_0 = \dfrac{1}{2} \times 41.5 = 20.8\text{m}$$

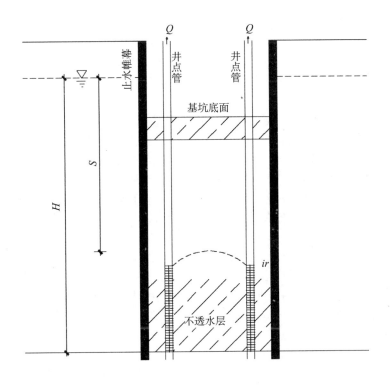

图 4-3　全封闭降水计算简图

$$Q = A \times (S \times ir) \times \mu = 5400 \times (5.4 + 0.1 \times 20.8) \times 0.1 = 4039.2 \text{m}^2$$

采用的管井过滤半径为 0.2m，过滤器进水部分长度为 1.5m。

单个管井的抽水量为：

$$q = 120\pi rl \sqrt[3]{K} = 120 \times 3.14 \times 0.2 \times 1.5 \times \sqrt[3]{8.64} = 232 \text{m}^3/\text{d}$$

如果在施工前 3 天开始降水，则：

$$N = 1.1 \times \frac{Q}{q} = 1.1 \times \frac{4039.2}{231.9 \times 3} = 5.63，取 n = 6，需要 6 口降水管井。$$

在考虑其他技术经济条件的情况下，施工过程中还可以根据基坑的实际尺寸选定管距，调整降水半径，重新计算降水量。通过综合技术经济对比，选择最优的管井数量与布置方式。如果工程所在地基坑下有承压水层存在，基坑开挖后将会降低含水层上部荷载，承压水的水头压力就有可能造成基坑底板突涌。所以当基坑下存在承压水层时，还应对基坑底板的承压稳定性进行验算。

六、降水井施工

降水井施工前应依据基坑降水设计内容，收集相关的岩土工程及水文地质勘察报告、基坑支护设计等资料，对场地水文地质条件做全面了解。同时，应按降水设计要求组织施工队伍、筹措成井设备及材料。开工前施工场地应做到通水、通电、通路和平整场地，并应满足设备、设施就位和进出场地等基本条件。成井施工过程中若发现水文地质条件与降水设计不符时，应及时通知勘察与设计部门，共同协商解决。不得在开挖深度大于下部承压含水层水头埋深的基坑内，施工承压含水层的降压井或观测井。成井施工应填写成井施工记录表。

降水井应按设计图纸尺寸放点定位，井位应避开支撑（承）柱、工程桩、基础梁、承台、内隔墙、结构柱、栈桥等支护、结构构件，否则应适当调整井位。应根据地质条件、技术要求、设备及施工条件等因素，确定钻进方法及选用钻具。

开孔前，井口应安设护口管。井孔开孔段应保持圆整、垂直及稳固。成孔钻进应全程采用泥浆护壁，井孔内泥浆液面高度应始终高于地下水位。若泥浆严重漏失，应将钻具迅速提升至地面，并及时查明原因。成孔过程中，孔内泥浆比重应不大于1.15，并应及时测试泥浆比重。

一级基坑降水工程成井验收，应由监理、降水设计、总包及降水施工单位共同参与完成。二、三级基坑降水工程成井验收，应由监理、总包及降水施工单位共同参与完成。应按技术规程的要求填写成井验收记录表，其中成井质量应符合下列规定：

（1）井位偏差应不大于4.0m；
（2）成孔直径应不小于设计值；
（3）井孔及井管垂直度偏差不大于1%；
（4）成井深度应不小于设计值，且不超过设计井深0.5m；
（5）洗井后井口出水的泥砂含量应小于0.1‰（体积比）；
（6）井底沉渣厚度应不大于100mm。当井深大于20m，井底沉渣厚度不大于井深的5‰。

成井验收时，降水施工单位应提交以下资料：

（1）成井施工记录表；
（2）试抽水记录表；
（3）设计变更洽商处理意见。

七、适用范围与应用前景

基坑施工封闭降水技术主要适用于地下水位较高的所有非岩石地层的基坑工程。目前我国城市建设正向超高层建筑以及地下空间迅速发展，随之而来的深基坑施工也带来一系列问题。尤其是深基坑施工过程中降水带来的水资源浪费，以及由此引起的建筑物沉降，都成为了焦点问题。在某些超高层建筑施工中，从基坑开挖到结构施工满足抗浮验算，整个抽水周期甚至超过一年，如不采取措施，将造成巨大的水资源浪费。基坑封闭降水技术可以有效的阻止地下水向基坑内部渗流，再抽取开挖范围内的少量地下水，可以大大减少地下水的浪费，进而也可以减轻因城市地下开发而抽取地下水带来的危害。北京现已设立相关法规，推行限制降水技术。

八、社会效益与经济效益

随着我国经济的飞速发展，每年新建的建筑工程项目大幅度增加，城市建筑除了向密集化、高层化发展之外，地下空间结构也迅速发展，随之而来的就是施工过程中水资源的大量浪费，严重影响着城市生态环境系统。而对水资源的需求却是随着社会经济发展而不断增加，已经远远超过水资源供给的承载能力。同时，由于水资源的短缺以及我国普遍存在的地下水超采现象已经造成了生态环境方面的诸多问题，如地面沉降、河道与井水干涸、植被退化、生态环境破坏等，城市生态圈水资源问题的解决已经到了迫在眉睫的程度。基坑封闭降水技术的大范围应用，能够减少施工过程中对地下水的过度开采，也能够缓解城市地下水资源匮乏的现象。

第三节　预拌砂浆技术

一、基本概念

砂浆（Mortar）按照应用形式可以分为预拌砂浆（商品砂浆）与现场拌合砂浆两类；按照所用胶凝材料可以分为水泥类、石膏类、石灰类、水玻璃类和磷酸盐类；按照使用功能大致分为结构性砂浆、功能性砂浆与装饰性砂浆，其中结构性砂浆用于砌筑、抹灰、黏结、锚固、界面处理、非承重构件等，可以按照抗压强度分为不同的强度标号；功能性砂浆可以用于保温、防火、防水、修补等；装饰性砂浆可以用于外墙、内墙、地面等；按照施工方法又可以分为手工镘抹和机械喷涂等。

随着建筑业技术进步和文明施工要求的提高，现场拌制砂浆日益显示出其固有的缺陷，如砂浆质量不稳定、材料浪费大、砂浆品种单一、文明施工程度低以及污染环境等。因此，取消现场拌制砂浆，采用工业化生产的预拌砂浆势在必行，它是保证建筑工程质量、提高建筑施工现代化水平、实现资源综合利用、减少城市污染、改善大气环境、发展散装水泥、实现可持续发展的一项重要举措。

预拌砂浆技术始于20世纪50年代初，由欧洲国家研制成功，并开始大量生产使用预拌砂浆，至今已有60多年的发展历史。我国从20世纪90年代开始研究应用预拌砂浆这一新型建筑材料，预拌砂浆技术目前已经比较成熟，而且在各级政府部门的积极推动下，预拌砂浆生产厂在我国蓬勃发展，已形成一定的规模。我国东部沿海发达地区对这一技术应用较广，发展较快。同时，随着城市空气污染的日益加重，国内许多城市也在逐步禁止现场搅拌砂浆，预拌砂浆的使用也越来越广泛。

预拌砂浆（Pre-mixed mortar）系指由专业生产厂家在工厂进行配料和混合而生产的砂浆，用于一般工业与民用建筑工程的各种砂浆拌合物。砂浆可以是"干拌的"，使用前只需要加水混合即可，或者是"湿拌的"，供应后可以立即使用。因此，预拌砂浆可分为干混砂浆和湿拌砂浆，根据使用用途还可以分为多种类型。

（一）干混砂浆（Dry-mixed mortar）

干混砂浆又称砂浆干拌料或砂浆干混料，指的是由专业生产厂家生产、经干燥筛分处理的细集料与无机胶凝材料、矿物掺合料和外加剂按一定比例混合而成的一种颗粒状或粉状混合物，在施工现场加水搅拌即成为砂浆拌合物。干拌砂浆的包装形式可分为散装或袋装。干混砂浆还包括水泥砂浆和石膏砂浆。

（二）湿拌砂浆（Wet-mixed mortar）

湿拌砂浆即预拌湿砂浆，指的是由水泥、砂、水、保水增稠材料、粉煤灰或其他矿物掺合料以及外加剂等成分按一定比例，经计量、拌制后，用搅拌输送车运至施工现场妥善存储，并在规定时间内使用完毕的砂浆拌合物，包括砌筑、抹灰和地面砂浆等。

（三）普通预拌砂浆（Ordinary pre-mixed mortar）

普通预拌砂浆指的是预拌砌筑砂浆、预拌抹灰砂浆和预拌地面砂浆的统称，可以是干拌砂浆，也可以是湿拌砂浆。预拌砂浆技术规程中的预拌砂浆即指普通预拌砂浆。

（四）特种预拌砂浆（Special pre-mixed mortar）

特种预拌砂浆指的是具有抗渗、抗裂、高黏结和装饰等特殊功能的预拌砂浆，包括预拌防水砂浆、预拌耐磨砂浆、预拌自流平砂浆、预拌保温砂浆等。

预拌砂浆在制备过程中通常还要加入特种预拌砂浆（Special ready-mixed mortar），是一种用于改善预拌砂浆和易性的非石灰型粉状材料。

二、预拌砂浆分类及特点

预拌砂浆的主要可以分为湿拌砂浆、干混普通砂浆、干混特种砂浆等几个大类。
（1）湿拌砂浆分类与代号见表 4-1。

表 4-1 湿拌砂浆分类与代号

分类 品种与代号	湿拌砌筑砂浆 WM	湿拌抹灰砂浆 WP	湿拌地面砂浆 WS	湿拌防水砂浆 WW
强度等级	M5、M7.5、M10、M15、M20、M25、M30	M7.5、M10、M15、M20	M15、M20、M25	M10、M15、M20
稠度	50、70、90	70、90、110	50	50、70、90
凝结时间	≥8、≥12、≥24	≥8、≥12、≥24	≥4、≥8	≥8、≥12、≥24
抗渗等级	—	—	—	P6、P8、P10

（2）干混普通砂浆分类与代号见表 4-2。

表 4-2 干混普通砂浆分类与代号

分类品种与代号	干混砌筑砂浆 DM		干混抹灰砂浆 DP		干混地面砂浆	干混普通防水砂浆
	普通砌筑砂浆	薄层砌筑砂浆	普通抹灰砂浆	薄层抹灰砂浆	DS	DW
强度等级	M5、M7.5、M10、M15、M20、M25、M30	M5、M7.5、M10	M7.5、M10、M15、M20	M5、M7.5、M10	M15、M20、M25	M10、M15、M20
抗渗等级	—	—	—	—	—	P6、P8、P10

（3）干混特种砂浆分类与代号见表 4-3。

表 4-3 干混特种砂浆分类与代号

品种	代号	分类依据项目	分类	参照标准
保温板黏结砂浆	DEA	黏结对象	对应保温材料	DB11/T 584—2013 DB11/T 1081—2014
保温板抹面砂浆	DBI	施抹对象	对应保温材料	DB11/T 584—2013 DB11/T 1081—2014
无机轻集料保温砂浆	DTI	型号	Ⅰ、Ⅱ	JGJ 253—2011
胶粉聚苯颗粒保温浆料	DBE	—	—	DB11/T 463—2012
界面处理砂浆	DIT	处理对象	对应基层材料	GB/T 25181—2010
墙体饰面砂浆	DRP	施工部位	室外—F；室内—I	JC/T 1024—2007
陶瓷砖黏结砂浆	DTA	—	—	JC/T 547—2017
陶瓷砖填缝砂浆	DTG	—	—	JC/T 1004—2006
聚合物水泥防水砂浆	DWS	组分	单组份—S； 双组份—D	JC/T 984—2011
地面用水泥基自流平砂浆	DSL	抗压强度等级	C16、C20、C25、C30、C35、C40	JC/T 985—2017
地面用水泥基自流平砂浆	DSL	抗折强度等级	F4、F6、F7、F10	JC/T 985—2017
耐磨地坪砂浆	DFH	—	—	GB/T 25181—2010
无收缩灌浆砂浆	DGR	流动度	Ⅰ、Ⅱ、Ⅲ、Ⅳ	GB/T 50448—2015
加气混凝土砌筑砂浆	DAA	—	—	JC 890—2017
加气混凝土抹面砂浆	DCA	—	—	JC 890—2017
黏结石膏	DGA	凝结时间	快凝型—R、 普通型—G	JC/T 1025—2007
抹灰石膏	DGP	使用部位	面层—F、底层—B、 保温层—T	GB/T 28627—2012

（4）预拌砂浆的特点，预拌砂浆与传统配制的砂浆比较具有以下特点：

① 产品种类多：可按不同需求提供不同品种不同强度等级的预拌砂浆，以满足建筑工地的不同要求；

② 性能好：具有抗收缩、抗裂性好、防潮等特性；

③ 产品质量稳定：预拌砂浆是专业生产厂家严格按配合比例配制而成，均匀性好，使工程质量得到有效的保证；

④ 容易保管：专用设备储存，不怕风吹雨淋，不易失效变质；

⑤ 使用方便：按下按钮后，自动加水、自动搅拌即拌即用；

⑥ 健康环保：预拌砂浆使用环保生态材料生产，无环境污染；

⑦ 节能舒适：使用预拌保温砂浆的房子，节能效果好；

⑧ 经济性佳：使用预拌砂浆，更经济、原材料利用率高。

三、干混砂浆的运输

（一）散装干混砂浆的运输方式

（1）在工厂以散装方式将干混砂浆装入干混砂浆散装移动筒仓，然后由背罐车将装载干混砂浆的筒仓背到工地，直接立于工地指定位置。

（2）在工厂以散装方式将干混砂浆装入散装干混砂浆运输车并运到工地后，通过散装干混砂浆运输车自身携带的压缩空气系统，将车内散装干混砂浆气力输送到预先立于工地的移动筒仓内。

（3）散装干混砂浆在运输过程中应该对运输车辆经过的施工现场路面进行硬化，以减轻扬尘对周边环境的影响。

（二）干混砂浆散装移动筒仓基础的要求

（1）位置应便于移动筒仓的安装、进料、出料；

（2）筒仓如果采用钢筋混凝土基础，则基础规格不小于 3000mm×3000mm×250mm、混凝土强度等级应在 C25 以上，面层平整度误差不大于 4mm；

（3）筒仓钢筋混凝土基础下的持力层应坚实可靠，且离边坡的距离要在 1.5m 以上。

（三）散装干混砂浆运输车向移动筒仓内气送干混砂浆时的要求

（1）移动筒仓的出气管应与收尘设施相连，防止产生粉尘污染；

（2）吹气气压宜控制在 0.12～0.15MPa 之间；

（3）散装干混砂浆在移动筒仓内的储存时间应符合《预拌砂浆》（GB/T 25181—2010）的相关规定。

（四）干混砂浆散装移动筒仓的规定

（1）应符合现行行业标准《干混砂浆散装移动筒仓》（SB/T 10461—2008）的有关规定；

（2）应具有防离析构造；

（3）应有破拱装置；

（4）配置的连续混浆机的混浆效果应满足使用要求；

（5）筒仓进料时排放的废气中的粉尘含量应符合《中华人民共和国大气污染物防治法》及相关环保标准要求。

袋装材料可由卡车运往施工现场，袋装干混砂浆的装卸及储存应符合《预拌砂浆》（GB/T 25181—2010）的相关规定。施工中涉及的各种运输车均应满足工程所在地的机动车大气污染物排放标准的要求。

四、预拌砂浆的施工应用及质量控制

预拌砂浆的品种、分类、性能指标应符合设计和《预拌砂浆应用技术规程》（JGJ/T 223—2010）的要求，并具有在有效期内的检测报告以及产品合格证。供货方应按规定批次向需方提供质量证明文件，其中湿拌砂浆应包括出厂运输单及 28 天产品性能检验报告等，干混砂浆应包括产品型式检验报告和出厂检验报告等。

散装干混普通砌筑砂浆、普通抹灰砂浆、普通地面砂浆应采用《预拌砂浆应用技术规程》（JGJ/T 223—2010）中规定的散装物流设备进行储存、运输。预拌砂浆进场应按以下要求进行检验：

（1）应对预拌砂浆进行外观检验，检验的内容有湿拌砂浆外观是否均匀，砂浆是否有离析、泌水现象；袋装干混砂浆外包装是否完整，有无受潮现象；散装干混砂浆外观是否均匀，有无受潮、结块现象；

（2）湿拌砂浆应进行稠度检验，检验结果应符合设计或合同要求，且允许偏差不超过表4-4的规定。

表4-4 湿拌砂浆稠度允许偏差

规定稠度/mm	允许偏差/mm
50、70、90	±10
110	+5 −10

1. 湿拌砂浆的储存规定

（1）施工现场应配备专用的砂浆储存容器，储存容器应达到密闭、不吸水的要求；存取过程中应有防雨措施，同时还应采取遮阳、保温措施；容器数量和容量要满足砂浆品种、供货量要求；

（2）砂浆应先存先用，不同品种、强度等级的湿拌砂浆应分别储存在不同的储存容器内，并应对储存容器进行标识，标识内容包括砂浆品种、强度等级、使用期限等。

（3）湿拌砂浆在储存和使用过程中不应加水，使用时如发现有少量泌水，应拌合均匀后使用，砂浆用完应立即清理其储存容器；

（4）湿拌砂浆的有效期为砂浆的凝结时间（自加水搅拌算起），超过凝结时间不得加水拌和后再用。

2. 干混砂浆的储存规定

（1）袋装干混砂浆应按品种、批号分别堆放，不得混堆混用，且应先存先用，储存地点应满足干燥、通风、不受雨淋等条件。配套组分中的有机类材料应放置在阴凉、干燥、通风、远离火或热源的场所，不应露天存放和暴晒。

（2）散装干混砂浆应储存在散装移动筒仓中，并对筒仓进行标识，不同品种砂浆应分别储存，不得混存混用。更换砂浆品种时，筒仓应清空，不得残留。

（3）在正常保管条件下，储存在散装移动筒仓中的散装干混砂浆以及袋装干混砌筑砂浆、抹灰砂浆、地面砂浆、普通防水砂浆、自流平砂浆的保质期自生产日起为3个月，其余袋装砂浆保质期为6个月。

（4）散装干混砂浆在储存和使用过程中，如对砂浆的均匀性有疑问或争议，应按《预拌砂浆应用技术规程》（JGJ/T 223—2010）中的规定检验其均匀度。

3. 干混砂浆的拌和规定

（1）干混砂浆拌和时应按使用说明书的要求加水或配套组分。

（2）干混砂浆应采用机械搅拌。采用连续式搅拌器搅拌时，应根据干混砂浆粉料的流量和拌和物实际稠度及时调整用水量，使砂浆稠度符合规定要求；采用手持式电动搅拌器搅拌时，应先在容器中加入规定的水或配套液体，再加入干混砂浆搅拌，搅拌时间宜一般为3～5min，并按使用说明书要求在静停后再次搅拌后备用。搅拌结束后，应及时清洗搅拌设备以防损坏。

（3）砂浆拌和物出现少量泌水时，应拌和均匀后再使用。

(4) 砂浆拌合物应在可操作时间内用完。

在施工过程中，不同类型的工程有其相应的特殊要求，应按对应工程技术标准或质量验收标准要求对砂浆指定性能进行现场检验，检验结果应符合标准要求。施工时，预拌砂浆所附着的基层应坚固、洁净，并根据产品使用说明决定是否对基层进行处理。干混砂浆拌和用水量应符合国家现行标准《混凝土用水标准》（JGJ 63—2006）的有关规定；干混砂浆施工时，应参照产品使用说明中规定的用水量进行拌和。施工完成后应按产品使用说明要求进行必要的养护。

五、砌筑砂浆

普通砌筑砂浆适用于砌筑灰缝厚度不小于 5mm 的砌筑，薄层砌筑砂浆适用于灰缝厚度不大于 5mm 的砌筑。

烧结砖、轻集料空心砌块、普通混凝土空心砌块等的普通砌筑时宜选用普通砌筑砂浆，薄层砌筑时宜选用薄层砌筑砂浆。

用于承重结构的混凝土小型空心砌块的砌筑砂浆强度等级不应低于 M7.5。

室内地坪以下及潮湿环境，砌筑砂浆强度等级不应低于 M10。用于基础墙防潮层的砌筑砂浆，应满足设计的抗渗要求。

1. 砌筑砂浆施工技术要点

(1) 砌筑砂浆施工时，加气混凝土砌块、轻集料砌块、普通混凝土空心砌块的产品龄期均应超过 28d；

(2) 砌筑时，砌块表面不得有明水；

(3) 常温下的日砌筑高度宜控制在 1.5m 或一步脚手架高度内；

(4) 竖向灰缝应采用加浆法或挤浆法使其饱满，不应先干砌后灌缝；

(5) 当砌体上的砖或砌块被撞动或需移动时，应将原有砂浆清除再铺浆砌筑。

湿拌砌筑砂浆的稠度宜按表 4-5 选用。

表 4-5 湿拌砌筑砂浆的稠度选择

砌材种类	砂浆稠度/mm
烧结普通砖 粉煤灰砖	70～90
混凝土多孔砖、实心砖 普通混凝土小型空心砌块 蒸压灰砂砖 蒸压粉煤灰砖	50～70
烧结多孔砖、空心砖 轻骨料混凝土小型空心砌块 蒸压加气混凝土砌块	60～80
石	50

2. 砌筑砂浆施工质量控制要点

(1) 进行砌筑施工时，确保砌块已达到规定的陈化时间；

(2) 灰缝不得出现明缝、瞎缝和假缝，水平灰缝的砂浆饱满度不得低于 90%，竖向灰缝砂浆饱满度不得低于80%。

砌筑砂浆质量验收应符合《预拌砂浆应用技术规程》(JGJ/T 223—2010)的规定。

六、抹灰砂浆

普通抹灰砂浆适用于一次性抹灰厚度在5~10mm内的混凝土和砌体的抹灰工程,薄层抹灰砂浆宜适用于砂浆厚度不大于5mm的抹灰。

普通混凝土、烧结砖、轻集料空心砌块、普通混凝土空心砌块等基层的普通抹灰宜选用普通抹灰砂浆,薄层抹灰时宜选用薄层抹灰砂浆。

1. 抹灰砂浆施工技术要点

(1) 抹灰工程应在砌筑工程施工完毕至少7d并经验收合格后方可进行。

(2) 抹灰砂浆抹灰前,应根据基层情况进行界面处理。

(3) 抹灰应分层进行,每遍抹灰厚度不宜超过10mm,后道抹灰应在前道抹灰施工完毕约24h后进行;如果抹灰层总厚度大于35mm,或者在不同材质的基层交接处,应采用增强网做加强处理。

(4) 顶棚抹灰总厚度不宜大于8mm,宜采用薄层抹灰找平,不应反复擀压。

(5) 当抹灰层有防水、防潮要求时,应采用防水砂浆进行抹灰。

机喷抹灰砂浆施工应用技术宜按照《机械喷涂抹灰施工规程》(JGJ/T 105—2011)规定进行。湿拌抹灰砂浆的稠度根据施工要求,可参照表4-6选用。

表4-6 湿拌抹灰砂浆的稠度

抹灰部位(厚度)	稠度/mm
底部	90~110
中层	70~90
面层	70~80
薄层	70

2. 抹灰砂浆质量控制要点

(1) 抹灰层应密实,应无脱层、空鼓,面层应无起砂、爆灰和裂缝。

(2) 室外抹灰砂浆层应在达到28d龄期时,依据《抹灰砂浆技术规程》(JGJ/T 220—2010)的规定进行实体拉伸黏结强度检验。

(3) 抹灰砂浆平均总厚度应符合设计规定,如设计无规定时,在参照执行《建筑装饰装修工程质量验收规范》(GB 50210—2001)的规定时,可适当减小厚度。抹灰砂浆质量验收应符合《预拌砂浆应用技术规程》(JGJ/T 223—2010)的规定。

七、地面砂浆

地面砂浆适用于地面工程及屋面找平工程。

地面砂浆施工技术要点:

(1) 基层表面应密实,不应有起砂、蜂窝和裂缝。

(2) 有防水要求的建筑地面工程,施工前应对立管、套管和地漏与楼板节点之间进行密封处理。

（3）地面砂浆对光滑基面应划（凿）毛或采用其他界面处理措施；面层的抹平和压光应在砂浆凝结前完成；在硬化初期不得上人。

（4）地面砂浆面层应密实，无空鼓、起砂、裂纹、麻面、脱皮等现象。

（5）地面砂浆质量验收应符合《预拌砂浆应用技术规程》(JGJ/T 223—2010)的规定。

八、防水砂浆

防水砂浆分为干混普通防水砂浆、湿拌普通防水砂浆和聚合物水泥防水砂浆，当抗渗等级要求大于P10时，应选用聚合物防水砂浆。防水砂浆施工前，应将节点部位、相关的设备预埋件和管线安装固定好，验收合格后方可进行防水砂浆施工。

1. 防水砂浆施工技术要点

（1）防水砂浆防水层的基层强度：混凝土强度等级不应低于C20，水泥砂浆强度等级不应低于M10。

（2）防水砂浆宜用于迎水面防水。

（3）防水砂浆施工前，应清除基层的疏松层、油污、灰尘等杂物，光滑表面宜打毛。基面应用水冲洗干净，充分湿润，无明水。

（4）基层涂抹防水砂浆前，应根据需要对基层进行界面处理。界面处理剂涂刷后，应在规定的时间内及时涂抹防水砂浆。

（5）防水砂浆应分层进行施工，干混防水砂浆和湿拌防水砂浆每层铺设厚度不宜超过8mm，聚合物防水砂浆每层厚度不易超过3mm；铺设后一层时应待前一层凝结后进行，各层应黏结牢固。

（6）每层宜保持连续施工，当施工过程中必须留茬时，应采用阶梯坡形茬，以增强新旧界面的咬合力，接茬部位离阴阳角不得小于200mm，上下层接茬应错开300mm以上。接茬应依层次顺序操作，层层搭接紧密。

（7）抹平、压实应在凝结前完成。聚合物水泥防水砂浆凝结后应进行养护，期间不得洒水、防止砂浆受冻。

2. 防水砂浆质量控制要点

（1）涂抹时应压实、抹平。如遇气泡应挑破压实，保证铺抹密实。

（2）防水砂浆做防水层时表面应平整、坚固，无裂缝、起皮、起砂等缺陷，与基层黏结应牢固，无空鼓等现象。

（3）防水砂浆防水层的排水坡度应符合设计要求，不得有积水。

（4）防水砂浆防水层的最小厚度不得小于设计厚度的80%，平均厚度不得小于设计规定的厚度。

（5）防水工程竣工验收后，严禁在防水层上凿孔打洞。

防水砂浆质量验收应符合《预拌砂浆应用技术规程》(JGJ/T 223—2010)的规定。

九、保温板黏结砂浆、保温板抹面砂浆

保温板黏结砂浆主要用于墙体保温工程中有机保温板，如模塑聚苯板、硬泡聚氨酯

板、挤塑聚苯板、硬质酚醛树脂泡沫板等,以及无机保温板如岩棉板、泡沫陶瓷板、泡沫玻璃板、发泡水泥板等与基层的黏结。保温板抹面砂浆适用于墙体保温工程中上述保温板的抹面防护。

保温板黏结砂浆、保温板抹面砂浆施工技术要点按照《保温板薄抹灰外墙外保温施工技术规程》(DB11/T 584—2013)和《岩棉外墙外保温工程施工技术规程》(DB11/T 1081—2014)等的相关要求实施。

1. 保温板黏结砂浆、保温板抹面砂浆质量控制要点

(1) 在新建工程中,保温板黏结砂浆与墙体基层现场检测拉伸黏结强度不低于 0.3 MPa。

(2) 在非承重轻质墙体上施工或在既有建筑节能改造中,在正式施工前,应在与监理共同确定工程墙体基面上采用与施工方案相同材料和工艺制做样板件,检验保温板黏结砂浆与墙体基面拉伸黏结强度,验收合格后方可施工。并根据实测黏结强度,计算确定工程施工方案的黏结面积率。黏结面积率最高不大于 80%,最低除酚醛板不小于 50% 外,其余保温板不小于 40%。如黏结面积率达到 80% 时仍不能满足要求,应结合实测锚栓抗拉承载力设计特定的黏结方案。

$$F = B \cdot S \geqslant 0.1 \text{N/mm}^2 \tag{4-6}$$

式中,F——外保温系统与基层墙体单位面积实际黏结强度,N/mm^2;

B——基层墙体与所用保温板黏结砂浆的实测黏结强度,N/mm^2;

S——黏结面积率。

(3) 当保温板采用硬泡聚氨酯板、挤塑聚苯板或酚醛泡沫板时,应使用配套的界面剂或界面处理砂浆对保温板进行预处理。当保温板采用岩棉板时,宜用配套的界面砂浆对表面做覆面处理。

(4) 保温板黏结可选择点框法或条黏法,基面平整度较差时宜选用点框法,黏结面积率应不小于施工方案的规定。采用"点框法"黏结保温板时,应根据待黏结基面的平整度和垂直度调整保温板黏结砂浆的用量,黏结面积率不得低于设计要求或相关标准规定。

(5) 粘板时应轻柔均匀挤压板面,随时用托线板检查平整度。每粘完一块板,用 2m 靠尺将相邻板面拍平,及时清除板边缘挤出的胶黏剂,保证保温板间靠紧挤严,无"碰头灰",缝宽超出 2mm 时应用相应厚度的保温板片或发泡聚氨酯填塞。

(6) 保温板黏结完 24h 后宜进行抹灰施工,且必须经检查验收合格后方可进行。如采用乳液型界面剂,应在表干后、实干前进行。

(7) 保温板抹面砂浆施工时宜分底层和面层两次连续施工,层间可铺设增强网,不应留时间间隔。当采用单层玻纤网增强做法时,底层抹面胶浆应均匀涂抹于板面,面胶厚度为 2~3mm,同时在有翻包网的部位将翻包玻纤网压入抹面砂浆中。在抹面砂浆初凝前,将玻纤网贴于抹面砂浆上。在底层抹面砂浆凝结前应用抹面砂浆罩面,厚度 1~2mm,以仅覆盖玻纤网、微见玻纤网轮廓为宜。抹面砂浆表面应平整,玻纤网不得外露。抹面砂浆总厚度应控制在 3~5mm,增强网在保温板抹面砂浆中宜居中间偏外约 1/3 的位置,当采用钢丝网增强做法时,底层抹面砂浆和面层抹面砂浆总厚度宜控制在 7~11mm,施工完毕时应检查,钢丝网不得外露。

(8) 对于首层与其他需加强部位,应按规范要求在抹面层抹面砂浆,再涂抹抹面砂

浆并加铺一层玻纤网，最后再抹一道抹面砂浆，网间距应为 1～2mm，不得出现"干搭接"，抹面砂浆总厚度应控制在 5～7mm；

（9）在施工过程中，保温板黏结砂浆应按《建筑节能工程施工质量验收规范》（GB 50411—2007）要求做保温板材与基层的拉伸黏结强度现场检验并达到设计要求。

同时，保温板黏结砂浆、抹面砂浆的质量验收应符合《建筑节能工程施工质量验收规范》（GB 50411—2007）和《外墙外保温工程技术规程》（JGJ 144—2004）的规定。

十、加气混凝土砌筑砂浆和抹面砂浆

加气混凝土砌块砌筑时使用加气混凝土砌筑砂浆，加气混凝土抹面砂浆适用于加气混凝土基层的抹灰。

加气混凝土的砌筑灰缝厚度小于 5mm 时，宜使用加气混凝土薄层砌筑砂浆；加气混凝土基层的抹灰厚度不大于 5mm 时，宜使用加气混凝土薄层抹灰砂浆。

加气混凝土砌筑砂浆和抹面砂浆施工时的技术要点有：

（1）使用加气混凝土砌筑砂浆和抹面砂浆进行施工时，加气混凝土砌块事先可不做淋水处理。

（2）进行加气混凝土薄层砌筑时，应用灰刀将浆料均匀地涂抹于砌块表面，再进行砌筑。

（3）进行抹灰前，应把墙面上的灰尘、油渍、污垢和残留物等清理干净，应把基底上的凹凸部分和洞口处理平整、牢固。

（4）加气混凝土抹面砂浆施工厚度在 5～30mm 调节，具体厚度可以根据墙体平整度来确定。抹灰前应先按要求挂线、粘灰饼等，灰饼间距不宜超过 2m。每次抹灰厚度应控制在 8mm 左右，如果抹灰层总厚度大于 10mm，则应分次抹灰，每次抹灰间隔时间不得少于 24h。

（5）进行加气混凝土砌块薄层抹灰时，一般要求顺抹，不应来回揉搓。

加气混凝土砌筑砂浆和抹面砂浆质量控制要点：

（1）砌筑施工前，应对加气混凝土砌块进行陈化，陈化时间不得少于 28d；

（2）加气混凝土砌块施工时，砌块表面不得有明水；

（3）一般需要在砌筑且抹灰完成 7d 后，再进行后续施工。

（4）加气混凝土砌筑砂浆和抹面砂浆的质量验收应符合《砌体结构工程施工质量验收规范》（GB 50203—2011）的规定。

第四节　外墙自保温体系施工技术

一、国内外发展概述

改革开放之后，我国经济建设飞速发展，我国建筑行业尤其是房地产进入了繁荣时期。随着我国建筑行业的高速发展，我国建筑业的一些问题开始凸显出来，如建筑能耗过大，增长虽快但能源浪费严重。这些问题严重地影响了我国实施创建节能型可持续发展社会的计划，为了能够实现节能减排的目标，我国提出了走新型工业化道路，建立资源节约和环境友好型社会的发展战略。在这一特定的发展背景下，我国要走可持续发展道路、实现经济增长点的转型，循环经济以及绿色建筑就成为实现这一战略目标的途径之一。

外墙自保温体系是墙体自身的材料具备节能阻热的功能，能够将维护结构和保温隔热功能合二为一，不需要再附加其他保温隔热材料，在满足建筑维护要求的同时又能满足隔热与节能的要求。我国绝大部分地区都适合使用外墙自保温体系，因此，近年来外墙自保温越来越受到重视。在建筑设计中，只要窗墙面积比和窗地面积比适当，建筑朝向为南北向，采用外墙自保温隔热的设计，一般都能满足我国绝大部分地区的节能标准。外墙自保温体系构造简单、目前技术也趋于成熟、能够节省大量的工料，同其他类型的外墙保温系统相比，无论从技术复杂程度还是从价格上都具有明显的优势。

二、外墙自保温体系的分类

外墙自保温体系主要可以分为砌体自保温、复合自保温和蒸压加气混凝土砌块保温三种体系。

1. 砌体自保温

砌体自保温技术是利用当地江河湖泊内的淤泥及粉煤灰等资源烧结成为节能砖和轻质砂浆后进行砌筑的施工技术。淤泥是一种分布较广、储量非常丰富的原料，且其烧制的砌体与优质的黏土一样。最新研制的烧结轻质节能砖不仅具有良好的力学性能和耐久、耐火及耐冲击性，并且还具有良好的热工性能。同时由于烧结轻质节能砖具有一定数量的有形孔和丰富的微型孔，其特点恰好可改善和提高居住环境内的热环境，并且可以提高和改善声环境、湿环境，即具有良好的"呼吸功能"，并且其在烧制过程中利用了淤泥中的有机质，因此降低了制砖过程中的能耗，在一定程度上保护了环境。

2. 复合自保温

新型复合自保温砌块是由主体砌块、外保温层、保温芯料、保护层及保温连接柱销组成。主体砌块的内、外壁间及主体砌块与保护层间是通过"L形T形点状连接肋"和"贯穿保温层的点状柱销"组合为整体的，在柱销中设置有钢丝。在确保安全的前提下最大限度的降低冷桥效应，具有极其优异的保温性能。

3. 蒸压加气混凝土砌块保温

蒸压加气混凝土砌块是在钙质材料（如水泥、石灰）和硅质材料（如砂子、粉煤灰、矿渣）的配料中加入铝粉作加气剂，经加水搅拌、浇筑成型、气膨胀、预养切割，再经高压蒸汽养护而成的多孔硅酸盐砌块。

加气剂又称为发气剂，是制造加气混凝土的关键材料。加气剂大多选用脱脂铝粉，掺入浆料中的铝粉，在碱性条件下产生化学反应，铝粉极细，产生的氢气形成许多小气泡，保留在迅速凝固的混凝土中。这些大量均匀分布的小气泡，使加气混凝土砌块具有许多优良的特性。

蒸压加气混凝土砌块作为一种性能优越的节能环保材料，具有保温隔热功能好、强度高、施工效率高、生产能耗低、墙体管线埋设牢固可靠、原材料来源广泛易取得等优点，尤其是作为自保温外墙能够满足寒冷地区65％的节能要求，使其发展成为新型墙体材料的重要种类之一，在各种建筑工程中应用广泛。

三、外墙自保温系统

(一) 外墙自保温材料

1. 砌块类材料

目前自保温砌块类产品主要有各种加气混凝土砌块、烧结多孔砖、混凝土多孔砖、蒸压砖等。其中以加气混凝土砌块使用最为广泛,加气混凝土是含硅材料(如砂、粉煤灰、尾矿粉等)和钙质材料(如水泥、石灰等)加水并加入适量的发气剂和其他外加剂,经过混合搅拌、浇筑发泡、坯体静停与切割后,再经蒸压或常压蒸汽养护制成,根据添加的材料不同又分为砂加气混凝土和粉煤灰加气混凝土等。加气混凝土在我国已有近十多年的发展历史,加气混凝土砌块具有优良的产品性能。其物理力学性能使建筑物具有极佳的节能效果,同时,准确的外观尺寸为科学的应用提供了良好施工条件,从而更加突显了加气混凝土砌块的优越性。

2. 墙板类材料

我国对墙板保温材料的研究始于20世纪60年代,并在北方地区建成了试验线,利用这些试验线,生产了大批的墙板,并建成了一些试验建筑。这种工厂预制、现场装配的墙板建筑,施工速度快、施工周期短,但由于受当时保温材料的限制,该类墙板在使用的工程中出现了不少问题,其中最主要的就是在北方寒冷的气候条件下,外墙的内表面结露严重,尤其是在楼板和墙体交接处,其内表面会发生霉变,严重的甚至出现结露成流水,严重影响了建筑的正常使用以及美观。针对这种情况,只能采取在板的内、外表面抹各种保温砂浆,但是这样的做法实际就丧失了墙板作为自保温体系的意义,成为了普通的外保温或内保温体系,在这种意义上来讲,墙板就不能归类到自保温材料了。但随着使用环境的变化、新材料的发展、节能技术的进步,以及其他学科的发展和技术进步在建筑上应用的新发展,墙板作为自保温体系在夏热冬冷地区还是有很大的应用前景的。

墙板由三部分组成,面板、龙骨和保温层。面板材料一般为具有良好的耐火、耐水性能,而且为轻质的薄板材(厚度一般为10~20mm),如各种纸面石膏板、各种纤维增强水泥板、AP板、纤维增强硅酸钙板等;保温材料一般多用具有优良的保温、吸声性能的无机纤维类材料,如矿棉、岩棉、玻璃棉、EPS塑料等;龙骨材料一般是墙体轻钢龙骨和石膏龙骨等。

(二) 主要技术内容

墙体自保温体系是指用蒸压假期混凝土、硅藻土保温砌体和陶粒增强加气砌块等制作的蒸压粉煤灰砖、陶粒砌块和蒸压加气混凝土砌块等为墙体材料,再结合节点保温构造措施的自保温体系,基本可以满足夏热冬冷地区和夏热冬暖地区节能50%的设计标准,增强建筑物在使用过程中的节能效果。

砌块的收缩性受空气中的湿度影响变化较大,这是由于砌块的多孔结构造成的,其干缩湿涨的现象较为明显。如果墙体产生这种现象,将会使得墙体产生各种裂缝,甚至造成砌体开裂。

针对以上常见的质量问题，一般从材料、施工以及设计等方面进行共同控制，针对不同的季节进行控制处理。

(1) 砌体在存放和运输过程中要做好防雨措施，使用中要选择相同强度等级的产品配套使用，同一工程中尽量不混用不同强度等级的产品。

(2) 砌筑砂浆宜选用黏结性能良好的专用砂浆，砂浆强度等级不应小于M5，同时砂浆中可以掺入塑化剂使其具有良好的保水性。在条件许可的情况下应使用专用的加气混凝土砌筑砂浆。

(3) 当墙体跨度或高度较大时应设置构造柱、构造梁。一般当墙体长度大于5m时，可在中间设置钢筋混凝土构造柱；当墙体高度大于3m（≥120mm厚墙）或4m（≥180mm厚墙）时，可在墙高中间部位设置钢筋混凝土腰梁。构造柱、构造梁可以有效的分割墙体，减少砌体因干缩产生的累加变形。

(4) 在砌体与墙柱相接处留设拉结筋可以有效消除主体结构和围护墙体之间由于温度变化产生的收缩裂缝，留设要求为：拉结筋竖向间距一般为500~600mm，压埋$2\varphi6$的钢筋，钢筋两端伸入墙内不小于800mm，同时每砌筑1.5m高时应采用$2\varphi6$通长钢筋拉结，可防止收缩变形拉裂墙体。

(5) 外墙墙面水平方向的凹凸部位如雨罩、窗台、出檐、线脚等应做泛水和滴水，以防止积水。

(6) 窗台与窗间墙交接处是应力集中部位，容易受砌体收缩影响产生裂缝。为了防止应力集中造成的砌体开裂，宜在窗台部位设置钢筋混凝土现浇带以抵抗变形。同时，在没有设置圈梁的门窗洞口上部的边角处也容易发生裂缝和空鼓现象，宜设置圈梁来替代过梁以增加结构的整体性。墙体砌筑至门窗过梁处时，应停一周后再砌筑以上部分，以防止应力不同造成斜裂缝。

（三）技术指标

1. 主要技术性能表

主要技术性能参见表4-7、表4-8。其他技术性能参见《蒸压加气混凝土砌块》（GB/T 11968—2006）和《蒸压加气混凝土建筑应用技术规程》（JGJ/T 17—2008）的标准要求。

表4-7 轻质保温墙体材料自保温体系技术要求

项 目		指 标
干体积密度/（kg/m³）		475.00~825.00
抗压强度/MPa	B05级	3.50
	B06级	5.00
	B07级	5.00
	B08级	7.50
导热系数/[W/(m·K)]		0.12~0.20
体积吸水率/%		15.00~25.00

表 4-8　蒸压加气混凝土砌块产品干燥收缩、抗冻性和导热系数

体积密度级别		B04 级	B05 级	B06 级	B07 级	B08 级
干燥收缩/（mm/m）		\multicolumn{5}{c}{≤0.5}				
抗冻性	质量损失/％	≤5.0				
	冻后强度/MPa	≥1.6	≥2.0	≥2.8	≥4.0	≥6.0
导热系数/[W/(m·K)]		≤0.12	≤0.14	≤0.16	≤0.18	≤0.20
放射性		放射性水平满足《建筑材料放射性核素限量》(GB 6566—2010) 的规定				

废渣蒸压加气混凝土砌块试验方法参照《蒸压加气混凝土性能试验方法》（GB/T 11969—2008）进行。

砂浆性能应满足《蒸压加气混凝土墙体专用砂浆》（JC/T 890—2017）的要求，施工中应避免加气混凝土湿水。

2. 加气混凝土砌块墙体构造要求

（1）砌块

加气混凝土砌块作为单一材料用作外墙，当其与其他材料处于同一表面时，应在其他材料的外表设置保温材料，并在其表面和接缝处做聚合物砂浆耐碱玻纤布加强面层或其他防裂措施。

在严寒地区，外墙砌块应采用具有保温性能的专用砌筑砂浆进行砌筑，或采用灰缝≤3mm 的密缝精确砌块。

对后砌筑的非承重墙，在与承重墙或柱交接处应沿墙高 11m 左右用 2φ6 钢筋与承重墙或柱拉结，每边伸入墙内长度不得＜700mm。抗震设防地区应采用通常钢筋。当墙长≥5.0m 或墙高≥4.0m 时，应根据结构计算采取其他可靠的构造措施。

对后砌筑的非承重墙，其顶部在梁或楼板下的缝隙宜作柔性链接，在抗震设防地区应有卡固措施。

墙体洞口过梁，伸过洞口两边搁置长度每边不得＜300mm。

当砌块作为外墙的保温材料与其他墙体复合使用时，应采用专用砂浆砌筑。沿墙高每 500～600mm 左右，在两墙体之间应采用钢筋网片拉结。

（2）饰面处理

加气混凝土墙面应做饰面，外饰面应对冻融交替、干湿循环、自然碳化和磕碰磨损等起有效的保护作用。饰面材料与基层应黏结良好，不得空鼓开裂。

加气混凝土墙面抹灰前，应在其表面用专用砂浆或其他有效的专用界面处理剂进行基底处理后方可抹底灰。

加气混凝土外墙的底层，应采用与加气混凝土强度等级接近的砂浆抹灰，如室内表面宜采用粉刷石膏抹灰。

在墙体易于磕破磨损的阳角部位，应做塑料或钢板网护角，并提高装修面层材料的强度等级。

当加气混凝土制品与其他材料处在同一表面时，两种不同材料的交界缝隙处应采用粘贴耐碱玻纤网格布聚合物水泥加强层加强后方可做装修。

抹灰层宜设分格缝，面积宜为 30m²，长度不宜超过 6m。

加气混凝土制品用于卫生间墙体，应在墙面上做防水层，防水层应达到顶板底部，并粘贴饰面砖。

当加气混凝土制品的施工精度高，砌筑安装质量好，其表面平整度达到质量要求时，可直接刮腻子喷涂料做装饰面层。

（四）自保温体系的优点

一般的保温工程的施工顺序为，施工准备→材料→基层处理→保温层施工→面层施工。

在具体的施工过程中，由于外保温技术的施工工序多、技术复杂，施工质量对保温效果影响很大，关键因素主要取决于施工者的个人技能水平，使得施工质量过于依赖施工队伍的水平，导致了目前外保温市场的混乱，各个施工单位水平参差不齐，限制了外保温市场的进一步发展和完善。

对于外墙自保温体系而言，由于围护结构本身兼具节能的功能，省却了保温构造的施工这一程序，新型自保温墙体材料施工方面的主要优异性主要体现在以下几点：

（1）一次性完成，包括结构、节能、防水的墙体，简化了施工工序，缩短了工时，节省了费用，保证了工期，提高了施工效率。

（2）由于避免了复杂的高空作业（外保温、外装饰工序），提高了施工人员的施工效率，提高了施工的安全性。

（3）采用传统的施工方式更贴近市场，更利于推广，便于普及；传统施工工艺的成熟也为施工质量提供了技术保证。

（五）适用范围与应用前景

1. 适用部位

（1）作为多层住宅的外墙；
（2）作为框架结构的填充墙；
（3）各种体系的非承重内隔墙；
（4）作为保温材料，可用于屋面、地面、楼面以及易于"热桥"部位的构件，也可做墙体保温材料。

2. 不宜使用部位（无有效措施）

（1）长期浸水或经常干湿循环交换的部位；
（2）受化学环境侵蚀的环境；
（3）表面经常高于80℃的高温环境；
（4）易受局部冻融部位。

3. 适用地区

适用地区为夏热冬冷地区和夏热冬暖地区的外墙、内隔墙和分户墙。适用于高层建筑的填充墙和低层建筑的承重墙。

建筑加气混凝土砌块之所以在全世界得到迅速的发展，并受到我国政府的高度重视，是因为其具有一系列的优越性。废渣加气混凝土砌块作为建筑加气混凝土砌块中的新型产品，比普通加气混凝土砌块更具有优势，具有良好的应用前景。

四、其他外墙保温体系

(一) 粘贴泡沫塑料保温板外保温系统

粘贴泡沫塑料保温板外保温系统由黏结层、保温层、抹面层和饰面层构成。黏结层材料为胶粘剂,保温层材料可为 EPS 板、PU 板和 XPS 板,抹面层材料为抹面胶浆,抹面胶浆中满铺增强网。饰面层材料可为涂料或饰面砂浆。保温板主要依靠胶黏剂固定在基层上,也可以使用锚栓辅助固定,保温板与基层墙体的粘贴面积不得小于保温板面积的 40%。

以 EPS 板为保温层做面砖饰面时,抹面层中满铺耐碱玻纤网,并用锚栓与基层形成可靠固定,保温板与基层墙体的粘贴面积不得小于保温板面积的 50%,每平方米宜设置 4 个锚栓,单个锚栓锚固力应不小于 0.30kN。XPS 板两面需使用界面剂时,宜使用水泥基界面剂。建筑物高度在 20m 以上时,在受负风压作用较大的部位宜采用锚栓辅助固定。保温板宽度不宜大于 1200mm,高度不宜大于 600mm。必要时应设置抗裂分隔缝。粘贴保温板系统的基层表面应清洁,无油污、脱模剂等妨碍黏结的附着物。凸起、空鼓和疏松部位应剔除并找平。找平层应与墙体黏结牢固,不得有脱层、空鼓、裂缝,面层不得有粉化、起皮、爆灰等现象。保温板应按顺砌方式粘贴,竖缝应逐行错缝。保温板应粘贴牢固,不得有松动和空鼓。墙角处保温板应交错互锁。门窗洞口四角处保温板不得拼接,应采用整块保温板切割成形,保温板接缝应离开角部至少 200mm。

(二) 胶粉 EPS 颗粒保温浆料外保温系统

胶粉 EPS 颗粒保温浆料外保温系统(以下简称保温浆料系统)由界面层、保温层、抹面层和饰面层构成。界面层材料为界面砂浆,保温层材料为胶粉 EPS 颗粒保温浆料,经现场拌和后抹或喷涂在基层上,抹面层材料为抹面胶浆,抹面胶浆中满铺增强网,饰面层可为涂料和面砖。当采用涂料饰面时,抹面层中应满铺玻纤网;当采用面砖饰面时,抹面层中应满铺热镀锌电焊网,并用锚栓与基层形成可靠固定。

胶粉 EPS 颗粒保温浆料保温层设计厚度不宜超过 100mm。必要时应设置抗裂分隔缝。基层表面应清洁,无油污和脱模剂等妨碍黏结的附着物,空鼓、疏松部位应剔除。胶粉 EPS 颗粒保温浆料宜分遍抹灰,每遍间隔时间应在 24h 以上,每遍厚度不宜超过 20mm。第一遍抹灰应压实,最后一遍应找平,并用大杠搓平。

(三) EPS 板现浇混凝土外保温系统

EPS 板现浇混凝土外保温系统(以下简称无网现浇系统)以现浇混凝土外墙作为基层,EPS 板为保温层。EPS 板内表面(与现浇混凝土接触的表面)开有矩形齿槽,内、外表面均满涂界面砂浆。在施工时将 EPS 板置于外模板内侧,并安装锚栓作为辅助固定件。浇灌混凝土后,墙体与 EPS 板以及锚栓结合为一体。EPS 板表面做抹面胶浆薄抹面层,抹面层中满铺玻纤网。外表以涂料或饰面砂浆为饰面层。

EPS 板两面必须预喷刷界面砂浆。EPS 板宽度宜为 1.2m,高度宜为建筑物层高,厚度根据当地建筑节能要求等因素,经计算确定。锚栓每平米宜设 2~3 个。水平分隔缝宜按楼层设置。垂直分隔缝宜按墙面面积设置,在板式建筑中不宜大于 30m²,在塔式建筑中可视具体情况而定,宜留在阴角部位。宜采用钢制大模板施工。混凝土一次浇注高度不宜大于 1m,混凝土需振捣密实均匀,墙面及接茬处应光滑、平整。混凝土浇注后,保温层中的穿墙螺栓孔洞应使用保温材料填塞,EPS 板缺损或表面不平整处宜使用胶粉 EPS 颗粒保温浆料加以修补。

(四) EPS 钢丝网架板现浇混凝土外保温系统

EPS 钢丝网架板现浇混凝土外保温系统(以下简称有网现浇系统)以现浇混凝土外墙做为基层,EPS 单面钢丝网架板为保温层。钢丝网架板中的 EPS 板外侧开有凹凸槽。施工时将钢丝网架板置于外墙外模板内侧,并在 EPS 板上穿插 φ6 L 形钢筋或尼龙锚栓作为辅助固定件。浇灌混凝土后,钢丝网架板腹丝和辅助固定件与混凝土结合为一体。钢丝网架板表面抹掺外加剂的水泥砂浆厚抹面层,外表做面砖饰面层。

EPS 单面钢丝网架板每平米斜插腹丝不得超过 200 根,钢丝均应采用低碳热镀锌钢丝,板两面应预喷刷界面砂浆。

(五) 保温装饰板外保温系统

保温装饰板外保温系统(简称保温装饰板系统)由防水找平层、黏结层、保温装饰板和嵌缝材料构成。施工时,先在基层墙体上做防水找平层,采用胶粘剂和锚栓将保温装饰板固定在基层上,并用嵌缝材料封填板缝。

保温装饰板由饰面层、衬板、保温层和底衬组成。保温层材料可采用 EPS 板、XPS 板或 PU 板,饰面层可采用涂料饰面或金属饰面,底衬宜为玻纤网增强聚合物砂浆。单板面积不宜超过 $1m^2$。保温装饰板系统经耐候性试验后,保温装饰板各层之间的拉伸黏结强度不得小于 0.4MPa,并且不得在各层界面处破坏。保温装饰板应同时采用胶粘剂和锚固件固定,装饰板与基层墙体的粘贴面积不得小于装饰板面积的 40%,拉伸粘结强度不得小于 0.4MPa。每块装饰板锚固件不得少于 4 个,且每平米不得少于 8 个,单个锚固件的锚固力应不小于 0.30kN。保温装饰板安装缝应使用弹性背衬材料填充,并用硅酮密封胶或柔性勾缝腻子嵌缝。

第五章 市政工程施工技术

市政道路和桥梁在市政施工过程中覆盖面积大、技术难度高，为了能够充分适应时代发展的要求，在市政道路桥梁施工中必须要充分运用先进的施工技术，从而有效保证建筑市政工程道路桥梁的施工质量。本章主要介绍沥青路面再生施工技术、温拌沥青混合料施工技术、稀浆封层和微表处施工技术、钢筋混凝土桥梁转体施工技术和预应力钢筋混凝土桥梁顶推施工技术。

第一节 道路工程施工技术

一、沥青路面再生施工技术

加强研究推广路面再生施工技术，是我国今后道路建设事业中一项十分重要的任务。最近十年中，沥青路面再生技术引起了我国各地公路建设和管理者们的极大兴趣，主要的原因在于越来越严格的环保政策使得旧路翻新中铣刨下来的沥青路面旧料的处理成为一项难题，与此同时石油沥青作为不可再生资源，其成本越来越高，砂石材料的成本也在日渐增高。在沥青路面大、中修工程中，大量的翻挖、铣刨下来的旧料被废弃，一方面造成环境污染，另一方面对于我国优质沥青极为匮乏的情况来说是一种资源的浪费，而且大量的使用新石料，开采矿石会导致森林植被减少、水土流失等严重的生态环境破坏。值得注意的是，近年来由于高等级公路建设水平的快速提高，特别是针对沥青路面早期损坏问题，从设计、施工等环节采取了一系列比较有效的防治措施，不少省市近期建成的沥青路面早期损坏现象已基本消除，可以预见，在今后的高等级公路路面管理和养护中，会逐渐将重点转向因沥青路面表面功能下降而进行的养护维修工作。

在旧道路的翻建工程中，传统的施工方法有两种：一种是在破旧路面上覆盖新的路面材料；另一种是将破坏的面层剔除。前一种方法虽然成本低、施工简单且无污染，但是随着铺盖层数的增多必然会引起路面抬高，影响周围环境。目前普遍采用剔除破旧面层的方法，但是该方法产生的废料不仅难以处置，污染环境，而且对沥青和石料资源也是一种极大的浪费。20世纪70年代发展起来的旧沥青路面再生利用技术，正是解决这一问题。它因节约材料、降低造价以及减少环境污染的特性而备受人们关注。在施工周期上，传统沥青路面养护维修方法由于工序较多，施工时间较长，影响道路的正常通行，过长的占道维修时间和高速公路日益增长的交通量需求已经产生了矛盾，有时候为了保证交通，不允许长时间占道维修，而维修时间得不到保证，病害来不及处理，导致病害越来越多，形成恶性循环。而综合从施工的质量、费用、速度和环保等多方面考虑，沥青路面再生技术具有明显的优势，而且可以根据病害的情况灵活地选择整形型、加铺型或者复拌型就地再生工艺。

沥青路面再生利用包括：厂拌热再生、现场热再生、厂拌冷再生、现场冷再生、厂拌温再生5类技术，其中现场冷再生技术按照再生材料和厚度的不同分为沥青层现场冷再生、全深式现场冷再生两种方式。各类再生技术具有不同的适用范围，可根据工程实际情况灵活选择最适宜的再生技术种类。

(一) 沥青路面厂拌热再生

厂拌热再生是将回收沥青路面材料（RAP）运至沥青拌合厂（场、站），经破碎、筛分，以一定的比例与新集料、新沥青、再生剂（必要时）等拌制成热拌再生混合料铺筑路面的技术。

1. 一般规定

(1) 厂拌热再生，适用于对各等级公路回收沥青路面材料进行热拌再生利用，再生后的沥青混合料根据其性能和工程情况，可用于各等级城镇道路的沥青面层及柔性基层。

(2) 厂拌热再生，应选择符合要求的回收沥青路面材料和适宜的回收沥青路面材料（RAP）掺配比例，混合料应满足现行《城镇道路沥青路面再生利用技术规程》（CJJ/T 43—2014）中热拌沥青混合料的相关技术要求。

(3) 厂拌热再生混合料的分类，按照集料公称最大粒径、矿料级配、空隙率等划分，可参照《公路沥青路面施工技术规范》（JTG F 40—2004）的热拌沥青混合料分类。

2. 回收沥青路面材料（RAP）的回收

(1) 不同的回收沥青路面材料应分别回收、分开堆放、不得混杂。回收沥青路面材料可选用冷铣刨、机械开挖等方式，应减少材料变异。

(2) 回收沥青路面材料在回收和存放时不得混入基层废料、水泥混凝土废料、杂物、土等杂质。

3. 回收沥青路面材料（RAP）的预处理与堆放

(1) 使用推土机、装载机等机具将一个料堆的回收沥青路面材料充分混合，然后用破碎机或其他方式进行破碎，应使回收沥青路面材料最大粒径小于再生沥青混合料最大公称粒径，不应有超粒径材料。不允许直接使用未经预处理的回收沥青路面材料。

(2) 根据再生混合料的最大公称粒径合理选择筛孔尺寸，将处理后的回收沥青路面材料筛分成不少于两档的材料。

(3) 经过预处理的回收沥青路面材料，可用装载机等将其转运到堆场均匀堆放，转运和堆放过程中避免回收沥青路面材料离析。

(4) 回收沥青路面材料应避免长时间的堆放，料仓中的回收沥青路面材料应及时使用。

(5) 使用回收沥青路面材料时应从料堆的一端开始在全高范围内铲料。

4. 混合料拌制

(1) 厂拌热再生混合料可以选用间歇式拌和设备或连续式拌和设备进行拌制，拌和设备必须具备回收沥青路面材料的配料装置和计量装置。使用间歇式拌和设备，当回收沥青路面材料掺量大于5%时，宜增加回收沥青路面材料烘干加热系统，加热温度宜为95～130℃。

(2) 回收沥青路面材料料仓数量应不少于两个,料仓内的回收沥青路面材料含水率应不大于3%。

(3) 厂拌热再生混合料的生产温度与拌和时间应根据拌和设备的加热干燥能力、回收沥青路面材料含水率、再生混合料的级配、新沥青的黏温曲线等综合确定,以不加剧回收沥青路面材料的再老化、提高生产能力、降低能耗并生产出均匀稳定的沥青混合料为原则。

① 使用间歇式拌和设备时,应适当提高新集料的加热温度,但最高不宜超过200℃。

② 使用间歇式拌和设备时,干拌时间一般比普通热拌沥青混合料延长5~10s,总拌和时间比普通热拌沥青混合料延长15s左右。

③ 再生混合料出料温度应比普通热拌沥青混合料高5~15℃。

④ 回收沥青路面材料加热时不得直接与火焰接触。

(4) 厂拌热再生混合料拌制的其他要求,应符合现行《公路沥青路面施工技术规范》(JTG F 40—2004)对热拌沥青混合料路面的规定。

5. 摊铺和压实

(1) 厂拌热再生混合料的摊铺温度宜比同类热拌沥青混合料高5~15℃。摊铺的其他要求应符合现行行业标准《城镇道路工程施工与质量验收规范》(CJJ 1—2008)对热拌沥青路面的规定。

(2) 厂拌热再生沥青混合料的压实温度宜比同类热拌沥青混合料高5~15℃,宜配备大吨位轮胎压路机复压。压实的其他要求应符合现行行业标准厂拌热再生混合料摊铺的其他要求,应符合现行《城镇道路工程施工与质量验收规范》(CJJ 1—2008)对热拌沥青路面的规定。

6. 养生和开放交通

(1) 压实成型后的路面应进行早期养生,当沥青混合料表面温度低于50℃后,方可开放交通;当需提前开放交通时,可洒水冷却。

(2) 养护期间严禁履带车通行,严禁机动车辆掉头或刹车,同时应限制车速和交通量。

(3) 沥青面层完工后应加强保护、控制交通,不得在面层上堆土或拌制砂浆。

7. 施工质量管理

厂拌热再生混合料路面的施工质量管理,应符合现行《城镇道路工程施工与质量验收规范》(CJJ 1—2008)对热拌沥青路面的规定,厂拌热再生沥青路面在施工过程中须对回收沥青路面材料按表5-1项目进行检查。

表5-1 施工过程中回收沥青路面材料质量检查

材料	检查项目	要求值	检查频率
RAP	RAP级配、沥青含量	实测	每天一次
	RAP的含水率(%)	≤3%	每天一次

8. 检查验收

厂拌热再生混合料路面的检查验收,应符合现行《城镇道路工程施工与质量验收规范》(CJJ 1—2008) 对热拌沥青路面的规定。

(二) 沥青路面现场热再生

现场热再生是采用专用的现场热再生设备，对沥青路面进行加热、铣刨或耙松，现场掺入一定数量的新沥青、新沥青混合料、再生剂等，经热态拌和、摊铺、碾压等工序，一次性实现对表面一定深度范围内的旧沥青混凝土路面再生的技术。它可以分为复拌再生、加铺再生两种。

(1) 复拌再生：将旧沥青路面加热、铣刨，就地掺加一定数量的再生剂、新沥青、新沥青混合料，经热态拌和、摊铺、压实成型。掺加的热沥青混合料比例一般控制在 30% 以内。

(2) 加铺再生：将旧沥青路面加热、铣刨，就地掺加一定数量的新沥青混合料、再生剂，拌和形成再生混合料，利用再生复拌机的第一熨平板摊铺再生再生混合料，利用再生复拌机的第二熨平板同时将新沥青混合料摊铺与再生混合料之上，两层一起压实成型。

1. 一般规定

(1) 现场热再生适用于仅存在浅层轻微病害且沥青材料老化程度较轻的快速路及主干路、次干路沥青路面表面层的现场再生利用。

(2) 现场热再生应确保其施工可操作性和技术性能满足使用要求。现场热再生设备的噪音和废气排放应符合国家现行有关标准的规定。

(3) 现场热再生施工不宜在冬季或雨季进行。现场热再生前应清理旧路表面，清扫宽度应超过再生宽度 20cm 及以上。

(4) 沥青路面现场热再生深度宜为 20～50mm。

(5) 对有微表处、超薄罩面或碎石封层的原路面，不宜直接进行现场热再生，现场热再生前，应先将其铣刨掉，或经充分试验分析后，做出针对性的材料设计和工艺设计。

(6) 开工前应铺筑试验路段，试验路段长度不宜小于 100m。试验路段铺筑完成后，应从施工工艺、质量控制、施工管理、施工安全等各个方面验证施工配合比、施工方案和施工工艺的可行性，并为后续施工提供技术依据。

(7) 沥青路面现场热再生是一种预防性养护技术，再生时原路面应具备以下条件：

① 原路面整体强度满足设计要求。

② 原路面病害主要集中在表面层，通过再生施工可得到有效修复。

③ 原路面沥青的 25℃ 针入度不低于 20 (0.1mm)。

(8) 改性沥青路面的现场热再生，宜进行专门论证。

2. 施工准备

(1) 现场热再生施工前应进行现场周边环境调查，对可能受到影响的绿化隔离带、树木、加油站、窨井盖、管线等应提前采取隔离措施，并应采取防火措施。

(2) 现场热再生施工前，必须对现场热再生无法修复的路面病害进行预处理，并应符合下列规定：

① 破损松散类病害：破损松散类病害的深度超过现场热再生施工深度时，应予挖补。

② 变形类病害：根据再生设备不同，变形深度为 30～50mm 时，再生前应进行铣

刨处理。

③ 裂缝类病害：分析裂缝类病害成因，影响热再生工程质量的裂缝应予处理。

（3）原路面特殊部位的预处理如下：

① 宜用铣刨机沿行车方向将伸缩缝和井盖后端铣刨 2～5m，前段铣刨 1～2m，深度 30～50mm，再生施工时用新沥青混合料铺筑。

② 原路面上的突起路标应清除。

③ 采用隔热板保护桥梁伸缩缝。

（4）铺筑试验路段。现场热再生正式施工前应铺筑试验路，从施工工艺、质量控制、施工管理、施工安全等各个方面进行检验。现场热再生试验路段的长度不宜小于 200m。

3．再生

（1）清扫路面，画导向线。

清扫路面，避免杂物混入混合料内。在路面再生宽度以外画导向线，也可将路面边缘线作为导向线，保证再生施工边缘顺直美观。

（2）路面加热具体如下：

① 原路面必须充分加热。不得因加热温度不足造成铣刨时集料破损，影响再生质量，也不得因加热温度过高造成沥青过度老化。

② 应减小再生列车各设备间距，减少热量散失。

③ 原路面加热宽度比铣刨宽度每侧至少宽出 200mm。

（3）路面铣刨具体如下：

① 铣刨深度要均匀，铣刨深度变化应缓慢渐变。

② 铣刨面应有较好的粗糙度。

③ 铣刨面温度应高于 70℃。

（4）再生剂喷洒具体如下：

① 再生剂喷洒装置应与再生复拌机行走速度联动并可自动控制，能准确按设计剂量喷洒。

② 再生剂应加热至不影响再生剂质量的最高温度，提高再生剂的流动性和与旧沥青的融合性。

③ 再生剂应均匀喷入旧沥青混合料中。

④ 再生剂用量应准确控制，施工过程中应根据铣刨深度的变化适时调整再生剂的用量。

（5）拌和。应保证再生沥青混合料拌和均匀。

4．摊铺

（1）摊铺应匀速进行，施工速度宜为 1.5～5m/min。混合料摊铺应均匀，避免出现粗糙、拉毛、裂纹、离析等现象。

（2）应根据再生层厚度调整摊铺熨平板振捣功率，提高混合料的初始密度，减少热量散失。

（3）再生混合料的摊铺温度宜控制在 120～150℃。

（4）加铺再生时，再生混合料和加铺料应采用现场再生机双熨平板同时摊铺。

5．压实

（1）现场热再生混合料的碾压应配套使用大吨位的振动双钢轮压路机、轮胎压路机等压实机具。

(2) 碾压必须紧跟摊铺进行，使用双钢轮压路机时宜减少喷水，使用轮胎压路机时不宜喷水。

(3) 对压路机无法压实的局部部位，应选用小型振动压路机或者振动夯板配合碾压。

(4) 加铺再生应将再生料加铺料同时碾压。

6. 养生和开放交通

(1) 现场热再生压实完成后，应进行早期养护，再生层路表温度低于50℃后方可开放交通。当需提前开放交通时，可洒水冷却。

(2) 养护期间严禁履带车通行，严禁机动车辆掉头或刹车，同时应限制车速和交通量。

(3) 沥青面层完工后应加强保护、控制交通，不得在面层上堆土或拌制砂浆。

7. 施工质量管理

(1) 沥青路面现场热再生施工过程中的材料质量检查，应符合现行《城镇道路工程施工与质量验收规范》(CJJ 1—2008)对热拌沥青混合料路面的有关规定。

(2) 沥青路面现场热再生需要添加新沥青混合料时，新沥青混合料的质量应满足设计要求，再生混合料的质量控制，应符合现行《城镇道路沥青路面再生利用技术规程》(CJJ/T 43—2014)对热拌沥青混合料的有关规定。

(3) 沥青路面现场热再生施工过程中的工程质量控制应满足表5-2和表5-3的要求。

表5-2 现场热再生混合料施工过程中的工程质量控制标准

检查项目	检查频度	质量要求或允许偏差	试验方法
再生剂用量	随时	适时调整，总量控制	每天计算
压实度均值	每天1~2次	最大理论密度的94%	T 0924, JTG F 40—2004
再生混合料摊铺温度	随时	>120℃	湿度计测量

表5-3 现场热再生外形尺寸现场质量检查的项目与频度

检查项目	检查频度	质量要求或允许偏差	试验方法
宽度/mm	100m/次	不小于设计宽度	T 0911
再生厚度/mm	随时	±5	T 0912
加铺厚度/mm	随时	±3	T 0912
平整度最大间隙/mm	随时	<3	T 0931
横接缝高差/mm	随时	<3，必须压实	3m直尺间隙
纵接缝高差/mm	随时	<3，必须压实	3m直尺间隙
外观	随时	表面平整密实，无明显轮迹、裂痕、推挤、油包、离析等缺陷	目测

注：表中检验方法应按现行行业标准《公路路基路面现场测试规程》(JTG E60—2008)执行。

8. 检查验收

现场热再生工程的检查和验收应满足表5-4的要求。

表 5-4　现场热再生工程检查和验收项目与频度

检查项目	检查频度	质量要求或允许偏差		试验方法
宽度/mm	每 20m 1 个断面	大于设计宽度		T 0911
再生厚度/mm	每 1000m² 抽测 1 点	-5		T 0912
加铺厚度/mm	每 1000m² 抽测 1 点	±3		T 0912
平整度 IRI/mm	全线连续	快速路、主干路	<3.0	T 0933
		次干路、支路	<4.0	
外观	随时	表面平整密实，无明显轮迹、裂痕、推挤、油包、离析等缺陷		目测
压实度代表值	每 1000m² 抽测 1 点	最大理论密度的 94%		T 0924

注：表中检验方法应按现行行业标准《公路路基路面现场测试规程》(JTG E 60—2008) 执行。

(三) 沥青路面厂拌冷再生

厂拌冷再生是将回收沥青路面材料运至拌合厂（场、站），经破碎、筛分，以一定的比例与新集料、沥青类再生结合料、活性填料（水泥、石灰等）、水进行常温拌和，常温铺筑，形成路面结构层的沥青路面再生技术。

1. 一般规定

(1) 厂拌冷再生沥青结合料根据其性能和工程情况，可用于快速路、主干路、次干路沥青路面的下面层及以下层位，支路沥青路面的中面层及以下层位。对于有快速开放交通需求的道路工程，不宜采用厂拌冷再生技术。厂拌冷再生可使用乳化沥青、改性乳化沥青或者泡沫沥青作为再生结合料。

(2) 厂拌冷再生层施工前，必须确认再生层的下承层满足要求。

(3) 厂拌冷再生混合料每层厚度不宜大于 180mm，且不宜小于 80mm。

(4) 厂拌冷再生混合料的生产、运输、摊铺和压实等均应采用机械化施工。

(5) 开工前应铺筑试验路段，试验路段长度不宜小于 100m。试验路段铺筑完成后，应从施工工艺、质量控制、施工管理、施工安全等各个方面验证施工配合比、施工方案和施工工艺的可行性，并为后续施工提供技术依据。

2. 回收沥青路面材料的回收、预处理和堆放

(1) 回收沥青路面材料的回收

不同的回收沥青路面材料应分别回收，分开堆放、不得混杂。回收沥青路面材料回收可选用冷铣刨、机械开挖等方式，应减少材料变异。

回收沥青路面材料在回收和存放时不得混入基层废料、水泥混凝土废料、杂物、土等杂质。

(2) 回收沥青路面材料的预处理与堆放

① 使用推土机、装载机等机具将一个料堆的回收沥青路面材料充分混合，然后用破碎机或其他方式进行破碎，应使回收沥青路面材料最大粒径小于再生沥青混合料最大公称粒径，不应有超粒径材料。不允许直接使用未经预处理的回收沥青路面材料。

② 根据再生混合料的最大公称粒径合理选择筛孔尺寸,将处理后的回收沥青路面材料筛分成不少于两档的材料。

③ 经过预处理的回收沥青路面材料,可用装载机等将其转运到堆场均匀堆放,转运和堆放过程中避免回收沥青路面材料离析。

④ 回收沥青路面材料应避免长时间的堆放,料仓中的回收沥青路面材料应及时使用。

⑤ 使用回收沥青路面材料时应从料堆的一端开始在全高范围内铲料。

3. 混合料拌制

(1) 对拌合设备的要求:厂拌冷再生宜采用连续式拌合设备,连续式拌和设备应装有可自动调节材料比例的控制系统。使用泡沫沥青作为再生结合料时还必须配备泡沫沥青发生装置。

(2) 拌和设备的生产能力应与运输能力、摊铺设备生产能力匹配,再生混合料应随拌随用。

(3) 拌和时间应试拌确定,拌和后的冷再生混合料以及粗、细集料应均匀一致,无结团成块现象。

(4) 厂拌冷再生应有水泥和外加水添加系统。

(5) 每次拌和前应检测新集料与回收沥青路面材料的含水率,并应根据含水率检测结果确定外加水用量。

4. 运输

(1) 厂拌冷再生混合料应采用自卸汽车运输,车辆的数量应与摊铺机的数量、摊铺能力、运输距离相适应,在摊铺机前应形成一个不间断的供料车流。

(2) 当从拌合机向运料车上装料时,应多次挪动运料车位置,装料应平衡,不得出现混合料离析现象。

(3) 运料车宜采用苫布覆盖。

(4) 摊铺过程中运料车应在摊铺机前1~3m处停住,空挡等候,由摊铺机推动前进,然后开始缓慢卸料,不得撞击摊铺机。

5. 摊铺

(1) 厂拌冷再生混合料宜采用带有自动找平装置和自动调节摊铺厚度的摊铺机摊铺,熨平板可不加热。

(2) 摊铺机的输出量应与冷再生混合料的拌和能力及运输能力匹配,再生混合料应连续摊铺。

(3) 摊铺机必须缓慢、均匀、连续不断地摊铺,不得随意变换速度或者中途停顿。摊铺速度宜控制在2~4m/min范围内。当发现摊铺后的混合料出现明显离析、波浪、裂缝、拖痕时应分析原因,予以消除。

(4) 松铺系数应根据混合料的类型由试铺试压确定,摊铺过程中应随时检查摊铺层厚度、路拱及横坡。

6. 压实

(1) 根据再生层厚度、压实度等的需要,配备足够数量、吨位的钢轮压路机、轮胎压路机,按照试验段确定的压实工艺在混合料最佳含水率情况下进行碾压,保证压实后的再生层符合压实度和平整度的要求。

(2) 初压应采用单钢轮振动压路机进行碾压，碾压速度宜为1.5km/h～3.0km/h，应先静压一遍，然后进行振动碾压。压路机应从外侧向路中心碾压，相邻碾压带应重叠1/3～1/2轮宽。当边缘没有支挡时，应紧靠支挡碾压；当边缘无支挡时，可在边缘先空出宽30～40cm，待压完第一遍后，将压路机大部分重量置于已压实过的混合料面上，再碾压边缘。

(3) 复压应紧接初压进行，复压应采用双钢轮振动压路机振动碾压，碾压速度宜为2～4km/h，压实度应符合要求，并无明显轮迹。

(4) 终压应紧跟复压进行。复压结束后，若碾压层表面干燥，可安排洒水车在再生层表面洒水，使再生层表面湿润。然后采用轮胎压路机压实，碾压速度宜为3～5km/h，碾压至无轮迹。

(5) 严禁压路机在刚完成碾压或正在碾压的路段上掉头、急刹车及停放。

(6) 对大型压路机难于碾压的部位，应采用小型压实工具进行压实。

7. 养生及开放交通

(1) 冷再生层在加铺上层结构前必须进行养生，养生时间不宜少于7d。当满足以下两个条件之一时，可以提前结束养生：

① 再生层可以取出完整的芯样；
② 再生层含水率低于2%。

(2) 养生方法如下：

① 在封闭交通的情况下养生时，可进行自然养生，一般无须采取措施；
② 再生层养生期内应限制大型车辆通行，并应进行早期养生；
③ 在开放交通的条件下养生时，再生层在完成压实至少1d后方可开放交通，但应严格限制重型车辆通行，行车速度应控制在40km/h以内，并严禁车辆在再生层上掉头和急刹车。为避免车轮对表层的破坏，可在再生层上均匀喷洒慢裂乳化沥青（稀释至30%左右的有效含量），喷洒用量折合纯沥青后宜为0.05～0.2 kg/m^2。

(3) 养生完成后，在铺筑上层沥青层前应喷洒黏层。

8. 施工质量管理

(1) 各个工序完成后，均应进行检查验收。经检验合格后，方可进入下一个工序。经检验不合格的段落，必须进行返工或补救，使其达到要求。

(2) 施工过程的材料质量控制和检查的项目、频度等应满足表5-5、表5-6、表5-7和表5-8的要求。

表5-5 施工前材料的检查

材料	检查项目	要求值	检查频率
乳化沥青	表5-7规定的项目	符合设计要求	每批来料1次
改性乳化沥青	表5-8规定的项目	符合设计要求	每批来料1次
泡沫沥青	表5-9规定的项目	符合设计要求	每批来料1次
矿料	表5-10规定的项目	符合设计要求	每批来料1次
RAP	RAP级配	符合设计要求	每工作日1次

表5-6 乳化沥青检查项目及试验方法

试验项目		单位	试验方法
破乳速度		—	T 0658
粒子电荷		—	T 0653
筛上残留物（1.18mm筛）		%	T 0652
25℃赛波特黏度V_s		S	T 0623
蒸发残留物	溶解度	%	T 0607
	针入度（25℃）	0.1mm	T 0604
	延度（15℃）	cm	T 0605
与粗集料的黏附性，裹覆面积		—	T 0654
与粗、细粒式集料拌和试验		—	T 0659
常温储存稳定性	1d 5d	%	T 0655

表5-7 改性乳化沥青检查项目及试验方法

试验项目		单位	试验方法
破乳速度		—	T 0658
粒子电荷		—	T 0653
筛上残留物（1.18mm筛）		%	T 0652
25℃赛波特黏度V_s		S	T 0623
蒸发残留物	溶解度	%	T 0607
	针入度（25℃）	0.1mm	T 0604
	延度（15℃）	cm	T 0605
与粗集料的黏附性，裹覆面积		—	T 0654
与粗、细粒式集料拌和试验		—	T 0659
常温储存稳定性	1d 5d	%	T 0655

表5-8 泡沫沥青技术要求

项目	技术要求	试验方法
膨胀率（倍）	符合设计要求	泡沫沥青发泡试验
半衰期（s）	符合设计要求	泡沫沥青发泡试验

表5-9 冷再生用矿料和RAP检查项目及试验方法

材料	检测项目	技术要求	试验方法
RAP	含水率	实测	回收沥青路面材料（RAP）取样与实验分析
	RAP级配	实测	
	砂当量（%）	≥50	

续表

材料		检测项目	技术要求	试验方法
矿料	粗集料	颗粒级配、针片状颗粒含量、压碎值、洛杉矶磨耗损失、含泥量	符合设计要求	抽提，《公路工程集料试验规程》（JTG E42—2005）
	细集料	颗粒级配、砂当量等	符合设计要求	
	矿粉	颗粒级配、含水率、亲水系数、塑性指数等	符合设计要求	

注：必要时，可有选择地增加回收沥青路面材料中的沥青级粗、细集料的实验项目。

当水泥作为再生结合料或活性填料时，可采用普通硅酸盐水泥、矿渣硅酸盐水泥或火山灰硅酸盐水泥。水泥的初凝时间应在3h以上，终凝时间宜在6h以上，不应使用快硬水泥或早强水泥。水泥强度等级宜为32.5或42.5，并应符合现行国家标准《通用硅酸盐水泥》（GB 175—2007）的规定。

（3）施工过程的材料质量控制项目、频度等应满足表5-10的要求。

表5-10 施工过程的质量控制检查项目、频度和要求

检查项目		质量要求	检查频率	检查方法
乳化沥青、改性乳化沥青再生	压实度/%	≥87（快速路、主干路） ≥86（次干路、支路）	每1000m²抽测1点	基于最大理论密度，T 0924或T 0921
泡沫沥青再生	压实度/%	≥98（快速路、主干路） ≥97（次干路、支路）		基于重型击实标准密度，T 0924或T 0921
15℃劈裂强度/MPa		符合设计要求	每工作日1次	T 0716
15℃干湿劈裂强度比/%		符合设计要求		T 0716
40℃马歇尔稳定度/kN		符合设计要求		T 0709
40℃浸水残留稳定度/%		符合设计要求		T 0709
冻融劈裂强度比/%		≥70	每3个工作日1次	T 0729
空隙率/%		符合设计要求	每工作日1次	
含水率/%		符合配合比设计要求	发现异常时随时试验	T 0801
沥青含量、矿料级配		符合配合比设计要求	发现异常时随时试验	抽提、筛分

（4）施工过程的外形尺寸检查项目、频度应满足表5-11的要求

表5-11 施工过程的外形尺寸检查项目、频度检查项目和要求

检查项目	质量要求	检验频率	检验方法
平整度最大间隙/mm	8	随时，接缝处单杆测压	T 0931
纵断面高程/mm	±10	每20m抽测1处	T 0911

续表

检查项目		质量要求	检验频率	检验方法
厚度/mm	均值	−8	随时	插入测量
	单个值	−10	随时	
宽度/cm		不小于设计宽度,边缘整齐,顺适	每20m抽测1处	T 0911
横坡度/%		±0.3	每20m抽测1处	T 0911
外观		表面平整密实,无浮石、弹簧现象,无明显压路机轮迹	随时	目测

9. 检查验收

(1) 厂拌冷再生工程完工后,应将全线以1~3km作为一个评定路段,当不足1km时,应作为一个验收路段。厂拌冷再生沥青路面应按表5-12的要求进行质量检查和验收。

表5-12 沥青路面厂拌冷再生质量检查验收的检查项目、频度和要求

检查项目		质量要求	检验频率	检验方法
平整度最大间隙/mm		8	每100m 1处,每处连续10尺	T 0931
纵断面高程/mm		±10	每20m 1个点	T 0911
厚度/mm	均值	−8	每1000m² 抽测1点	插入测量
	单个值	−15		
宽度/cm		不小于设计宽度,边缘整齐,顺适	每40m抽测1处	T 0911
横坡度/%		±0.3,且不反坡	每40m抽测1处	T 0911
外观		表面平整密实,无浮石、弹簧现象,无明显压路机轮迹	随时	目测
压实度/%	乳化沥青、改性乳化沥青	≥87(快速路、主干路) ≥86(次干路、支路)	每1000m² 抽测1点	基于最大理论密度,T 0924 或 T 0921
	泡沫沥青	≥98(快速路、主干路) ≥97(次干路、支路)		基于重型击实标准密度,T 0924 或 T 0921

注:① 当再生层用作次干路底基层,或者用于支路时,纵断面高程控制要求可适当放宽。
② 在铺筑试验段时,压实度检验频率应增加1倍。
③ 表中检验方法应按现行行业标准《公路路基路面现场测试规程》(JTG E 60—2008)执行。

(四)沥青路面现场冷再生

现场冷再生是采用专用的现场冷再生设备,对沥青路面进行现场冷铣刨、破碎和筛分(必要时),掺入一定数量的新集料、再生结合料、活性填料(水泥、石灰等)、水,经过常温拌和、摊铺、碾压等工序,一次性实现旧沥青路面再生的技术,它包括沥青层

现场冷再生和全深式现场冷再生两种方式。仅对沥青材料层进行的现场冷再生称为沥青层现场冷再生；再生层既包括沥青材料层又包括非沥青材料层的，称为全深式现场冷再生。

1. 一般规定

（1）现场冷再生沥青混合料根据其性能和工程情况，可用于快速路、主干路、次干路沥青路面的下面层及以下层位、支路沥青路面的中面层及以下层位。对于有快速开放交通需求的道路工程，不宜采用现场冷再生技术。

沥青层现场冷再生应使用乳化沥青、改性乳化沥青、泡沫沥青作为再生结合料；全深式现场冷再生既可使用乳化沥青、改性乳化沥青、泡沫沥青等沥青类材料作为再生结合料，也可使用水泥、石灰等无机结合料作为再生结合料。当使用水泥、石灰等作为再生结合料时，再生层可作为基层。

（2）沥青路面现场冷再生时，再生层的下承层应完好，并满足所处结构层的强度要求。

（3）现场冷再生层的压实厚度，使用乳化沥青、改性乳化沥青或泡沫沥青时不宜大于180mm，且不宜小于80mm；使用水泥、石灰时不宜大于250mm，且不宜小于150mm。

（4）使用水泥、石灰等无机结合料作为再生结合料时的全深式现场冷再生，沥青层厚度占再生厚度的比例不宜超过50%。

2. 施工准备

（1）铺筑试验路段。铺筑试验路，长度不宜小于100m。试验路段铺筑完成后，应从施工工艺、质量控制、施工质量、施工安全等方面验证施工配合比、施工方案和施工工艺的可行性，并为后续施工提供技术依据。

（2）现场冷再生机应满足以下要求：

① 工作装置的切削深度可精确控制；

② 工作宽度不应小于2.0m；

③ 喷洒计量精确可调，并与切削深度、施工速度、材料密度等联动；喷嘴在工作宽度范围内均匀分布，各喷嘴可独立开启与关闭；

④ 使用泡沫沥青时，还应具备泡沫沥青生产装置。

（3）清除原路面上的杂物，根据再生厚度、宽度、干密度等计算每平方米新集料、水泥等用量，均匀撒布。应采用水泥制浆车添加水泥。

3. 再生

（1）综合考虑施工季节、气候条件、再生作业段宽度、施工机械和运输车辆的效率和数量、操作熟练程度、水泥终凝时间等因素，综合确定每个作业段的长度。

（2）在施工起点处将所需施工机具顺次首尾连接，连接相应管路。冷再生施工设备一般包括水罐车、乳化沥青罐车（使用泡沫沥青时为热沥青罐车）、水泥浆车、冷再生机、拾料机（必要时）、摊铺机（必要时）、压路机。

（3）启动施工设备，按照设定再生深度对路面进行铣刨、拌和。再生机组必须缓慢、均匀、连续地进行再生作业，不得随意变更速度或者中途停顿，再生施工速度宜为4~10m/min。

（4）单幅再生至一个作业段终点后，将再生机和罐车等倒至施工起点，进行第二幅施工，直至完成全幅作业面的再生。

（5）纵向接缝的位置应避开快、慢车道上车辆行驶的轮迹。纵向接缝处相邻两幅作业面间的重叠量不宜小于 10cm。

4．摊铺

（1）沥青层现场冷再生摊铺出的混合料不能出现明显离析、波浪、裂缝、拖痕。

（2）采用摊铺机或者采用带有摊铺装置的再生机进行摊铺时，摊铺机必须缓慢、均匀、连续不断地摊铺，不得随意变换速度或者中途停顿。摊铺速度宜控制在 2~4m/min 范围内。当发现摊铺后的混合料出现明显离析、波浪、裂缝、拖痕时应分析原因，予以消除。

（3）使用平地机进行摊铺时，应符合下列规定：

① 用轻型钢轮压路机紧跟再生机组初压 2~3 遍。

② 完成一个作业段的初压后，应采用平地机整平，再采用轻型钢轮压路机在初平的路段碾压 1 遍。

③ 对发现的局部轮迹、凹陷进行人工修补。

④ 应采用平地机整形，达到规定要求的坡度和路拱，整形后的再生层表面无明显的再生机轮迹和集料离析现象。

5．压实

（1）施工时，应根据再生厚度、压实度等的需要，配备足够数量、吨位的钢轮压路机、轮胎压路机，按照试验段确定的压实工艺进行碾压，保证压实后的再生层符合压实度和平整度的要求。

（2）沥青路面现场冷再生施工必须采用流水作业法，使各工序紧密衔接，尽量缩短从拌和到完成碾压之间的延迟时间。

（3）初压时混合料的含水率宜控制在最佳含水率。碾压过程中，再生层表面应始终保持湿润，如水分蒸发过快，应及时洒水。

（4）碾压过程中出现弹簧、松散、起皮等现象时，应及时翻开重新拌和，使其达到质量要求。

（5）可在碾压结束前用平地机再终平一次，使其纵向顺适，路拱和超高符合设计要求。

（6）直线和不设超高的平曲线段，应由两侧路肩向路中心碾压；设超高的平曲线段，应由内侧路肩向外侧路肩碾压。

（7）压路机应以慢而均匀的速度碾压，初压速度宜为 1.5~3km/h，复压和终压速度宜为 2~4km/h。

（8）严禁压路机在刚完成碾压或正在碾压的路段上掉头、急刹车及停放。

6．养生及开放交通

（1）使用乳化沥青、改性乳化沥青或泡沫沥青的现场冷再生，冷再生层在加铺上层结构前必须进行养生，养生时间不宜少于 7d。当满足以下两个条件之一时，可以提前结束养生：

① 再生层可以取出完整的芯样；

② 再生层含水率低于 2%。

（2）养生方法如下：

① 在封闭交通的情况下养生时，可进行自然养生，一般无须采取措施。

② 在开放交通的条件下养生时，再生层在完成压实至少 1d 后方可开放交通，但应

严格限制重型车辆通行，行车速度应控制在 40km/h 以内，并严禁车辆在再生层上掉头和急刹车。为避免车轮对表层的破坏，可在再生层上均匀喷洒慢裂乳化沥青（稀释至30%左右的有效含量），喷洒用量折合纯沥青后宜为 $0.05 \sim 0.2 kg/m^2$。

（3）养生完成后，在铺筑上层沥青层前应喷洒黏层。

（4）使用无机结合料的全深式现场冷再生，养生和开放交通应满足下列要求：

① 碾压完成并经过压实度检查合格后的路段，应立即进行养生。养生可采用湿砂、覆盖、乳化沥青、洒水等方法。

② 养生时间不宜少于 7d，整个养生期内再生层表面应保持潮湿状态。养生期内禁止除洒水车辆以外的其他车辆通行。

③ 后续施工前应将再生层清扫干净。如果再生层上为无机结合料稳定材料层，应洒少量水湿润表面；如果其上为沥青层，应立即实施透层和封层；如果其上是水泥混凝土层，应尽快铺设，避免再生层暴晒开裂。

7. 施工质量管理

（1）施工过程的材料质量控制和检查的项目、频度等应满足表 5-13 的要求。

表 5-13 施工过程的质量控制检查项目、频度和要求

检查项目		质量要求	检查频率	检查方法
乳化沥青、改性乳化沥青再生	压实度/%	≥87（快速路、主干路） ≥86（次干路、支路）	每 1000m² 抽测 1 点	基于最大理论密度，T 0924 或 T 0921
泡沫沥青再生	压实度/%	≥98（快速路、主干路） ≥97（次干路、支路）		基于重型击实标准密度，T 0924 或 T 0921
水泥全深式再生	压实度/%	≥95		基于重型击实标准密度，T 0924 或 T 0921
15℃劈裂强度/MPa		符合设计要求	每工作日 1 次	T 0716
15℃干湿劈裂强度比/%		符合设计要求		T 0716
40℃马歇尔稳定度/kN		符合设计要求		T 0709
40℃浸水残留稳定度/%		符合设计要求		T 0709
冻融劈裂强度比/%		≥70	每 3 个工作日 1 次	T 0729
空隙率/%		符合设计要求	每工作日 1 次	
含水率/%		符合配合比设计要求	发现异常时随时试验	T 0801
沥青含量、矿料级配		符合配合比设计要求	发现异常时随时试验	抽提、筛分

（2）使用水泥、石灰等作为再生结合料的全深式现场冷再生，施工过程的质量控制项目、频度等因满足表 5-14 的要求。

表 5-14 水泥、石灰全深式现场冷再生质量控制项目、频度和要求

检查项目	质量要求	检验频率	检验方法
抗压强度/MPa	符合设计要求	每车道每公里 6 个或 9 个试件	T 0805
含水率/%	符合配合比设计要求	发现异常时随时试验	T 0801
级配	符合配合比设计要求	每车道每公里 1 次	T 0302
水泥或石灰剂量	不小于设计值－1.0%	每车道每公里 1 次	T 0809

（3）施工过程的外形尺寸检查项目、频度等应满足表 5-15 的要求。

表 5-15　现场冷再生施工过程的外观尺寸检查项目、频度和要求

检查项目		质量要求	检验频率	检验方法
平整度最大间隙/mm		10	随时	T 0931
纵断面高程/mm		±10	每 20 米 1 点	T 0911
厚度/mm	均值	−10	随时	插入测量
	单个值	−20		
宽度/mm		不小于设计宽度，边缘线整齐，顺适	每 20 米 1 处	T 0911
横坡度/%		±0.3 且不反坡	每 20 米 1 处	T 0911
外观		表面平整密实，无浮石、弹簧现象，无明显压路机轮迹	随时	目测

注：当再生层用作二级公路底基层，或者用于三级及三级以下公路时，纵断面高程控制要求可适当放宽。

8．检查验收

现场冷再生工程完工后，应将全线以 1~3km 作为一个评定路段，按照表 5-16 的要求进行质量检查和验收

表 5-16　现场冷再生检查验收项目、频度和要求

检查项目		质量要求	检验频率	检验方法
平整度最大间隙/mm		10	每 200 延米 2 处，每处连续 10 尺	T 0931
纵断面高程/mm		±10	每 20 延米 1 点	T 0911
厚度/mm	均值	−10	每车道每 10 米 1 点	插入测量
	单个值	−20		
宽度/mm		不小于设计宽度，边缘整齐，顺适	每 40 延米 1 处	T 0911
横坡度/%		±0.3	每 100 延米 3 处	T 0911
外观		表面平整密实，无浮石、弹簧现象，无明显压路机轮迹	随时	目测
压实度/%	乳化沥青、改性乳化沥青	≥87（快速路、主干路）≥86（次干路、支路）	每 1000m² 抽测 1 点	基于最大理论密度，T 0924 或 T 0921
	泡沫沥青	≥98（快速路、土干路）≥97（次干路、支路）		基于重型击实标准密度，T 0924 或 T 0921
	水泥全深式冷再生	≥95		基于重型击实标准密度，T 0924 或 T 0921

注：① 当再生层用作次干路底基层，或者用于支路时，纵断面高程控制要求可适当放宽。
② 在铺筑试验段时，压实度检验频率应增加 1 倍。

(五)厂拌温再生沥青路面施工

厂拌温再生是将回收沥青路面材料(RAP)送到加工厂,经破碎、筛分,以一定的比例与新矿料、新沥青、再生剂(必要时)等,在基本不改变沥青混合料的配合比及施工工艺的前提下,采用掺加温拌剂或必要的技术工艺,使得再生沥青混合料的拌合温度相比同类厂拌热再生沥青混合料降低25℃以上,拌和成温拌沥青混合料的技术。

1. 一般规定

(1)厂拌温再生适用于对各等级道路回收沥青路面材料进行再生利用。再生后的沥青混合料根据其性能和工程情况,可用于各等级城镇道路的沥青面层及柔性基层。

(2)厂拌温再生应选择符合要求的温拌剂和回收沥青路面材料,混合料性能应符合下列规定:

① 厂拌温再生应选择合适的温拌剂或温拌工艺,拌合温度应满足施工控制要求。

② 厂拌温再生沥青混合料矿料级配范围、配合比设计技术要求、混合料技术性能指标同厂拌热再生沥青混合料,符合《城镇道路沥青路面再生利用技术规程》(CJJT 43—2014)的规定。

(3)厂拌温再生沥青路面施工应根据设计要求选用沥青温拌剂或采用温拌工艺。

2. 混合料拌和

(1)拌和设备必须具备回收沥青路面材料计量、再生剂计量喷洒等再生系统,以及温拌剂计量喷洒或投放系统。当回收沥青路面材料(RAP)掺配比例大于10%时,宜增加回收沥青路面材料烘干加热系统,加热温度宜为95~130℃。

(2)回收沥青路面材料料仓数量不应少于2个,料仓内的回收沥青路面材料含水率不应大于3%。

(3)新集料的加热温度应经试拌后调整、确定,混合料出料温度相比同类热再生沥青混合料应降低25℃以上。

(4)温拌添加剂的添加设备应具备准时、足量、自动化添加的功能,应采用专用配套设备。

(5)混合料拌制过程中应根据温拌剂品种、性质,确定投料顺序,延长干拌或湿拌时间。

(6)拌和时间应根据混合料外观确定,沥青应均匀裹覆集料、应无花白料。

(7)厂拌温再生混合料拌和的其他要求,应符合相关规定。

3. 运输

(1)厂拌温再生沥青混合料的运输要求应符合现行行业标准《城镇道路工程施工与质量验收规范》(CJJ 1—2008)对热拌沥青路面的规定:

① 热拌沥青混合料宜采用与摊铺机匹配的自卸汽车运输。

② 运料车装料时,应防止粗细集料离析。

③ 运料车应具有保温、防雨、防混合料遗撒与沥青滴漏等功能。

④ 沥青混合料运输车辆的总运力应比搅拌能力或摊铺能力有所富余。

⑤ 沥青混合料运至摊铺地点,应对搅拌质量与温度进行检查,合格后方可使用。

(2)厂拌温再生沥青混合料的运输距离和运输时间,可在厂拌热再生沥青混合料的基础上适当放宽。

4. 摊铺和压实

（1）厂拌温再生沥青路面摊铺温度比同类厂拌热再生沥青混合料应降低 25℃以上。厂拌温再生沥青路面低温施工条件下的最低摊铺温度宜符合表 5-17 的规定。厚度在 3cm 以下的薄面层不适合低温施工，寒冷季节遇大风降温天气不得进行厂拌温再生混合料施工。施工开始阶段宜采用较高温度的混合料。

表 5-17　厂拌温再生沥青路面低温施工条件下的最低摊铺温度

下卧层表面温度 T/℃	相应于下列不同混合料类型与摊铺厚度 h（mm）的最低摊铺温度（℃）					
	普通沥青混合料			改性沥青混合料		
	40<h≤50	50<h≤80	h>80	40<h≤50	50<h≤80	h>80
5≤T<10	125	120	115	130	125	120
10≤T<15	120	115	110	125	120	115

（2）厂拌温再生混合料摊铺要求，应符合现行行业标准《城镇道路工程施工与质量验收规范》（CJJ 1—2008）对热拌沥青路面的规定：

① 热拌沥青混合料应采用机械摊铺。摊铺温度应符合表 5-18 的规定。城市快速路、主干路宜采用两台以上摊铺机联合摊铺。每台机器的摊铺宽度宜小于 6m。表面层宜采用多机全幅摊铺，减少施工接缝。

表 5-18　热拌沥青混合料的搅拌及施工温度　　　　　　　　　　　　　单位：℃

施工工序		石油沥青的标号			
		50 号	70 号	90 号	110 号
沥青加热温度		160～170	155～165	150～160	145～155
矿料加热温度	间歇式搅拌机	集料加热温度比沥青温度高 10～30			
	连续式搅拌机	矿料加热温度比沥青温度高 5～10			
沥青混合料出料温度①		150～170	145～165	140～160	135～155
混合料贮料仓贮存温度		贮料过程中温度降低不超过 10			
混合料废弃温度，高于		200	195	190	185
运输到现场温度①		145～165	140～155	135～145	130～140
混合料摊铺温度，不低于①		140～160	135～150	130～140	125～135
开始碾压的混合料内部温度，不低于①		135～150	130～145	125～135	120～130
碾压终了的表面温度，不低于②		75～85	70～80	65～75	55～70
		75	70	60	55
开放交通的路表面温度，不高于		50	50	50	45

① 沥青混合料的施工温度采用具有金属探测针的插入式数显温度计测量。表面温度可采用表面接触式温度计测定。当红外线温度计测量表面温度时，应进行标定。
② 表中未列入的 130 号、160 号及 30 号沥青的施工温度由试验确定。
注：1. 常温下宜用低值，低温下宜用高值。
　　2. 施工温度由压路机类型而定。轮胎压路机取高值，振动压路机取低值。

② 摊铺机应具有自动或半自动方式调节摊铺厚度及找平的装置、可加热的振动熨平板或初步振动压实装置、摊铺宽度可调整等功能，且受料斗斗容应能保证更换运料车时连续摊铺。

③ 采用自动调平摊铺机摊铺最下层沥青混合料时，应使用钢丝或路缘石、平石控制高程与摊铺厚度，以上各层可用导梁引导高程控制，或采用声纳平衡梁控制方式。经摊铺机初步压实的摊铺层应符合平整度、横坡的要求。

④ 沥青混合料的最低摊铺温度应根据气温、下卧层表面温度、摊铺层厚度与沥青混合料种类经试验确定。城市快速路、主干路不宜在气温低于10℃条件下施工。

⑤ 沥青混合料的松铺系数应根据混合料类型、施工机械和施工工艺等应通过试验段确定，试验段长不宜小于100m。松铺系数可按照表5-19进行初选。

表5-19 沥青混合料的松铺系数

种类	机械摊铺	人工摊铺
沥青混凝土混合料	1.15～1.35	1.25～1.50
沥青碎石混合料	1.15～1.30	1.20～1.45

⑥ 摊铺沥青混合料应均匀、连续不间断，不得随意变换摊铺速度或中途停顿。摊铺速度宜为2～6m/min。摊铺时螺旋送料器应不停顿地转动，两侧应保持有不少于送料器高度2/3的混合料，并保证在摊铺机全宽断面上不发生离析。熨平板按所需厚度固定后不得随意调整。

⑦ 摊铺层发生缺陷应找补，并停机检查，排除故障。

⑧ 路面狭窄部分、平曲线半径过小的匝道小规模工程可采用人工摊铺。

(3) 厂拌温再生混合料压实要求，应符合现行行业标准《城镇道路工程施工与质量验收规范》(CJJ 1—2008)对热拌沥青路面的规定：

① 应选择合理的压路机组合方式进行碾压步骤，以达到最佳碾压结果。沥青混合料压实宜采用钢筒式静态压路机与轮胎压路机或振动压路机组合的方式压实。

② 应按初压、复压、终压（包括成形）三个阶段进行。压路机应以慢而均匀的速度碾压，压路机的碾压速度宜符合表5-20的规定。

表5-20 压路机碾压速度   单位：km/h

压路机类型	初压		复压		终压	
	适宜	最大	适宜	最大	适宜	最大
钢筒式压路机	1.5～2	3	2.5～3.5	5	2.5～3.5	5
轮胎压路机	—	—	3.5～4.5	6	4～6	8
振动压路机	1.5～2（静压）	5（静压）	1.5～2（振动）	1.5～2（振动）	2～3（静压）	5（静压）

③ 初压应符合下列要求：

1) 初压温度应能稳定混合料，且不产生推移、发裂。

2) 碾压应从外侧向中心碾压，碾速稳定均匀。

3) 初压应采用轻型钢筒式压路机碾压1～2遍。初压后应检查平整度、路拱，必要时应修整。

④ 复压应紧跟初压连续进行，并应符合下列要求：

1）复压应连续进行。碾压段长度宜为60～80m。当采用不同型号的压路机组合碾压时，每一台压路机均应做全幅碾压。

2）密级配沥青混凝土宜优先采用重型的轮胎压路机进行碾压，碾压到要求的压实度为止。

3）对大粒径沥青稳定碎石类的基层，宜优先采用振动压路机复压。厚度小于30mm的沥青碎石基层不宜采用振动压路机碾压。相邻碾压带重叠宽度宜为10～20cm。振动压路机折返时应停止振动。

4）采用三轮钢筒式压路机时，总质量不宜小于12t。

5）大型压路机难于碾压的部位，宜采用小型压实工具进行压实。

⑤ 终压宜选用双轮钢筒式压路机，碾压至无明显轮迹为止。

5．养护和开放交通

（1）压实成型后的路面应进行早期养护，当沥青混合料表面温度低于50℃后，方可开放交通；当需提前开放交通时，可洒水冷却。

（2）养护期间严禁履带车通行，严禁机动车辆调头或刹车，同时应限制车速和交通量。

（3）沥青面层完成后应加强保护、控制交通，不得在面层上堆土或拌制砂浆。

6．检查验收

（1）厂拌温再生沥青路面的施工质量应符合现行行业标准《城镇道路工程施工与质量验收规范》（CJJ 1—2008）对热拌沥青路面的规定：

① 主控项目

1）沥青混合料面层压实度，对城市快速路、主干路不得小于96％；对次干路及以下道路不得小于95％。

检查数量：每1000m²测1点。

检验方法：查试验记录（马歇尔击实试件密度，试验室标准密度）。

2）面层厚度应符合设计规定，允许偏差为+10～-5mm。

检查数量：每1000m²测1点。

检验方法：钻孔或刨挖，用钢尺量。

3）弯沉值，不得大于设计规定。

检查数量：每车道、每20m测1点。

检验方法：弯沉仪检测。

② 一般项目

1）表面应平整、坚实，接缝紧密，无枯焦；不得有明显轮迹、推挤裂缝、脱落、烂边、油斑、掉渣等现象，不得污染其他构筑物。面层与路缘石、平石及其他构筑物应接顺，不得有积水现象。

检查数量：全数检查。

检查方法：观察。

2）热拌沥青混合料面层允许偏差应符合表5-21的规定。

表 5-21 热拌沥青混合料面层允许偏差

项目			允许偏差	检验频率			检验方法
				范围	点数		
纵断高程/mm			±15	20m	1		用水准仪测量
中线偏位/mm			≤20	100m	1		用经纬仪测量
平整度/mm	标准差σ值	快速路、主干路	1.5	10m	路宽/m	<9	1	用测平仪检测
		次干路、支路	2.4			9~15	2	
						>15	3	
	最大间隙	次干路、支路	5.0	20m	路宽/m	<9	1	用3m直尺和塞尺连续量取两尺，取最大值
						9~15	2	
						>15	3	
宽度/mm			不小于设计值	40m	1		用钢尺量
横坡			±0.3%且不反坡	20m	路宽/m	<9	2	用水准仪测量
						9~15	4	
						>15	6	
井框与路面高差/mm			≤5	每座	1		十字法，用直尺、塞尺量取最大值
抗滑	摩擦系数		符合设计要求	200m	1		摆式仪
				全线连续			横向力系数车
	构造深度		符合设计要求	200m	1		砂铺法 激光构造深度仪

注：① 测评仪为全线每车道连续检测每100m计算标准差σ；无测平仪时可采用3m直尺检测；表中检验频率点数为测线数。

② 平整度、抗滑性能也可采用自动检测设备进行检测；

③ 底基层表面、下面层应按设计规定量撒拨透层油、粘层油；

④ 中面层、底面层仅进行中线偏位、平整度、宽度、横坡的检测；

⑤ 改性（再生）沥青混凝土路面可采用此表进行检验；

⑥ 十字法检查井框与路面高差，每座检查井均应检查。十字法检查中，以平行于道路中线，过检查井盖中心的直线做基线，另一条线与基线垂直，构成检查用十字线。

二、温拌沥青混合料施工技术

温拌沥青混合料施工技术是近年来出现的一项新技术，其工作温度可比常规热拌沥青混合料低30℃以上，但性能可达到热拌沥青混合料的技术要求。由于施工温度的降低使其具有节能、环保、减轻沥青老化、延长施工季节、改善工人工作环境、开放交通及时等优点，成为近年来道路领域研究和应用的热点。

目前，国际上已出现多种温拌沥青混合料技术，比较有代表性的如基于表面活性平台温拌技术、泡沫沥青温拌技术、加入人工沸石添加剂、有机降黏添加剂温拌技术等。温拌技术适用于铺面工程的各个层位。鉴于其特点，温拌技术尤其适合用于下列场合：① 城市道路、人口密集区道路、隧道路面、地下结构工程道面等环保要求高的工程；② 道路维修养护中的罩面工程；③ 较低环境温度条件下施工的工程。

1. 一般规定

（1）温拌沥青混合料生产与施工采用与热拌沥青混合料相同设备。

（2）铺筑温拌沥青混合料面层之前，应检查下卧层的质量，不符合要求的不得铺筑温拌沥青混合料面层。下卧层已被污染时，必须处理后方可铺筑温拌沥青混合料，并做好层间黏结。

2. 施工准备

（1）现有下卧层表面应干燥、清洁和无任何松散的石料、灰尘与杂物。

（2）温拌沥青混合料的施工温度可在同类热拌沥青混合料施工温度的基础上降低30~40℃，或参考室内试验结果确定。当缺乏足够试验数据时，可按表5-22~表5-24的范围选择，并根据实际情况确定使用高值或低值。

表5-22 温拌普通沥青混合料的施工温度范围　　　　　单位：℃

施工工序		石油沥青标号	
		50号	70号
沥青加热温度		150~170	145~165
集料加热温度		115~130	110~125
出料温度		115~125	110~120
运输到场温度，不低于		110	105
摊铺温度，不低于	正常施工	105	100
	低温施工	120	110
开始碾压温度，不低于	正常施工	100	95
	低温施工	110	105
混合料贮料仓贮存温度		贮存过程中温度降低不超过10℃	

表5-23 SBS改性沥青混合料的施工温度范围　　　　　单位：℃

施工条件	正常施工		低温施工	
沥青种类	SBS I-C	SBS I-D	SBS I-C	SBS I-D
沥青加热温度	165~170	165~170	165~170	165~170
集料加热温度	135~145		140~150	
沥青混合料出料温度	120~140	125~145	125~140	130~145
改性沥青SMA出料温度	125~145	130~150	130~150	135~155
混合料贮料仓贮存温度	拌和出料后降低不超过10℃			
摊铺温度，不低于	115	120	120	125
初压温度，不低于	110	115	115	120

表 5-24　橡胶沥青混合料的施工温度范围　　　　　　　　　　　　　　　　　　单位：℃

施工条件	正常施工	低温施工
矿料加热温度	130～135	135～140
沥青加热温度	170～190	170～190
沥青混合料出料温度	130～150	135～150
混合料摊铺温度，不低于	125	130
开始碾压温度，不低于	120	125
碾压终了温度，不低于	70	70

(3) 温拌沥青路面的最低施工温度可参考表 5-26 的规定。铺筑厚度不大于 3cm 的薄（超薄）面层不适合于低温施工，寒冷季节遇大风降温天气不得进行温拌混合料施工。

表 5-25　温拌沥青混合料适宜施工温度条件和最低摊铺温度　　　　　　　　　　单位：℃

下卧层表面温度/℃	相应于下列不同摊铺层厚度的最低摊铺温度					
	普通沥青混合料			改性沥青混合料		
	40～50mm	50～80mm	>80mm	40～50mm	50～80mm	>80mm
5～10	120	112	105	130	125	120
10～15	115	110	103	120	115	115

3. 拌制

(1) 温拌沥青混合料必须在沥青拌和厂（场、站）采用拌合机械拌制。

(2) 温拌添加剂的添加方式可根据不同温拌技术类型选择人工或自动添加方式，宜采用专用配套设备。

(3) 温拌沥青混合料拌和宜采用矿粉后加法，先使温拌剂与沥青充分作用，然后加入矿粉拌和。

(4) 生产添加纤维的沥青混合料时，纤维必须在混合料中充分分散，拌和均匀。拌合机应配备同步添加装置，松散的絮状纤维可在喷入沥青的同时或稍后采用风送设备喷入拌和锅，拌和时间宜延长 5s 以上。颗粒状纤维可在粗集料投入的同时自动加入。

4. 运输

(1) 温拌沥青混合料宜采用大吨位的运料车运输，但不得超载运输或急刹车、急弯掉头使透层、封层造成损伤。运料车的运力应稍有富余，施工过程中摊铺机前方应有运料车等候。对高速公路、一级公路，宜待等候的运料车多于 5 辆后开始摊铺。

(2) 运料车每次使用前后必须清扫干净，在车厢板上涂一薄层防止沥青黏结的隔离剂或防黏剂，但不得有余液积聚在车厢底部。从拌合机向运料车上装料时，应多次挪动汽车位置，平衡装料，以减少混合料离析。运料车运输混合料宜用苫布覆盖保温、防雨、防污染。

(3) 运料车进入摊铺现场时，轮胎上不得沾有泥土等可能污染路面的赃物，否则宜设水池洗净轮胎后进入工程现场。沥青混合料在摊铺地点凭运料单接收，应由专人逐车检测温度，混合料温度应满足表 5-27 至表 5-30 的要求。若混合料不符合施工温度要求，或已经结成团块、已遭雨淋，不得铺筑。

(4) 摊铺过程中运料车在摊铺机前 100～300mm 处停住，空挡等候，由摊铺机推动前进开始缓慢卸料，避免撞击摊铺机。在有条件时，运料车可将混合料卸入转运车经二次拌和后向摊铺机连续均匀的供料。运料车每次卸料必须倒净，尤其是对改性沥青或SMA 混合料，如有剩余，应及时清除，防止硬结。

（5）SMA 及 OGFC 混合料在运输、等候过程中，如发现有沥青结合料沿车厢板滴漏时，应采取措施避免。

5. 摊铺

（1）摊铺必须均匀、缓慢、连续不间断地进行。摊铺机在使用前应检验其机械性能。

（2）摊铺机熨平板需提前半小时预热，避免摊铺时出现拉带裂纹。当采用改性沥青或者在较低气温施工时，应尽量避免在摊铺面进行人工补料等操作。

（3）摊铺速度应根据混合料类型、摊铺层厚度、宽度、运距等予以调整选择。

6. 碾压

（1）根据混合料的级配类型，选择合理的压路机组合方式及碾压步骤。为保证压实度和平整度，初压应在混合料不产生推移、开裂等情况下，尽量在摊铺后较高温度下进行。碾压各阶段适宜的压路机类型宜符合表 5-26 至表 5-28，具体的碾压组合需根据试验试铺情况确定。

表 5-26 正常施工的碾压组合

压路机类型	初压（遍数）		复压（遍数）		终压（遍数）	
	适宜	最大	适宜	最大	适宜	最大
钢轮压路机	2～3（振动）	3（振动）	3～5（振动）	5	2～3（静压）	3
胶轮压路机	—	—	4～5	6	—	—

表 5-27 低温施工的碾压组合

组合类型	初压（遍数）		复压（遍数）		终压（遍数）	
	适宜	最大	适宜	最大	适宜	最大
先钢轮后胶轮	1（钢轮振压）	—	5～6（轮胎）	7	2～3（钢轮静压）	3
先胶轮后钢轮	2～3（轮胎）	3	2～3（钢轮振压）	3	2～3（钢轮静压）	3

表 5-28 橡胶改性沥青混合料及 SMA 施工的碾压组合

组合类型	初压（遍数）		复压（遍数）		终压（遍数）	
	适宜	最大	适宜	最大	适宜	最大
钢轮压路机	2～3（钢轮振压）	3	4（钢轮振压）	5	1～2（钢轮静压）	3
胶轮压路机	—	—	3～4（轮胎）	4	—	—

注：是否对 SMA 采用胶轮碾压组合，视具体情况而定，其碾压次数以沥青马蹄脂不上浮为准。

（2）摊铺宽度不超过 6m 时，需要配置 2 台钢轮压路机（不低于 12t）和 1 台轮胎压路机（不低于 26t）；摊铺宽度超过 6m 时，采用 2～4 台钢轮压路机（不低于 12t）和 2 台轮胎压路机（不低于 26t）。

7. 接缝处理及开放交通

（1）温拌沥青混合料路面的施工必须接缝紧密、连续平顺，不得产生明显的接缝离析。相邻两幅及上下层的横向接缝均应错位 1m 以上。接缝施工应用 3m 直尺检查，确保平整度符合要求。

(2) 温拌沥青混合料路面宜待摊铺层完全自然冷却，混合料表面温度低于 50℃后，方可开放交通。

(3) 温拌改性沥青混合料宜适当延长开放交通时间。

8. 施工质量控制与检查验收

(1) 施工质量控制与检查验收，应包括原材料供应、混合料生产和运输、施工以及施工后检测的整个过程。

(2) 施工前应检查各种材料的来源和质量。

(3) 各种材料都应在施工前以"批"为单位进行检查，不符合技术要求的材料不得进场。

(4) 施工成品改性沥青的工程，应要求供应商提供所用的改性剂型号、基层沥青的质量检测报告。在施工过程中应定期取样检验产品质量，发现离析等质量不符要求的改性沥青不得使用。

(5) 液体温拌添加剂必须在密闭容器中避光保存。

(6) 施工前应对沥青拌和机、摊铺机、压路机等各种施工机械和设备进行调试，对机械设备的配套情况、技术性能、传感器计量精度等进行认真检查或标定。

(7) 正式开工前，各种原材料的试验结果，及据此进行的目标配合比设计和生产配合比设计结果，应在规定的期限内向业主及监理提出正式报告，待取得正式认可后，方可使用。

(8) 温拌沥青混合料检验

温拌沥青混合料检验内容与方法如表 5-29 所示。

表 5-29 沥青混合料的检测频度和质量要求

项目		检测频度及单点检验评价方法	质量要求或允许偏差
			城市道路
混合料外观		随时	观察集料粗细、均匀性、离析、油石比、色泽、冒烟、有无花白料、油团等各种现象
拌和温度	沥青、集料的加热温度	逐盘检测评定	符合本节内容要求
	混合料出厂温度	逐车检测评定	
		逐盘测量记录，每天取平均值评定	
矿料级配（筛孔）	0.075mm	每台拌和机每天 1~2 次，以 2 个试样的平均值评定	±2%
	≤2.36mm		±6%
	≥4.75mm		±7%
沥青用量（油石比）		每台拌和机每天 1~2 次，以 2 个试样的平均值评定	±0.4%

续表

项目	检测频度及单点检验评价方法	质量要求或允许偏差
		城市道路
马歇尔试验：空隙率、稳定度、流值	每台拌和机每天1~2次，以4~6个试样的平均值评定	符合本节内容要求
浸水马歇尔试验	必要时（试件数同马歇尔试验）	
车辙试验	必要时（以3个试件的平均值评定）	

（9）温拌沥青混合料路面铺筑过程中必须随时对铺筑质量进行检查，质量检查的内容、频度、允许差应符合表5-30的规定。

表5-30 温拌沥青混合料路面施工过程中的质量控制标准

项目		检查频度	质量要求或允许偏差
外观		随时	表面平整、无油斑、无离析、无轮迹
接缝		随时	紧密、平整、顺直、无跳车
施工温度		随时	符合本节内容要求
压实度		每2000m²检查1组，逐个试件评定并计算平均值	实验室标准密度的97%（98%）最大理论密度的93%（94%）
厚度	中、底面层	每2000m²一点单点评定	-4mm
	上面层		设计值的-10%
	总厚度		设计值的-5%
平整度（标准差）		每车道连续检测	中、下面层为1.6mm，上面层为1.2mm
宽度		检测每个断面	不小于设计宽度
纵断面高程		检测每个断面	±10mm
横坡度		检测每个断面	±0.3%
上面层摩擦系数（摆式）		200m检测1处	>45

注：① 括号中数值是对SMA的要求；
② 对于厚度小于3cm的超薄面层或磨耗层、厚度小于4cm的SMA表面层，钻孔试样表面形状易改变，难以准确测定其密度，可免于钻孔取样，严格控制碾压。

（10）当温拌沥青混合料用于城市道路路面工程时，应按表5-31对沥青路面进行质量评定。

表5-31 沥青混合料面层允许偏差

项目	允许偏差		检验频率		检验方法
			范围	点数	
压实度/%	快速路、主干路	96	1000m²	1点	马歇尔击实试验密度或试验室标准密度
	次干路、支路	95			

续表

项目		允许偏差	检验频率		检验方法
			范围	点数	
厚度/mm		+10～-5	1000m²	1点	钻孔或刨挖、用钢尺量
弯沉值/0.01mm		≤设计值	每车道、每20m	1点	弯沉仪检测
纵断高程/mm		±15	每20m	1点	用水准仪测量
中线偏位/mm		≤20	每100m	1点	用经纬仪测量
平整度	IRI/(m/km)	快速路、主干路 2.5；次干路、支路 4.0	每100m 路宽/m：<9；9～15；>15	1；2；3	用激光平整度仪检测
	最大间隙/mm	次干路、支路 4.0	每20m 路宽/m：<9；9～15；>15	1；2；3	用3m直尺和塞尺连续量取两尺，取最大值
宽度/mm		不小于设计值	每40m	1点	用钢尺量
横坡		±0.3%且不反坡	每20m 路宽/m：<9；9～15；>15	1；2；3	用水准仪测量
井框与路面高差/mm		≤5	每座	1点	十字法，用直尺、塞尺量取最大值
抗滑	摩擦系数	符合设计要求	每200m	1点	摆式仪
			全线连续		横向力系数车
	构造深度	符合设计要求	每200m	1点	砂铺法
					激光构造深度仪

注：① 激光平整度仪为全线每车道连续检测；无激光平整度仪时可采用3m直尺检测；表中检验频率点数为测线数。
② 十字法检查井框与路面高差，每座检查井均应检查。十字法检查中，以平行于道路中线、过检查井盖中心的直线做直线，另一条线与基线垂直，构成检查用十字线。

三、稀浆封层和微表处施工技术

（一）稀浆封层施工技术

稀浆封层是采用机械设备将乳化沥青、粗细集料、填料、水和添加剂按照设计配合比拌和成稀浆混合料摊铺到原路面上形成的薄层。按照矿料级配的不同，稀浆封层可以分为细封层（Ⅰ型）、中封层（Ⅱ型）和粗封层（Ⅲ型），分别以 ES-1、ES-2、ES-3 表示；按照开放交通的快慢，稀浆封层可以分为快开放交通型稀浆封层（QT 型）和慢开放交通型稀浆封层（ST 型）；按照是否掺加了聚合物改性剂，稀浆封层可以分为稀浆封层和改性稀浆封层。

1. 一般规定

(1) 稀浆封层施工前，施工单位必须提供详实的混合料设计报告，该设计报告应交研发中心进行验证性复核试验，并出具复核报告，符合技术要求后方可施工。混合料设计报告也可由研发中心提供，如果业主要求还应进行第三方复核。

(2) 稀浆封层采用专用机械施工。稀浆封层机宜有精确计量装置，一般采用单轴螺旋式搅拌箱，摊铺槽中设有一排布料器。

(3) 稀浆封层施工的气候条件应满足：

① 施工、养生期内的气温应高于10℃。

② 不得在雨天施工。施工中遇雨或者施工后混合料尚未成型遇雨时，应在雨后将无法正常成型的材料铲除。

③ 严禁在过湿或积水的路面上进行稀浆封层施工。

④ 稀浆封层用于路面养护工程时，由于市政专业暂无相关规范，施工现场的交通控制应严格按照《公路养护安全作业规程》(JTG H30—2015)的要求进行，保障养护作业安全。

2. 施工准备

(1) 施工前材料的准备工作

① 集料

1) 寻找工程所在地附近石料场，取样检测石料是否满足设计要求，如果难满足设计要求，扩大寻找范围，选择应以集料质量合格、综合单价较低为原则。

2) 选择最佳的集料场，料场场地必须坚固并且做好防水和排水措施。

3) 根据施工进度计划和工程量进行备料，不同种类和粒径的石料应分开堆放。

4) 施工用的矿料必须过筛，清除超大粒径的石料，以免大粒径石料给拌和、摊铺带来不利影响。

5) 对筛后的矿料进行质量检查，按规定的取样方法进行取样。检查的内容主要包括级配、砂当量、含水量、干容重等，检测的结果必须符合要求，与实验室的结果应一致。

6) 施工用矿料的含水量应尽可能小。下雨前，用防水面料覆盖矿料，避免被雨水淋湿。

7) 施工装料前，应将矿料翻堆几次，尽可能保证矿料含水量一致、级配均匀。

8) 备料前，必须取样做集料的配伍性实验，以验证是否满足要求。

② 乳化沥青

1) 使用前必须检查有无离析、失稳现象。

2) 使用前必须抽检，抽检结果必须符合设计要求。

3) 桶装乳化沥青，在使用前应搅拌均匀。

③ 填料，应检测细度、含水量，小于0.075mm的颗粒含量应不少于80%。水泥、熟石灰、硫酸铵、粉煤灰均不含泥土杂质，并应干燥、疏松，没有聚团和结块。

④ 水，施工拌和时的外加水应采用饮用水，确保pH值在7左右且无有害杂质。

⑤ 添加剂，施工用的添加剂与室内试验时所用的添加剂应为同一品牌和同一生产厂家，并达到工业级纯净标准，添加量不应超出设计用量。

(2) 施工前机械设备的准备

① 清扫设备，在施工前应对清洁设备（扫路机、高压水设备、高压气泵等）进行检查，并保持良好工作状态。

② 水罐车与乳化沥青罐车的要求如下：

1) 水罐车的水容量应大于稀浆封层机上的水箱容积，在水罐车上最好配备水泵，保证水的供给。

2) 乳化沥青罐车应保证有足够的容量，以满足工程的需要，能密闭且备有沥青泵，以便往稀浆封层机上灌注乳化沥青。罐车在使用前，应对罐内进行清理，确保罐内没有杂物存在。当油罐换装不同种类的乳化沥青时，应将罐内剩余的乳化沥青完全清除。

3) 水罐车和油罐车最好都配备洒布设备，当需要洒布预湿水或黏层油时，不需另外配备洒布机。

③ 洒布机的要求如下：

1) 当稀浆封层机不具有喷洒预湿水的设备时，应配备一台洒水车，在需要的时候，洒水预湿路面，洒水车可与水罐车及冲洗路面设备合并为一。

2) 当需要对原路面洒布黏层油或透层油时，应配备一台乳化沥青洒布车，该车可以与乳化沥青运输罐车并用，当乳化沥青为不同品种时，应分别使用不同的罐车，以确保乳化沥青不混装。

④ 装载机，主要是用来完成矿料的装卸。对装载机的要求，除了能保证正常工作的状态外，关键是装载高度要满足上料需求。

⑤ 稀浆封层机的要求如下：

1) 施工前应逐项检查稀浆封层车的发动机、传动系统、液压泵、乳液泵、水泵、乳化沥青管道、水管路、添加剂管路及阀门系统等是否正常，如有故障或异常，应立即修理恢复正常。

2) 施工前检查矿料给料器、皮带输送机、填料给料器、混合料拌和器、摊铺箱等是否保持良好的工作状态，否则不能施工。

3) 稀浆封层机均要配备若干熟练工人。

4) 施工前需要空转以检查稀浆封层车的性能是否正常。

5) 稀浆封层机在使用前应进行严格的计量标定工作，根据室内试验确定的稀浆混合料设计配合比，对矿料、填料、乳化沥青、水、添加剂等各种材料的用量进行单位输出量的标定。

⑥ 压路机，稀浆封层一般都不需压路机碾压，但在某些特殊情况下，碾压可以将混合料中的水分挤压至表面，有利于混合料加速固化，故而可提前开放交通。碾压应采用轮胎压路机。

⑦ 其他辅助工具的要求如下：

1) 大扫帚、鬃扫把、铁锹、小铁锹、刮耙以及在摊铺箱后需拖挂的麻布条等，施工前应确定工具的数量，及时采购。这些工具在每次使用前都应保持清洁，不能有沥青结块。

2) 不论是稀浆封层车上的沥青泵还是料场灌注乳化沥青用的沥青泵，在使用时都极易堵塞，故应配备相应数量的喷灯或者煤气罐，以免影响工程的开展。

⑧ 通常在以下几种情况下，应对稀浆封层车进行计量标定工作：

1) 新机器第一次使用时；

2) 机器每年的第一次使用时；

3) 新工程开工前;
4) 原材料或配合比发生较大变化时。

稀浆封层车的厂家一般都在产品说明书中提供机器的标定方法,使用时可以作为参考。对稀浆封层车的标定,应以报告的形式表现标定结果,以指导工程的施工并为下一次标定及稀浆封层车的性能变化提供参考数据。

(3) 施工人员的配备

① 施工队伍人员应配备整齐,包括队长一名、操作手一名、驾驶员四名(稀浆封层、装载机、油罐车和水罐车驾驶员各一名)、工人人数满足施工需要,施工人员应技术熟练,配合默契。

② 队长的职责是指挥、协调、制订工作计划,包括材料需要量、人员分工、与交通管理部门的联系、对天气的判断以及熟悉各个技术环节,处理现场出现的突发事件等。

③ 操作手除了必须与驾驶员配合默契之外,还必须熟悉标定原理和标定方法,能随时根据材料的情况,调整配合比。更为重要的是,能准确判断流入摊铺箱及摊铺箱内的稀浆稠度。

④ 稀浆封层机的驾驶员,不仅要有熟练的驾驶技术,还必须充分了解机械后方所进行的操作。装载机驾驶员的任务除了给稀浆封层车上料外,还应经常观察矿料的质量,尤其是注意粗细料的均匀性和含水量的一致性,当料堆表面的矿料与堆中的矿料不同时,应即时翻堆。

⑤ 工人的工作主要包括筛料、协助装料(包括矿料、乳化沥青、填料、水和添加剂)、安放及搬运安全设施、摊铺后起点与终点的处理、边线与接缝的刮平、摊铺箱的清洁、原路面的清扫以及一些必需的手工作业。

3. 交通管理与控制

(1) 在维修工程中若不能中断交通,此时交通管制应是施工管理中最重要的一个环节。交通管制能否正常开展或开展的好坏将直接影响到施工人员的人身安全和工程的顺利进行。因此在工程开工之前,必须与当地交警和路政部门取得联系,共同制定出行之有效的交通管制方案。

(2) 根据制定的交通管制方案,确定方案实施时所需要的交通布控设施的种类和数量,并安排及时采购。采购交通布控设施的数量时,应考虑布控设施的损耗。

(3) 交通管制必须保证稀浆混合料施工后有足够的养护凝结成型时间,稀浆封层养护期间,应派专人进行巡逻,以防止车辆和行人的碾压和踩踏。

(4) 为避开大交通量时段,施工可在夜间进行,此时的交通布控更为重要,所有的布控设施必须采用反光标志。

(5) 采用单向放行管制形式时,应严格掌握首尾车号,避免在施工路段上会车。

(6) 施工过程中应尽量采取措施减少施工对交通造成的影响。

4. 原路面的处理

(1) 稀浆封层施工前,原路面应进行以下处理:

① 原路面必须有足够的结构强度。原路面整体结构强度不足的,不应采用稀浆封层罩面;原路面局部结构强度不足的,必须根据具体情况选择合适的方法进行补强。

② 原路面宽度大于 5mm 的裂缝应进行灌缝处理。

③ 原路面局部破损(如坑槽、松散等)应彻底挖补。

④ 原路面深的车辙（如车辙深超过 10mm）应事先进行填补。
⑤ 原路面的拥包等隆起型病害应事先进行处理。
⑥ 原路面上若有大块油污，应使用工业清洁剂将油污清除掉。
⑦ 上述不合格的地方修补完成后，对预定加铺稀浆封层路段的全部表面，应事先清除所有杂草、松动的材料、泥块以及任何其他障碍性的物质。人工清扫、机械清扫、空气吹扫或水冲等，都是可以达到目的有效方法。

（2）原路面为沥青路面时，一般不需喷洒粘层油。原路面为非沥青路面，应预先喷洒粘层油。用于半刚性基层沥青路面的下封层时，应首先在半刚性基层上喷洒透层油。

5. 铺筑试验段

（1）稀浆封层正式施工前，应选择合适路段摊铺试验段，试验段长度不小于 200m。当工程量较小或工期较短时，可将第一天的施工段作为试验段。

（2）通过试验段的摊铺，确定施工工艺。

（3）根据试验段的摊铺情况，在设计配合比的基础上做小范围调整，确定施工配合比。施工配合比的油石比不应超出设计油石比（-0.3%～+0.2%）的范围；施工配合比的矿料级配应满足表 5-32 规定的相应级配类型的各筛孔通过率上下限的要求。若油石比或矿料级配的调整幅度超出上述规定时，必须重新进行混合料设计。

表 5-32 稀浆封层矿料级配

级配类型	通过下列筛孔（mm）的质量分数/%							
	9.5	4.75	2.36	1.18	0.6	0.3	0.15	0.075
ES-1		100	90～100	65～90	40～65	25～42	15～30	10～20
ES-2	100	90～100	65～90	45～70	30～50	18～30	10～21	5～15
ES-3	100	70～90	45～70	28～50	19～34	12～25	7～18	5～15

（4）通过试验段得出的施工配合比和确定的施工工艺经监理或业主认可后，作为正式施工依据，施工过程中不允许随意更改，必须更改时，应得到监理或业主的认可。

6. 稀浆封层的施工

稀浆封层的施工方法分为机械摊铺和人工摊铺两种类型。

（1）机械摊铺施工程序

① 放样画线，根据路幅宽度调整摊铺箱宽度，尽量减少纵向接缝数量，在可能的情况下，宜使纵向接缝位于车道线附近。据此宽度从路缘开始放样，一般均从左边开始画出走向控制线。

② 将符合要求的矿料、乳化沥青、填料、水、添加剂等分别装入摊铺机的相应料箱，一般应全部装满，并应保证矿料的湿度均匀一致。

③ 将装好料的摊铺机开至施工起点，对准走向控制线，并调整摊铺箱厚度与拱度，使摊铺箱周边与原路面贴紧。操作手再次确认各料门的高度或开度。开动发动机，接合拌和缸离合器，使搅拌轴正常运转，并开启摊铺箱螺旋分料器。打开各料门控制开关，使矿料、填料、水几乎同时进入拌和缸，并当预湿的混合料推移至乳液喷出口时，乳液喷出。调节稀浆在分向器上的流向，使稀浆能均匀地流向摊铺箱左右。调节水量，使稀浆稠度适中。

当稀浆混合料均匀分布在摊铺箱的全宽范围内时,操作手就可以通知驾驶员启动底盘,并缓慢前进,一般前进速度为 1.5～3.0km/h,但应保持稀浆摊铺量与生产量的基本一致。快开放交通型稀浆封层施工时保持摊铺箱中稀浆混合料的体积为摊铺箱容积的 1/2 左右,慢开放交通型稀浆封层施工时保持摊铺箱中稀浆混合料的体积为摊铺箱容积的 1/2～2/3。

④ 混合料摊铺后,应立即进行人工找平,找平的重点是起点,终点,纵向接缝,过厚、过薄或不平处,尤其对超大粒径集料产生的纵向刮痕,应尽快清除并填平。

⑤ 摊铺机上任何一种材料用完时,应立即关闭所有材料输送的控制开关,让搅拌缸中的混合料搅拌均匀,并送入摊铺箱摊铺完后,摊铺车停止前进,提起摊铺槽,将摊铺车移出摊铺点,清洗摊铺槽。施工中不得随意抛掷废弃物。

(2) 人工摊铺施工程序

人工摊铺通常用在小面积摊铺或低等级道路上,其施工程序如下:

① 每盘拌量以 100kg 矿料为基准;

② 施工前应作小样的试拌试铺,在满足厚度要求的前提下,确定每千克矿料铺筑的面积,并折算出每盘混合料的铺筑面积;

③ 放样画线,根据每盘混合料的铺筑面积,将施工路段划分为若干个方块,要求方块面积与每盘混合料的铺筑面积一致,方块之间的纵横连接应顺直;

④ 拌制工序是先将矿料和填料置于拌盘或路面上拌匀,加水或添加剂水溶液再拌匀,再加乳化沥青,迅速拌和,拌至无花白料为止,所有材料均应按设计试验要求准确称重;

⑤ 稀浆拌均匀后应立即摊铺,并刮平;

⑥ 施工完毕,所有工具必须立即用清水冲洗干净。

(3) 成型养护

① 当黏结力达到 1.2N·m 时,稀浆混合料已初凝;当黏结力达到 2.0N·m 时,稀浆混合料已凝固到可以开放交通的状态,一般为 3～12h。

② 稀浆封层一般不需要压路机碾压。硬路肩、停车场等缺少或者没有行车碾压的位置时,或者为了满足某些特殊需要,可使用 6～10t 轮胎压路机对已破乳并初步成型的稀浆混合料进行碾压。

③ 稀浆封层用于下封层时,宜使用 6～10t 轮胎压路机对已破乳并初步成型的稀浆混合料进行碾压,使混合料具有更好的封水作用。

④ 稀浆封层能够满足开放交通的要求后应尽快开放交通。

(4) 成品保护

① 刚摊铺的稀浆混合料,在养护成型期间内,严禁任何车辆和行人进入。

② 有时成型的稀浆封层上会出现发亮、发黏甚至是一层油膜的现象,处理办法是在开放交通前撒砂进行保护,撒砂后进行碾压效果更好。

③ 施工时产生的一些缺陷,如漏铺、刮痕、脚印等,均应在开放交通前进行人工修补,以防病害扩大。

(5) 特殊问题的处理

① 天气过于干燥以及气温又很高时,可对原路面进行预洒水,有利于稀浆与原路面的牢固黏结。一些新型的稀浆封层机都具有预洒水系统,只需摊铺时打开即可。

② 在先铺筑的接缝处进行预湿水处理有助于两车稀浆混合料的连接,用橡胶刮耙或整平器处理接缝的突出部分效果非常有效,再用扫帚进行扫平,使纵向接缝变得平

顺，总体外观更佳。

③ 在起点处，当摊铺箱的全宽度上都布有稀浆时，就可以低速缓慢前移，这样可以减少箱内积料过多而产生的过厚起拱现象，需对起点进行人工找平。

④ 有条件的地方，应在起点的摊铺箱下铺垫一块油毡，当摊铺机前进后，将油毡连同上面的混合料一道拿走。

⑤ 一般情况下，摊铺终点的外观影响不大，因为下一车将在该终点处倒回一段距离。从上一车终点倒回 3～5m 的距离开始下一车的摊铺。

⑥ 驾驶员应该使机械的运行线形与上一车相吻合。当该路段进行最后一车施工时，其终点的处理应该采取人工整平，并做出一条直线。

⑦ 路面上附属设施在施工时需保护并应在施工后进行清理，必须保证路面上附属设施及施工现场的清洁、无污染。

（6）稀浆封层要求原路面有充足的结构强度，结构强度不足的应首先补强；稀浆封层的厚度一般不超过 10mm，对路面几乎起不到补强作用，因此稀浆封层不能用于路面的补强。

关于稀浆封层前原路面的要求及病害处理，国际稀浆封层协会没有明确规定，仅建议对裂缝进行事先处理，并要求单层稀浆封层时原路面的车辙不得大于 12.7mm；日本稀浆封层协会的稀浆封层指南中也没有明确的规定，只是简单地指出应确认路面无结构性破损，路面严重凹凸不平、有发展性裂纹的路段应予避免。

在我国，原路面状况显著影响稀浆封层使用性能和寿命的问题十分突出。因此，稀浆封层的使用范围和对原路面的要求必须严格控制。

（7）对预定加铺稀浆封层路段的全部表面，有效的清扫方法包括人工清扫、机械清扫、空气吹扫或水冲等。当原路面孔隙率很大或透水性太高时，应避免用水冲洗，可采用高压气吹的方法清理。对原路面进行水冲洗时，应待水分蒸发干后才可进行稀浆封层施工。

7. 施工质量控制

（1）施工前的材料与设备检查

① 施工前必须提供原材料的检测报告，以及稀浆混合料的设计报告和复核报告，并确认符合要求；同时必须提供摊铺车标定报告，在确认材料、设备等没有发生变化和符合要求后，方可施工。

② 施工前材料的质量检查应以同一料源、同一批并运至生产现场的相同规格品种的集料、乳化沥青等为一"批"进行检查。检查频率和要求如表 5-33 所示。矿料级配和砂当量指标不能满足设计要求的，必须重新进行混合料设计或者重新选择矿料。

表 5-33　稀浆封层施工前的材料质量检查与要求

材料	检查项目	要求值	检验频率
（改性）乳化沥青	表 5-36 要求的检测项目	符合设计要求	每批来料 1 次
矿料	砂当量	符合设计要求	每批来料 1 次
矿料	级配①	符合设计要求	每批来料 1 次
矿料	含水量	实测	每天一次

① 矿料级配符合设计要求是指实际级配不超出相应级配类型要求的各筛孔通过率的上下限。

表 5-34 微表处和稀浆封层用乳化沥青技术要求

试验项目	种类	单位	BC-1	BCR	BA-1	试验方法
筛上剩余量（1.18mm 筛）		%	≤0.1	≤0.1	≤0.1	T0652
电荷		—	阳离子正电（+）	阳离子正电（+）	阴离子负电（-）	T0653
恩格拉黏度 E_{25}			2～30	3～30	2～30	T0622
沥青标准黏度 $C_{25,3}$[①]		s	10～60	12～60	10～60	T0621
蒸发残留物含量		%	≥55	≥60	≥55	T0651
蒸发残留物性质	针入度（100g，25℃，5s）	0.1mm	45～150	40～100	45～150	T0604
	延度（5℃）	cm	—	≥20	—	T0605
	延度（15℃）	cm	≥40	—	≥40	
	软化点	℃	—	≥53	—	T0606
	溶解度（三氯乙烯）	%	≥97.5	≥97.5	≥97.5	T0607
贮存稳定性[②]	1d	%	≤1	≤1	≤1	T0655
	5d	%	≤5	≤5	≤5	

① 乳化沥青黏度以恩格拉黏度为准，条件不具备时也可采用沥青标准黏度；

注：1. 南方炎热地区、重载交通道路及用于填补车辙时，BCR 蒸发残留物的软化点应不低于 57℃
2. 贮存稳定性根据施工实际情况选择试验天数，通常采用 5d，乳化沥青生产后能在第二天使用完时也可用 1d。个别情况下改性乳化沥青 5d 的贮存稳定性难以满足要求时，如果经搅拌后能够达到均匀一致并不影响正常使用，此时要求改性乳化沥青运至工地后应存放在附有循环或搅拌装置的贮存罐内，并进行循环或搅拌，否则不准使用。
3. 施工前应对摊铺机的性能、标定和设定以及辅助施工车辆配套情况、性能等进行检查。
4. 当乳化沥青蒸发残留物含量和矿料含水量发生变化时，必须调整摊铺车的设定，确认材料配比符合设计配比后方可施工。

（2）施工过程的质量控制

① 施工中应对稀浆混合料进行抽样检测，抽检项目、频率、允许误差及方法如表 5-35 所示。

表 5-35 稀浆封层施工过程检验要求

项目	要求	检验频率	检验方法
稠度	适中	1 次/100m	经验法
油石比	施工配合比的油石比的±0.2%	1 次/日	三控检验法
矿料级配	满足施工配合比的矿料级配要求[①]	1 次/日	摊铺过程中从矿料输送带末端接出集料进行筛分
外观	表面平整、均匀、无离析、无划痕	全线连续	目测
摊铺厚度	-10%	5 个断面/km	钢尺测量或其他有效手段，每幅中间及两侧各 1 点，取平均值作为检测结果
浸水 1h 湿轮磨耗	不大于 800g/m²	1 次/7 个工作日	T0752

注：矿料级配满足施工配合比的矿料级配要求，是指矿料级配不超出相应级配类型要求的各筛孔通过率的上下限。

② 稠度检验的经验法具体如下：

1) 在刚刚摊铺出的稀浆混合料上用直径 10mm 左右的细棍划出一道划痕，如果划痕马上就被两边的材料淹没，说明混合料的稠度偏稀，应适当降低用水量；如果划痕两边的材料呈松散状态，说明混合料过稠甚至已经破乳；如果划痕能够保持 3~5s 后才被周围材料覆盖，周围的材料仍然有一定的流淌性，说明混合料的稠度合适。

2) 迎着太阳照射方向观察刚刚摊铺出的材料层，如果表面有大面积亮光的反光带，说明混合料用水量偏大，稠度偏稀；如果刚刚摊铺出的材料层干涩，没有反光，说明混合料偏稠；如果刚刚摊铺出的材料层对日光呈现漫反射，说明稠度适宜。

③ 采用以下"三控检验法"对稀浆封层混合料进行油石比检验：

1) 每天摊铺前，检查摊铺车料门开度和各个泵的设定是否与设计配比相符，认真记录每车的集料、填料用量和（改性）乳化沥青用量，计算油石比，每日一次总量检验；

2) 摊铺过程中取样进行混合料抽提试验，检测油石比大小是否与设计油石比相符；

3) 每 50000m² 左右统计一次施工用集料、填料和（改性）乳化沥青的实际总用量，计算摊铺混合料的平均油石比。

稀浆封层施工时，施工设备有精确计量装置的，油石比检验以第 1) 项为准，第 2)、3) 项作为校核；没有精确计量装置的，以第 2) 项为准，第 3) 项作为校核，此时可适度放宽油石比检验要求至 ±0.3%。

(3) 交工验收阶段的质量检查与验收

① 工程完工后 1~2 个月，将施工全线以 1~3km 作为一个评价路段进行质量检查和验收，检查项目、频率、要求及方法如表 5-36 所示。

表 5-36 稀浆封层交工验收检验要求

	项目	质量要求	检验频率	方法
表观质量	外观	表面平整、密实、均匀、无松散、无花白料、无轮迹、无划痕	全线连续	目测
	横向接缝	对接平顺	每条	目测
	纵向接缝	宽度<80mm 不平整<6mm	全线连续	目测或用尺量 3m 直尺
	边线	任一 30m 长度范围内的水平波动不得超过 ±50mm	全线连续	目测或用尺量
抗滑性能	摆值 Fb（BPN）	高速公路、一级公路 ≥45.0	5 个点/km	T 0964
	横向力系数	高速公路、一级公路 ≥54.0	全线连续	T 0965
	构造深度 TD/mm	高速公路、一级公路 ≥0.6	5 个点/km	T 0961
	渗水系数	≤10ml/min	3 个点/km	T 0971
	厚度	−10%	3 个点/km	钻孔或其他有效方法

注：1. 横向力系数和摆值任选其一作为检测要求。
2. 当稀浆封层用于下封层时，抗滑性能不作要求，验收的时间可灵活掌握。

② 矿料含水量的测定十分重要，因为稀浆封层摊铺机采用体积计量方式，矿料含水量的变化会使得矿料体积显著变化，因此必须及时根据矿料的实测含水量调整摊铺机的设定。

③ 稠度是稀浆混合料的重要指标。考虑到目前我国主要采用的是快凝型的稀浆混合料，因此无法完成稠度试验。因此根据国际稀浆封层协会《稀浆封层质量控制方法》的规定提出了本方法，在实际工程中的应用证明本方法是可行的。

④ 国外的工程技术标准，强调的是"过程控制"，一般没有竣工验收环节和要求，而我国不仅进行"过程控制"，同时还进行"结果控制"，要求有竣工验收的标准和方法。

稀浆封层在开放交通后最初的1个月内处于不稳定状态，固化成型不断进行，个别粗骨料可能会飞散，石料表面的沥青膜也会磨损。如果此时进行竣工验收，测得的数据无法反映稀浆封层真正的工作状态，因此将竣工验收定为完工后的1~2个月时进行，此时稀浆封层的状况已经基本稳定了，测得的数据可靠、有代表性。

（二）微表处施工技术

微表处施工是采用专用机械设备将聚合物改性乳化沥青、粗细集料、填料、水和添加剂等按照设计配比拌和成稀浆混合料摊铺到原路面上，并快速开放交通，具有高抗滑和耐久性能的薄层。它是一种很好的预防性养护措施，目前已在我国公路上得到一定程度的应用。它能满足摊铺不同截面厚度的要求。微表处开放交通时间的长短依工程所处环境的不同而变化，通常在气温为24℃、湿度为50%的环境，更小的状况下可以在1h内开放交通。

由于市政工程专业在微表处施工技术上暂无相关规范、标准。故本节参照公路工程专业相关规范、标准。

1. 一般规定

（1）微表处施工前，施工单位（承包商）必须提供详实的混合料设计报告。微表处工程应由具有丰富设计经验的实验室进行验证性复核，并出具复核报告，符合技术要求后方可施工。

（2）微表处必须采用专用机械施工。微表处摊铺机、拌和箱必须为大功率双轴强制搅拌式设备，摊铺槽必须带有两排布料器，摊铺机必须具有精确计量系统并可记录或显示矿料、乳化沥青等的用量，当采用微表处修补车辙时还必须配有专用的"V"字形车辙摊铺槽。

（3）微表处施工的气候条件应满足：

① 施工、养生期内的气温应高于10℃；

② 不得在雨天施工。施工中遇雨或者施工后混合料尚未成型就遇雨时，应在雨后将无法正常成型的材料铲除。

以上规定了微表处和稀浆封层施工对天气情况的要求。国际稀浆罩面协会微表处技术指南中规定：路面温度或气温低于10℃且仍在降温时，不得进行微表处施工，但路面温度或气温高于7℃且仍在升温时可以施工；当材料在固化后24h内可能出现冰冻时不得施工；当天气条件会大幅延长开放交通时间时不应施工。日本乳化沥青协会微表处技术指南规定：微表处施工宜在10℃~25℃范围内进行，如果不得不在高温或低温条件下施工时，必须首先铺筑试验段，确认其施工性能和固化情况。我国已经铺筑的微表处工程中，有个别路段因工期延误，施工时气温在10℃以下，结果发现，混合料的成型速度十分缓慢，长时间(4~5h)无法开放交通，开放交通初期有较多的粗集料飞散，因此规定施工温度不应低于10℃。日本标准中25℃的施工温度上限要求过于苛刻，不适合我国国情，但是应采取技术措施保证具有充分的拌和、摊铺时间。

（4）严禁在过湿或积水的路面上进行微表处施工。

（5）微表处用于路面养护工程时，施工现场的交通控制应严格按照《公路养护安全作业规程》（JTG H30—2015）的要求进行，保障养护作业安全。

2．对原路面的要求

（1）微表处施工前，原路面应满足以下要求：

① 原路面必须有足够的结构强度。原路面整体结构强度不足的，不应采用微表处罩面；原路面局部结构强度不足的，必须根据具体情况选择合适的方法进行补强。

② 原路面15mm以下的车辙可直接进行微表处罩面；深度15～25mm的车辙应首先进行微表处车辙填充，然后再进行微表处罩面，也可采用双层微表处；深度25～40mm的车辙应首先采用多层微表处车辙填充；深度40mm以上的车辙，不宜采用微表处车辙填充处理。

③ 原路面宽度大于5mm的裂缝应进行灌缝处理。

④ 原路面局部破损（如坑槽、松散等）应彻底挖补。

⑤ 原路面的拥包等隆起型病害应事先进行处理。

微表处要求原路面有充足的结构强度，结构强度不足的应首先补强；微表处的厚度一般不超过10mm，对路面几乎起不到补强作用，因此微表处也不能用于路面的补强。

3．施工准备

（1）微表处施工前，应对原路面进行检查，确认原路面满足第（二）节对原路面的要求。

（2）原路面为沥青路面时，一般不需喷洒粘层油。原路面为非沥青路面，宜预先喷洒粘层油。用于半刚性基层沥青路面的下封层时，应首先在半刚性基层上喷洒透层油。

（3）有监理在场的情况下，对材料进行施工前的检查内容如下：

① 施工用的乳化沥青、矿料、水、填料等应进行质量检查，符合设计要求后方可使用。

② 粗集料中的超粒径颗粒必须筛除。

③ 以1%的含水量为间隔，参照T 0331中细集料紧装密度的测试方法，检测矿料在含水量0～7%情况下的单位体积干矿料重量，得出矿料的"含水量-单位体积干矿料重量"的关系曲线，用于摊铺车设定。

④ 测定矿料含水量。施工准备阶段，一定要认真测得矿料的"含水量-单位体积干矿料重量"关系曲线，这将直接关系到稀浆混合料实际油石比的大小。微表处摊铺车采用体积计量方式，当矿料含水量发生变化时，矿料的体积会随之变化，如果不及时调整摊铺车设定，就会造成稀浆混合料的实际油石比的显著变化。

（4）有监理在场的情况下，对施工机具进行施工前检查和标定，具体如下：

① 各种施工机械和辅助工具均应备齐，并保持良好工作状态。

② 摊铺车在以下情况下必须进行标定：

1）新机器第一次使用时；

2）机器每年的第一次使用时；

3）新工程开工前；

4) 原材料改变和配比发生较大变化时。

摊铺车标定的方法按该车的使用说明书进行。

(5) 有监理在场的情况下,通过摊铺车的标定,得出摊铺车各料门开度或泵的设定等与各材料出料量的关系曲线,出具标定报告。

(6) 矿料掺配不宜采用装载机进行,而应选用具有储料、计量和掺配功能的配料设备完成。

4. 铺筑试验段

(1) 微表处正式施工前,应选择合适路段摊铺试验段,试验段长度不小于200m。

(2) 通过试验段的摊铺,确定施工工艺。

(3) 根据试验段的摊铺情况,在设计配合比的基础上做小范围调整,确定施工配合比。施工配合比的油石比不应超出设计油石比-0.3%~+0.2%;施工配合比的矿料级配不应超出表5-37规定的相应级配类型的各筛孔通过率上下限,且以矿料设计级配为基准,施工配合比的矿料级配中各筛孔通过率不应超过表5-39规定的允许波动范围。施工配合比的油石比或者矿料级配的调整幅度超出上述规定时,必须重新进行混合料设计。

表5-37 微表处矿料级配表

级配类型	通过下列筛孔(mm)的质量百分率/%							
	9.5	4.75	2.36	1.18	0.6	0.3	0.15	0.075
MS-2	100	90~100	65~90	45~70	35~50	15~30	10~21	5~15
MS-3	100	70~90	45~70	28~50	19~34	12~25	7~18	5~15
允许波动范围	—	±5	±5	±5	±5	±4	±3	±2

(4) 通过试验段得出的施工配合比和确定的施工工艺经监理或者业主认可后,作为正式施工依据,施工过程中不允许随意更改,必须更改时,应得到监理或者业主认可。

5. 施工

(1) 微表处应按下列程序施工:

① 彻底清除原路面的泥土、杂物等;

② 施画导线,以保证摊铺车顺直行驶,有路缘石、车道线等作为参照物的,可不施画导线;

③ 摊铺车摊铺稀浆混合料;

④ 手工修复局部施工缺陷;

⑤ 初期养护;

⑥ 开放交通。

(2) 根据施工路段的路幅宽度,调整摊铺槽宽度,应尽量减少纵向接缝数量,在可能的情况下,宜使纵向接缝位于车道线附近。

(3) 将符合要求的各种材料装入摊铺车内。

(4) 将装好料的摊铺车开至施工起点,对准控制线,放下摊铺槽,调整摊铺槽使其周边与原路面贴紧。

(5) 按生产配合比和现场矿料含水量情况,依次或同时按配比输出矿料、填料、水、添加剂和乳液,进行拌和。

(6) 拌好的混合料流入摊铺槽并分布于摊铺槽,适量时,开动摊铺车匀速前进,需要时可打开摊铺车下边的喷水管,喷水湿润路面。

(7) 摊铺速度以保持混合料摊铺量与搅拌量基本一致为准。微表处施工时保持摊铺槽中混合料的体积为摊铺槽容积的1/2左右。

(8) 稀浆混合料摊铺后的局部缺陷,应及时使用橡胶耙等工具进行人工找平。找平的重点是个别超大粒径粗集料产生的纵向刮痕、横、纵向接缝等。

(9) 当摊铺车内任何一种材料快用完时,应立即关闭所有输送材料的控制开关,让搅拌器中的混合料搅拌完,并送入摊铺槽摊铺完后,摊铺车停止前进,提起摊铺槽,将摊铺车移出摊铺点,清洗摊铺槽。施工中不得随意抛掷废弃物。

(10) 采用双层摊铺或者微表处车辙填充后再做微表处罩面时,首先摊铺的一层应至少在行车作用下成型24h,确认已经成型后方可在上面再进行第二层摊铺。当采用压路机碾压时,可根据实际情况缩短第一层的成型时间。

(11) 微表处车辙填充时,应调整摊铺厚度,使填充层横断面的中部隆起3~5mm,形成冠状(如图5-1),以考虑行车压密作用。

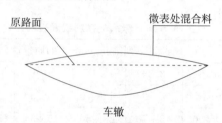

图5-1 微表处车辙摊铺应适当高出原路面

微表处用做车辙填充时,由于摊铺槽没有振捣功能,混合料预压实度较小,原车辙中部摊铺厚度增大后会在行车作用下进一步压密,产生新的车辙。为此,国际稀浆封层协会微表处技术指南(A143)中规定,对于有车辙的路面,每摊铺1 in(约25mm)厚的混合料,施工时的摊铺厚度应增加3.2~6.4mm,以考虑行车的压密作用。"V"型车辙摊铺槽刮板的高度可以上下微调,从而保证车辙中部的摊铺高度适当高出原路面标高,以考虑行车压密的作用。

(12) 当改性乳化沥青蒸发残留物含量和矿料含水量发生变化时,必须调整摊铺车的设定,确认材料配比符合设计配比后才可继续施工。

(13) 初期养护的具体要求如下:

① 稀浆混合料铺筑后,在开放交通前禁止一切车辆和行人通行。

② 微表处和稀浆封层混合料摊铺后一般不需要压路机碾压。在用于硬路肩、停车场等缺少或者没有行车碾压的场合时,或者为了满足某些特殊需要,可使用6~10t轮胎压路机对已破乳并初步成型的稀浆混合料进行碾压。

③ 稀浆封层用于下封层时,宜使用6~10t轮胎压路机对已破乳并初步成型的稀浆混合料进行碾压,使混合料具有更好的封水作用。

④ 混合料能够满足开放交通的要求后应尽快开放交通。

6. 施工前材料与设备检查

(1) 施工前必须提供原材料的检测报告、稀浆混合料设计报告和复核报告,并确认符合要求，必须提供摊铺车标定报告。在确认材料、设备等没有发生变化和符合要求后，方可施工。

（2）施工前材料的质量检查应以同一料源、同一批并运至生产现场的相同规格品种的集料、（改性）乳化沥青等为一"批"进行检查。检查频率和要求如表5-38所示。矿料级配和砂当量指标不能满足设计要求的，必须重新进行混合料设计或者重新选择矿料。

表5-38 微表处和稀浆封层施工前的材料质量检查与要求

材料	检查项目	要求值	检验频率
（改性）乳化沥青	表5-8要求的检测项目	符合设计要求	每批来料1次
矿料	砂当量		
	级配		
	含水量	实测	每天一次

注：矿料级配符合设计要求，是指实际级配不超出相应级配类型要求的各筛孔通过率的上下限，且以矿料设计级配为基准，实际级配中各筛孔通过率不得超过表5-10规定的允许波动范围。

（3）施工前应对摊铺机的性能、标定和设定以及辅助施工车辆配套情况、性能等进行检查。

（4）当（改性）乳化沥青蒸发残留物含量和矿料含水量发生变化时，必须调整摊铺机的设定，确认材料配比符合设计配比后才可施工。

7. 施工过程的质量控制

（1）施工中应对稀浆混合料进行抽样检测，抽检项目、频率、允许误差及方法如表5-39所示。

表5-39 微表处施工过程检验要求

项目	要求	检验频率	检验方法
稠度	适中	1次/100m	经验法
油石比	施工配合比的油石比的±0.2%	1次/日	三控检验法
矿料级配	满足施工配合比的矿料级配要求①	1次/日	摊铺过程中从矿料输送带末端接出集料进行筛分
外观	表面平整、均匀、无离析、无划痕	全线连续	目测
摊铺厚度	−10%	5个断面/km	钢尺测量或其他有效手段，每幅中间及两侧各1点，取平均值作为检测结果
浸水1h湿轮磨耗	不大于540g/m^2	1次/7个工作日	T 0752

注：① 矿料级配满足施工配合比的矿料级配要求，是指矿料级配不超出相应级配类型要求的各筛孔通过率的上下限，且以施工配合比的矿料级配为基准，实际级配中各筛孔通过率不超过表5-39规定的允许波动范围。

（2）稠度检验的经验法：

① 在刚刚摊铺出的稀浆混合料上用直径10mm左右的细棍划出一道划痕，如果划痕马上就被两边的材料淹没，说明混合料的稠度偏稀，应适当降低用水量；如果划痕两边的材料呈松散状态，说明混合料过稠甚至已经破乳；如果划痕能够保持3～5s后才被

周围材料覆盖，周围的材料仍然有一定的流淌性，说明混合料的稠度合适；

② 迎着太阳照射方向观察刚刚摊铺出的材料层，如果表面有大面积亮光的反光带，说明混合料用水量偏大，稠度偏稀；如果刚刚摊铺出的材料层干涩，没有反光，说明混合料偏稠；如果刚刚摊铺出的材料层对日光呈现漫反射，说明稠度适宜。

(3) 采用以下"三控检验法"对微表处和稀浆封层混合料进行油石比检验：

① 每天摊铺前检查摊铺车料门开度和各个泵的设定是否与设计配比相符，认真记录每车的集料、填料用量和（改性）乳化沥青用量，计算油石比，每日一次总量检验；

② 摊铺过程中取样进行混合料抽提试验，检测油石比大小是否与设计油石比相符；

③ 每 50000m^2 左右，统计一次施工用集料、填料和（改性）乳化沥青的实际总用量，计算摊铺混合料的平均油石比。

微表处施工时，油石比检验以第①项为准，第②、③项作为校核。

8. 交工验收阶段的质量检查与验收

(1) 工程完工后 1~2 个月时，将施工全线以 1~3km 作为一个评价路段进行质量检查和验收，检查项目、频率、要求及方法如表 5-40 所示。

表 5-40 微表处交工验收检验要求

项目		质量要求	检验频率	方法
表观质量	外观	表面平整、密实、均匀、无松散、无花白料、无轮迹、无划痕	全线连续	目测
	横向接缝	对接平顺	每条	目测
	纵向接缝	宽度<80mm 不平整<6mm	全线连续	目测或用尺量 3m 直尺
	边线	任一 30m 长度范围内的水平波动不得超过±50mm	全线连续	目测或用尺量
抗滑性能	摆值 Fb/BPN	高速公路、一级公路 ≥45	5 个点/km	T 0964
	横向力系数	高速公路、一级公路 ≥54	全线连续	T 0965
	构造深度 TD/mm	高速公路、一级公路 ≥0.60	5 个点/km	T 0961
渗水系数/（ml/min）		≤10	3 个点/km	T 0971
厚度		−10%	3 个点/km	钻孔或其他有效方法

(2) 国外的工程技术标准，包括微表处技术指南，强调的是"过程控制"，一般没有竣工验收环节和要求，而我国不仅进行"过程控制"，同时还进行"结果控制"，要求有竣工验收的标准和方法。

微表处在开放交通后最初的 1 个月之内处于不稳定状态，固化成型不断进行，个别粗集料可能会飞散，石料表面的沥青膜也会磨损。如果此时进行竣工验收，测得的数据无法反映微表处真正的工作状态，因此将竣工验收定为完工后的 1~2 个月时进行，此时微表处材料层的状况已经基本稳定了，测得的数据可靠、有代表性。

第二节 桥梁工程施工技术

一、钢筋混凝土桥梁转体施工技术

(一) 概述

桥梁转体施工是20世纪40年代发展起来的一种架桥工艺,可充分利用桥墩(台)附近的有利地形进行桥梁上部结构的预制施工,能有效解决跨越深谷、河流及既有线等特殊条件下的桥梁施工难题,具有不干扰交通、降低水上作业风险及高空作业风险等优点。

桥梁转体施工的方法可分为平面转体法、竖向转体法或平竖结合转体法。

平面转体法是将桥体上部结构整跨或从跨中分为两个半跨,利用既有线、深谷及河道等两侧的有利地形进行桥体上部结构的预制施工,再利用在桥墩(台)处设置的转盘,将预制的整跨或半跨悬臂梁通过牵引或顶推系统将其平面旋转至设计位置,最后封固转盘,完成上部结构合龙施工的施工方法。

竖向转体法多用于拱桥施工,就是在桥台处先竖向或在桥台前俯卧预制半拱,然后在桥位平面内绕拱脚将其转动合龙成拱。

转体施工法最先出现的是竖转法。20世纪50年代意大利曾用此法修建了多姆斯河桥,跨径达70m。平转法于1976年首次在奥地利维也纳的多瑙河运河桥上应用,此后平转法在法国、德国、日本、比利时、中国等国家得到应用。采用平转法施工的桥梁除斜拉桥外,还有"T"形构桥、斜腿刚构、钢桁梁桥、预应力连续梁桥和拱桥。

为适应山区建桥,1975年我国桥梁工作者开始进行拱桥转体施工工艺的研究,并于1977年首次在四川省遂宁县采用平转法建成跨径为70m的遂宁建设桥(钢筋混凝土箱肋拱)。此后,转体施工工艺在全国范围内得到推广应用。目前平面转体已广泛,应用于跨越既有线(公路、铁路)、通航河道等的连续梁、T形钢构、斜腿钢构等工程(见表5-41)。

本节主要阐述平转施工在梁桥中的应用。

表5-41 我国平面转体法施工的部分梁桥

序号	桥名	地点	桥型	跨径/m	桥体质量/t	转体方法	建成时间
1	跨线桥	江西贵溪	斜腿刚构	38.6	1100	平转	1985.5
2	抚边桥	四川小金县	斜腿刚构	31	750	平转	1987
3	绵阳桥	四川绵阳市	T形刚构	70	2350	平转	1990.5
4	小港桥	江西德兴	斜腿刚构	62	1300	平转	1991.10
5	西安亭桥	广西顺德县	T形刚构	128	3000	平转	1992
6	雅瑶桥	广东南海	T形刚构	95	4200	平转	1994.8
7	都拉营桥	贵州市	连续刚构	90	7100	平转	1998
8	刘房子大桥	吉林四平	连续梁	48+80+48	4700	平转	2009.9

平面转体施工适用于跨越既有道路(公路及铁路)、河道的梁桥施工。其优点在于

可减少在既有线路（公路及铁路）、河道上部的作业时间，有效减少或避免对既有线及河道的通行影响，尤其是对修建处于交通运输繁忙的城市立交桥、铁路跨线桥及跨线施工作业空间受限的梁桥，其优势更加明显。

（二）桥体预制

1. 桥体预制按设计的桥型充分利用既有地形进行梁体的支架现浇施工及悬臂施工。合理布置预制场地，尽量减少梁体转动角度。

2. 梁体现浇可使用满堂支架或梁式支架。满堂支架可采用碗扣式、轮扣式、门式或扣件式等钢管材料；梁式支架可采用型钢、钢管和贝雷桁片等材料。

3. 悬臂施工法分为悬臂浇筑和悬臂拼装。悬臂浇筑是在桥墩两侧对称逐段就地浇筑混凝土，待混凝土达到一定强度后张拉预应力束，移动机具模板（挂篮）继续悬臂施工。悬臂拼装是采用吊机将预制块件在桥墩两侧对称起吊、安装就位后，张拉预应力束，使悬臂不断接长。

4. 桥体预制施工须注意以下施工要点如下：

（1）在承台基础及其上部施工期间，须做好上转盘伸出钢筋及下转盘预埋钢筋的预埋。

（2）为防止上部结构施工时转盘发生移动，需将上部结构与基础进行临时固结。临时固结体系需能抵抗桥体预制施工中可能产生的竖向偏载及水平扭矩。

（3）在上部结构施工时需保证其施工的对称性，尽量减少施工产生的偏载现象。

（4）在桥体转动前，需完成支架的拆除，清理桥体上施工临时结构及设备，对于不能拆除的临时结构及设备，须保证其不妨碍桥体转动。

（5）在上部结构施工阶段，需加强结构线形、临时结构、转盘应力等的监测，根据监测情况及时调整施工工艺，保持平衡性。

（6）在上部结构浇筑阶段需对上下铰之间包裹严密，避免杂质进入摩擦面。

（三）平转施工原理及转体系统设计

1. 概述

平面转体法又分为有平衡重转体及无平衡重转体。在梁桥中一般采用有平衡重转体施工，其施工特点是转体重量大。有平衡重转体施工的关键是转体的实现，即要求正确的转体设计，制作灵活可靠的转体装置，并布设牵引驱动系统。

目前国内使用的转体装置有两种，第一种是以环道与中心支撑相结合的双支撑转盘体系，其转体装置由设在底盘和上转盘间的轴心和环形滑道组成，它的特点是可承载偏心作用力，稳定性较好；第二种是中心支撑的单支撑式转盘体系，辅以环形滑道或撑脚、滚轮，它的特点是整个转动体系的重心必须落在轴心铰上，轴心铰既起定位作用，又承受全部转体重力，环形滑道或撑脚、钢滚轮只起稳定保险作用。

对跨径较大、转动体系重心较高或存在偏载的桥梁，宜采用环道与中心支撑相结合的双支撑转盘体系；对于中、小跨的桥梁，可采用中心支撑的单支撑转盘体系，梁桥的转动中心可设在桥墩底或墩顶。如图 5-2、图 5-3、图 5-4 所示。

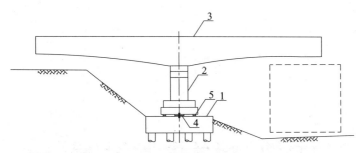

图 5-2 环道与中心支撑相结合双支撑转体（一）
1. 桥梁承台；2. 桥梁墩身；3. 悬臂梁；4. 轴心；5. 上下滑道

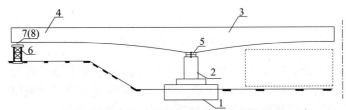

图 5-3 环道与中心支撑相结合双支撑转体（二）
1. 桥梁承台；2. 桥梁墩身；3. 悬臂跨主梁；4. 锚跨主梁；5. 墩顶转铰；
6. 锚跨支撑架；7. 转体滑道；8. 牵引设施

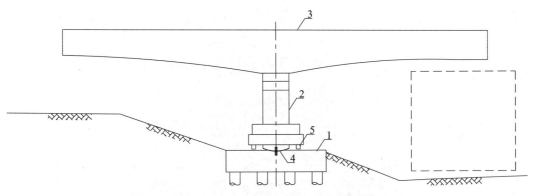

图 5-4 中心支撑单支撑辅以环道转体
1. 桥梁承台；2. 桥梁墩身；3. 悬臂梁；4. 轴心；5. 上辅助撑脚和下环道

2. 转动体系及关键设备

转动体系主要由承重系统、顶推牵引系统和平衡系统三大部分构成。

(1) 承重系统

承重系统依据其转体装置的不同分为两种，一种是环道与中心支撑相结合的双支撑转盘结构；另一种为中心支撑的单支撑式转盘系统。两种支撑系统具体如下：

① 环道与中心支撑相结合的双支撑转盘结构

这种转盘结构是由轴心、中心支撑及环形滑道组成，如图 5-5 所示。

1) 轴心

一般用钢轴或钢管混凝土轴，视转体时两侧牵引力的差值大小而定，轴心作用是控制转动体系的水平方向位置，其横截面剪力应大于牵引力差值产生的剪力，并有足够的

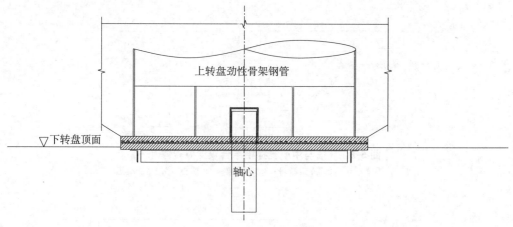

图 5-5 中心轴立面图

安全系数。轴心大部分固定于下转盘中,上半部表面应车光镀铬,外套 10mm 厚的四氟管,四氟管外再套钢管,钢管顶部用钢板封焊。钢管内壁也应车光镀铬,钢管下口与中心上支撑器钢板焊接。在外套钢管支撑钢板中心上焊连接钢筋,并浇入上座混凝土中。转轴顶端与钢管上盖板底面间应留空隙(一般不小于 20mm),以保证自由转动,如图 5-6 所示。

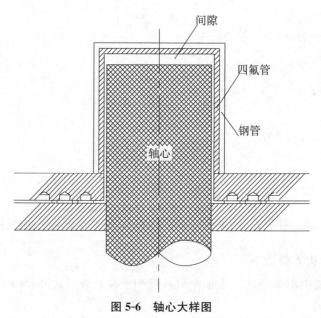

图 5-6 轴心大样图

2) 中心支撑

中心支撑承受重量比例越大,则转体牵引力越小,利于转动;但承重比例过大,常造成上转盘开裂。应综合考虑上述因素,选定承重比例。中心支撑一般为平面接触形式。中心支承直径一般在 0.60~2.00m。

a. 直径在 1.0m 以下的中心支承,可在中心支承混凝土上铺垫厚 5mm 以上的聚四氟乙烯板(一般由多块扇形板组成),聚四氟乙烯板上再设不锈钢板,安装中心支承上座后，将其浇于上转盘混凝土中。转动时由不锈钢板与四氟板接触面产生滑动。

b. 直径较大的中心支承，中心支撑支承下座及上座一般为30～50mm厚表面镀铬钢板。中心支承上座钢板下面宜钻有密布的孔，孔中塞入四氟蘑菇头，并在四氟蘑菇头间涂满黄油四氟粉，其大样如图5-7。中心转动时四氟蘑菇头与镀铬钢板间滑动。

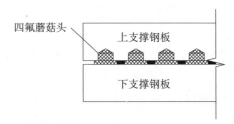

图5-7 中心支撑大样图

3）环形滑道

环行滑道直径一般为转动体系悬臂长度的1/10～1/6。对于偏心荷载较大的桥体结构，其环形滑道直径可依据现场的实际情况进行增大或减少。在下环道混凝土表面敷设弧形镀铬钢板或在平整度较高的钢板上加一层不锈钢板，转动时上环道的四氟板或四氟千岛走板与环道接触面滑动。下环道平整度宜为$D/5000$（D为环岛外直径），使用3m直尺检查平整度，其平整度宜小于1mm。环道表面必须有较高的光洁度，以保证转体顺利。

② 中心支撑的转盘结构

为减小转动牵引力，将转动体系的重心较准确地调整到转动中心，整个转动体系的重量全部由中心支承承受。其直径根据局部承压受力计算确定，一般在150～250cm，顶面设置为部分球形曲面。

中心支撑的转盘结构由于受力较小，一般采用球面铰。球面铰可以分为半球形钢筋混凝土铰、球缺形钢筋混凝土铰、球缺形钢球铰，见图5-8。随着施工工艺及加工工艺的进步，目前球缺形钢球铰的承载力已达到60000kN以上。

一般在支撑面的顶面上涂抹二硫化钼或黄油、黄油四氟粉等润滑剂，使其球盖的内弧面吻合。对于球缺形钢球铰，可采用在下转盘面板上填充聚四氟乙烯滑片，上下面板间再填充黄油与四氟粉的混合物作为滑动系统。

环道和辅助撑脚起到辅助支撑和保险的作用，一般可在上、下转盘环道上均匀设置4个或以上辅助撑脚，必要时可进行支垫，以保证安全。另可临时安装4个千斤顶在环道上，千斤顶上设双层四氟板，当转动体系重心偏移时，千斤顶可受力，但仍可转动。

为控制转动体系的水平位移，在一般桥的中心支承中央埋设一钢轴。

③ 滑板

转动体系的重量，通过上转盘环道或均匀分布于上盘环形道的撑脚传到下滑道上，在上环道下面或撑脚下面，通常设有滑板。

走板通常采用四氟板。四氟板设置于上环道或撑脚与下环道之间，转动时由四氟板和下滑道上的不锈钢板之间发生滑动；这种结构制作简单，费用低，但由于联结性能差，需过程中加强监控。

为降低四氟板移出环道的风险，施工人员使用了一种新的滑板形式（千岛走板），即在上盘环道底面或撑脚底面钢板上，均匀密布钻孔，安装四氟棒（四氟棒在车床上加

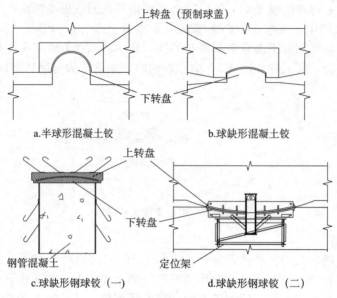

图 5-8 球面铰大样图

工成蘑菇状，其上部尺寸与钢板钻孔同直径，下部大于钻孔直径 5～10mm），并在四氟蘑菇之间抹入黄油四氟粉。

④ 润滑材料

为减小摩阻力，转体施工中常采用的润滑材料为黄油、二硫化钼、黄油四氟粉、硅脂等。

(2) 牵引系统

转体牵引系统通过牵引装置在上转盘上对转轴产生一对牵引力偶以克服转动摩擦阻力，从而达到桥体转动的目的。

目前所采用的转动牵引系统依据设备的不同有两种形式。一种主要的设备配置由卷扬机、倒链、滑轮组、普通千斤顶等机具组成（如图 5-9）。另一种主要的设备配置由液压千斤顶、张拉钢绞线等机具组成（如图 5-10），该种设备配置的特点是液压千斤顶能同步进行张拉牵引，具有同步、均速、平稳、一次到位、结构紧凑、占地少、施工方便等特点。

(3) 平衡系统

在梁体转体过程中为防止桥体在转动过程中产生倾覆设置的辅助预防设施称之为平衡系统。

平衡系统一般为设置于上转盘上的保险滚轮、圆形撑脚等设施。平衡系统布置于滑道之上，其与轴心均匀对称布置，布置数量宜不少于 4 个，平衡系统与滑道之间的间隙宜为 5～20mm。

3. 转体设计施工计算

(1) 转动体系重心验算

若采用中心支撑的转盘结构施工，需根据重心计算的数据进行相应配重的设置，以保证转动体系的重心调至转盘轴心位置，使转动体系处于平衡状态；若采用环道与中心支撑相结合的转盘结构转体施工，需对转动体系的重心进行计算，作为中心支撑点及环道支撑点的作用力计算的依据。

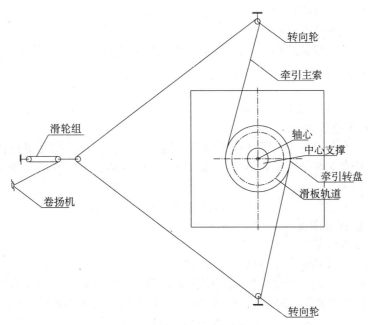

图 5-9 卷扬机牵引系统布置示意

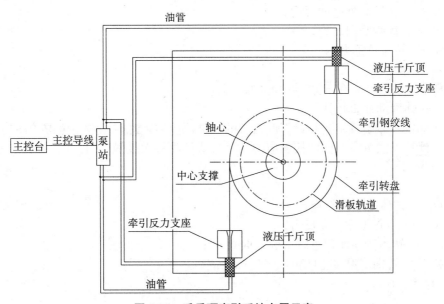

图 5-10 千斤顶牵引系统布置示意

转动体系的重心按力矩平衡原理求得，如式（5-1）：

$$x = \sum M / \sum P \tag{5-1}$$

式中，x——转动体系重心距转盘中心点的距离，m；

$\sum M$——转体结构对转盘中心点的力矩，kN·m；

$\sum P$——转动体系总重力，kN。

(2) 承重系统竖向荷载计算

① 中心支撑的转盘结构

对于中心支撑的转盘结构,其竖向荷载均由中心支撑承受,理论上滑道处不受力。其中心支撑处的竖向荷载如式 (5-2):

$$N_1 = G \tag{5-2}$$

式中,N_1——中心支撑处竖向反力;
  G——转体总重力;

滑道处在理论上不受力,但实际上施工可能有偏心,实际上滑道处可能受力,根据经验可按每个滑道支点处承受转体重力的 5% 来验算支架、滚轮或滑道支墩、四氟板的强度,如式 (5-3):

$$N_2 = G \times 5\% \tag{5-3}$$

式中,N_2——撑脚竖向反力;
  G——转体总重力;

② 环道与中心支撑相结合的双支撑转盘结构

对于环道与中心支撑相结合的双支撑转盘结构,考虑环道与中心支撑共同受力。若 $e=0$,参照中心支撑的转盘结构进行竖向支撑力的计算。具体如式 (5-4)、式 (5-5)。

$$N_1 = G - N_2 \tag{5-4}$$

$$N_2 = G \times e / R_1 \tag{5-5}$$

式中,N_1——转轴心处竖向反力;
  N_2——撑脚竖向反力;
  G——转体总重力;
  e——偏心矩;
  R_1——撑脚中心线至转动中心的距离。

(3) 转体滑动面直径计算

轴心球铰转体装置主要是计算底盘铰的局部压应力,此时一般不考虑铰内构造钢筋的作用,计算方法可参照球面接触应力计算公式计算最大接触应力。

$$D \geqslant 2\sqrt{\frac{N_1}{\pi \times K \times f_{ck}}} \tag{5-6}$$

式中,D——转体滑动面直径;
  N_1——中心支撑竖向反力;
  K——转体滑动面积折减系数,取 0.65;
  f_{ck}——转轴下混凝土的抗压强度标准值。

4. 牵引力计算

(1) 自平衡重转体

转体处于平衡状态,撑脚与滑道不接触。转体处于平衡状态,当施加的外力偶矩大于球铰处静摩擦力产生的阻力力矩时转体发生转动,为使连续千斤顶加力均匀,转体发生转动时匀速转动,外力偶矩由牵引力偶矩及助推力偶矩组成。转体的牵引力应有一定的富余。

① 牵引力计算:

$$T_1 = \frac{2 f_1 G R}{3 D_1} \tag{5-7}$$

② 助推力计算:

$$T_2=\frac{2f_2GR-2f_1GR}{3D_2} \tag{5-8}$$

式中，T_1——平转牵引力，kN；
　　　G——转体总重力，kN；
　　　R——铰柱半径，m；
　　　D_1——牵引力偶臂，m；
　　　D_2——助推力偶臂，m；
　　　f——摩擦系数，无试验数据时，可取静摩擦系数 f_2 为 0.1～0.12，动摩擦系数 f_1 为 0.06～0.09。

(2) 不平衡重转体

转体结构自重不平衡，失去平衡时，撑脚与滑道接触。

牵引力计算：

$$T_1=(M_1+M_2)/D_1 \tag{5-9}$$
$$M_1=2/3\times R\times G\times f_1 \tag{5-10}$$
$$M_2=N_2\times R_1\times f_2 \tag{5-11}$$

助推力计算：

$$T_2=\frac{(M_{j1}+M_{j2})-(M_1+M_2)}{2\times R_1} \tag{5-12}$$
$$M_{j1}=2/3\times R\times G\times f_{j1} \tag{5-13}$$
$$M_{j2}=N_2\times R_1\times f_{j2} \tag{5-14}$$

式中，T_1——平转牵引力；
　　　D_1——牵引力偶臂；
　　　R——铰柱半径，m；
　　　M_1——转体滑动面动摩擦力产生的阻力力矩；
　　　M_2——撑脚处动摩擦力产生的阻力力矩；
　　　G——转体总重力，kN；
　　　N_2——撑脚竖向反力；
　　　f_1——转体滑动面动摩擦系数；
　　　f_2——滑道处动摩擦系数；
　　　T_2——平转助推顶力；
　　　M_{j1}——转体滑动面静摩擦力产生的阻力力矩；
　　　M_{j2}——撑脚处静摩擦力产生的阻力力矩；
　　　f_{j1}——转体滑动面静摩擦系数；
　　　f_{j2}——滑道处静摩擦系数；
　　　R_1——撑脚中心线至铰中心的距离。

实际施工过程中，所配置设备的牵引力应为计算牵引力的 1.5～2 倍。助推力和牵引力一样应大小相等、方向相反，形成力偶。

(四) 转体施工

1. 转体施工流程

有平衡重转体施工主要工作内容包括承重系统的底盘及滑道制作、上转盘制作，牵

引系统的布置安装、桥体预制、转体施工、转盘封固及合龙施工等关键工序,其基本流程如下:

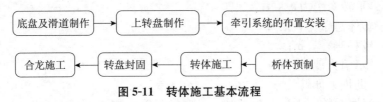

图 5-11　转体施工基本流程

2. 底盘及滑道制作

底盘设有轴心(磨心)和环形轨道板,轴心起定位和承重作用。磨心一般采用平面钢板、混凝土球铰、球缺形钢铰等形式。

对于混凝土球铰一般按常规工艺进行钢筋及混凝土施工,在混凝土终凝前,将混凝土表面刮制成球面;在混凝土强度达到要求后,对混凝土球面进行测量、打磨;对于球缺形钢铰及平面钢板铰一般在工厂进行加工,对接触面打磨光滑。

现场安装时采用定位架进行定位安装。在磨心施工前需在其下预埋型钢定位架,以确保磨心的定位准确。在磨心下侧的混凝土应分次进行浇筑,首先将型钢定位架预埋于混凝土内,再浇筑磨心正下方的混凝土,必要时可在磨心底部预留压浆通道进行压浆处理以确保磨心底部混凝土的密实。轴心与平面钢板或球缺形钢铰同步进行安装,定位时要反复校对,以确保其定位准确。

磨心顶面上的球缺形钢铰及盖板要精细加工,与上转盘球盖的磨和面积应达 70% 以上;钢铰与钢管焊接时,需交错间断焊缝并辅以降温措施以防止变形。球面转盘需圆顺,安装允许偏差为 ±1mm。

环道与磨心采取类似的工艺施工,环道转盘应平整,安装允许偏差为 ±1mm。可在环道表面设置一层 3~5mm 厚不锈钢板,以减小环道和走板之间的摩擦力。

3. 上转盘制作

对于混凝土球铰一般在下转盘施工完成后,再在其上铺设底模预制球盖,待球盖混凝土达到设计强度的 80% 后,吊起球盖拆除模板,用洗涤剂清洗下转盘球盖表面,然后放下球盖,将球盖与下转盘进行磨合。在磨合过程中,应注意磨合情况。当磨合面手感很光滑或磨心的磨合面积>70%时,可不再进行磨合。在球盖的四角设四个点测其标高,然后将磨盖旋转 45°、90°、135°、180°,分别测各点的相对标高,如果每个方向的标高误差<5mm,可不再进行磨合,否则仍需进一步的磨合。磨合完成后,吊起球盖,将磨合面清洗干净,在其表面涂黄油等润滑剂,再放下球盖,进行球盖以上桥体的施工。

对于球缺形钢铰及平面钢板铰一般在工厂进行加工,对接触面打磨光滑。在磨心及环道制作完成后,在磨心顶面安装四氟板或四氟蘑菇头及钢板等部件,并在其接触面涂以二硫化铜或黄油四氟粉等润滑剂。盖好上铰盖并焊上锚筋,绑扎上盘钢筋,预留浇筑封盘混凝土的孔洞。

上下转盘安装到位后,应再次转动球盖,确保转动自如。

对于中心支撑的转盘结构,若环道上采用滚轮支撑,宜在滚轮下面垫有 2~3mm 厚的小薄铁片,当上盘一旦转动后即可取出此铁片;若环道上采用钢管混凝土撑脚,需在撑脚底部布置楔块，此楔块高度宜为2～20mm，当上盘一旦转动后即可取出。

对于环道与中心支撑相结合的双支撑转盘结构，需在上环道底部位置安装四氟板或四氟蘑菇头及钢板等部件，并在其接触面涂以二硫化铜或黄油四氟粉等润滑剂。然后在其上立模浇筑混凝土。

在以上工作完成后，即可浇上盘混凝土。

4. 布置牵引系统，进行试转

转体的牵引索可采用钢绞线或高强钢丝束，其一端引出，另一端应绕固于上转盘上，牵引动力可采用液压千斤顶等。

要求主牵引索基本在一个平面内。上转盘混凝土强度达到设计要求后，在上转盘前方或后方梁体端部配临时平衡重，把上盘重心调到轴心处，然后进行试转，试转的目的在于可试验检查整个转动牵引系统；同时测试上下盘之间的动摩擦系数大小，为正式转体施工提供参考数据。为了使牵引系统能够供正式转体时使用，布置转向轮时应使其连线通过轴心且与轴心距离相等，形成力偶。

5. 桥体预制

6. 转体施工

(1) 转前检查如下：

① 检查转体范围内各种障碍物。

② 通过称重主要检查桥体的自平衡状态，确定转体的稳定力矩。对于中心支撑的转盘结构，通过调整桥体上配重，确保其转体的重心位于中心支撑之上。

③ 观测与记录上转盘及结构各主要受力部位的裂纹、变形、位移状况。

④ 检查与记录转体牵引系统的工具、锚具及反力锚碇的情况。

(2) 启动，可采用钢索牵引或千斤顶启动。若采用钢索牵引时，先用千斤顶直接顶推启动后，再用钢索牵引转动，以防止静摩阻力与动摩阻力的差值所引起的冲击。

(3) 转动，在转体过程中，要求转速均匀，避免加速度过大而引起冲击。转动牵引力常为对称布置，应注意两力的同步。

转动角速度不宜大于0.01～0.02rad/min或桥体悬臂端的线速度不宜大于1.5～2.0m/min。采用钢绳牵引转动时，应在千斤顶直接顶推启动后再进行。

(4) 转体就位，结构旋转到距设计位置约5°时应放慢转速，改用手动控制牵引千斤顶；距设计位置相差0.5°时，可停止外力牵引转动，借助惯性就位。为保证转体就位正确，预埋限位型钢且加橡胶缓冲垫，即使发生转体过位，还可以利用下转盘保险脚、型钢反力座，用千斤顶反推就位。

(5) 纠偏，包括平面纠偏和高差纠偏，并宜先调整平面，再调整高差，并反复校和。

平面纠偏主要以梁体轴线测量偏差控制，要求合龙口两端轴线偏差不超过±20mm。具体调整宜利用布置在下转盘上的螺旋式千斤顶，顶推上转盘，手动调节。

竖向纠偏可通过在悬臂端施加配重或在转盘处用千斤顶升，直至合龙口两端的梁体端部高程满足设计要求。

平面纠偏和竖向纠偏应相互结合，反复校和，直至轴线、高程误差满足规范和设计要求，开始锁定梁体，进入下到工序。

(6) 转体过程监测。采用动态位移测试法获得每对撑脚处在转体过程任一时刻的竖向位移值，以确定转体过程中任一时刻梁体有可能发生的竖向刚体位移。通过检测指导调整转动梁体，由于不平衡力矩或其他偶发因素可能导致的梁体倾斜量。

（7）转体加速度和速度检测。采用拾振仪测试梁端的竖向位移振幅，以悬臂端竖向抖动程度（可能出现的急起、急停情况）检测转体过程中梁体的线加速度和线速度。

7. 转盘封固

桥体就位后，应立即将合龙口两端的梁体悬臂端部临时固定，并连接上下盘钢筋、钢件及剪力加强设施，浇筑封盘混凝土，将盘封固整体化。封盘混凝土宜采用微膨胀砼。封盘混凝土的坍落度宜选用8～12cm。要求上下盘间混凝土浇筑振捣密实。

8. 合龙施工

转体合龙应在当日最低温度时进行。当合龙温度与设计计算温度相差较大时，应考虑温度差带来的影响，修正合龙高程。采取措施合龙后焊接接头钢筋，浇筑接头混凝土。合龙应严格控制桥梁上部结构的高程和线形，使其满足规范及设计要求。

二、预应力钢筋混凝土桥梁顶推施工技术

顶推法的构思来源于刚梁纵向拖拉法，它用千斤顶取代了传统的卷扬机滑车组，用板式滑动装置取代滚筒，这一取代使施工方法得到了发展和提高。

当前，随着新型城镇化进程的加快和经济社会发展的转型升级，桥梁工程大量增加。在桥梁建设中，顶推法施工技术比其他方法具有一定的优势。

国内已经建成的顶推桥顶推方式除少数桥为单点顶推外，大多数桥为多点顶推，多点顶推法是我国中等跨度连续梁施工架设的重要方法。除直线梁顶推外，还完成了平面及竖向圆曲线箱梁和变高度箱梁的顶推施工。从顶推动力装置看，除少数桥上采用水平加竖直千斤顶及其专用滑道外，大都采用，专用的水平千斤顶及其带动锚固于箱梁腹板或底板上的刚性拉杆（粗钢筋传力副或精轧螺纹钢）的方式。箱梁支点多采用不锈钢滑道和由橡胶、聚四氟乙烯板合成的滑块，有的桥也采用了永久支座顶板镶不锈钢兼作滑道的。

（一）顶推法施工的技术原理及方法

1. 施工原理

顶推法施工原理是沿桥纵轴方向的台后设置预制场，分阶段预制梁体，纵向预应力筋张拉后，通过水平千斤顶施力，借助滑道、滑块，将梁逐段向前顶推，就位后落梁，更换正式支座。

单点顶推的原理可用下述数学表达式表示

当集中的顶拉力 $H > \sum R_i(f_i \pm \alpha)$ 时，梁体才能向前移动。

$$H > \sum R_i(f_i \pm \alpha) \tag{5-15}$$

式中，R_i——第 i 桥墩或桥台滑道瞬时的垂直反力；

f_i——第 i 桥墩或桥台支点相应的静摩擦系数；

α——桥梁纵坡坡率，上坡顶推为"＋"，下坡顶推为"－"。

这个表达式的物理意义是把顶推设备分散于各个桥墩或桥台、临时墩上，分散抵抗各墩水平反力。如果千斤顶施力之和小于所有墩水平摩阻力与梁的水平分力之和，则梁体不动。

2. 施工方法

顶推法施工的关键是在一定的顶推动力作用下，梁体能在滑道装置上以较小的摩擦系数向前移动。施工实测资料表明，聚四氟乙烯板和不锈钢板之间的摩擦系数一般为 0.04~0.06，静摩擦系数比动摩擦系数大些。

(1) 按顶推动力装置分

① 单点顶推

顶推动力装置集中设置在靠近梁场的桥台或桥墩上，支座在纵向滑道上的垂直千斤顶和支承在墩（台）背墙的水平千斤顶联动，能使梁体以垂直千斤顶为支承向前移动。如图 5-12 所示。

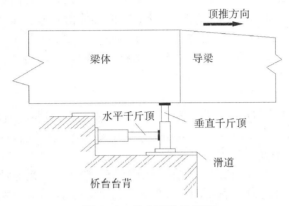

图 5-12 单点顶推示意图

另一种单点顶推的方式是水平千斤顶通过拉杆带动梁体前移，滑道为固定的不锈钢板，滑块在滑道上支承梁体，在滑道前后设置垂直千斤顶用来起落梁体使滑块能从前向后移动，这是早期做法。后来把滑道前后作为斜坡，滑块可以手工续进，就不必使用垂直千斤顶顶起梁体后移动滑块了。

② 多点顶推

由于单点顶推存在一个严重缺点，就是在顶推前期和后期，垂直千斤顶顶部同梁体之间的摩擦力不能带动梁体前移，必须依靠辅助动力才能完成顶推。此外，单点顶推施工中，没有设置水平千斤顶的高墩，尤其是柔性墩在水平力的作用下会产生较大的墩顶位移，甚至威胁到结构的安全。为了克服单点顶推的这些缺点，便产生了多点顶推法。

多点顶推法的优点是任何阶段都能提供必需的顶推动力，在顶推过程中水平千斤顶对墩台的水平推力同梁体作用在墩台上的摩擦力相平衡，有利于柔性高墩的安全。但是必须保证多台千斤顶同步工作，而且可以分级调压，使作用在墩顶的水平力不超过设计允许值。

多点顶推的动力装置都采用穿心千斤顶、钢绞线束、自动工具锚体系。其滑道除个别工程利用盆式支座等形式外，一般采用图 5-13 所示的方式。

(2) 按支承系统分

① 临时滑道支承装置顶推施工。

在永久墩台和临时墩顶设置临时滑道装置进行顶推，待梁体就位后起梁，取掉滑道，更换支座，落梁。这是一项复杂的工程，起梁和落梁必须有设计程序，确保梁体的安全。永久墩台的支座垫石顶面标高必须符合设计要求。我国大部分顶推施工的桥梁都是采用这种方法。

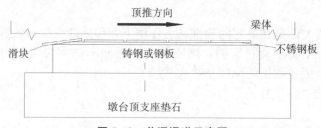

图 5-13　普通滑道示意图

② 永久支承兼用滑道的顶推施工。

在条件适当的桥梁顶推施工设计中，把永久支座做必要的临时处理，使其成为临时滑道，当顶推结束后，起梁、拆除临时的滑道，把梁体落在永久支座上。国外的（RS）施工法，由于采用很薄的不锈钢带（0.6mm）和橡胶（3mm）组成的连续滑板，像放映电影胶片一样自动循环，可以取消起梁、落梁的复杂工序，简化施工。

(3) 按顶推方向分

① 单向顶推

单向顶推即只在桥的一端设置制梁台座，分段预制，逐段顶推，直到全桥就位。对于多联的连续桥梁，顶推时，必须把两联之间临时连接起来，全桥就位后，再取消临时连接。

② 双向（相对）顶推

在桥的两端台后均设置制梁台座，同时分段预制梁体，逐段顶推。这种顶推方式必须解决两联梁体即将到位时，导梁的处理问题。通常的解决方式是第一联首先按常规方法就位，第二联顶推到适当位置时，把导梁移至梁顶部，使第二联导梁在第一联梁体顶面滑移。这种方法需要的设备多，只在桥梁较长、工期很紧张的情况下考虑采用。

(4) 按动力装置的类别分

① 步距式顶推

我国大部分顶推桥梁均采用穿心千斤顶、钢绞线束、自动工具锚、拉锚器体系作为顶推动力装置。为了使多台千斤顶同步运行，采用主控台控制各个泵站操纵千斤顶，即可集中控制，又可分级调压，也可以限定差值（各墩台设计允许的水平推力与施加给各墩台的不平衡推力之差）。但是，由于步距式顶推是以水平千斤顶的工作行程为一个顶推步距，当水平千斤顶回程时，梁体便停止前移。对于墩台而言，每一个顶推步距都将经历从静摩擦到动摩擦再到停止的过程，墩台顶部的位移也随之从零→最大→较小→零这样周而复始的变化，同时，每当顶推力克服了静摩擦力时，梁体便突然前移，而由于动摩擦力比静摩擦力小，水平千斤顶的油压随之下降，梁体前移速度也随之减慢，这就是梁体爬行现象。它对柔性高墩的安全存在严重威胁，因此，出现了连续顶推新工艺。

② 连续顶推

自从长沙湘江北大桥西延铁路刘家沟大桥采用串联穿心千斤顶、钢绞线束、自动工具锚、拉锚器体系实现了连续顶推以后，许多桥梁顶推施工都采用这一新工艺。它通过连续千斤顶的连续工作，使一段梁体的顶推作业连续进行，避免了步距式顶推时梁体的"爬行"现象及对墩台的反复冲击，同时也提高了顶推效率。

(5) 按箱梁节段的成型方式分

① 预制组拼，分段顶推。

在墩（台）后设置制梁场、存梁场、拼梁线，按照设计顶推单元划分，将顶推单元分成若干个块件预制,在拼梁线上组拼,张拉预应力形成整体后顶推的施工方法。当后台场地条件好,具备运输和就地拼装能力,工期要求紧迫时,设计和施工方案可以考虑预制箱梁节段、墩(台)后拼装、分阶段顶推的施工方案。

② 逐段预制,逐段顶推

在墩(台)后设置制梁平台,将连续梁分为若干个节段,按照设计顶推单元划分,每一个顶推单元为一个预制的基本节段,依次在制梁台座上制作,在墩顶设置顶推滑道、顶推千斤顶,通过各千斤顶出力,牵引顶推传力拉索带动梁体在滑道上向前移动,前段梁顶出台座后,在台座上接灌下梁段,将梁逐渐向对岸顶推。

(二)顶推关键技术

1. 制梁台座和节段的制作

制梁台座为预制箱梁节段和顶推作业的过渡场地。台座上一般设有可升降的活动底膜架和不动的台座滑道。与制梁台座相配套的还有预应力钢束穿束平台、钢筋绑扎平台、测控平台及必要的吊装设备。这些设施使梁段制作具有明显的工厂化生产特点,从而有效地保证了箱梁的施工质量。

梁体节段的预制周期制约全桥的施工工期。顶推节段长度一般为10~25m,又以16~20m居多。每联箱梁除首尾两节外,中间各节段长度均相等。顶推施工进入正常后,节段作业循环周期一般在7~15d。我国预制周期的记录已达到7d。这要求模板设计时,外模必须是大块整体式,内膜是可以整体拖出并整体推进的装备化机械化形式,还必须考虑蒸汽养生条件。

(1) 制梁台座位置的选择

制梁台座位置选择的原则主要有以下几个方面:首先,必须保证墩台后端梁体在顶推过程中的总体稳定和抗倾覆安全,使梁段在预制场地范围内逐步顶推到标准跨。其次制梁台座的位置应尽量地向前靠,充分利用永久墩、台基础和墩身,少占引桥或引道位置,减小顶推工作量,避免顶推到最后时梁的尾端出现长悬臂;最后除必须使顶推梁体尾端的转角为零,以保证梁体线性一致外,还应考虑拼装导梁的场地。

(2) 制梁台座的结构形式

制梁台座的主要功能是预制梁体节段时,能保证梁体线形与已经顶推出去的梁体完全一致,而在顶推时,不需要顶起梁体就可开始顶推。这就要求制梁台座必须设置滑道、滑块、具有升降功能的活动底模板;具有侧模板、端模板立模与拆卸的灵活装置。预制台座基础应根据地质、水文条件,选择合理的基础方案,必要时平台基础宜采用临时桩基础,防止在浇筑和顶推梁体时发生沉陷,影响预制梁段的接长或梁体的顶推。

预制台座的构造布置可分为两部分:一部分为箱梁预制台座,即在基础上设置钢筋混凝土立柱或者钢管立柱,立柱顶面用型钢联成整体,直接支撑预制模板,只承受垂直压力,顶推前降下模板,脱离梁体;另一部分为预制台座内滑道支撑墩或整体滑道梁,在基础上立钢管或钢筋混凝土墩身,纵向联成了整体,顶上设滑道,梁体脱模后,承受梁体重力和顶推时的水平力。预制台座一般采用刚性设计,台座结构形式宜采用梁柱式结构或整体框架结构,刚度、强度满足顶推施工的技术要求,表面平整、标高准确,不得发生沉降。

2. 临时墩

由于支点负弯矩的增加与跨度的平方成正比,在箱梁截面和预应力钢束强度有限的情况下，当跨度增加到一定限度时，预应力钢束就没法布置了，所以 PC 梁采用顶推法施工有个"适用跨度"的问题。提高适用跨度的途径之一是设置临时墩。在连续梁的跨度大于顶推跨度时，宜设置中间临时墩，在不设临时墩时，为满足安装钢导梁和连续梁前期顶推抗倾覆的要求，在制梁台座前和连续梁第一跨内设临时墩，作为顶推施工的过渡段，保证梁体线形与已经顶推出去的梁体完全一致，避免大梁从制梁台座上顶推出去以后，与接灌的下一梁段出现大的转角。

临时墩应能承受顶推时的最大竖向荷载和最大水平摩阻力引发的变形。在此原则前提下，尽可能降低造价，便于拆装。为提高临时墩的稳定性，防止临时墩在箱梁顶推过程中产生较大的水平位移，保证顶推安全，将临时支墩与相邻的主桥墩和制梁台座进行撑拉连接，用水平或斜拉钢绞线束临时加固，如图 5-14 所示。

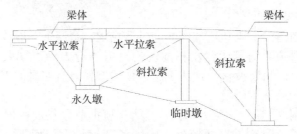

图 5-14　临时墩加固示意图

3. 导梁

导梁设置在主梁前端，可为等截面或变截面钢板梁，导梁结构必须通过设计计算。从受力状态分析，导梁的控制内力是导梁与箱梁连接的最大正弯矩、负弯矩和下翼缘的最大支点反力。国内外的施工经验表明导梁长度一般为顶推跨径的 0.6～0.7 倍，较长的导梁可以减小主梁的负弯矩，但过长的导梁也会导致导梁与箱梁连接处负弯矩和支反力的相应增加，合理的导梁长度应是主梁最大悬臂负弯矩与使用状态支点负弯矩基本接近。导梁的刚度宜选主梁刚度的 1/9～1/5，它对主梁内力的影响远较其长度对主梁内力的影响为小。导梁的刚度在满足稳定和强度的条件下，选用较小的刚度及变刚度的导梁，将在顶推时减小最大悬臂状态的负弯矩，使负弯矩的两个峰值比较接近。此外，在设计中要考虑动力系数，使结构有足够的安全储备。为减轻自重最好采用从根部至前端为变刚度或分段变刚度的导梁。

导梁和主梁端部的连接，一般是在主梁端的顶板、底板内预埋厚钢板或型钢伸出梁端，再与拼装成型后的导梁连接，埋入长度由计算决定，一般不宜小于导梁高度。主梁端部一般设有横隔板，并在主梁内腹板加宽成异形段，为了防止主梁端部接头混凝土在承受最大正弯矩、负弯矩时产生过大拉应力而产生裂缝，必须在接头附近施加预应力，导梁与箱梁用预应力筋进行锚接。连接的预应力筋应注意在箱梁内错位锚固，宜采用无粘结筋，避免压浆管道占用空间影响混凝土的浇筑质量。

导梁底缘与梁体底缘应在同一平面上，顶推时，导梁前端将要达到桥墩时，会产生很大的挠度，无法爬上滑道，导梁前端设一上悬的缺口，当导梁"鼻子"走到滑道上方时，用事先在滑道上的千斤顶将导梁顶起，并带动千斤顶下方的滑块一起向前滑行，待导梁下缘升到滑块高度后，再落下千斤顶，使导梁就位正常运行。或将导梁前端底缘设计成呈向上圆弧形，以便导梁上墩时，能起过渡作用。

4. 滑动装置

墩顶滑道一般采用单滑道板形式。滑道板为一块整钢板，置于滑道垫块钢架之上，该种形式的滑道，能很好的承受各向作用力，而且标高容易控制，拆除也非常方便。近几年，台座滑道采用了一种连续梁式的整体滑道，它是通过在滑道梁上铺设滑道板形成的。整体滑道构造为活动底模板＋滑块＋滑道板＋滑道梁＋重轨支座。如在支座上设置滑道顶推，其永久支座需在厂家做特殊处理，即施工时上、下部临时固定，以承受顶推的水平摩阻力，然后在永久支座纵向两边设垫块，上面盖一块厚40mm钢板做盖板，再设置滑道。箱梁顶推到位后，将梁顶起，拆开盖板及滑道，解除支座上临时约束，恢复支座设计功能，完成落梁工序。

滑道垫块是用来代替支座的临时垫块，因此必须保证滑道顶面标高与落梁后梁底面标高一致，垫块平面应为长方形，比滑道尺寸稍大，纵向坡度应与桥纵坡一致，滑道垫块一般采用钢板组焊成一个长方形盒，内布钢筋网，并用高强度混凝土填实，以保证垫块外形尺寸和强度。滑道垫块应固定在支座垫石上，以免因水平摩阻力拖动垫块钢架，可用螺杆固定或在垫石的顶面预埋钢板焊接固定，也可采用在滑道出口处垫石顶面设一挡块，滑道进口焊接一根挂铁固定，便于拆除。

滑道板一般用铸钢或钢板制作，面铺不锈钢板，主体钢板厚度应在40mm以上，不锈钢板表面粗糙度 Ra 小于 $5\mu m$，滑道板横向宽度应为滑块宽度的1.1倍以上。滑道纵向长度应根据滑道反力所需最少的滑板数量确定，滑道板前后端各有一段斜面，以便于滑块的喂进和吐出。滑道进口30cm范围应设圆弧，与梁底交角 $2°\sim3°$，不可用折线衔接，以避免滑块在滑移受压过程中发生线状接触因集中应力而变形，压坏滑块。滑道出口也宜设圆弧段，可比进口段短平。滑道横向宽度由箱梁腹板和底承托的宽度确定，滑道板的纵向长度由最大垂直反力和滑道设计承压应力确定。滑道板的有效长度应能保证滑块在顶推过程中承受的最大压力不超过8MPa，以免造成滑块变形过大和损伤。

滑块实际上就是板式橡胶支座，面上贴一层聚四氟乙烯板，喂滑块时聚四氟乙烯板面朝下与滑道接触，另一面朝上与梁底接触。当梁体向前行进时，带动滑块一起前进，聚四氟乙烯板便在不锈钢板上滑行。当滑块滑到滑道的尽头时，便从前端掉下来，此时应将它拾起来拿到后端重新喂进去，这样滑块不断吐出、喂进，周而复始，梁体便可继续向前滑行。

滑板可根据实际需要在厂家预定制作，滑块表面涂铅粉或硅脂以减少顶推摩阻力，聚四氟乙烯板与不锈钢板的静摩擦系数可按0.07～0.08选用，动摩擦系数可按0.04～0.05选用，摩擦系数与滑道表面的光洁度有关，光洁度越高，摩擦系数越小，摩擦系数随压强降低而增大，摩擦系数随荷载压在聚四氟乙烯板上的滞留时间的增长而增加。当顶推荷载恒定时，如滑动速度太快，可能导致金属滑道摩擦生热起火，从而降低或破坏四氟板的力学性能，甚至使其微粒分离，烧结成块。故在选择千斤顶时，顶推速度应控制在15～20cm/min。

目前顶推使用的滑板支座均按九侧限计算，滑板的面积按容许应力8MPa和可能发生的最大反力计算决定，根据梁腹板与底板的承托宽度确定滑板横向宽度及纵向所需滑板块数和滑道长度，滑板的厚度约为24mm，不宜太薄，需要一定厚度以调整滑道顶面标高及梁底施工误差；滑板也不宜太厚，以免容易损坏和增加施工成本。

5. 顶推导向及纠偏

为了控制梁体在顶推过程中的中线始终处于设计范围内，横向导向装置是必须设置的，尤其在圆曲线上顶推，横向导向装置显得更加重要。纠偏器装在预制台座前临时墩的两旁，且固定一对，以控制每段梁尾端的横向位置，保证梁尾与预制模板正位接头，在梁的前进方向设置纠偏装置，纠偏装置可视梁的行进交替前移。顶推时，应做好横向偏差观测，主要观测主梁和永久墩的弹性横向位移。

（1）被动导向装置。

当梁体横向移位时，可采取楔块挤压法纠偏。楔块靠近墩顶锚锭的部分是固定的，靠近梁体的半块同梁体之间设置橡胶板随梁体前移，楔块的斜面非常光滑，当梁体前移时，梁体就会被挤向图标方向。

（2）主动导向装置。

当梁体偏移较大或被动导向无效时，可采取主动纠偏方法。纠偏装置由防偏支架、纠偏滚轴及水平丝杠顶组成，用型钢作为防偏支架，成对安装于箱梁两边垫块钢架上，并用螺栓连接，当需要调整主梁轴线时，用丝杠千斤顶调整纠偏滚轴与主梁侧面的距离，梁体顶推时，手动施压，用水平丝杠顶住纠偏滚轴，滚轴贴在梁腹上，强迫梁体纠偏。

6. 顶推动力装置

顶推动力装置由千斤顶、高压油泵、拉杆（束）、顶推锚具（自动工具锚、拉锚器）组成。顶推动力一般使用水平千斤顶或自动连续千斤顶及其配套的普通高压油泵或专用的液压站作为动力装置，拉杆体系最早使用精轧螺纹钢，以后逐渐采用高强钢丝束、钢绞线束群锚体系，拉锚器的施力位置由拉箱梁腹板两侧逐渐过渡到拉箱梁底板的方式，并由穿过箱梁顶、底板布设笨重的传力型钢演变为仅在箱梁底板中心线预留孔插入牛腿式钢块拉锚器。拉锚器的间距应能保证墩上千斤顶有施力点和便于主墩上千斤顶统一更换拉索以提高顶推工作效率。

7. 顶推动力计算和设备配置

当顶推箱梁的各个主墩和临时墩的施工阶段反力 F_i 和摩擦系数 f 已知后，即可计算出必须的顶推动力，从而确定顶推千斤顶的数量，并将各千斤顶按逐墩布顶的原则，布置在各主桥墩上。各顶推千斤顶通过液压站，在主控台的集中控制下，同时启动、同时停止，实现顶推的集中控制和同步运行。

总顶推动力如式（5-16）：

$$H = K \sum R_i f_i \pm GI \tag{5-16}$$

式中，K——安全系数，$K=1.5\sim2.0$；

R_i——墩台滑道的垂直反力；

f_i——相应的静摩擦系数；

G——箱梁总重力；

I——顶推坡度，上坡取"+"，下坡取"-"。

8. 箱梁起落和支反力调整

落梁工作是全梁顶推到位后将梁安置在设计支座上的工作。施工时应按营运阶段内力将全部未张拉的预应力束穿入孔道进行张拉和压浆，拆除部分临时预应力束，并进行压浆填孔，再用竖向千斤顶举梁，取出垫块和滑道，安装永久支座，最后松千斤顶，将全梁落在设计支座上。为使落梁后梁的受力状态符合自重弯矩和反力，落梁时应以控制支座反力为主，适当考虑梁底标高。

梁体起落高度的控制与测量的操作程序如下：

（1）分级调压：根据设计支点反力的 0.3、0.5、0.7、0.8、0.9、0.95、0.975、1.00、1.015、1.030、1.045……倍作为分级调压的油压控制值；

（2）油压限时：每升一级压力的操作时间不短于 10min，且在每级压力上持压 5min，以保证有足够的时间使梁体进行内力传递和分配，减小直至消除梁体变形"滞后"现象带来的影响；

（3）高差限位：通过百分表可以测得油压读数时刻梁体的实际起落高度，以决定持压时间及是否进行下一级的加压操作。

（三）顶推施工中存在的问题

1. 防开裂问题

由于种种原因，顶推法施工的连续梁有过开裂的情况，开裂通常表现为纵向裂缝，主要分布在箱梁底板与腹板相交的两边滑动的承托部位、箱内腹板与底板转角处、在底板底面后期纵向预应力空管道处。在总结经验教训的基础上，施工中采取如下一些措施，例如加强导梁与梁体的联结，保证梁底的平整度；严格控制各滑道高程误差及滑道、滑板的尺寸；设置体外明筋临时束；适当增加箱梁的构造钢筋等（底板底层钢筋直径加大，减少钢筋间距，箱梁底承托部位采取立体三向布筋，梁端预应力束锚固截面纵向 1m 范围内增加弯钩钢筋，加强底板、腹板、顶板两层钢筋的连接，增强整体性，来承受预应力的轴向作用），以控制顶推中梁体裂缝的产生。

2. 关于箱梁"爬行"问题

梁体"爬行"现象，即被顶推的箱梁每前进 5~10mm 即停顿 0.5~1s，千斤顶油压摆动 1~2MPa，如此反复，工作人员也能明显感觉到桥墩的摆动，并伴有不适和担忧感。

梁体的"爬行"现象是一个比较复杂的问题，它同梁体与滑道间动、静摩擦系数的交替变化及桥墩刚度和拉杆（索）的弹性模量等因素有关，这些因素共同或部分发生作用都有可能引起梁体"爬行"。"爬行"的危害是不言而喻的。虽然迄今还未发现因"爬行"现象而引起墩台和梁体的破坏，但这种不安全因素的确是存在的。采用自动顶推锚具和连续顶推新工艺可在一定程度上减少"爬行"现象。

3. 关于滑板损坏的问题

在顶推施工中，滑板损坏相当严重，因作为顶推中滑板与桥梁滑板支座受力情况大不一样。滑板支座长期受压，温度升降引起的纵向滑移速度相当缓慢，滑移量是小位移，滑动摩阻引起的温度升高很小；而作为顶推滑板，由于受墩顶尺寸限制，所以滑道尺寸也受到限制，承压应力大于施工规范的允许应力值。由于滑道顶标高控制误差、梁底板的预制误差、滑道板表面杂质的侵入以及滑块在顶推过程中的滑移量大且速度快，摩擦又引起接触面升温，滑板使用周转次数多，造成滑板损坏严重。针对上述原因，采取如下措施，例如严格控制滑道板的安装误差和滑道板表面的光洁度，滑道板进口采用圆弧坡度；保证底模的刚度，确保箱梁底板的平整度；控制顶推速度，采取滑板的润滑措施和滑道的降温措施；合理周转使用滑板，改进滑板的构造（聚四氟乙烯面确定为 3mm，四氟面通过薄层橡胶再与钢板黏结，钢板表面打毛或增设齿形，黏结剂采用高强材料，滑板内夹钢板确定为 3 层）等，使滑板受力均匀，以减少滑板的损坏。

第六章 施工过程监测和控制

对于建筑项目施工来说，确保结构的施工安全、施工质量和施工进度是项目管理的重中之重。在施工阶段对项目重要的结构参数进行全面监控，获取反映实际施工情况的数据和技术信息，分析并调整施工中产生的误差，从而为后续施工提供指导或建议，以使建成后的结构各类参数处于有效的控制范围内，并保证结构能够最大限度地符合设计理想状态。因此，施工过程中监测和控制技术是施工主要环节之一，施工过程中监测和控制技术是否合适，将直接影响到建筑施工的质量与后续问题。施工过程中监测和控制技术作为施工主要环节之一，日益受到参建各方的重视。本章主要介绍大体积混凝土温度监测和控制、深基坑工程监测、控制和沉降观测。

第一节 大体积混凝土温度监测和控制

一、概述

大体积混凝土是指结构物实体最小尺寸不小于1m的大体量混凝土，或预计会因混凝土中胶凝材料水化引起的温度变化和收缩而导致有害裂缝产生的混凝土。对于自密实混凝土来说，由于其每立方米混凝土水泥用量都在500kg以上，水化放热及收缩都比普通混凝土大，因此即使其实体最小尺寸小于1m，也应按照大体积混凝土的温控防裂措施来施工。

大体积混凝土裂缝主要产生两个阶段，混凝土内部温升阶段和降温阶段。混凝土浇筑后，由于水泥水化释放出的热量无法及时散失，特别是在大体积混凝土中心位置，其热量无法及时传导到混凝土表层或底层，只能集聚在混凝土中心，从而导致中心部位的温度迅速上升；表层的混凝土，因为存在与空气的热交换，其温度会比内部低很多。由于温差的存在，根据热胀冷缩的原理，相对而言中心部位混凝土处于"热胀受压"状态，而表层混凝土处于"冷缩受拉"状态，因此形成了大体积混凝土的内部应力。而且，温差越大，应力越大。当温差应力超过了混凝土的极限抗拉强度时，使混凝土表面开裂。当内部温升达到峰值后，温度开始下降，因混凝土内部降温速率过快，使混凝土产生温差应力，当温差应力超过了混凝土的极限抗拉强度时，使混凝土内部产生较大拉应力，从而在混凝土内部产生贯穿性裂缝。

因此，大体积混凝土温度监测是对水泥水化热、混凝土浇筑过程中的浇筑温度、养护过程中混凝土浇筑块体升降温、里外温差、降温速度及环境温度等进行测试和监测。监测工作将给施工组织者及时提供信息，反映大体积混凝土浇筑块体内温度变化的实际情况及所采取的施工技术措施效果，为施工组织者在施工过程中及时准确采用温控对策提供科学依据。

二、大体积混凝土温度控制的基本要求

(1) 大体积混凝土工程施工前，宜对施工阶段大体积混凝土浇筑体的温度、温度应力及收缩应力进行试算，确定施工阶段大体积混凝土浇筑体的温升峰值、里表温差及降温速率的控制指标，制定相应的温控技术措施。

(2) 混凝土入模温度不宜大于30℃；混凝土最大绝热温升不宜大于50℃。

如果混凝土的温升值大于50℃，那么加上入模温度，混凝土中心温度很可能超过80℃，可能会造成混凝土后期强度及耐久性的衰减；另外，如果混凝土的温升值过大，那么混凝土的整体温度会比气温高出很多，随后的降温幅度也相应较大，很可能造成混凝土的整体开裂。因此，混凝土浇筑体在入模温度基础上的温升值不宜大于50℃。

(3) 混凝土结构构件表面以内40～80mm位置处的温度与混凝土结构构件内部的温度差值不宜大于25℃，且与混凝土结构构件表面温度的差值不宜大于25℃。

混凝土浇筑以后，由于混凝土内部的水化热无法及时散失，造成了混凝土浇筑体中心的温度明显高于表层。因此，中心的混凝土受热膨胀，膨胀受到约束而形成压应力；而表层的混凝土冷却收缩，收缩受到约束而形成拉应力。当里表温差超过25℃时，表层混凝土受到的拉应力（包括了温度应力及收缩应力）可能超过混凝土的抗拉强度，造成混凝土的开裂。因此，混凝土浇筑体的里表温差不宜大于25℃。

(4) 混凝土浇筑体的降温速率不宜大于2.0℃/d。

混凝土降温速率越慢，混凝土由最高温度降至气温的时间越长。在这段时间内，混凝土的强度也逐渐增长，尤其是抗拉的强度的不断增长，使得混凝土浇筑体抗开裂能力也逐渐加强；此外，降温时间较长，还可以利用混凝土的徐变来降低开裂的风险。因此，混凝土浇筑体的降温速率不宜大于2.0℃/d。

(5) 拆除保温覆盖层时，混凝土浇筑体表面与大气温差不宜大于20℃。

主要为防止由于温差过大，造成混凝土表面降温速率大而引起温度收缩应力过大产生的裂缝。

三、大体积混凝土测温点布置的基本规定

大体积混凝土浇筑体内测温点的布置，应能真实地反映出混凝土浇筑体内最高温升、里表温差、降温速率及环境温度。监测点的布置可按下列方式布置：

(1) 监测点的布置范围应以所选混凝土浇筑体平面图对称轴线的半条轴线为测试区，在测试区内监测点按平面分层布置；

(2) 在测试区内，监测点的位置与数量可根据混凝土浇筑体内温度场分布情况及温控的要求确定；

(3) 在每条测试轴线上，监测点位宜不少于4处，应根据结构的几何尺寸布置；

(4) 沿混凝土浇筑体厚度方向，必须布置外面、底面和中部温度测点，其余测点宜按测点间距不大于600mm布置；

(5) 保温养护效果及环境温度监测点数量应根据具体需要确定；

(6) 混凝土浇筑体的外表温度，宜为混凝土外表以内50mm处的温度；

(7) 混凝土浇筑体底面的温度，宜为混凝土浇筑体底面上50mm处的温度。

1. 基础大体积混凝土测温点设置

（1）宜选择具有代表性的两个竖向剖面进行测温，竖向剖面宜通过中部区域，竖向剖面的周边及内部应进行测温。

（2）竖向剖面上的周边及内部测温点宜上下、左右对齐；每个竖向位置设置的测温点不应少于3处，间距不宜大于1.0m；每个横向设置的测温点不应少于4处，间距不应大于10m。

（3）竖向剖面的中部区域应设置测温点；竖向剖面周边测温点应布置在基础表面内40～80mm位置。

（4）覆盖养护层底部的测温点宜布置在代表性的位置，且不应少于2处；环境温度测温点不应少于2处，且应离开基础周边一定的距离。

（5）对基础厚度不大于1.6m，裂缝控制技术措施完善的工程可不进行测温。

2. 柱、墙、梁大体积混凝土测温点设置

（1）柱、墙、梁结构实体最小尺寸大于2m，且混凝土强度等级不小于C60时，宜进行测温；

（2）测温点宜设置在高度方向上的两个横向剖面中；横向剖面中的中部区域应设置测温点，测温点设置不应少于2点，间距不宜大于1.0m；横向剖面周边的测温点宜设置在距结构表面内40～80mm位置处；

（3）环境温度测温点设置不宜少于1点，且应离开浇筑的结构边一定距离；

（4）可根据第一次测温结果，完善温度控制技术措施，后续工程可不进行测温。

四、大体积混凝土测温规定

（1）大体积混凝土浇筑体里表温差、降温速率及环境温度的测试，在混凝土浇筑后，每昼夜不应少于4次；入模温度的测量，每台班不应少于2次。

（2）宜根据每个测温点被混凝土初次覆盖时的温度确定各测点部位混凝土的入模温度；结构内部测温点、结构表面测温点、环境测温点的测温，应与混凝土浇筑、养护过程同步进行。

（3）应按测温频率要求及时提供测温报告，测温报告应包含各测温点的温度数据、温度变化曲线、温度变化趋势分析等内容；混凝土结构表面以内40～80mm位置的温度与环境温度的差值小于20℃时，可停止测温。

（4）大体积混凝土测温频率应符合下列规定：

① 第1天至第4天，每4h不应少于一次；

② 第5天至第7天，每8h不应少于一次；

③ 第7天至测温结束，每12h不应少于一次。

（5）测温元件的选择应符合下列规定：

① 测温元件的测温误差不应大于0.3℃（25℃环境下）；

② 测试范围应为－30℃～150℃；

③ 绝缘电阻应大于500MΩ。

（6）温度测试元件的安装及保护，应符合下列规定：

① 测试元件安装前，必须在水下1m处经过浸泡24h不损坏；

② 测试元件接头安装位置应准确，固定应牢固，并应与结构钢筋及固定架金属体绝热；

③ 测试元件的引出线宜集中布置，并应加以保护；

④ 测试元件周围应进行保护，混凝土浇筑过程中，下料时不得直接冲击测试测温元件及其引出线；振捣时，振捣器不得触及测温元件及引出线。

五、大体积混凝土温度控制措施

1. 原材料

（1）配制大体积混凝土所用水泥的选择及其质量，应符合下列规定：

① 所用水泥应符合现行国家标准《通用硅酸盐水泥》（GB 175—2007）的有关规定，当采用其他品种时，其性能指标必须符合国家现行有关标准的规定；

② 应选用中、低热硅酸盐水泥或低热矿渣硅酸盐水泥，大体积混凝土施工所用水泥其3d 的水化热不宜大于 240kJ/kg，7d 的水化热不宜大 270kJ/kg；

③ 当混凝土有抗渗指标要求时，所用水泥的铝酸三钙含量不宜大于 8%；

④ 所用水泥在搅拌站的入机温度不宜大于 60℃。

（2）水泥进场时应对水泥品种、强度等级、包装或散装仓号、出厂日期等进行检查，并应对其强度、安定性、凝结时间、水化热等性能指标及其他必要的性能指标进行复检。

（3）骨料的选择，除应符合国家现行标准《普通混凝土用砂、石质量及检验方法标准》（JGJ 52—2006）的有关规定外，尚应符合下列规定：

① 细骨料宜采用中砂，其细度模数宜大于 2.3，含泥量不应大于 3%；

② 粗骨料宜选用粒径 5~31.5mm，并应连续级配，含泥量不应大于 1%；

③ 应选用非碱活性的粗骨料；

④ 当采用非泵送施工时，粗骨料的粒径可适当增大。

（4）粉煤灰和粒化高炉矿渣粉，其质量应符合现行国家标准《用于水泥和混凝土中的粉煤灰》（GB/T 1596—2005）和《用于水泥和混凝土中的粒化高炉矿渣粉》（GB/T 18046—2008）的有关规定。

（5）所用外加剂的质量及应用技术，应符合现行国家标准《混凝土外加剂》（GB 8076—2008）、《混凝土外加剂应用技术规范》（GB 50119—2013）和有关环境保护标准的规定。

2. 大体积混凝土配合比设计

大体积混凝土配合比设计，除应符合国家现行标准《普通混凝土配合比设计规程》（JGJ 55—2011）的有关规定外，尚应符合下列规定：

（1）采用混凝土 60d 或 90d 强度作指标时，应将其作为混凝土配合比的设计依据。

（2）所配制的混凝土拌合物，到浇筑工作面的坍落度不宜大于 160mm。

（3）拌和水用量不宜大于 175kg/m³。

（4）粉煤灰掺量不宜超过胶凝材料用量的 40%；矿渣粉的掺量不宜超过胶凝材料用量的 50%；粉煤灰和矿渣粉掺合料的总量不宜大于混凝土中胶凝材料用量的 50%。

（5）水胶比不宜大于 0.50，砂率宜为 35%~42%。

3. 混凝土施工

大体积混凝土工程的施工宜采用整体分层连续浇筑施工或推移式连续浇筑施工。分层连续浇筑施工对于混凝土一次需要量相对较少，便于振捣，易保证混凝土的浇筑质量，并且可利用混凝土层面散热，对降低大体积混凝土浇筑体的温升有利，并可确保结构的整体性。对于实体厚度一般不超过 2m、浇筑面积大、工程总量较大且浇筑综合能力有限的混凝土工程，宜采用整体推移式连续浇筑法。

（1）混凝土浇筑层厚度应根据所用振捣器的作用深度及混凝土的和易性确定，整体连续浇筑时宜为 300～500mm。

（2）整体分层连续浇筑或推移式连续浇筑，应缩短间歇时间，并应在前层混凝土初凝之前将次层混凝土浇筑完毕。层间最长的间歇时间不应大于混凝土的初凝时间。混凝土的初凝时间应通过试验确定。当层间间歇时间超过混凝土的初凝时间时，层面应按施工缝处理。

（3）混凝土浇筑宜从低处开始，沿长边方向自一端向另一端进行。当混凝土供应量有保证时，也可多点同时浇筑。

（4）混凝土浇筑宜采用二次振捣工艺，浇筑面应及时进行二次抹压处理。

（5）超长大体积混凝土施工，可采用留置变形缝、后浇带施工和跳仓法的方法控制结构不出现有害裂缝。变形缝和后浇带设置和施工应符合国家现行有关标准的规定。跳仓法施工时，跳仓的最大分块尺寸不宜大于 40m，跳仓间隔施工的时间不宜小于 7d，跳仓接缝处应按施工缝的要求设置和处理。

4. 混凝土养护

（1）大体积混凝土应进行保温、保湿养护，在每次混凝土浇筑完毕后，除应按普通混凝土进行常规养护外，尚应及时按温控技术措施的要求进行保温养护，并应符合下列规定：

① 应专人负责保温养护工作，并应按规范的有关规定操作，同时应做好测试记录；

② 保温养护的持续时间不得少于 14d，并应经常检查塑料薄膜或养护剂涂层的完整情况，保持混凝土表面湿润；

③ 保温覆盖层的拆除应分层逐步进行，当混凝土的表面温度与环境最大温差小于 20℃时，可全部拆除。

（2）在混凝土浇筑完毕初凝前，宜立即进行喷雾养护工作。

（3）塑料薄膜、麻袋、阻燃保温被等可作为保温材料覆盖混凝土和模板，必要时，可搭设挡风保温棚或遮阳降温棚。在保温养护中，应对混凝土浇筑体的里表温差和降温速率进行现场监测。当实测结果不满足温控指标的要求时，应及时调整保温养护措施。

（4）高层建筑转换层的大体积混凝土施工，应加强养护，其侧模、底模的保温构造应在支模设计时确定。

（5）大体积混凝土拆模后，地下结构应及时回填土；地上结构应尽早进行装饰，不宜长期暴露在自然环境中。

第二节 深基坑工程监测和控制

一、概述

随着城市建设发展迅速，深基坑工程日益增多，但由于设计理论不完善及施工经验明显不足，重大安全事故及隐患增多，因此，为准确掌握和预测基坑施工过程中的受力和变形状态及其对周边环境的影响，必须进行施工监测。根据国家标准《建筑基坑工程监测技术规范》(GB 50497—2009)的规定，开挖深度超过5m或开挖深度未超过5m但现场地质情况和周围环境较复杂的基坑工程均应实施基坑工程监测。

深基坑工程监测是指在深基坑开挖施工过程中，借助仪器设备和其他一些手段对围护结构及基坑周围的环境（包括土体、建筑物、构筑物、道路、地下管线等）的应力、位移、倾斜、沉降、开裂、地下水位的动态变化、土层孔隙水压力变化等进行综合监测。

深基坑工程控制则是根据前段开挖期间的监测信息，一方面与勘察、设计阶段预测的性状进行比较，对设计方案进行评价，判断施工方案的合理性；另一方面通过反分析方法或经验方法计算与修正岩土的力学参数，预测下阶段施工过程中可能出现问题，为优化和合理组织施工提供依据，并对进一步开挖与施工的方案提出建议，对施工过程中可能出现的险情进行及时的预报。以便采取必要的工程措施。

二、深基坑监测的基本要求

(1) 建筑基坑工程设计阶段应由设计方根据工程现场及基坑设计的具体情况，提出基坑工程监测的技术要求，主要包括监测项目、测点位置、监测频率和监测报警值等。

(2) 基坑工程施工前，应由建设方委托具备相应资质的第三方对基坑工程实施现场监测。监测单位应编制监测方案。监测方案应经建设、设计、监理等单位认可，必要时还需与市政道路、地下管线、人防等有关部门协商一致后方可实施。

(3) 监测单位应严格实施监测方案，及时分析、处理监测数据，并将监测结果和评价及时向委托方及相关单位作信息反馈。当监测数据达到监测报警值时必须立即通报委托方及相关单位。

(4) 当基坑工程设计或施工有重大变更时，监测单位应及时调整监测方案。

(5) 基坑工程监测不应影响监测对象的结构安全、妨碍其正常使用。

三、深基坑监测项目和监测频率

1. 深基坑工程监测对象

基坑工程的现场监测应采用仪器监测与巡视检查相结合的方法。现场监测的对象包括支护结构、相关的自然环境、施工工况、地下水状况、基坑底部及周围土体、周围建（构）筑物、周围地下管线及地下设施、周围重要的道路等。从基坑边缘以外1~3倍基坑开挖深度内需要保护的周边环境也应作为监测对象，必要时应扩大范围。基坑工程的监测项目应抓住关键部位，与基坑工程设计方案、施工工况相配套，做到重点观测、项目配套，形成有效的、完整的监测系统。

2. 基坑工程仪器监测项目

基坑工程现场监测项目的选择应在充分考虑工程水文地质条件、基坑工程安全等级、支护结构的特点及变形控制要求的基础上，根据表6-1进行选择。

表 6-1　建筑基坑工程仪器监测项目表

监测项目		基坑类别 一级	二级	三级
（坡）顶水平位移		应测	应测	应测
墙（坡）顶竖向位移		应测	应测	应测
围护墙深层水平位移		应测	应测	宜测
土体深层水平位移		应测	应测	宜测
墙（桩）体内力		宜测	可测	可测
支撑内力		应测	宜测	可测
立柱竖向位移		应测	宜测	可测
锚杆、土钉拉力		应测	宜测	可测
坑底隆起	软土地区	宜测	可测	可测
	其他地区	可测	可测	可测
土压力		宜测	可测	可测
孔隙水压力		宜测	可测	可测
地下水位		应测	应测	宜测
土层分层竖向位移		宜测	可测	可测
墙后地表竖向位移		应测	应测	宜测
周围建（构）筑物变形	竖向位移	应测	应测	应测
	倾斜	应测	宜测	可测
	水平位移	宜测	可测	可测
	裂缝	应测	应测	应测
周围地下管线变形		应测	应测	应测

注：基坑类别的划分按照国家标准《建筑地基基础工程施工质量验收规范》（GB 50202—2002）执行。

《建筑基坑工程监测技术规范》（GB 50497—2009）将基坑工程安全等级划分为一级、二级、三级。符合下列情况之一的基坑，定为一级基坑：

（1）重要工程或支护结构同时作为主体结构一部分的基坑；
（2）与邻近建筑物、重要设施的距离在开挖深度以内的基坑；
（3）基坑影响范围内（不小于 2 倍的基坑开挖深度）有历史文物、近代优秀建筑、重要管线等需严加保护的基坑；
（4）开挖深度大于 10m 的基坑；
（5）位于复杂地质条件及软土地区的二层及二层以上地下室的基坑。

基坑开挖深度小于 7m，且周围环境无特别要求的基坑工程属于三级基坑，除一级基坑和三级基坑外的基坑均属二级基坑。

当基坑周围有地铁、隧道或其他对位移（沉降）有特殊要求的建（构）筑物及设施时，具体监测项目应与有关部门或单位协商确定。

3. 巡视检查

在基坑工程施工和使用期内，每天均应由有经验的监测人员对基坑工程进行巡视检查。巡视检查主要以目测为主，配以简单的工器具，巡视检查速度快、周期短，可以及时的弥补仪器监测的不足。巡视检查一般包括支护结构、施工工况、周边环境、监测设施等。

对支护结构的巡视主要包括支护结构成型质量，冠梁、支撑、围檩有无裂缝出现，支撑、立柱有无较大变形，止水帷幕有无开裂、渗漏，墙后土体有无沉陷、裂缝及滑移，基坑有无涌土、流砂、管涌。

对施工工况的巡视主要包括开挖后暴露的土质情况与岩土勘察报告有无差异，基坑开挖分段长度及分层厚度是否与设计要求一致，场地地表水、地下水排放状况是否正常，基坑降水、回灌设施是否运转正常，基坑周围地面堆载情况，有无超堆荷载。

对基坑周边环境的巡视主要包括地下管道有无破损、泄漏情况，周边建（构）筑物有无裂缝出现，周边道路（地面）有无裂缝、沉陷，邻近基坑及建（构）筑物的施工情况。

对监测设施的巡视主要包括基准点、测点完好状况，有无影响观测工作的障碍物，监测元件的完好及保护情况。

巡视检查的检查方法以目测为主，可辅以锤、钎、量尺、放大镜等工器具以及摄像、摄影等设备进行。巡视检查应对自然条件、支护结构、施工工况、周边环境、监测设施等的检查情况进行详细记录，巡视检查记录应及时整理，并与仪器监测数据综合分析。如发现异常，应及时通知委托方及相关单位。

4．监测频率

基坑工程监测工作应贯穿于基坑工程和地下工程施工全过程。监测工作一般应从基坑工程施工前开始，直至地下工程完成为止。对有特殊要求的周边环境的监测应根据需要延续至变形趋于稳定后才能结束。基坑工程监测频率应以能系统反映监测对象所测项目的重要变化过程，而又不遗漏其变化时刻为原则。

监测项目的监测频率应综合考虑基坑工程等级、基坑及地下工程的不同施工阶段以及周边环境、自然条件的变化。当监测值相对稳定时，可适当降低监测频率。对于应测项目，在无数据异常和事故征兆的情况下，开挖后仪器监测频率的确定可见表6-2。

表6-2 现场仪器监测的监测频率

基坑类别	施工进程		基坑设计开挖深度			
			≤5m	5～10m	10～15m	>15m
一级	开挖深度/m	≤5	1次/1d	1次/2d	1次/2d	1次/2d
		5～10		1次/1d	1次/1d	1次/1d
		>10			2次/1d	2次/1d
	底板浇筑后时间/d	≤7	1次/1d	1次/1d	2次/1d	2次/1d
		7～14	1次/3d	1次/2d	1次/2d	1次/1d
		14～28	1次/5d	1次/3d	1次/2d	1次/1d
		>28	1次/7d	1次/5d	1次/3d	1次/3d
二级	开挖深度/m	≤5	1次/2d	1次/2d		
		5～10		1次/1d		
	底板浇筑后时间/d	≤7	1次/2d	1次/2d		
		7～14	1次/3d	1次/3d		
		14～28	1次/7d	1次/5d		
		>28	1次/10d	1次/10d		

注：1. 当基坑工程等级为三级时，监测频率可视具体情况要求适当降低；
2. 基坑工程施工至开挖前的监测频率视具体情况确定；
3. 宜测、可测项目的仪器监测频率可视具体情况要求适当降低；
4. 有支撑的支护结构各道支撑开始拆除到拆除完成后3d内监测频率应为1次/1d。

四、监测点布置和主要监测方法

1. 墙顶（坡顶）水平位移

基坑边坡顶部的水平位移和竖向位移监测点应沿基坑周边布置，基坑周边中部、阳角处应布置监测点。监测点间距不宜大于20m，每边监测点数目不应少于3个。监测点宜设置在基坑边坡坡顶上。

测定特定方向上的水平位移时可采用视准线法、小角度法、投点法等；测定监测点任意方向的水平位移时可视监测点的分布情况，采用前方交会法、自由设站法、极坐标法等；当基准点距基坑较远时，可采用GPS测量法或三角、三边、边角测量与基准线法相结合的综合测量方法。水平位移监测基准点应埋设在基坑开挖深度3倍范围以外不受施工影响的稳定区域，或利用已有稳定的施工控制点，不应埋设在低洼积水、湿陷、冻胀、胀缩等影响范围内；基准点的埋设应按有关测量规范、规程执行。宜设置有强制对中的观测墩；采用精密的光学对中装置，对中误差不宜大于0.5mm。

基坑围护墙（坡）顶水平位移监测精度应根据围护墙（坡）顶水平位移报警值按表6-3确定。

表6-3 基坑围护墙（坡）顶水平位移监测精度要求　　　　　单位：mm

设计控制值/mm	≤30	30~60	>60
监测点坐标中误差	≤1.5	≤3.0	≤6.0

2. 围护墙（土体）水平位移

深层水平位移监测孔宜布置在基坑边坡、围护墙周边的中心处及代表性的部位，数量和间距视具体情况而定，一般监测点水平间距宜为20~50m，每边至少应设1个监测孔。当用测斜仪观测深层水平位移时，设置在围护墙内的测斜管深度不宜小于围护墙的入土深度；设置在土体内的测斜管应保证有足够的入土深度，一般不小于基坑开挖深度的1.5倍，以保证管端嵌入到稳定的土体中。

测斜管埋设主要采用钻孔埋设和绑扎埋设，一般测围护墙挠曲采用绑扎埋设，测土体深层位移时采用钻孔埋设。测斜管宜采用PVC工程塑料管或铝合金管，直径宜为45~90mm，管内应有两组相互垂直的纵向导槽。测斜管应在基坑开挖1周前埋设。埋设前应检查测斜管质量，测斜管连接时应保证上、下管段的导槽相互对准顺畅，接头处应密封处理，并注意保证管口的封盖；测斜管长度应与围护墙深度一致或不小于所监测土层的深度，当以下部管端作为位移基准点时，应保证测斜管进入稳定土层2~3m，测斜管与钻孔之间孔隙应填充密实；埋设时测斜管应保持竖直无扭转，其中一组导槽方向应与所需测量的方向一致。

3. 立柱竖向位移

立柱的竖向位移监测点宜布置在基坑中部、多根支撑交会处、施工栈桥下、地质条件复杂处的立柱上，监测点不宜少于立柱总根数的10%，逆作法施工的基坑不宜少于20%，且不应少于5根。立柱的内力监测点宜布置在受力较大的立柱上，位置宜设置在坑底以上各层立柱下部的 1/3 部位。

4. 支护结构内力

围护墙内力监测点应布置在受力、变形较大且有代表性的部位，监测点数量和横向间距视具体情况而定，但每边至少应设 1 处监测点。竖直方向监测点应布置在弯矩较大处，监测点间距宜为 3～5m。

支撑内力监测点宜设置在支撑内力较大或在整个支撑系统中起关键作用的杆件上；每道支撑的内力监测点不应少于 3 个，各道支撑的监测点位置宜在竖向保持一致；钢支撑的监测截面根据测试仪器宜布置在支撑长度的 1/3 部位或支撑的端头，钢筋混凝土支撑的监测截面宜布置在支撑长度的 1/3 部位；每个监测点截面内传感器的设置数量及布置应满足不同传感器测试要求。

基坑开挖过程中支护结构内力变化可通过在结构内部或表面安装应变计或应力计进行量测。对于钢筋混凝土支撑，宜采用钢筋应力计（钢筋计）或混凝土应变计进行量测；对于钢结构支撑，宜采用轴力计进行量测；围护墙、桩及围檩等内力宜在围护墙、桩钢筋制作时，在主筋上焊接钢筋应力计的预埋方法进行量测。围护墙、桩及围檩等的内力监测元件宜在相应工序施工时埋设并在开挖前取得稳定初始值。支护结构内力监测值应考虑温度变化的影响，对钢筋混凝土支撑尚应考虑混凝土收缩、徐变以及裂缝开展的影响。应力计或应变计的量程宜为最大设计值的 1.2 倍。

5. 锚杆拉力（土钉拉力）

锚杆的拉力监测点应选择在受力较大且有代表性的位置，基坑每边跨中部位和地质条件复杂的区域宜布置监测点。每层锚杆的拉力监测点数量应为该层锚杆总数的 1%～3%，并不应少于 3 根。每层监测点在竖向上的位置宜保持一致。每根杆体上的测试点应设置在锚头附近位置。

锚杆拉力量测宜采用专用的锚杆测力计，钢筋锚杆可采用钢筋应力计或应变计，当使用钢筋束时应分别监测每根钢筋的受力。锚杆轴力计、钢筋应力计和应变计的量程宜为设计最大拉力值的 1.2 倍，且应力计或应变计应在锚杆锁定前获得稳定初始值。

土钉的拉力监测点应沿基坑周边布置，基坑周边中部、阳角处宜布置监测点。监测点水平间距不宜大于 30m，每层监测点数目不应少于 3 个。各层监测点在竖向上的位置宜保持一致。每根杆体上的测试点应设置在受力、变形有代表性的位置。

6. 坑底隆起（回弹）

基坑底部隆起监测点宜按纵向或横向剖面布置，剖面应选择在基坑的中央、距坑底边约 1/4 坑底宽度处以及其他能反映变形特征的位置，数量不应少于 2 个；纵向或横向有多个监测剖面时，其间距宜为 20～50m；同一剖面上监测点横向间距宜为 10～20m，数量不宜少于 3 个。

7. 围护墙侧向土压力

围护墙侧向土压力监测点应布置在受力、土质条件变化较大或有代表性的部位；平面布置上基坑每边不宜少于 2 个测点；在竖向布置上，测点间距宜为 2～5m，测点下部宜密；当按土层分布情况布设时，每层应至少布设 1 个测点，且布置在各层土的中部；

土压力盒应紧贴围护墙布置，宜预设在围护墙的迎土面一侧。

土压力宜采用土压力计量测。土压力计埋设以后应立即进行检查测试，基坑开挖前至少经过1周时间的监测并取得稳定初始值。土压力计埋设可采用埋入式或边界式（接触式）。

埋设时应符合下列要求

① 受力面与所需监测的压力方向垂直并紧贴被监测对象；

② 埋设过程中应有土压力膜保护措施；

③ 采用钻孔法埋设时，回填应均匀密实，且回填材料宜与周围岩土体一致。

8．孔隙水压力

孔隙水压力监测点宜布置在基坑受力、变形较大或有代表性的部位。监测点竖向布置宜在水压力变化影响深度范围内按土层分布情况布设，监测点竖向间距一般为2～5m，并不宜少于3个。

孔隙水压力宜通过埋设钢弦式、应变式等孔隙水压力计，采用频率计或应变计量测。孔隙水压力计埋设可采用压入法、钻孔法等。采用钻孔法埋设孔隙水压力计时，钻孔直径宜为110～130mm，不宜使用泥浆护壁成孔，钻孔应圆直、干净；封口材料宜采用直径10～20mm的干燥膨润土球。孔隙水压力计应在事前2～3周埋设，埋设前孔隙水压力计应浸泡饱和，排除透水石中的气泡，并检查率定资料，记录探头编号，测读初始读数。孔隙水压力计埋设后应测量初始值，且宜逐日量测1周以上并取得稳定初始值。

9．地下水位

当采用深井降水时，基坑内地下水位监测点宜布置在基坑中央和两相邻降水井的中间部位；当采用轻型井点、喷射井点降水时，水位监测点宜布置在基坑中央和周边拐角处，监测点数量视具体情况确定。水位监测管的埋置深度（管底标高）应在最低设计水位之下3～5m。对于需要降低承压水水位的基坑工程，水位监测管埋置深度应满足降水设计要求。

基坑外地下水位监测点应沿基坑周边、被保护对象（如建筑物、地下管线等）周边或在两者之间布置，监测点间距宜为20～50m。相邻建（构）筑物、重要的地下管线或管线密集处应布置水位监测点；如有止水帷幕，宜布置在止水帷幕的外侧约2m处。水位监测管的埋置深度（管底标高）应在控制地下水位之下3～5m。对于需要降低承压水水位的基坑工程，水位监测管埋置深度应满足设计要求。回灌井点观测井应设置在回灌井点与被保护对象之间。

地下水位监测宜采通过孔内设置水位管，采用水位计等方法进行测量，地下水位监测精度不宜低于10mm。检验降水效果的水位观测井宜布置在降水区内，采用轻型井点管降水时可布置在总管的两侧，采用深井降水时应布置在两孔深井之间，水位孔深度宜在最低设计水位下2～3m。潜水水位管应在基坑施工前埋设，滤管长度应满足测量要求；承压水位监测时被测含水层与其他含水层之间应采取有效的隔水措施。水位管埋设后，应逐日连续观测水位并取得稳定初始值。

10．周边建（构）筑物沉降

建筑物沉降监测采用精密水准仪监测，通过测出观测点高程，计算沉降量得到。建筑物倾斜监测采用经纬仪测定监测对象顶部相对于底部的水平位移，结合建筑物沉降相对高差，计算监测对象的倾斜度、倾斜方向和倾斜速率。裂缝宽度监测可采用直接量测的方法。通过在裂缝两侧贴石膏饼、画平行线或贴埋金属标志等，采用千分尺或游标卡尺等方法测读，也可采用裂缝计、粘贴安装千分表法、摄影量测等方法得到。对裂缝深度量测，当裂缝深度较小时宜采用凿出法和单面接触超声波法监测；深度较大裂缝宜采用超声波法监测。

建（构）筑物的竖向位移监测点应布置在建（构）筑物四角、沿外墙每 10～15m 处或每隔 2～3 根柱基上，且每边不少于 3 个监测点；不同地基或基础的分界处；建（构）筑物不同结构的分界处；变形缝、抗震缝或严重开裂处的两侧；新、旧建筑物或高、低建筑物交接处的两侧；烟囱、水塔和大型储仓罐等高耸构筑物基础轴线的对称部位，每一构筑物不得少于 4 点。建（构）筑物的水平位移监测点应布置在建筑物的墙角、柱基及裂缝的两端，每侧墙体的监测点不应少于 3 处。

建（构）筑物倾斜监测点宜布置在建（构）筑物角点、变形缝或抗震缝两侧的承重柱或墙上；监测点应沿主体顶部、底部对应布设，上、下监测点应布置在同一竖直线上；当采用铅锤观测法、激光铅直仪观测法时，应保证上、下测点之间具有一定的通视条件。

建（构）筑物的裂缝监测点应选择有代表性的裂缝进行布置，在基坑施工期间当发现新裂缝或原有裂缝有增大趋势时，应及时增设监测点。每一条裂缝的测点至少设 2 组，裂缝的最宽处及裂缝末端宜设置测点。

五、监测报警

基坑及支护结构监测报警值应根据监测项目、支护结构的特点和基坑等级确定，可见表 6-4。周边建（构）筑物报警值应结合建（构）筑物裂缝观测确定，并应考虑建（构）筑物原有变形与基坑开挖造成的附加变形的叠加。

当出现下列情况时，必须立即报警；若情况比较严重，应立即停止施工，并对基坑支护结构和周边的保护对象采取应急措施。

（1）当监测数据达到报警值；

（2）基坑支护结构或周边土体的位移出现异常情况或基坑出现渗漏、流砂、管涌、隆起或陷落等；

（3）基坑支护结构的支撑或锚杆体系出现过大变形、压屈、断裂、松弛或拔出的迹象；

（4）周边建（构）筑物的结构部分、周边地面出现可能发展的变形裂缝或较严重的突发裂缝；

（5）根据当地工程经验判断，出现其他必须报警的情况。

表 6-4 基坑及支护结构监测报警值

序号	监测项目		支护结构类型	一级			二级			三级		
				累计值		变化速率/(mm·d⁻¹)	累计值		变化速率/(mm·d⁻¹)	累计值		变化速率/(mm·d⁻¹)
				绝对值/mm	相对基坑深度(h)控制值		绝对值/mm	相对基坑深度(h)控制值		绝对值/mm	相对基坑深度(h)控制值	
1	墙(坡)顶水平位移		放坡、土钉墙、喷锚支护、水泥土墙	30~35	0.3%~0.4%	5~10	50~60	0.6%~0.8%	10~15	70~80	0.8%~1.0%	15~20
			钢板桩、灌注桩、型钢水泥土墙、地下连续墙	25~30	0.2%~0.3%	2~3	40~50	0.5%~0.7%	4~6	60~70	0.6%~0.8%	8~10
2	墙(坡)顶竖向位移		放坡、土钉墙、喷锚支护、水泥土墙	20~40	0.3%~0.4%	3~5	50~60	0.6%~0.8%	5~8	70~80	0.8%~1.0%	8~10
			钢板桩、灌注桩、型钢水泥土墙、地下连续墙	10~20	0.1%~0.2%	2~3	25~30	0.3%~0.5%	3~4	35~40	0.5%~0.6%	4~5
3	围护墙深层水平位移		水泥土墙	30~35	0.3%~0.4%	5~10	50~60	0.6%~0.8%	10~15	70~80	0.8%~1.0%	15~20
			钢板桩	50~60	0.6%~0.7%		80~85	0.7%~0.8%		90~100	0.9%~1.0%	
			灌注桩、型钢水泥土墙	45~55	0.5%~0.6%	2~3	75~80	0.7%~0.8%	4~6	80~90	0.9%~1.0%	8~10
			地下连续墙	40~50	0.4%~0.5%		70~75	0.7%~0.8%		80~90	0.9%~1.0%	
4	立柱竖向位移			25~35		2~3	35~45		4~6	55~65		8~10
5	基坑周边地表竖向位移			25~35		2~3	50~60		4~6	60~80		8~10
6	坑底回弹			25~35		2~3	50~60		4~6	60~80		8~10
7	支撑内力			60%~70%f			70%~80%f			80%~90%f		
8	墙体内力											
9	锚杆拉力											
10	土压力											
11	孔隙水压力											

注:1. h—基坑设计开挖深度;f—设计极限值。
2. 累计值取绝对值和相对基坑深度(h)控制值两者的小值。
3. 当监测项目的变化速率连续3天超过报警值的50%, 应报警。

第三节 沉降观测

一、概述

建筑物在施工期间及竣工后,由于自然条件即建筑物地基的工程地质、水文地质、大气温度、土壤的物理性质等的变化和建筑物本身的荷重、结构、型式及动荷载的作用,建筑物产生均匀或不均匀的沉降,尤其不均匀沉降将导致建筑物开裂、倾斜甚至倒塌。

建筑物沉降观测是通过采用相关等级及精度要求的水准仪,通过在建筑物上所设置的若干观测点定期观测相对于建筑物附近的水准点的高差随时间的变化量,获得建筑物实际沉降的变化或变形趋势,并判定沉降是否进入稳定期和是否存在不均匀沉降对建筑物的影响,建筑物沉降监测应测定建筑及地基的沉降量、沉降差及沉降速度。施工过程中必须应用沉降观测来加强过程监控、指导合理的施工工序,预防在施工过程中出现不均匀沉降,及时反馈信息,为勘察设计施工部门提供详尽的一手资料,避免因沉降原因造成建筑物主体结构的破坏或产生影响结构使用功能的裂缝,进而造成巨大的经济损失。

建筑物沉降监测时,应根据工程规模、性质及预计沉降量的大小及沉降速度等,选择观测的等级和精度要求。在观测过程中由于沉降量和沉降速度的变化,可以对观测的等级和精度进行调整,以便适应沉降位移监测需要。建筑沉降观测的级别、精度指标及其适用范围应符合表 6-5 的规定,最终沉降量观测中误差的要求符合表 6-6 的规定。

表 6-5 建筑变形测量的级别、精度指标及其适用范围

变形测量等级	沉降观测 观测点测站高差中误差/mm	位移观测 观测点坐标中误差/mm	主要适用范围
特等	0.05	0.3	特高精度要求的特种精密工程的变形测量
一等	0.15	1.0	地基基础设计为甲级的建筑的变形测量;重要的古建筑、历史建筑的变形测量;重要的城市基础设施的变形测量等
二等	0.5	3.0	地基基础设计为甲、乙级的建筑的变形测量;重要场地的边坡监测;重要的基坑监测;重要管线的变形测量;地下工程施工及运营中变形测量;重要的城市基础设施的变形测量等
三等	1.5	10.0	地基基础设计为乙、丙级的建筑的变形测量;一般场地的边坡监测;一般的基坑监测;地表、道路及一般管线的变形测量;一般的城市基础设施的变形测量;日照变形测量;风振变形测量等
四等	3.0	20.0	精度要求低的变形测量等

注:1. 沉降监测点测站高差中误差:对水准测量,为其测站高差中误差;对静力水准测量、三角高程测量,为相邻沉降监测点间等价的高差中误差;

2. 位移监测点坐标中误差:指的是监测点相对于基准点或工作基点的坐标中误差、监测点相对于基准线的偏差中误差、建筑上某点相对于其底部对应点的水平位移分量中误差等。坐标中误差为其点位中误差的 $1/\sqrt{2}$ 倍。

表 6-6 最终沉降量观测中误差的要求

序号	观测项目或观测目的	观测中误差的要求
1	绝对沉降（如沉降量、平均沉降量等）	① 对于一般精度要求的工程，可按低、中、高压缩性地基土的类别，分别选 ±0.5mm、±1.0mm、±2.5mm；② 对于特高精度要求的工程可按地基条件，结合经验与分析具体确定
2	（1）相对沉降（沉降差、基础倾斜、局部倾斜等）（2）局部地基沉降（如基坑回弹、地基土分层沉降）以及膨胀土地基变形	不应超过其变形允许值的 1/20
3	建筑物整体性变形（如工程设施的整体垂直挠曲等）	不应超过允许垂直偏差的 1/10
4	结构段变形（如平置构件挠度等）	不应超过变形允许值的 1/6
5	科研项目变形量的观测	可视所需提高观测精度的程度，将上列各项观测中误差乘以 1/5~1/2 系数后采用

二、沉降观测高程基准点的布设和测量

1. 基准点的设置要求

（1）建筑沉降观测应设置基准点，当基准点离所测建筑距离较远时还可加设工作基点。对特等、一等沉降观测的基准点数不应少于 4 个；其他等级沉降观测的基准点数不应少于 3 个，工作基点可根据需要设置。基准点和工作基点应形成闭合环或形成由附合路线构成的节点网。

（2）基准点应设置在变形影响周围以外且位置稳定、易于长期保存的地方，宜避开高压线，并应定期复测。稳定期应根据观测要求与地质条件确定，不宜少于 7d。基准点复测周期应视其所在位置的稳定情况确定，在建筑施工过程中 1~2 月复测一次，稳定后每季度或每半年复测一次。当观测点测量成果出现异常，或测区受到地震、洪水、爆破等外界因素影响时，需及时进行复测，并对其稳定性进行分析。

（3）基准点的标石应埋设在基岩层或原状土层中，在冻土地区，应埋至当地冻土线 0.5m 以下。根据点位所在位置的地质条件，可选埋基岩水准基点标石、深埋双金属管水准基点标石、深埋钢管水准基点标石或混凝土基本水准标石。在基岩壁或稳固的建筑上，可埋设墙上水准标志。

（4）密集建筑区内，基准点与待测建筑的距离应大于该建筑基础最大深度的 2 倍。二等、三等和四等沉降观测，基准点可选择在满足上述距离要求的其他稳固的建筑上。

（5）基准点的设置应避开交通干道、地下管线、仓库堆栈、水源地、河岸、松软填土、滑坡地段、机器振动区以及其他可能使标石、标志易遭腐蚀和破坏的地方。

2. 沉降基准点的测量要求

沉降基准点观测宜采用水准测量。对三等或四等沉降观测的基准点观测，当不便采用水准测量时，可采用三角高程测量。

三、建筑物沉降观测

1. 沉降观测点的埋设位置

沉降观测点的布设应能全面反映建筑物及地基变形特征，并顾及地质情况及建筑结构特点。当建筑结构或地质结构复杂时，应加密布点。

对民用建筑，沉降监测点宜布设在下列位置：

（1）建筑的四角、核心筒四角、大转角处及沿外墙每10～20m处或每隔2～3根柱基上。

（2）高低层建筑物、新旧建筑物、纵横墙等交接处的两侧。

（3）建筑裂缝、后浇带两侧和沉降缝两侧、基础埋深相差悬殊处、人工地基与天然地基接壤处、不同结构的分界处及填挖方分界处以及地质条件变化处两侧。

（4）宽度大于等于15m或小于15m但地质复杂以及膨胀土、湿陷性土地区的建筑物，在承重内隔墙中部设内墙点，在室内地面中心及四周设地面点。

（5）邻近堆置重物处、受振动有显著影响的部位及基础下的暗浜（沟）处。

（6）框架结构及钢结构建筑物的每个或部分柱基上或沿纵横轴线上。

（7）片筏基础、箱形基础底板或接近基础的结构部分的四角处及其中部位置。如重型设备基础和动力设置基础的四角、基础型式或埋深改变处以及地质条件变化处两侧。

（8）超高层建筑或大型网架结构的每个大型结构柱监测点数不宜少于2个，且应设置在对称位置。

2. 沉降观测标志的形式与埋设

沉降观测标志可根据不同的建筑结构类型和建筑材料，采用墙（柱）标志、基础标志和隐蔽式标志等型式。各类标志的立尺部位应加工成半球形或有明显的突出点，并涂上防腐剂。标志的埋设位置应避开如雨水管、窗台线、暖气片、暖水管、电气开关等有碍设标与观测的障碍物，并应视立尺需要离开墙（柱）面和地面一定距离。标志应美观，易于保护。当采用静力水准测量进行沉降观测时，标志的形式及其埋设，应根据所用静力水准仪的型号、结构、安装方式以及现场条件等确定。隐蔽式沉降观测点标志的形式如图6-1、图6-2、图6-3所示。

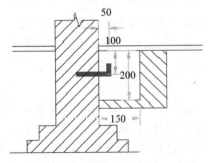

图6-1 窨井式标志 单位：mm
注：适用于建筑物内部埋设。

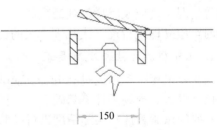

图6-2 盒式标志 单位：mm
注：适用于设备基础上埋设。

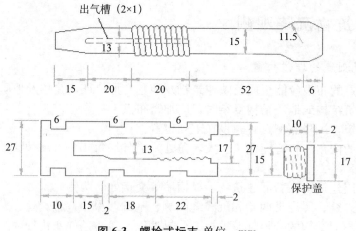

图 6-3 螺栓式标志 单位：mm
注：适用于墙体上埋设。

3. 沉降观测的周期和观测时间

建筑物施工阶段的观测，应随施工进度及时进行。一般建筑可在基础完工后或地下室砌完后开始观测，大型、高层建筑可在基础垫层或基础底部完成后开始观测。观测次数与间隔时间应视地基与加荷情况而定，民用建筑可每加高 2~3 层观测一次，工业建筑可按不同施工阶段（如回填基坑、安装柱子和屋架、砌筑墙体、设备安装等）分别进行观测。如建筑物均匀增高，应至少在增加荷载的 25%、50%、75% 和 100% 时各测一次。施工过程中如暂停工，在停工时及重新开工时应各观测一次。停工期间可每隔 2~3 个月观测一次。

建筑物使用阶段的观测次数，应视地基土类型和沉降速度大小而定。除有特殊要求者外，可在第一年观测 3~4 次，第二年观测 2~3 次，第三年后每年 1 次，直至稳定为止。

沉降是否进入稳定阶段应由沉降量与时间关系曲线判定。对一级工程，若最后三个周期观测中每周期沉降量不大于 2 倍测量中误差可认为已进入稳定阶段。对其他等级观测工程，若沉降速度小于 0.01~0.04mm/d 可认为已进入稳定阶段，具体取值宜根据各地区地基土的压缩性确定。

在观测过程中，如有基础附近地面荷载突然增减、基础四周大量积水、长时间连续降雨等情况，均应及时增加观测次数。当建筑物突然发生大量沉降、不均匀沉降或严重裂缝时，应立即进行逐日或几天一次的连续观测。

4. 沉降观测方法与观测要求

当需要采用特等精度进行建筑沉降测量时，应在认真分析研究测量对象、测量内容、仪器设备、现场条件等基础上，有针对性地进行专门的技术设计、精度分析，并宜通过必要的试验验证对实际精度进行检验。对其他等级精度进行建筑沉降测量时，所用仪器型号和标尺类型应符合表 6-7 的规定，作业方式应符合表 6-8 的规定。

观测时，仪器应避免安置在有空压机、搅拌机、卷扬机等振动影响的范围内，塔式起重机等施工机械附近也不宜设站。每次观测应记载施工进度、增加荷载量、仓库进货吨位、建筑物倾斜裂缝等各种影响沉降变化和异常的情况。

表 6-7 仪器型号和标尺类型

等级	水准仪型号	标尺类型
一等	DS05	因瓦条码标尺
二等	DS05	因瓦条码标尺、玻璃钢条码标尺
	DS1	因瓦条码标尺
三等	DS05、DS1	因瓦条码标尺、玻璃钢条码标尺
	DS3	玻璃钢条码标尺
四等	DS1	因瓦条码标尺、玻璃钢条码标尺
	DS3	玻璃钢条码标尺

表 6-8 沉降观测作业方式

沉降观测等级	基准点测量、工作基点联测及首期沉降观测			其他各期沉降观测			观测顺序
	DS05型仪器	DS1型仪器	DS3型仪器	DS05型仪器	DS1型仪器	DS3型仪器	
一等	往返测	—	—	往返测或单程双测站	—	—	奇数站：后-前-前-后 偶数站：前-后-后-前
二等	往返测	往返测或单程双测站	—	单程观测	单程双测站	—	奇数站：后-前-前-后 偶数站：前-后-后-前
三等	单程双测站	单程观测站	往返测或单程观测站	单程观测	单程观测	单程双测站	后-前-前-后
四等	—	单程双测站	往返测或单程双测站	—	单程观测	单程双测站	后-后-前-前

四、数据整理

每期变形观测结束后，应依据测量误差理论和统计检验原理对获得的观测数据及时进行平差计算处理，并计算各种变形量。建筑变形观测数据的平差计算，应符合下列规定：

（1）应利用稳定的基准点作为起算点。
（2）应采用严密的平差方法和可靠的软件系统。
（3）应确保平差计算所用观测数据、起算数据准确无误。
（4）应剔除含有粗差的观测数据。
（5）对特等和一等变形测量，应对可能含有系统误差的观测值进行系统误差改正。

对各类建筑变形监测点网和变形测量成果，平差计算的单位权中误差及变形参数的精度应符合规范相应等级变形测量的精度要求。建筑变形测量平差计算分析中的数据取位应符合表 6-9 的规定。

表 6-9 变形测量平差计算分析中的数据取位要求

等级	高差/mm	角度/(″)	距离/mm	坐标/mm	高程/mm	沉降值/mm	位移值/mm
特等	0.01	0.01	0.01	0.01	0.01	0.01	0.01
一等	0.01	0.01	0.10	0.10	0.01	0.01	0.10
二、三等	0.10	0.10	0.10	0.10	0.10	0.10	0.10
四等	0.10	1.00	1.00	1.00	0.10	0.10	1.00

第七章 建筑工程施工项目管理

随着科学进步的发展，建筑工程施工项目管理日益得到重视。丰富项目管理内容，从安全、进度、质量、成本等角度全面进行管理，不仅能有效降低施工风险，同时能有效降低项目成本，扩大建筑企业效益，整体推动我国施工管理水平。本章主要介绍建筑工程质量验收、建筑工程质量事故及处理、施工项目安全管理、施工项目成本管理和进度管理。

第一节 概 述

近代工程项目管理作为一门学科是在西方形成和发展起来的。进入 20 世纪 50 年代，随着科技及社会生产力高速发展，工程项目的规模越来越庞大，技术日趋复杂，资金密集，参与单位众多，由于其具有一次性特征，要使项目取得成功，迫切需要新的管理方法和科学的管理技术，工程项目管理作为一种客观需要被提出来。

一、建设工程项目组成和分类

建设工程项目是指为完成依法立项的新建、扩建、改建等各类工程而进行的、有起止日期的、达到规定要求的一组相互关联的受控活动组成的特定过程，包括策划、勘察、设计、采购、施工、试运行、竣工验收和考核评价等。即为达到预期的目标，投入一定量的资本，在一定的约束条件下，经过决策与实施的必要程序形成固定资产的一次性任务。

1. 建设工程项目的组成

根据建筑工程项目的范围和功能，建设工程项目可分为单项工程、单位（子单位）工程、分部（子分部）工程和分项工程。

（1）建设项目是在一个总体设计范围内，由一个或若干个单项工程组成，经济上实行统一核算，行政上具有独立组织形式，实行统一管理的建设单位。一个商场、一座矿山、一所学校、一家医院都可以作为一个建设项目。

（2）单项工程

单项工程是指在一个建设工程项目中，具有独立的设计文件，可以单独组织施工，竣工后可以独立发挥生产能力或效益的工程。单项工程是建设工程项目的组成部分，一个建设工程项目有时可以仅包括一个单项工程，也可以包括多个单项工程。如工厂中的一条生产线或市政工程的一座桥梁，民用建筑中的医院病房楼、学校综合教学楼等。

（3）单位工程

单位工程一般是指具备单独设计条件、可独立组织施工，能形成独立使用功能的单体工程,但完工后不能单独发挥生产能力或投资效益的建筑物及构筑物。

单位工程是单项工程的组成部分。对于建筑规模较大的单位工程,可将其能形成独立使用功能的部分作为一个子单位工程。具有独立施工条件和能形成独立使用功能是单位(子单位)工程划分的基本要求。如一栋建筑物的建筑工程与安装工程共同构成一个单位工程,室外给排水、供热、煤气等又为一个单位工程。如某个车间是一个单项工程,则车间的厂房建筑是一个单位工程。

(4)分部工程

分部工程是单位工程的组成部分,应按专业性质或工程部位划分确定。一般工业与民用建筑工程的分部工程包括地基与基础工程、主体结构工程、装饰装修工程、屋面工程、给排水及采暖工程、电气工程、智能建筑工程、通风与空调工程、电梯工程。

当分部工程较大或较复杂时,可按可按专业及类别将其划分为若干子分部工程。如主体结构可划分为混凝土结构、砌体结构、钢结构、木结构、网架或索膜结构等。

(5)分项工程

分项工程是分部工程的组成部分,一般按主要工程、材料、施工工艺、设备类别等进行划分。如混凝土结构工程可划分为模板工程、钢筋工程、混凝土工程等;砌体结构工程可划分为砖砌体工程、混凝土小型空心砌块砌体工程、石砌体工程等。分项工程是计算工、料及资金消耗的最基本的构成要素。

2. 建设工程项目的分类

建设工程项目的种类繁多,为了适应科学管理的需要,可以从不同的角度进行分类。

(1)按建设性质划分

建设工程项目可分为新建项目、扩建项目、改建项目、迁建项目和恢复项目。

(2)按投资作用划分

建设工程项目可分为生产性建设工程项目和非生产性建设工程项目。

(3)按项目规模划分

建设工程项目可分为基本建设项目和更新改造项目,基本建设项目分为大型、中型、小型三类;更新改造项目分为限额以上和限额以下两类。

(4)按项目的投资效益划分

建设工程项目可分为竞争性项目、基础性项目和公益性项目。

(5)按项目的投资来源划分

建设工程项目可分为政府投资项目和非政府投资项目。按照盈利性不同,政府投资项目又可分为经营性政府投资项目和非经营性政府投资项目。

二、建设工程项目管理的类型和任务

建设工程项目管理是指运用系统的理论和方法,对建设工程项目进行的计划、组织、指挥、协调和控制等专业化活动,简称项目管理。

在建设工程项目的决策和实施过程中,由于工程项目不同参与方的工作性质、工作任务和利益不同,形成了不同类型的项目管理。从系统工程的角度分析,每一类型的项目管理都是在特定条件下为实现整个建设工程项目总目标的一个管理子系统。

按工程项目不同参与方的工作性质和组织特征划分，工程项目管理主要包括如下类型：业主方的项目管理；设计方的项目管理；施工方的项目管理；供货方的项目管理；建设项目总承包方的项目管理。

1. 业主方（建设单位）的项目管理

业主方项目管理是全过程的项目管理，包括项目决策与实施阶段的各个环节。

（1）前期阶段

主要任务包括投资机会研究；编制项目建议书；进行可行性研究和项目决策；厂址选择及落实外部配套条件等。

（2）项目实施阶段

主要任务包括建设用地的报批；编制项目设计任务书；设计方案竞选和设计招标；对工程设计进行管理；进行施工招标；做好施工准备工作；对施工过程进行管理；项目试生产；进行竣工验收等。

以上各阶段，若委托监理，其职责还应包括监理招标、签订合同、合同管理等，同时监理承担的职责由合同明确。

（3）生产运营阶段

在项目建成并运营一段时间后作出项目评价，主要任务包括效益分析；与计划项目目标对比分析；对前景的展望等。

由于项目实施的一次性，使得业主方自行进行项目管理往往存在很大的局限性。因此，项目业主可以委托专业化、社会化的项目管理单位为其提供项目管理服务。项目管理单位既可以为业主提供全过程的项目管理服务，也可以根据业主需求提供分阶段的项目管理服务。

2. 设计方的项目管理

主要任务包括与设计有关的安全管理；设计成本控制和与设计工作有关的工程造价控制；设计进度控制；设计质量控制；设计合同管理；设计信息管理；与设计工作有关的组织和协调等。

3. 施工方的项目管理

主要任务包括建立施工项目管理组织；编制施工项目管理规划；施工项目的目标控制（安全、质量、进度、成本、文明施工）；施工项目现场管理；施工项目合同管理；施工项目信息管理等。

4. 供货方的项目管理

主要任务包括供货的安全管理；供货方的成本控制；供货的进度控制；供货的质量控制；供货合同管理；供货信息管理；与供货方有关的组织协调等。

5. 总承包方的项目管理

主要任务包括安全管理；投资控制和总承包方的成本控制；进度控制；质量控制；合同管理；信息管理；与建设项目总承包方有关的组织协调等。

第二节 建筑工程质量验收

建筑工程的质量验收就是采用一定的方法和手段，以技术方法的形式，在施工单位自行检查合格的基础上，由工程质量验收责任方组织，工程建设相关单位参加，对检验批、分项、分部、单位工程及其隐蔽工程的质量进行抽样检验，对技术文件进行审核，并根据设计文件和相关标准以书面形式对工程质量是否达到合格做出确认。

建筑工程的质量验收包括工程施工质量的中间验收和工程的竣工验收两个方面。中间验收是对施工过程中的检验批和分项工程质量进行控制，检验出"不合格"的各项工程，以便及时进行处理，使其达到质量标准的合格指标；竣工验收是对建筑工程施工的最终产品——单位工程的质量进行把关，这是项目建设程序的最后一个环节，是全面考核项目建设成果，检查设计与施工质量，确认项目能否投入使用的重要步骤。通过这两方面的验收，从过程控制和终端进行工程项目的质量控制，以确保达到业主所要求的功能和使用价值，实现建设投资的经济效益和社会效益。竣工验收的顺利完成，标志着项目建设阶段的结束和生产使用阶段的开始。尽快完成竣工验收工作，对促进项目的早日投产使用，发挥投资效益，有着非常重要的意义。

一、施工质量验收的划分

建筑工程施工质量验收一般划分为单位工程、分部工程、分项工程和检验批。施工前，应由施工单位制定分项工程和检验批的划分方案，并由监理单位审核。对于《建筑工程施工质量验收统一标准》（GB 5030—2013）及相关专业验收规范未涵盖的分项工程和检验批，可由建设单位组织监理、施工等单位协商确定。

1. 单位工程

单位工程是指具有独立的施工条件和能形成独立的使用功能的工程。在施工前可由建设、监理、施工单位商议确定，并据此收集整理施工技术资料和进行验收。

单位工程应按下列原则划分：

（1）具备独立施工条件并能形成独立使用功能的建筑物或构筑物为一个单位工程。

（2）对于规模较大的单位工程，可将其能形成独立使用功能的部分划分为一个子单位工程。

2. 分部工程

分部工程是单位工程的组成部分，一个单位工程往往由多个分部工程组成。当分部工程量较大且较复杂时，为便于验收，可将其中相同部分的工程或能形成独立专业体系的工程划分成若干个子分部工程。

分部工程应按下列原则划分：

（1）可按专业性质、工程部位确定。

（2）当分部工程较大或较复杂时，可按材料种类、施工特点、施工程序、专业系统及类别等将分部工程划分为若干子分部工程。

3. 分项工程

分项工程是分部工程的组成部分，由一个或若干个检验批组成。分项工程可按主要工种、材料、施工工艺、设备类别等进行划分。

4. 检验批

检验批可根据施工、质量控制和专业验收的需要，按工程量、楼层、施工段、变形缝等进行划分。

多层及高层建筑的分项工程可按楼层或施工段来划分检验批，单层建筑的分项工程可按变形缝等划分检验批；地基基础的分项工程一般划分为一个检验批，有地下层的基础工程可按不同地下层划分检验批；屋面工程的分项工程可按不同楼层屋面划分为不同的检验批；其他分部工程中的分项工程，一般按楼层划分检验批；对于工程量较少的分项工程可划为一个检验批。安装工程一般按一个设计系统或设备组别划分为一个检验批。室外工程一般划分为一个检验批。散水、台阶、明沟等含在地面检验批中。

二、建筑工程施工质量控制及验收规定

（一）建筑工程施工质量控制规定

（1）建筑工程采用的主要材料、半成品、成品、建筑构配件、器具和设备应进行进场检验。凡涉及安全、节能、环境保护和主要使用功能的重要材料、产品，应按各专业工程施工规范、验收规范和设计文件等规定进行复验，并应经监理工程师检查认可。

（2）各施工工序应按施工技术标准进行质量控制，每道施工工序完成后，经施工单位自检符合规定后，才能进行下道工序施工。各专业工种之间的相关工序应进行交接检验，并应记录。

施工单位完成每道工序后，除了自检、专职质量检查员检查外，还应进行工序交接检查，上道工序应满足下道工序的施工条件和要求；同样相关专业工序之间也应进行交接检验，使各工序之间和各相关专业工程之间形成有机的整体。

（3）对于监理单位提出检查要求的重要工序，应经监理工程师检查认可，才能进行下道工序施工。

工序是建筑工程施工的基本组成部分，一个检验批可能由一道或多道工序组成。根据验收要求，监理单位对工程质量控制到检验批，对工序的质量一般由施工单位通过自检予以控制，但为保证工程质量，对监理单位有要求的重要工序，应经监理工程师检查认可，才能进行下道工序施工。

（二）施工质量验收基本规定

（1）施工现场应具有健全的质量管理体系、相应的施工技术标准、施工质量检验制度和综合施工质量水平评定考核制度。

建筑工程施工单位应建立必要的质量责任制度，应推行生产控制和合格控制的全过程质量控制，应有健全的生产控制和合格控制的质量管理体系。质量管理体系不仅包括原材料控制、工艺流程控制、施工操作控制、每道工序质量检查、相关工序间的交接检验以及专业工种之间等中间交接环节的质量管理和控制要求，还应包括满足施工图设计和功能要求的抽样检验制度等。施工单位还应通过内部的审核与管理者的评审，找出质量管理体系中存在的问题和薄弱环节，并制定改进的措施和跟踪检查落实等措施，使质量管理体系不断健全和完善，是使施工单位不断提高建筑工程施工质量的基本保证。

（2）符合下列条件之一时，可按相关专业验收规范的规定适当调整抽样复验、试验数量，调整后的抽样复验、试验方案应由施工单位编制，并报监理单位审核确认。

① 同一项目中由相同施工单位施工的多个单位工程，使用同一生产厂家的同品种、

同规格、同批次的材料、构配件、设备。

相同施工单位在同一项目中施工的多个单位工程，使用的材料、构配件、设备等往往属于同一批次，如果按每一个单位工程分别进行复验、试验势必会造成重复，且必要性不大，因此可适当调整抽样复检、试验数量，具体要求可根据相关专业验收规范的规定执行。

② 同一施工单位在现场加工的成品、半成品、构配件用于同一项目中的多个单位工程。

施工现场加工的成品、半成品、构配件等符合条件时，可适当调整抽样复验、试验数量。但对施工安装后的工程质量应按分部工程的要求进行检测试验，不能减少抽样数量，如结构实体混凝土强度检测、钢筋保护层厚度检测等。

③ 在同一项目中，针对同一抽样对象已有检验成果可以重复利用。

在实际工程中，同一专业内或不同专业之间对同一对象有重复检验的情况，并需分别填写验收资料。例如，混凝土结构隐蔽工程检验批和钢筋工程检验批，装饰装修工程和节能工程中对门窗的气密性试验等。因此本条规定可避免对同一对象的重复检验，可重复利用检验成果。

（3）当专业验收规范对工程中的验收项目未做出相应规定时，应由建设单位组织监理、设计、施工等相关单位制定专项验收要求。涉及安全、节能、环境保护等项目的专项验收要求应由建设单位组织专家论证。

（4）未实行监理的建筑工程，建设单位相关人员应履行本标准涉及的监理职责。

根据《建设工程监理范围和规模标准规定》（建设部令第86号），对国家重点建设工程、大中型公用事业工程等必须实行监理。对于该规定包含范围以外的工程，也可由建设单位完成相应的施工质量控制及验收工作。

（5）当专业验收规范对工程中的验收项目未做出相应规定时，应由建设单位组织监理、设计、施工等相关单位制定专项验收要求。涉及安全、节能、环境保护等项目的专项验收要求应由建设单位组织专家论证。

为适应建筑工程行业的发展，保证建筑工程验收的顺利进行，对国家、行业、地方标准没有具体验收要求的分项工程及检验批，可由建设单位组织制定专项验收要求，专项验收要求应符合设计意图，包括分项工程及检验批的划分、抽样方案、验收方法、判定指标等内容，监理、设计、施工等单位可参与制定。为保证工程质量，重要的专项验收要求应在实施前组织专家论证。

（6）建筑工程施工质量验收合格应符合下列规定：符合工程勘察、设计文件的规定；符合《建筑工程施工质量验收统一标准》（GB 50300—2013）和相关专业验收规范的规定。

《建筑工程施工质量验收统一标准》（GB 50300—2013）及各专业验收规范提出的合格要求是建筑工程施工质量验收合格的最低要求，允许建设、设计等单位提出高于本标准及相关专业验收规范的验收要求。

（三）建筑工程施工质量验收基本要求

（1）工程质量验收均应在施工单位自检合格的基础上进行。

（2）参加工程施工质量验收的各方人员应具备相应的资格。

（3）检验批的质量应按主控项目和一般项目验收。

(4) 对涉及结构安全、节能、环境保护和主要使用功能的试块、试件及材料，应在进场时或施工中按规定进行见证检验。

(5) 隐蔽工程在隐蔽前应由施工单位通知监理单位进行验收，并应形成验收文件，验收合格后方可继续施工。

(6) 对涉及结构安全、节能、环境保护和使用功能的重要分部工程应在验收前按规定进行抽样检验。

(7) 工程的观感质量应由验收人员现场检查，并应共同确认。

（四）建筑工程质量验收

1. 检验批质量验收

检验批是施工过程中条件相同并有一定数量的材料、构配件或安装项目，由于其质量水平基本均匀一致，因此可以作为检验的基本单元，它是工程验收的最小单位，是分项工程、分部工程、单位工程质量验收的基础。检验批验收包括两个方面：资料检查、主控项目和一般项目检验。

检验批质量验收合格应符合下列规定：

(1) 主控项目的质量经抽样检验均应合格。

主控项目是对检验批的基本质量起决定性影响的检验项目，因此主控项目必须全部符合有关专业验收规范的规定，不允许有不符合要求的检验结果。

(2) 一般项目的质量经抽样检验合格。

当采用计数抽样时，合格点率应符合有关专业验收规范的规定，且不得存在严重缺陷。对于计数抽样的一般项目，正常检验一次、二次抽样可按《建筑工程施工质量验收统一标准》（GB 50300—2013）判定。

(3) 具有完整的施工操作依据、质量验收记录。

质量控制资料反映了检验批从原材料到最终验收的各施工工序的操作依据、检查情况以及保证质量所必须的管理制度等。因此对其完整性的检查，实际是对过程控制的确认，是检验批合格的前提。

2. 分项工程质量验收

分项工程的验收是以检验批为基础进行的。一般情况下，检验批和分项工程两者具有相同或相近的性质，只是批量的大小不同而已。

分项工程质量验收合格应符合下列规定：

(1) 所含检验批的质量均应验收合格。

(2) 所含检验批的质量验收记录应完整。

3. 分部工程质量验收

分部工程的验收是以所含各分项工程验收为基础进行的，因此，组成分部工程的各分项工程已验收合格且相应的质量控制资料齐全、完整。

分部工程质量验收合格应符合下列规定：

(1) 所含分项工程的质量均应验收合格。

(2) 质量控制资料应完整。

(3) 有关安全、节能、环境保护和主要使用功能的抽样检验结果应符合相应规定。

(4) 观感质量应符合要求。

此外，由于各分项工程的性质不尽相同，因此作为分部工程不能简单地组合而加以验收，尚须进行以下两类检查项目：

① 涉及安全、节能、环境保护和主要使用功能的地基与基础、主体结构和设备安装等分部工程应进行有关的见证检验或抽样检验。

② 以观察、触摸或简单量测的方式进行观感质量验收，并由验收人的主观判断，检查结果并不给出"合格"或"不合格"的结论，而是综合给出"好""一般""差"的质量评价结果。对于"差"的检查点应进行返修处理。

4. 单位工程质量验收

单位工程质量验收也称质量竣工验收，是建筑工程投入使用前的最后一次验收，也是最重要的一次验收。

单位工程质量验收合格应符合下列规定：
（1）所含分部工程的质量均应验收合格。
（2）质量控制资料应完整。
（3）所含分部工程中有关安全、节能、环境保护和主要使用功能的检验资料应完整。
（4）主要使用功能的抽查结果应符合相关专业验收规范的规定。
（5）观感质量应符合要求。

在单位工程验收时，对于涉及安全和使用功能的分部工程应进行检验资料的复查。不仅要全面检查其完整性，不得有漏检缺项，而且对分部工程验收时补充进行的见证抽样检验报告也要复核。这些检验资料与质量控制资料同等重要，充分体现了对安全和主要使用功能等的重视。

此外，对主要使用功能还应进行抽查。使用功能的检查是对建筑工程和设备安装工程最终质量的综合检验，也是用户最为关心的内容，也将减少工程投入使用后的质量投诉和纠纷。因此，在分项、分部工程验收合格的基础上，竣工验收时再作全面检查。抽查项目是在检查资料文件的基础上由参加验收的各方人员商定，并由计量、计数的抽样方法确定检查部位。检查要求按有关专业工程施工质量验收标准要求进行。

最后，还须由参加验收的各方人员共同进行观感质量检查。检查的方法、内容、结论等已在分部工程的相应部分中阐述，最后共同确定是否验收。对于分部工程及单位工程存在影响安全和使用功能的严重缺陷，经返修或加固处理仍不能满足安全使用要求时，严禁通过验收。

（五）建筑工程质量验收不符合规定的处理办法

当建筑工程施工质量不符合规定时，应按下列规定进行处理：

（1）经返工或返修的检验批，应重新进行验收。

检验批验收时，对于主控项目不能满足验收规范规定或一般项目超过偏差限值时应及时进行处理。其中，对于严重的缺陷应重新施工，一般的缺陷可通过返修、更换予以解决，允许施工单位在采取相应的措施后重新验收。如能够符合相应的专业验收规范要求，应认为该检验批合格。

（2）经有资质的检测机构检测鉴定能够达到设计要求的检验批，应予以验收。

当个别检验批发现问题，难以确定能否验收时，应请具有资质的法定检测机构进行检测鉴定。当鉴定结果认为能够达到设计要求时，该检验批应可以通过验收。这种情况通常出现在某检验批的材料试块强度不满足设计要求时。

（3）经有资质的检测机构检测鉴定达不到设计要求，但经原设计单位核算认可能够满足安全和使用功能的检验批，可予以验收。

如经检测鉴定达不到设计要求，但经原设计单位核算、鉴定，仍可满足相关设计规范和使用功能要求时，该检验批可予以验收。这主要是因为一般情况下，标准、规范的规定是满足安全和功能的最低要求，而设计往往在此基础上留有一些余量。在一定范围内，会出现不满足设计要求而符合相应规范要求的情况，两者并不矛盾。

（4）经返修或加固处理的分项、分部工程，满足安全及使用功能要求时，可按技术处理方案和协商文件的要求予以验收。

经法定检测机构检测鉴定后认为达不到规范的相应要求，即不能满足最低限度的安全储备和使用功能时，则必须进行加固或处理，使之能满足安全使用的基本要求。这样可能会造成一些永久性的影响，如增大结构外形尺寸，影响一些次要的使用功能。但为了避免建筑物的整体或局部拆除，避免社会财富更大的损失，在不影响安全和主要使用功能条件下，可按技术处理方案和协商文件进行验收，责任方应按法律法规承担相应的经济责任和接受处罚。需要特别注意的是，这种方法不能作为降低质量要求、变相通过验收的一种出路。

三、建筑工程质量验收程序和组织

1. 检验批及分项工程的验收程序与组织

检验批应由专业监理工程师组织施工单位项目专业质量检查员、专业工长等进行验收；分项工程应由专业监理工程师组织施工单位项目专业技术负责人等进行验收。

检验批和分项工程是建筑工程施工质量验收的基础，因此，所有检验批和分项工程均应由专业监理工程师组织验收。验收前，施工单位应完成自检，对存在的问题自行处理，然后填写"检验批或分项工程质量验收记录"的相应部分，并由项目专业质量检查员和项目专业技术负责人分别在检验批和分项工程质量检验记录中签字，然后由专业监理工程师组织，严格按规定程序进行验收。

2. 分部工程的验收程序与组织

分部工程应由总监理工程师组织施工单位项目负责人和项目技术、质量负责人等进行验收。勘察、设计单位项目负责人和施工单位技术、质量部门负责人应参加地基与基础分部工程的验收。设计单位项目负责人和施工单位技术、质量部门负责人应参加主体结构、节能分部工程的验收。

由于地基与基础、主体结构工程要求严格，技术性强，关系到整个工程的安全，为保证质量，严格把关，规定勘察、设计单位的项目负责人应参加地基与基础分部工程的验收。设计单位的项目负责人应参加主体结构、节能分部工程的验收。施工单位技术、质量部门的负责人也应参加地基与基础、主体结构、节能分部工程的验收。

3. 单位工程的验收程序与组织

（1）竣工初验收

当单位工程达到竣工验收条件后，施工单位应首先依据验收规范、设计图纸等组织有关人员进行自检，对检查结果进行评定并进行必要的整改。然后全部竣工资料报送项目监理机构，申请竣工验收。监理单位应根据《建设工程监理规范》（GB/T 50319—

2013）的要求对工程进行竣工预验收。对检查出的问题，应督促施工单位及时整改。对需要进行功能试验的项目，监理工程师应督促施工单位及时进行试验，并对重要项目进行监督、检查，必要时请建设单位和设计单位参加；监理工程师应认真审查实验报告并督促施工单位搞好成品保护和现场清理。符合规定后由施工单位向建设单位提交工程竣工报告和完整的质量控制资料，申请建设单位组织竣工验收。

（2）正式验收

建设单位受到工程验收报告后，应由建设单位项目负责人组织监理、施工、设计、勘察等单位项目负责人进行单位工程验收。单位工程由分包单位施工时，分包单位对所承包的工程项目应按规定的程序检查评定，总包单位应派人参加。分包工程完成后，应将工程有关资料交总包单位。对满足生产要求或具备使用条件，施工单位已自行检验，监理单位已预验收的子单位工程，建设单位可组织进行验收。由几个施工单位负责施工的单位工程，当其中的子单位工程已按设计要求完成，并经自行检验，也可按规定的程序组织正式验收，办理交工手续。建设工程经验收合格的，方可交付使用。

建设工程竣工验收应具备下列条件：
① 所含分部工程的质量均应验收合格；
② 质量控制资料应完整；
③ 所含分部工程中有关安全、节能、环境保护和主要使用功能的检验资料应完整；
④ 主要使用功能的抽查结果应符合相关专业验收规范的规定；
⑤ 观感质量应符合要求。

第三节 建筑工程质量事故及处理

根据我国有关质量、质量管理和质量保证方面的国家标准的定义，凡工程产品质量没有满足某个规定的要求，称为质量不合格；而没有满足某个预期的使用要求或合理的期望（包括与安全性的要求）称为质量缺陷。在建设工程中，若工程（分部或分项）出现了不符合国家或行业现行有关技术标准、设计文件及合同中对质量的要求，称为工程质量缺陷。工程质量事故，是指由于建设、勘察、设计、施工、监理等单位违反工程质量有关法律法规和工程建设标准，使工程产生结构安全、重要使用功能等方面的质量缺陷，造成人身伤亡或者重大经济损失的事故。

一、工程质量事故的分类及成因

1. 工程质量事故的分类

工程质量事故往往具有成因复杂、后果严重、种类繁多且与安全事故共生的特点，因此，工程质量问题的分类方法较多，不同专业工程对工程质量事故的等级划分也不尽相同。根据住房和城乡建设部《关于做好房屋建筑和市政基础设施工程质量事故报告和调查处理工作的通知》（建质〔2010〕111号），根据工程质量事故造成的人员伤亡或者直接经济损失，工程质量事故分为四个等级：

（1）特别重大事故，是指造成30人以上死亡，或者100人以上重伤，或者1亿元以上直接经济损失的事故。

(2) 重大事故，是指造成 10 人以上 30 人以下死亡，或者 50 人以上 100 人以下重伤，或者 5000 万元以上 1 亿元以下直接经济损失的事故；

(3) 较大事故，是指造成 3 人以上 10 人以下死亡，或者 10 人以上 50 人以下重伤，或者 1000 万元以上 5000 万元以下直接经济损失的事故；

(4) 一般事故，是指造成 3 人以下死亡，或者 10 人以下重伤，或者 100 万元以上 1000 万元以下直接经济损失的事故。

2. 工程质量事故的成因

施工项目质量问题表现的形式多种多样，但究其原因，施工质量事故发生的原因大致有以下四类：

(1) 技术原因

技术原因引发的质量事故是指在工程项目实施中由于设计、施工作技术上的失误而造成的质量事故。例如，结构设计计算错误；对水文或地质情况判断错误；采用了不适合的施工方法或施工工艺等。

(2) 管理原因

管理原因引发的质量事故是指管理上的不完善或失误引发的质量事故。例如，施工单位或监理单位的质量管理体系不完善；检验制度不严密；质量控制不严格；质量管理措施落实不力；检测仪器设备管理不善而失准；材料检验不严等原因引起质量事故。

(3) 社会、经济原因

社会、经济原因引发的质量事故是指由于经济因素及社会上存在的弊端和不正之风引起建设中的错误行为，而导致出现质量事故。例如，某些施工企业盲目追求利润而不顾工程质量，在投标报价中随意压低标价，中标后则依靠违法的手段或修改方案追加工程款，甚至偷工减料等，这些因素往往会导致出现重大工程质量事故，必须予以重视。

(4) 人为事故和自然灾害原因

人为事故和自然灾害原因是指造成质量事故是由于人为的设备事故、安全事故，导致连带发生质量事故，以及严重的自然灾害等不可抗力造成质量事故。

二、工程质量事故处理的依据和程序

1. 工程质量事故处理的依据

(1) 质量事故的实况资料

主要包括质量事故发生的时间、地点；质量事故状况的描述；质量事故发展变化的情况；有关质量事故的观测记录、事故现场状态的照片或录像；事故调查组调查研究所获得的第一手资料。

(2) 有关合同及合同文件

主要包括工程承包合同；设计委托合同；设备与器材购销合同；监理合同等。

(3) 有关的技术文件和档案

主要是有关的技术文件；与施工有关的技术文件、档案和资料（如施工方案、施工计划、施工记录、施工日志、有关建筑材料的质量证明材料、现场制备材料的质量证明资料、质量事故发生后对事故状况的观测记录、试验记录或试验报告等）。

(4) 相关的法律、法规

主要包括勘察、设计、施工、监理等单位资质管理方面的法规；从业者资格管理方面的法规；建筑市场方面的法规；建筑施工方面的法规；关于标准化管理方面的法规等。

2. 工程质量事故处理的程序

施工质量事故处理的一般程序如图 7-1 所示。

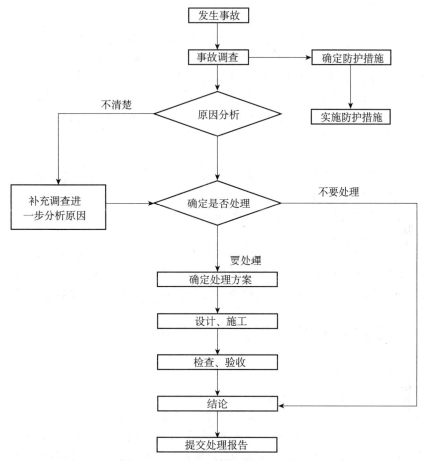

图 7-1 施工质量事故处理的一般程序

（1）事故调查

工程质量问题发生后，事故现场有关人员应当立即向工程建设单位负责人报告；工程建设单位负责人接到报告后，应于 1h 内向事故发生地县级以上人民政府住房和城乡建设主管部门及有关部门报告。情况紧急时，事故现场有关人员可直接向事故发生地县级以上人民政府住房和城乡建设主管部门报告。住房和城乡建设主管部门接到事故报告后，应当相关规定上报事故情况，并同时通知公安、监察机关等有关部门。

住房和城乡建设主管部门应当按照有关人民政府的授权或委托，组织或参与事故调查组对事故进行调查，调查结果要整理撰写成事故调查报告，其主要内容包括事故项目及各参建单位概况；事故发生经过和事故救援情况；事故造成的人员伤亡和直接经济损失；事故项目有关质量检测报告和技术分析报告；事故发生的原因和事故性质；事故责任的认定和事故责任者的处理建议；事故防范和整改措施。

(2) 事故的原因分析

事故的原因分析应建立在事故情况调查的基础上，避免情况不明就主观推断事故的原因。特别是对设计勘察、设计、施工、材料和管理等方面的质量事故，往往事故的原因错综复杂，因此，必须对调查所得到的数据、资料进行仔细的分析，去伪存真，找出造成事故的主要原因。

(3) 事故处理

事故的处理要建立在原因分析的基础上，并广泛地听取专家及有关方面的意见，经科学论证，决定事故是否进行处理和怎样处理。在制定事故处理方案时，应做到安全可靠、技术可行、不留隐患、经济合理、具有可操作性、满足建筑功能和使用要求。

根据制定的质量事故处理的方案，对质量事故进行认真的处理。处理的内容主要包括事故的技术处理，以解决施工质量不合格和缺陷问题；事故的责任处罚，根据事故的性质、损失大小、情节轻重对事故的责任单位和责任人作出相应的行政处分甚至追究刑事责任。

(4) 事故处理的鉴定验收

质量事故的处理是否达到预期目的，是否依然存在隐患，应通过检查鉴定和验收作出确认。事故处理的质量检查鉴定，应严格按照施工验收规范和相关的质量标准的规定进行，必要时还应通过实际量测、试验和仪器检测等方法获取必要的数据，以便准确地对事故处理的结果作出鉴定。

事故处理后，必须尽快提交完整的事故处理报告，其内容包括工程质量事故情况、调查情况、原因分析；质量事故处理的依据；质量事故技术处理方案；实施技术处理施工中有关问题和资料；对处理结果的检查鉴定和验收；质量事故处理结论。

三、工程质量事故处理的基本方法

1. 修补处理

当工程的某个检验批、分项或分部的质量虽未达到规定的规范、标准或设计的要求，存在一定的缺陷，但通过修补或更换器具、设备后还可达到要求的质量标准，又不影响使用功能或外观的要求时，可采取修补处理的方法。例如，当裂缝宽度不大于 0.2mm 时，可采用表面密封法；当裂缝宽度大于 0.3mm 时，采用嵌缝密闭法；当裂缝较深时，则应采取灌浆修补的方法。

2. 加固处理

加固处理主要是针对危及承载力的质量缺陷的处理。通过对缺陷的加固处理，使建筑结构恢复或提高承载力，重新满足结构安全性及可靠性的要求，使结构能继续使用或改作其他用途。例如，对混凝土结构常用加固的方法主要有：增加截面加固法；外包角钢加固法；粘钢加固法、增设支点加固法；预应力加固法等。

3. 返工处理

当工程质量缺陷经过修补处理后仍不能满足规定的质量标准要求，存在严重质量问题，对结构的使用和安全构成重大影响，且又无法通过修补处理的情况下，可对检验批、分项、分部甚至整个工程返工处理。

当工程质量缺陷经过修补处理后仍不能满足规定的质量标准要求，或不具备补救可能性，则必须采取返工处理。例如，某公路桥梁工程预应力按规定张拉系数为1.3，而实际仅为0.8，属于严重的质量缺陷，也无法修补，只能返工处理。再比如某工厂设备基础的混凝土浇筑时掺入木质素磺酸钙减水剂，因施工管理不善，掺量多于规定7倍，导致混凝土坍落度大于180mm，石子下沉，混凝土结构不均匀，浇筑后5d仍然不凝固硬化，28d的混凝土实际强度不到规定强度的32%，不得不返工重浇。

4. 限制使用

当工程质量缺陷按修补方法处理后无法保证达到规定的使用要求和安全要求，而又无法返工处理的情况下，不得已时可做出诸如结构卸荷或减荷以及限制使用的决定。

5. 不作处理

某些工程质量问题虽然不符合规定的要求和标准构成质量事故，但视其严重情况，经过分析、论证、法定检测单位鉴定实际检测后，其实际强度达到规范允许和设计要求值时，可不作处理。对经检测未达到要求值，但相差不多，经分析论证，只要使用前经再次检测达到设计强度，也可不作处理，但应严格控制施工荷载。

对出现的质量缺陷，经检测鉴定达不到设计要求，但经原设计单位核算，仍能满足结构安全和使用功能的。例如，某一结构构件截面尺寸不足，或材料强度不足，影响结构承载力，但按实际情况进行复核验算后仍能满足设计要求的承载力时，可不作处理。这种做法实际上是挖掘设计潜力或降低设计的安全系数，应谨慎处理。

第四节　施工项目安全管理

一、施工项目安全管理概述

施工项目安全管理就是在项目实施的过程中，施工单位运用科学管理的理论、方法，通过法规、技术、组织等手段组织安全生产的全部管理活动。通过对生产因素具体的状态控制，使生产因素不安全的行为和状态减少或消除，使人、物、环境构成的施工生产体系达到最佳安全状态，从而实现项目安全目标。

1. 施工项目安全管理原则

(1) 管生产同时管安全

《建筑法》第四十四条规定：建筑施工企业必须依法加强对建筑安全生产的管理，执行安全生产责任制度，采取有效措施，防止伤亡和其他安全事故的发生。

建筑企业应当建立以第一责任人为核心的各级、各部门、各岗位的安全生产责任制。建筑企业的法定代表人是本单位安全生产的第一责任人，对本单位的安全生产全面负责；项目经理是本项目安全生产的第一责任人，对本项目的安全生产全面负责；从事特殊工种的作业人员对本工种的安全生产负主要责任。

(2) 坚持安全管理的目的性

安全管理的内容是对生产中的人、物、环境因素状态的管理，有效的控制人的不安全行为、物的不安全状态和环境的不安全因素，消除或避免安全事故的发生，保护劳动者的安全和健康。

(3) 贯彻国家安全生产的方针

我国的安全生产方针是：安全第一、预防为主、综合治理。"安全第一"就是要求从事生产经营活动必须把安全放在首位，不能以牺牲人的生命、健康为代价换取发展和效益。"预防为主"就是要求把安全生产工作的重心放在预防上，强化隐患排查治理，从源头上控制、预防和减少生产安全事故。"综合治理"就是要求运用行政、经济、法治、科技等多种手段，充分发挥社会、职工、舆论监督各个方面的作用，抓好安全生产工作。

(4) 坚持"四全"动态管理

生产活动中必须坚持全员、全过程、全方位、全天候的动态安全管理。安全管理不是少数人和安全机构的事，而是一切与生产有关的人共同的事。因此，安全管理涉及生产活动的方方面面，包括从开工到竣工交付的全部生产过程，以及全部的生产时间和一切变化着的生产因素。

(5) 安全管理重在控制

进行安全管理的目的是预防、消灭事故，防止或消除事故伤害，保护劳动者的安全与健康。因此，安全管理的重点在生产过程中人的不安全行为、物的不安全状态和环境的不安全因素的控制。人的不安全行为主要包括：违章作业、生理缺陷、错误行为等；物的不安全状态主要包括：物体打击、车辆伤害、机械伤害、化学品、易爆易燃品有毒品、坍塌、触电等；环境的不安全因素主要包括：作业条件恶劣、生活环境差等。

(6) 在管理中发展提高

安全管理是一种动态的管理，意味着它是不断发展、不断变化的，以适应变化的生产活动，消除新的危险因素。因此必须在管理中总结经验教训，制定新的管理制度和方法来指导新的安全管理，使安全管理不断得到发展提高。

2. 施工项目安全控制的基本要求

(1) 施工单位的项目负责人应当由取得相应执业资格的人员担任；

(2) 所有新进场员工必须经过三级安全教育，即企业、施工项目和班组的安全教育；

(3) 垂直运输机械作业人员、安装拆卸工、爆破作业人员、起重信号工、登高架设作业人员等特种作业人员，必须按照国家有关规定经过专门的安全作业培训，并取得特种作业操作资格证书后，方可上岗作业，并严格按规定进行复审；

(4) 对查出的安全隐患要做到"五定"，即定整改责任人、定整改措施、定整改完成时间、定整改完成人、定整改验收人；

(5) 必须把好安全生产"六关"，即措施关、交底关、教育关、防护关、检查关、改进关；

(6) 施工现场安全设施齐全，并符合国家及地方有关规定；

(7) 施工机械（特别是起重设备等）必须按相关规定安装单位、使用单位验收合格，特别是起重设备尚应经过有资质的检测单位检查合格后方可使用。

二、施工项目安全技术措施计划及实施

1. 施工安全技术措施计划

安全技术措施计划又称劳动保护措施计划，是在施工项目开工前，由项目经理部组织编制，经项目经理批准后实施，以改善企业劳动条件，防止工伤事故，防止职业病和

职业中毒为目的技术组织措施。它是企业有计划地逐步改善劳动条件的重要工具，是防止工伤事故和职业病的一项重要的劳动保护措施；是企业生产、技术、财务计划的一个重要组成部分。

安全技术措施计划的内容主要包括工程概况、安全技术措施的名称、控制内容和目标、控制程序、组织结构和职责权限、资源配置、安全措施、安全技术措施执行情况与效果、检查评价、奖惩制度等。

施工安全技术措施计划的作用：它是指导安全施工的规定，也是检查施工是否安全的依据；应根据不同工程的结构特点和施工方法，编制具有针对性的安全技术措施；它是配置必要的资源，建立保证安全的组织和制度，明确安全责任，制定安全技术措施，确保安全目标实现的保证；它是指导施工，进行安全交底、安全检查和验收的依据，也是安全生产的保证。

2. 施工安全技术措施计划的实施

(1) 落实安全责任，实行责任管理

施工单位对工程项目应建立以项目经理为第一责任人的安全生产管理机构，按规定配备专职安全员。工程项目部应建立和实施安全技术交底制度、安全教育制度、安全检查制度、危险性较大的分部分项工程专项方案编、审、批制度；制定安全生产资金保障制度，应编制安全资金使用计划，并按计划实施；制定安全生产管理目标，并按安全生产管理目标和项目管理人员的安全生产责任制进行安全生产责任目标分解；建立安全生产责任制和责任目标的考核制度，对项目管理人员定期进行考核。

项目经理对所负责项目的安全生产承担全面领导责任。负责落实安全生产责任制度、安全生产规章制度和操作规程，确保安全生产费用的有效使用，并根据工程的特点组织制定安全施工措施，消除安全事故隐患，及时、如实报告生产中出现的安全事故。各级职能部门、人员在各自业务范围内，对实现安全生产的要求负责。

建立和实施安全技术交底制度，对安全施工技术进行三级交底。项目技术负责人向全体技术人员进行安全技术交底，重点是原则性的标准、规范和施工方案等；技术人员向班组进行安全技术交底，重点是如何实施，用某种方法及所要达到的标准和要求等；班组对班组组员进行有针对性的安全技术交底。交底必须是书面的，而且履行签字手续。

(2) 安全教育

《建筑法》第四十六条规定：建筑施工企业应当建立健全安全生产教育培训制度，加强对职工安全生产的教育培训；未经安全生产教育培训的人员，不得上岗作业。

施工企业的安全教育分三级进行：公司、项目部、施工班组。三级教育的内容、时间和考核结果要有记录。公司安全教育的内容重点是国家和地方有关安全生产的政策、法规、标准、规范、规程和企业的安全规章制度等；项目经理部安全教育的内容是工地安全制度、施工现场环境、工程施工特点及可能存在的不安全因素等；施工班组安全教育内容是本工种的安全操作规程、事故案例剖析、劳动纪律和岗位讲评等。

(3) 安全检查

工程项目部应建立安全检查制度。安全检查应由项目负责人组织，专职安全员及相关专业人员参加，定期进行并填写检查记录。对检查中发现的事故隐患应下达隐患整改通知单、定人、定时间、定措施进行整改。重大事故隐患整改后，应由相关部门组织复查。

安全检查的内容主要包括查思想、查制度、查机械设备、查安全设施、查安全教育培训、查操作行为、查劳保用品使用、查伤亡事故的处理等。安全检查的主要形式有定期检查、班前检查、季节检查、专项检查、日常检查、设备检查等。从事建筑施工的项目经理、专职安全员和特种作业人员，必须经行业主管部门培训考核合格，取得相应资格证书，方可上岗作业；项目经理、专职安全员和特种作业人员应持证上岗。

三、建设工程职业健康安全事故的分类和处理

1. 职业健康安全事故的分类

职业健康安全事故有不同的分类方法，主要有以下三种分类方法：按事故后果严重程度分；按照安全事故类别分类；按照生产安全事故造成的人员伤亡或直接经济损失分类。

（1）根据我国《企业职工伤亡事故分类》（GB 6441—1986）的规定，按事故后果严重程度分类，事故分为：

① 轻伤事故，是指造成职工肢体或某些器官功能性或器质性轻度损伤，能引起劳动能力轻度或暂时丧失的伤害的事故，一般每个受伤人员休息 1 个工作日以上，105 个工作日以下；

② 重伤事故，一般指受伤人员肢体残缺或视觉、听觉等器官受到严重损伤，能引起人体长期存在功能障碍或劳动能力有重大损失的伤害，或者造成每个受伤人损失 105 个工作日以上的失能伤害的事故；

③ 死亡事故，一次事故中死亡职工 1~2 人的事故；

④ 重大伤亡事故，一次事故中死亡 3 人以上（含 3 人）的事故；

⑤ 特大伤亡事故，一次死亡 10 人以上（含 10 人）的事故。

（2）按照安全事故类别分类

根据我国《企业职工伤亡事故分类》（GB 6441—1986）的规定，将职业伤害事故分为 20 类。即物体打击、车辆伤害、机械伤害、起重伤害、触电、淹溺、灼烫、火灾、高处坠落、坍塌、冒顶片帮、透水、放炮、瓦斯爆炸、火药爆炸、锅炉爆炸、容器爆炸、其他爆炸、中毒和窒息、其他伤害。

（3）按照生产安全事故造成的人员伤亡或直接经济损失分类

根据《生产安全事故报告和调查处理条例》的规定，生产安全事故按造成的人员伤亡或者直接经济损失，事故分为：

① 特别重大事故，是指造成 30 人以上死亡，或者 100 人以上重伤（包括急性工业中毒，下同），或者 1 亿元以上直接经济损失的事故；

② 重大事故，是指造成 10 人以上 30 人以下死亡，或者 50 人以上 100 人以下重伤，或者 5000 万元以上 1 亿元以下直接经济损失的事故；

③ 较大事故，是指造成 3 人以上 10 人以下死亡，或者 10 人以上 50 人以下重伤，或者 1000 万元以上 5000 万元以下直接经济损失的事故；

④ 一般事故，是指造成 3 人以下死亡，或者 10 人以下重伤，或者 1000 万元以下 100 万元以上直接经济损失的事故。

本等级划分所称的"以上"包括本数，所称的"以下"不包括本数。

2. 安全事故的处理

（1）生产安全事故报告和调查处理的原则

事故调查处理应当以坚持实事求是、尊重科学的原则，及时、准确地查清事故经

过、事故原因和事故损失，查明事故性质，认定事故责任，对事故责任者依法追究责任；又要总结事故教训，提出整改措施，防止类似事故再次发生。因此，当发生安全事故时，必须实施"四不放过"的原则：

① 事故原因没有查清不放过；
② 责任人员没有受到处理不放过；
③ 职工群众没有受到教育不放过；
④ 防范措施没有落实不放过。

（2）安全事故的处理程序：
① 迅速抢救伤员、保护事故现场；
② 组织调查组；
③ 调查组成立后，应立即对事故现场进行勘察；
④ 分析事故原因、确定事故性质；
⑤ 写出事故调查报告；
⑥ 事故的审理和结案施工伤亡事故的处理。

第五节 施工项目成本管理

一、施工项目成本管理概述

1. 施工项目成本的概念

施工项目成本是指建筑业企业以施工项目作为成本核算对象的施工过程中所耗费的生产资料转移价值和劳动者必要劳动所创造的价值的货币表现形式。即某建设工程项目的施工过程中所发生的全部生产费用的总和，包括所消耗的原材料、辅助材料、构配件等的费用，周转材料的摊销费或租赁费等，施工机械的使用费或租赁费等，支付给生产工人的工资、奖金、工资性质的津贴等，以及进行施工组织与管理所发生的全部费用支出。

施工项目成本是建筑企业的生产成本，一般以项目的单位工程作为成本核算对象，通过各单位工程成本的核算综合来反映施工项目成本。它不包括劳动者为社会创造的价值，也不包括不构成施工项目价值的一切非生产支出。

2. 施工项目成本的构成

（1）按照建筑项目施工过程中所发生的费用支出，施工项目的成本由直接成本和间接成本两部分组成。

① 直接成本是指施工过程中耗费的构成工程实体或有助于工程实体形成的各项费用支出，是可以直接计入工程对象的费用，包括人工费、材料费、施工机械使用费和施工措施费等。

② 间接成本是指为施工准备、组织和管理施工生产的全部费用的支出，是非直接用于也无法直接计入工程对象，但为进行工程施工所必须发生的费用，包括管理人员工资、办公费、差旅费等。

（2）按照成本发生的时间不同，施工项目成本可分为预算成本、计划成本和实际成本。

① 预算成本是施工企业在投标报价时根据施工预算定额编制的，它既是构成工程

造价的主要部分，也是施工企业投标报价的基础。它是完成规定计量单位分项工程计价的人工、材料和机械台班消耗的数量标准。

② 计划成本是施工企业中标后，根据施工单位的生产技术、施工条件和生产经营管理水平确定的施工项目预期成本，也称目标成本。计划成本是控制成本支出、安排施工计划、供应工料的依据。它是根据合同价以及企业下达的成本降低指标，在成本发生前预先计算的。

③ 实际成本是施工项目在报告期实际发生的各项生产费用之和。实际成本可以检验计划成本的执行情况，确定施工项目最终的盈余结果，准确反映各项施工费用的支出是否合理。

(3) 按成本习性可划分为固定成本和变动成本。

① 固定成本是指在一定期间和一定的工程量范围内所发生的，费用额不受工程量增减变动的影响而相对固定的成本。如折旧费、大修理费、管理人员工资、办公费、照明费等。

② 变动成本是指发生总额随着工程量的增减变动而成比例变动的费用，如直接用于工程的材料费、实行计件工资制的人工费等。所谓变动，也就是相对于总额而言，对于单位分项工程的变动费用往往是不变的。

3. 施工项目成本管理的内容

施工项目成本管理是施工项目管理系统中的一个子系统，主要包括成本预测、成本计划、成本控制、成本核算、成本分析、成本考核六项内容，施工项目成本管理流程如图7-2所示。

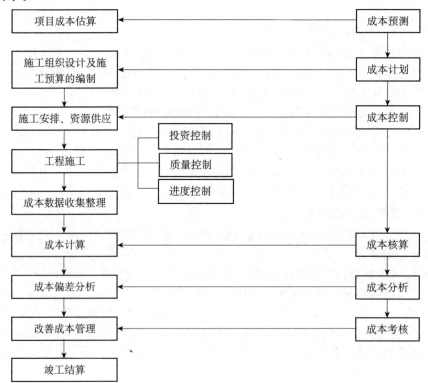

图7-2 项目成本管理流程图

(1) 成本预测

成本预测是指施工企业及其项目经理部有关人员通过项目成本信息和施工项目的具体情况，运用一定的专门的方法对施工项目未来的成本水平及其可能发展趋势做出科学的估计，其实质就是在工程施工以前对施工项目的成本进行的估算。预测时，通常是对项目计划工期内影响成本的因素进行分析，比照近期已完工程项目或将完工项目的单位成本，预测这些因素对工程成本的影响程度，估算出工程的单位成本或总成本。

通过成本预测，可以为项目挖潜节约指明方向，使项目经理部在满足建设单位和施工企业要求的前提下，选择成本低、效益好的最佳方案，为企业内部各责任单位降低成本指出途径，作为编制增产节约计划和制定降低成本措施的依据。由此可见，施工项目成本预测是施工项目成本决策与计划的依据，是施工项目成本管理的第一个工作环节。

(2) 成本计划

成本计划是项目经理部以施工生产计划和有关成本资料为基础，对计划期施工项目的成本水平所作的规划，对项目施工成本进行计划管理的工具。它是以货币形式编制施工项目在计划期内的生产成本、成本水平以及为降低成本所采取的主要措施和规划的书面方案，它是建立施工项目成本管理责任制、开展费用控制和核算的基础。

施工项目成本计划是目标成本的一种形式，应包括从开工到竣工所必需的施工成本，它是该施工项目降低成本的指导文件，是设立目标成本的依据。成本计划一经发布，便具有约束力，可以作为计划期施工项目成本工作的目标，并被用来作为检查计划执行情况、考核施工项目成本管理工作业绩的依据。

(3) 成本控制

成本控制是指项目在施工过程中，对影响施工项目成本的各种因素进行规划、调节，并采取各种有效措施，将施工中实际发生的各种消耗和支出严格控制在成本计划范围内，随时提示并及时反馈，严格审查各项费用是否符合标准，计算实际成本和计划成本之间的差异并进行分析，消除施工中的损失浪费现象，通过成本控制达到甚至超过预期目的和效果。

(4) 成本核算

成本核算是指按照规定开支范围对施工过程中所发生的各种费用进行归集，计算出施工费用的实际发生额，并根据成本核算的对象，采用适当的方法，对施工项目所发生的成本支出和工程成本形成的核算。项目经理部应认真组织成本核算工作。

施工项目成本核算是施工项目成本管理最基础的工作，它所提供的成本信息是成本预测、成本计划、成本控制、成本分析和考核等各个环节的依据。在现代施工项目成本管理中，成本核算既是对施工项目所发生耗费进行如实反映的过程，也是对各种耗费的发生进行监督的过程。

(5) 成本分析

成本分析是在成本形成过程中，揭示施工项目成本变化情况及其变化原因的过程，并根据施工项目成本核算资料，对项目的实际成本与目标成本、预算成本等进行分析、比较，了解成本的变动情况，研究成本变动原因，分析主要经济指标对成本的影响，深入揭示成本变动的规律，寻找降低施工项目成本的途径，为以后的成本预测和降低成本指明努力方向。

成本分析的目的在于通过揭示成本变动原因，明确责任，总结经验教训，以便在未来的施工生产中，采取更为有效的措施控制成本，挖掘降低成本的潜力。同时，施工项目成本分析还为施工项目成本考核提供了依据。成本分析要贯穿于成本管理的全过程。

(6) 成本考核

成本考核是在施工项目完成后，对施工项目成本计划执行情况的总结和评价，并按施工项目成本目标责任制的有关规定，将成本的实际指标与计划、定额、预算进行对比和考核，评定施工项目成本计划的完成情况和各责任者的业绩，并以此给予相应的奖励和处罚。

通过成本考核，才能有效地调动企业的每一个职工在各自的施工岗位上努力完成目标成本的积极性，为降低施工项目成本和增加企业的积累做出贡献。

二、施工项目成本控制

1. 施工项目成本控制的依据

施工成本控制的依据包括以下内容：

（1）工程承包合同

施工成本控制要以工程承包合同为依据，围绕降低工程成本这个目标，从预算收入和实际成本两个方面，努力挖掘增收节支潜力，降低成本，以求获得最大的经济效益。

（2）施工项目成本计划

施工项目成本计划是根据施工项目的具体情况制定的施工成本控制方案，既包括预定的具体成本控制目标，又包括实现控制目标的措施和规划，是施工成本控制的指导文件。

（3）施工进度报告

施工进度报告提供了施工中每一时刻工程实际完成量和施工成本实际支付情况等重要信息，通过实际情况与施工成本计划相比较，找出二者之间的差别，分析偏差产生的原因，采取纠偏措施，达到有效控制成本的目的。此外，施工进度报告还有助于管理者及时发现工程实施中存在的隐患，并在可能造成重大损失之前采取有效措施，尽量避免损失。

（4）工程变更

在项目的实施过程中，由于各方面的原因，工程变更是很难避免的。工程变更一般包括设计变更、进度计划变更、施工条件变更、技术规范与标准变更、施工次序变更、工程量变更等。一旦出现变更，工程量、工期、成本都必将发生变化，成本管理人员应当通过对变更要求当中各类数据的计算、分析，及时掌握变更情况，包括已发生工程量、将要发生工程量、工期是否拖延、支付情况等重要信息，按合同或有关规定确定工程变更价款以及可能带来的施工索赔等。

除了上述几种施工成本控制工作的主要依据外，有关施工组织设计、分包合同等也都是施工成本控制的依据。

2. 施工成本控制的步骤

在确定了施工成本计划之后，必须定期地进行施工成本计划值与实际值的比较，当实际值偏离计划值时，分析产生偏差的原因，采取适当的纠偏措施，以确保施工成本控制目标的实现。其步骤如下：

（1）比较

按照某种确定的方式将施工成本计划值与实际值逐项进行比较，以发现施工成本是否已超支。

（2）分析

在比较的基础上，对比较的结果进行分析，以确定偏差的严重性以及偏差产生的原因。分析是施工成本控制工作的核心,其主要目的在于找出产生偏差的原因,从而采取有针对性的措施,以减少或避免相同原因的再次发生或减少由此造成的损失。

(3) 预测

根据项目实施情况估算整个项目完成时的施工成本,预测的目的在于为决策提供支持。

(4) 纠偏

当工程项目的实际施工成本出现了偏差,应当根据工程的具体情况、偏差分析和预测的结果,采取适当的措施,以期达到使施工成本偏差尽可能小的目的。纠偏是施工成本控制中最具实质性的一步。只有通过纠偏,才能最终达到有效控制施工成本的目的。纠偏可采用组织措施、经济措施、技术措施和合同措施等。

(5) 检查

对工程的进展进行跟踪和检查,及时了解工程进展状况以及纠偏措施的执行情况和效果,为今后的工作积累经验。

三、施工项目成本控制方法

施工项目成本控制是指在满足合同规定的条件下依据施工项目的成本计划,对施工过程中所发生的各种费用支出,进行指导、监督、调节,及时控制和纠正即将发生和已经发生的偏差,保证项目成本目标实现。施工项目成本控制的主要方法是赢得值(挣值)法。

1. 赢得值法的三个基本参数

(1) 已完工作预算费用(BCWP),指在某一时间已经完成的工作(或部分工作),以批准认可的预算为标准所需要的资金总额,由于业主正是根据这个值为承包人完成的工作量支付相应的费用,也就是承包人获得(挣得)的金额,故称赢得值或挣值。

已完工作预算费用(BCWP)=已完成工作量×预算(计划)单价

(2) 计划工作预算费用(BCWS),根据进度计划,在某一时刻应当完成的工作(或部分工作),以预算为标准所需要的资金总额,一般来说,除非合同有变更,BCWS在工程实施过程中应保持不变。

计划工作预算费用(BCWS)=计划工作量×预算(计划)单价

(3) 已完工作实际费用(ACWP),即到某一时刻为止,已完成的工作(或部分工作)所实际花费的总金额。

已完工作实际费用(ACWP)=已完成工作量×实际单价

2. 赢得值法的四个评价指标

(1) 费用偏差(CV),费用偏差=已完工作预算费用(BCWP)-已完工作实际费用(ACWP)

当费用偏差 CV 为负值时,即表示项目运行超出预算费用;当费用偏差 CV 为正值时,表示项目运行节支,实际费用没有超出预算费用。

(2) 进度偏差(SV),进度偏差=已完工作预算费用(BCWP)-计划工作预算费用(BCWS)

当进度偏差 SV 为负值时,表示进度延误,即实际进度落后于计划进度;当进度偏差 SV 为正值时,表示进度提前,即实际进度快于计划进度。

(3) 费用绩效指数(CPI),费用绩效指数=已完工作预算费用(BCWP)/已完工

作实际费用（ACWP）

当费用绩效指数（CPI）<1 时，表示超支，即实际费用高于预算费用；

当费用绩效指数（CPD）>1 时，表示节支，即实际费用低于预算费用。

（4）进度绩效指数（SPI），进度绩效指数＝已完工作预算费用（BCWP）/计划工作预算费用（BCWS）

当进度绩效指数（SPI）<1 时，表示进度延误，即实际进度比计划进度拖后；当进度绩效指数（SPI）>1 时，表示进度提前，即实际进度比计划进度快。

费用（进度）偏差反映的是绝对偏差，结果很直观，有助于费用管理人员了解项目费用出现偏差的绝对数额，并依此采取一定措施，制定或调整费用支出计划和资金筹措计划。但是，费用（进度）偏差有其不容忽视的局限性，仅适合于对同一项目作偏差分析。费用（进度）绩效指数反映的是相对偏差，它不受项目层次的限制，也不受项目实施时间的限制，因而在同一项目和不同项目比较中均可采用。

四、施工项目成本偏差分析

1. 偏差分析的表达方法

偏差分析可以采用不同的表达方法，常用的有横道图法、表格法和曲线法。

（1）横道图法

采用横道图法进行成本偏差分析，是用不同的横道标识已完工程计划成本（预算成本）、拟完工程计划成本（计划成本）和已完工程实际成本，横道的长度与金额大小成正比，如图 7-3 所示。

横道图法具有形象、直观、一目了然等优点，它能够准确表达出费用的绝对偏差，而且能感受到偏差的严重性。但这种方法反映的信息量小，一般在项目的较高管理层应用。

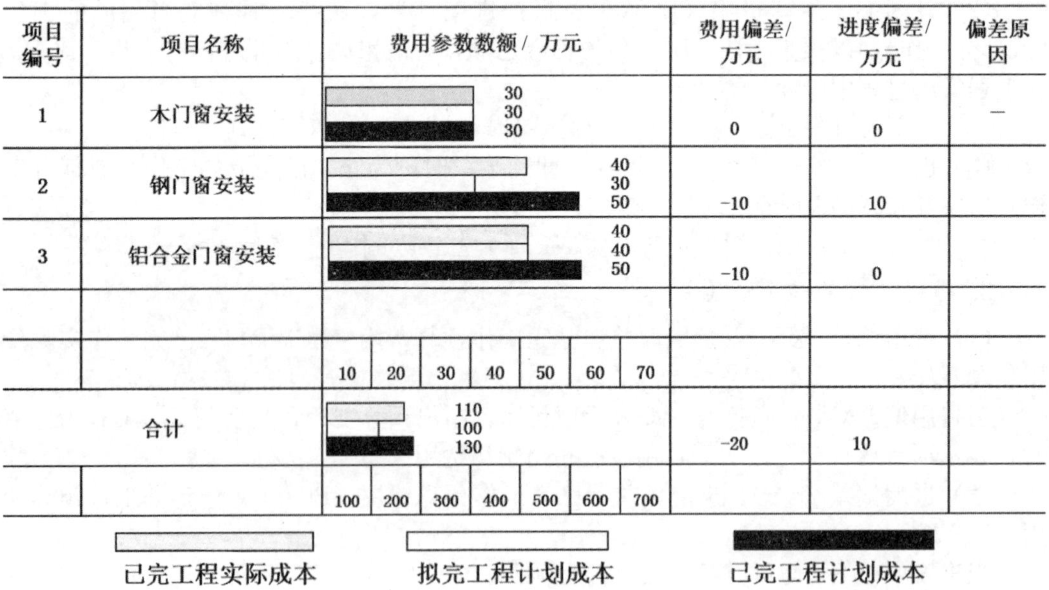
项目编号
项目名称
费用参数数额/ 万元
费用偏差/万元
进度偏差/万元
偏差原因
1
木门窗安装
30
30
30
0
0
—
2
钢门窗安装
40
30
50
-10
10
3
铝合金门窗安装
40
40
50
-10
0
10 20 30 40 50 60 70
合计
110
100
130
-20
10
100 200 300 400 500 600 700
已完工程实际成本
拟完工程计划成本
已完工程计划成本

图 7-3 横道图法

(2) 表格法

表格法是将各种成本参数名称及数量综合反映在一张表格中进行比较分析的方法，是进行成本控制最常用的一种方法，如表 7-1 所示。

表 7-1　表格法

(1)	项目编码	计算方法	041	042	043
(2)	项目名称		木门窗安装	钢门窗安装	铝合金门窗安装
(3)	单位				
(4)	计划单位成本				
(5)	拟完工程量				
(6)	拟完工程计划施工成本	(5) × (4)	30	30	40
(7)	已完工程量				
(8)	已完工程计划施工成本	(7) × (4)	30	40	40
(9)	实际单位成本				
(10)	已完工程实际施工成本	(7) × (9)	30	50	50
(11)	施工成本局部偏差	(8) − (10)	0	−10	−10
(12)	施工成本局部偏差程度	(8) ÷ (10)	1.0	0.8	0.8
(13)	施工成本累计偏差	∑ (11)			
(14)	施工成本累计偏差程度	∑ (10) ÷ ∑ (8)			
(15)	进度局部偏差	(8) − (6)	0	10	0
(16)	进度局部偏差程度	(8) ÷ (6)	1.00	1.33	1.00
(17)	进度累计偏差	∑ (15)			
(18)	进度累计偏差程度	∑ (6) ÷ ∑ (8)			

表格法进行偏差分析具有如下优点：灵活、适用性强，信息量大，表格处理可借助于计算机，提高工作效率，从而节约大量的人力和时间。

(3) 曲线法

用施工成本累计曲线（S形曲线）来进行施工成本偏差分析的一种方法。进行偏差分析具有如下特点：形象、直观，主要反映累计偏差和绝对偏差，与表格法结合起来较好，不能直接用于定量分析，如图 7-4 所示。

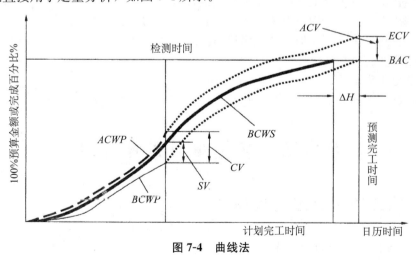

图 7-4　曲线法

2. 偏差原因分析

在实际执行过程中，最理想的状态是已完工作实际费用、计划工作预算费用、已完工作预算费用三条线靠得很近、平稳上升，表示项目按预定计划目标进行。如果三条曲线离散程度不断增加，则预示可能发生关系到项目成败的重要问题。

偏差分析的一个重要目的就是要找出引起偏差的原因，从而有可能采取有针对性的措施，减少或者避免相同问题的再次发生。在进行偏差原因分析时，首先应当将已经导致和可能导致偏差的各种原因逐一列举出来。导致不同工程项目产生费用偏差的原因具有一定共性，因而可以通过对已建项目的费用偏差原因进行归纳、总结，为该项目采用预防措施提供依据。

一般来说，产生费用偏差的原因有以下几种，如图 7-5 所示。

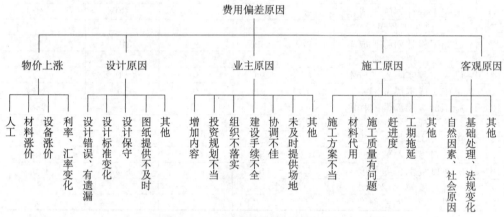

图 7-5　工程项目费用偏差原因分析

3. 纠偏措施

通常要压缩已经超支的费用，而不损害其他目标是十分困难的，一般只有当给出的措施比原计划已选定的措施更为有利，或使工程范围减少，或生产效率提高，成本才能降低。例如：

（1）寻找新的、更好更省的、效率更高的设计方案；

（2）购买部分产品，而不是采用完全由自己生产的产品；

（3）重新选择供应商，但会产生供应风险，选择需要时间；

（4）改变实施过程；

（5）变更工程范围；

（6）索赔，如向业主、承（分）包商、供应商索赔以弥补费用超支。

第六节　施工项目进度管理

一、施工项目进度管理概述

1. 施工项目进度计划的概念

施工项目进度计划是规定各项工程施工顺序和开设工时间以及相互衔接关系的计划，是在确立工程施工项目标工期基础上，根据相应完成的工程量，对各项施工过程的施工顺序、起止时间和相互衔接关系所做的统筹安排。施工项目进度控制的总目标是确保施工项目的既定目标工期的实现，或者在保证施工质量和不因此而增加施工实际成本的条件下，适当缩短施工工期。

施工项目进度控制是项目施工中的重点控制之一。它是保证施工项目按期完成，合理安排资源供应、节约工程成本的重要措施。

施工方在编制进度计划时，应根据项目的特点和施工进度控制的需要，编制深度不同的控制性、指导性和实施性施工的进度计划以及按不同计划周期（年度、季度、月度和旬）的施工计划等。

2. 施工项目进度计划的编制依据和要求

（1）施工项目进度计划编制依据

① 项目施工合同中对总工期、开工日期、竣工日期的规定；
② 业主对阶段节点工期的要求；
③ 项目技术经济特点；
④ 材料、设备及资金的供应条件；
⑤ 施工单位可能投入的供应条件；
⑥ 项目的外部环境及现场条件；
⑦ 施工企业的企业定额及实际施工能力。

（2）施工项目进度计划编制的基本要求

① 保证拟建施工项目在合同规定的期限被完成，努力缩短施工工期；
② 保证施工均衡性和连续性，尽量组织流水搭接、连续、均衡施工，减少现场工作面的停歇现象和窝工现象；
③ 尽可能的节约施工费用，在合理范围内，尽量缩小施工现场各种临时设施的规模；
④ 合理安排机械化施工，充分发挥施工机械的生产效率；
⑤ 合理组织施工，努力减少因组织安排不当等人为因素造成时间损失和资源浪费；
⑥ 保证施工质量和安全。

二、施工进度计划的表示方法

施工进度计划通常有多种表示方法，目前，应用最广泛的表示方法有横道图和网络图。

1. 横道图

横道图也叫甘特图（Gantt Chart）或条形图，它是以施工过程的名称和顺序为纵坐标，以时间进度作为纵座标而绘制的一系列水平线段，用来分别表示各施工过程在各个施工段上工作的起止时间和先后顺序，如图 7-6 所示。

它是一种最简单并运用最广的传统的进度计划的方法，早在 20 世纪初期就开始应用和流行，目前主要用于项目计划和项目进度的安排。

在横道图中，项目活动在左侧列出，时间在图表右侧顶部列出，图中的横道线显示了每项活动的开始时间和结束时间，横道线的长度等于活动的时间长短。横道图具有简单明了、指示清晰、通俗易懂、制作容易、易于掌握等特点，因此被广泛应用于项目管理中。

编号	施工过程	施工周数	进度计划/周								
			4	8	12	16	20	24	28	32	36
Ⅰ	挖土方	4									
	砌砖基础	4									
	回填土	4									
Ⅱ	挖土方	4									
	砌砖基础	4									
	回填土	4									
Ⅲ	挖土方	4									
	砌砖基础	4									
	回填土	4									
工期/周			$T=3\times(3\times4)=36$								

图 7-6 横道图

2. 网络图

网络图是由一系列的圆圈节点和箭线组合而成的网状图形,用来表示各项工作的先后顺序和相互关系的关系图。它是在 20 世纪 50 年代发展起来的一种科学的计划方法,它通过应用有向网络图来表达一项计划中每项工作的先后顺序和相互的逻辑关系来计算时间参数,找出计划中关键线路和可利用的机动时间,按照一定的优化目标,不断改善和优化计划安排,使计划达到整体优化。它来源于工程技术和管理实践,在保证和缩短时间、降低成本、提高效率、节约资源等方面成效显著。

我国《工程网络计划技术规程》(JGJ/T 121—2015)推荐常用的工程网络计划类型:双代号网络图、单代号网络图、双代号时标网络图。

(1) 双代号网络图

双代号网络图是应用较普遍的一种网络计划形式。它是以有向箭线及两端带编号的节点表示工作的网络图,由工作、节点和线路三个基本要素组成,如图 7-7 所示。

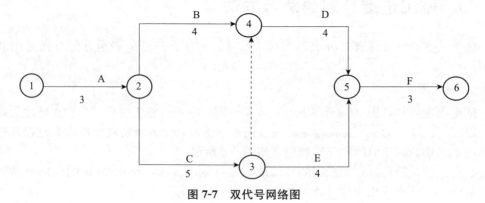

图 7-7 双代号网络图

(2) 单代号网络图

单代号网络图是由节点和箭线组成的,以节点及编号表示工作,以箭线表示工作之间逻辑关系（既不占用时间，也不消耗资源）。工作之间的逻辑关系包括工艺关系和组织关系，在单代号网络图中均表现为工作之间的先后顺序，如图 7-8 所示。

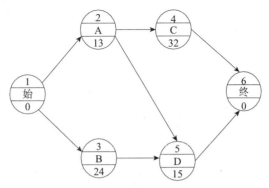

图 7-8 单代号网络图

单代号网络图与双代号网络图相比，具有以下特点：工作之间的逻辑关系容易表达，且不用虚箭线，故绘图较简单；网络图便于检查和修改；由于工作持续时间表示在节点之中，没有长度，故不够形象直观；表示工作之间逻辑关系的箭线可能产生较多的纵横交叉现象。

单代号网络图绘图简便，逻辑关系明确，没有虚箭线，便于检查修改。

（3）双代号时标网络图

双代号时标网络图是以时间坐标为尺度编制的网络图，它通过箭线的长度及节点的位置，可明确表达工作的持续时间及工作之间逻辑关系，是目前工程中常用的一种网络计划形式。双代号时标网络计划中以实箭线表示工作，以虚箭线表示虚工作，以波形线表示工作的自由时差，自始至终没有波形线的线路为关键线路。时标网络图中虚工作必须以垂直方向的虚箭线表示，虚工作也会有自由时差，如图 7-9 所示。

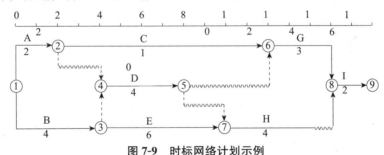

图 7-9 时标网络计划示例

双代号时标网络图兼有网络图和横道图的优点，不仅能够表明各工作的进度，而且可以清楚的表达各工作间的逻辑关系。随着计算机在网络计划中的应用不断扩大，双代号时标网络图在工程中的应用越来越广泛。

三、施工项目进度计划的实施与检查

1. 施工项目进度计划的实施

（1）编制月（旬）作业计划

月（旬）作业计划是施工进度计划的具体化，应具有实施性，重点解决工序之间的关系。月（旬）作业计划应根据规定的任务结合现场施工条件，如施工现场环境、劳动力、机械等资源条件，在施工开始前编制。这使施工计划更具体、切合实际和可行。月（旬）作业计划应包括：本月（旬）应完成的任务，所需要的各种按源量，提高劳动生产率和节约措施等。

（2）签发施工任务书

施工任务书是下达施工任务，实行责任承包，全面管理和原始记录的综合性文件。应根据编制好月（旬）作业计划编制施工任务书，将每项具体任务通过签发后向班组下达并落实施工任务，施工班组必须保证任务的完成。在实施过程中，做好记录，在任务完成后回收，作为原始记录和业务核算资料保存。施工任务书应包括施工任务单、限额领料单、考勤表等。

（3）做好施工进度记录

填好施工进度统计表，在计划任务完成的过程中，各级施工进度计划的执行者都要跟踪做好施工记录，跟踪做好形象进度、工程量、总产值、耗用的人工、材料、机械台班、能源等记录工作，及时进行统计分析并填表上报。施工进度记录应包括每项工作的开始日期、工作进度和完成日期，施工现场发生的各种情况和干扰因素的排除情况。

（4）施工进度调整

做好施工中的进度调整工作是组织施工中各阶段、环节、专业和工种的互相配合、进度协调的核心。其主要任务是掌握计划实施情况，协调外部供应、总分包等各方面关系，采取各种措施排除各种矛盾，力求连续均衡施工，保证作业计划的完成和进度目标的实现。进度调整工作是使施工进度计划顺利实施进行的重要手段。

调整工作内容主要有监督作业计划的实施、调整协调各方面的进度关系；监督检查施工准备工作；督促资源供应单位按计划供应劳动力、施工机具、运输车辆、材料构配件等，并对临时出现问题采取调配措施；按施工平面图管理施工现场，结合实际情况进行必要调整，保证文明施工；了解气候、水、电、汽的情况，采取相应的防范和保证措施；及时发现和处理施工中各种事故和意外事件；调节各薄弱环节；定期召开现场调度会议，贯彻施工项目主管人员的决策，发布调度令。

2. 施工项目进度计划的检查

在施工项目的实施进程中，为了进行进度控制，进度控制人员应经常、定期地跟踪检查施工实际进度情况，主要是收集施工项目进度材料，进行统计整理和对比分析，确定实际进度与计划进度之间的关系。其主要工作如下：

（1）跟踪检查施工实际进度

跟踪检查施工实际进度是项目施工进度控制的关键措施。其目的是收集实际施工进度的有关数据。跟踪检查的时间和收集数据的质量，直接影响控制工作的质量和效果。

一般检查的时间间隔与施工项目的类型、规模、施工条件和对进度执行要求程度有关。通常可以确定每月、半月、旬或周进行一次。若在施工中遇到天气、资源供应等不利因素的严重影响，检查的时间间隔可临时缩短。为了保证汇报资料的准确性，进度控制的工作人员要经常到现场察看施工项目的实际进度情况，从而保证经常地、定期地准确掌握施工项目的实际进度。

（2）整理统计检查数据

收集到的施工项目实际进度数据，要进行必要的整理，按计划控制的工作项目进行统计，形成与计划进度具有可比性的数据，相同的量纲和形象进度。一般可以按实物工程量、工作量和劳动消耗量以及累计百分比整理和统计实际检查的数据，以便与相应的计划完成量相对比。

(3) 对比实际进度与计划进度

将收集的资料整理和统计成具有与计划进度可比性的数据后，用施工项目实际进度与计划进度的比较方法进行比较。通常用的比较方法有：横道图比较法、"S"形曲线比较法和"香蕉"形曲线比较法、前锋线比较法和列表比较法等。通过比较得出实际进度与计划进度相一致、超前、拖后三种情况。

(4) 施工项目进度检查结果的处理

施工项目进度检查的结果，按照检查报告制度的规定，形成进度控制报告向有关主管人员和部门汇报。进度控制报告的内容主要包括项目实施概况、管理概况、进度概要；项目施工进度、形象进度及简要说明；施工图纸提供进度；材料、物资、构配件供应进度；劳务记录及预测；日历计划；对建设单位、业主和施工者的变更指令等。

第八章 建筑抗震技术

建筑物受到地震波的影响会被破坏，利用消能、隔震技术缓解地震波对建筑物的冲击，是有效防御地震的新方法，有着良好的应用前景。本章主要介绍建筑消能减震技术以及建筑隔震技术相关知识。

第一节 概述

地球活跃的重要标志之一就是地震，人类生活在地球表面，地面上的所有人造建筑物在地震发生时都将不可避免的遭受地震的影响。有些大地震可能会给人类带来灾难性的后果，造成大量的人员伤亡以及财产损失。

我国是一个地震多发国家，是世界上遭受地震损害最大的国家之一，几次给人类带来灾难性后果，近五十年来发生的几次大地震如邢台地震、海城地震、唐山地震以及汶川地震都给我国造成了巨大的人员伤亡与财产损失。

近年来，随着建筑科学的发展，人们正在寻找和探索避免承重结构遭受破坏的减震、隔震技术。消能减震技术是一种结构被动控制措施，从动力学角度来看，是通过在建筑结构的某些部位（如柱间、剪力墙、节点、连接缝、楼层空间、相邻建筑间等）设置消能器以增加结构阻尼，从而减少结构在风荷载以及地震作用下的反应。从能量观点来看，是将地震输入结构的能量引向特别设置的机构和元件加以吸收和耗散，从而保护主体结构的安全。消能减震技术因其效果明显、构造简单、造价低廉、适用范围广、维护方便等特点越来越受到国内外学者的重视。

1975年，新西兰学者率先开发出了实用的隔振元件——铅芯橡胶支座，推动了隔震技术的实用化进程。1981年在新西兰完成世界上首座采用铅芯橡胶垫的隔震建筑。1982年日本建成第一栋现代隔震建筑，1985年，美国建成第一栋隔震建筑。20世纪90年代初期，应用隔震技术对近百年历史的盐湖城市大楼进行了加固，同时也越来越多地应用在桥梁上。在发展中国家，如印度尼西亚、智利、亚美尼亚等也对低造价隔震元件的应用进行探索，建造了一些试点工程。到20世纪90年代中期，美、日、新、法、意等国建造了400栋左右采用橡胶支座的隔震建筑和桥梁。

20世纪90年代，美国、日本、新西兰等国家相继推出自己更加详尽和严格的隔震建筑设计规范和隔震支座的质量和验收标准，以保证其在大规模应用时的可靠性，隔震元件特别是橡胶支座的产生开始向工业化方向发展，相应的高性能、大直径的橡胶支座的开发和应用发展很快。

其中，日本目前有超过3000栋的隔震建筑，日本的隔震建筑开始集中在多层的办公楼、公寓和重要建筑如控制中心、医院等，而近年来已经开始应用在高层、超高层建筑上。2001年以来，独立的民居隔震建筑每年新增300栋以上，这可能是一个发展的方向。

20 世纪 80 年代，国内的隔震技术逐渐得到重视，并得到推广作用。20 世纪 90 年代初期，众多学者承担了国家"八五"攻关课题、国家自然基金、高校和地方政府资助等大量课题，开展了从理论到应用的系统研究，并进行了橡胶支座动力响应试验和实际工程的动力测试。

20 世纪末，国内研究已经取得了大量成果，包括橡胶支座国产技术、橡胶支座性能测试和检测技术、施工要求、隔震结果体系的实用设计方法和要点、隔震支座点做法及隔震层构造措施等，基本形成了橡胶支座隔震建筑的成套技术。

21 世纪初，我国相继颁布了隔震技术相关的规范、规程和标准图案，标志着国内的隔震技术也进入了成熟应用的阶段。这些标准主要包括

(1) 国家建筑工程行业标准《建筑隔震橡胶支座》(JG118—2000) 产品标准。该标准规定了隔震支座的定义、分类、性能要求及检验方法等。该标准 2000 年 5 月发布，2000 年 12 月实施。

(2) 国家标准《建筑抗震设计规范》(GB 50011—2010，2016 年版)，其中专门新增第 12 章隔震与消能减震设计，规定了隔震建筑的适用范围、设计要点、验算要求、构造措施和要求等。该规范 2001 年 7 月发布，2002 年 1 月实施，我国又在 2010 年、2016 年实施了新版抗震规范。

目前，隔震技术的研究向着多样化、实用化、深入化发展。大直径橡胶支座性能、隔震加固、三位隔震和混合隔震系统、高层和超高层隔震、层间隔震、隔震系统保护装置等成为隔震研究的新热点。

第二节 消能减震技术

我国的学者和工程技术人员自 20 世纪 80 年代以来一直致力于消能减震技术的研究工作和工程实践应用。目前，已经自主研制出了一系列消能减震装置，提出了一些新型的消能减震结构体系，做了大量消能装置的力学性能试验研究和减震结构体系的地震模拟振动台试验研究，得到了大量有价值的研究成果。消能减震技术在我国工程结构中的应用范围和应用形式也越来越广泛。

一、主要技术内容

(一) 基本原理

地震发生时，地震地面运动引起结构物的震动反应，地面震动能量向结构物输入，结构物接收了大量的地震能量，必然要进行能量转换或消耗才能最后中止震动反应。

传统抗震结构体系，允许结构及承重构件（柱、梁、节点等）在地震中出现损坏，即靠结构及承重构件的损坏以消耗地震输入能量，结构及构件的严重破坏或倒塌就是地震能量消耗的最终完成。

结构消能减震体系就是把结构的某些非承重构件（如支撑、填充墙、连接件等）设计成消能杆件，或在结构的某些部位（层间空间、节点、连接缝等）装设消能装置。在

有风或小震时，这些消能构件或消能装置具有足够的初始刚度，处于弹性状态，结构仍具有足够的侧向刚度以满足使用要求；当出现大震或大风时，随着结构侧向变形的增大，消能构件或消能装置率先进入非弹性状态，并且迅速衰减结构的地震或风振反应（位移、速度、加速度等），从而保护主体结构及构件在强地震或大风中免遭破坏或倒塌，达到减震抗震的目的。

从能量守恒的角度，消能减震的基本原理可阐述如下，即结构在地震中任意时刻的能量方程为：

传统抗震结构：
$$E_{in} = E_R + E_D + E_S \tag{8-1}$$

消能减震结构：
$$E_{in} = E_R + E_D + E_S + E_A \tag{8-2}$$

式中，E_{in}——地震过程中输入结构体系的地震能量；

E_R——结构体系地震反应的能量，即结构体系震动的动能和势能；

E_D——结构体系自身阻尼消耗的能量（一般不超过5%）；

E_S——主体结构或承重构件的非弹性变形（或损坏）所消耗的能量；

E_A——消能（阻尼）装置或耗能元件耗散或吸收的能量。

对于传统的抗震结构，由于 E_D 只占总能量的很小一部分，一般不超过5%，可以忽略，为了最后终止结构的地震反应，即使 $E_R \to 0$，必然导致主体结构及承重构件的损坏、严重破坏或倒塌（$E_S \to E_{in}$），以消耗输入结构的地震能量。

对于消能减震结构，E_D 忽略不计，消能构件或装置率先进入弹塑性工作转台，充分发挥消能作用，大量消耗输入结构的地震能量（$E_A \to E_{in}$）。这样既保护主体结构及承重构件免遭破坏（$E_S \to 0$），又可迅速衰减结构的地震反应（$E_R \to 0$），确保结构在地震中的安全。

（二）技术特点及应用范围

传统的抗震设计原则利用结构自身储存和消耗地震能量来满足抗震设防标准，因此，不可避免地会给结构带来一定的损伤，甚至造成建筑物倒塌，是一种消极被动的抗震方法。

结构消能减震技术是一种积极的、主动的抗震对策，不仅改变了结构抗震设计的传统概念、方法和手段，而且使得结构的抗震、抗风舒适度，抗震（风）能力、可靠性和灾害防御水平显著提高。

采用消能减震技术的减震结构体系与传统抗震结构体系相比，具有下述优越性：

（1）安全性大幅度提高。传统的抗震结构体系实质上是把结构本身及主要承重构件如梁、柱等节点作为消能构件，并且允许结构本身及构件在地震中出现一定的塑性区。由于地震烈度的随机性和结构实际抗震能力设计计算的误差，结构在地震中的损坏程度难以控制，特别是当结构遭遇高于抗震设防烈度的地震时，结构往往难以确保安全。

而当结构采用消能减震结构体系时，由于该体系特别设置了非承重构件作为消能构件，如消能支撑、消能剪力墙等，或者设置消能装置如阻尼器，它们能够在强烈地震发生时消耗结构所遭受的地震能量，迅速衰减结构的地震反应，并保护主体结构和构件，确保结构在强烈地震中的安全。

根据国内外研究机构对消能减震结构的振动台试验可知，消能减震结构与传统的抗震结构相对比，其地震反应可减小40%~60%。而且消能构件和消能装置对结构的承载能力和安全性不构成任何影响或威胁,由此可知,消能减震结构体系是一种非常安全可靠的结构减震体系。

(2) 经济效益高。传统的抗震结构是通过加强结构、增大构件截面尺寸、增加配筋率等途径来提高结构的抗震性能,因此,抗震结构的造价必然大大增加。

消能减震结构是通过"柔性消能"的途径来消弱结构的地震反应,因此,不需要增加剪力墙的设置数量,不需要增加构件截面尺寸和配筋率,就可以使得结构的抗震安全性大大提高。根据国内外工程应用总结资料显示,采用消能减震结构体系比采用传统的抗震结构体系,可节约结构造价5%~10%。采用消能减震加固方法对旧有建筑物进行消能加固改造,可以比传统抗震加固方法节省造价10%~60%。

(3) 技术合理性好。传统的抗震结构体系是通过加强结构、提高结构的抗侧移刚度来满足抗震要求的。但是随着结构截面尺寸的增大,虽然结构的刚度增大了,但是由于结构自重的增加也引起了地震作用越来越大,导致了恶性循环。造成的后果是,除了安全性、经济性问题外,还对于采用高强、轻质材料(强度高、截面尺寸小、刚度小)的高层建筑、超高层建筑、大跨度结构及桥梁等的技术发展,产生严重的制约。

消能减震结构则是通过设置消能构件或装置,使结构在出现变形时大量迅速消耗地震能量,从而保证主体结构在强烈地震中的安全。结构高度越大、越柔、跨度越大,消能减震效果也越明显。因此,消能减震技术必将成为采用高强轻质材料的高柔结构(超高层建筑、大跨度结构及桥梁等)的合理新途径。

由于消能减震结构体系有上述优越性,已被广泛、成功地应用于"柔性"工程结构物的减震或抗风。一般而言,结构层数越高、高度越高、跨度越大、结构变形越大,消能减震效果也越为明显。所以多被应用于以下结构类型:高层建筑、超高层建筑;高柔结构,高耸塔架;大跨度桥梁;柔性管道、管线(生命线工程);旧高柔建筑或结构物的抗震(抗风)性能加固改造。

(三) 消能减震结构体系的分类

结构消能减震体系由主体结构和消能部件(消能装置和连接件)组成,可以按照消能部件的不同"构件形式"分为以下类型:

1. 消能剪力墙

可以代替一般结构的剪力墙,在抗震和抗风中发挥支撑的抗侧移刚度和消能减震作用,消能剪力墙可以做成竖缝剪力墙、横缝剪力墙、斜缝剪力墙、周边缝剪力墙、整体剪力墙和分离式剪力墙等,如图8-1所示。

2. 消能支撑

可以代替一般的结构支撑,在抗震和抗风中发挥支撑的抗侧移刚度和消能减震的作用,消能装置可以做成方框支撑、圆框支撑、交叉支撑、斜杆支撑、K形支撑和双K形支撑等,如图8-2所示。

3. 消能支承或悬吊构件

对于某些线结构(如管道、线路,桥梁的斜拉索等),设置各种支承或者悬吊消能装置,当线结构发生震动时,支承或者悬吊构件即发挥消能减震作用。

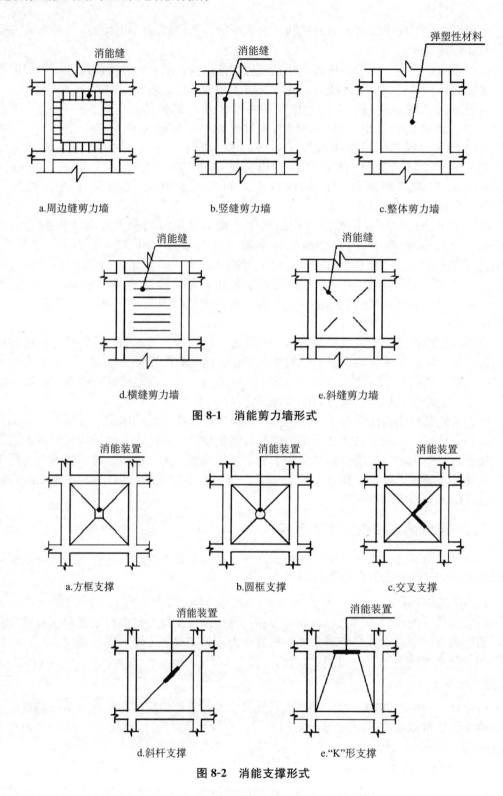

图 8-1 消能剪力墙形式

图 8-2 消能支撑形式

4. 消能节点

在结构的梁柱节点或梁节点处安装消能装置。当结构产生侧向位移时、在节点处产生角度变化或者转动式错动时，消能装置即可以发挥消能减震的作用，吸收地震能量，如图 8-3 所示。

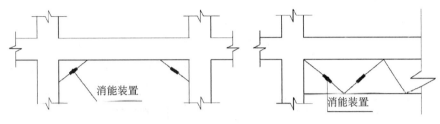

图 8-3　梁柱消能节点

5. 消能连接

在结构的缝隙处或结构构件之间的连接处设置消能装置。当结构在缝隙或连接处产生相对变形时，消能装置即可以发挥消能减震作用，如图 8-4 所示。

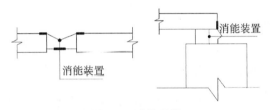

图 8-4　消能连接

（四）消能器的分类

消能部件中一般安装有消能器（又称阻尼器）等消能减震装置，消能器的功能是当结构构件或结构的节点发生相对位移或转动时，产生较大阻尼，从而发挥消能减震作用。为了达到最佳消能效果，一般要求消能器提供尽可能大的阻尼，即当构件或节点在力或者弯矩作用下发生相对位移或转动时，消能器所做的功达到最大。这可以用消能器阻尼力（或者消能器承受的弯矩）-位移（转角）关系滞回曲线所包络的面积累衡量表示，包络的面积越大，消能器的消能能力越好，消能效果就越明显。典型的消能器力（或弯矩）-位移（转角）关系滞回曲线见图 8-5 所示。

消能器主要可以分为位移相关型、速度相关型及其他类型。黏滞流体阻尼器、黏弹性阻尼器、黏滞阻尼墙、黏弹性阻尼器等属于速度相关型，即消能器对结构产生的阻尼力主要与消能器两端的相对速度有关，与位移无关或与位移的关系为次要因素；金属屈服型阻尼器、摩擦阻尼器则属于位移相关型，即消能器对结构产生的阻尼力主要与消能器两端的相对位移有关，当位移达到一定的启动限制才会发挥消能作用，摩擦阻尼器则属于典型的位移相关型消能器。除此之外，还有调频质量阻尼器（TMD）、调频液体阻尼器（TLD）等。

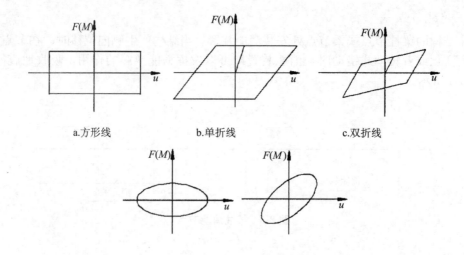

图 8-5 典型的消能器力（弯矩）-位移（转角）滞回关系曲线

二、设计与施工要点

（一）设计方案和部件布置

应根据建筑抗震设防类别、抗震设防烈度、工程场地条件、结构类型及方案、建筑使用要求与方案设计进行技术和经济的对比与分析后综合确定设计要点。在消能减震设计中，关键是如何确定耗能器类型。

消能器可以安装在单斜支撑、"人"字形支撑或"X"形支撑上，形成消能支撑。消能支撑的布置应考虑结构的工作性能、建筑使用功能和经济等要求，综合比较选择相对较好的方案。对于已经确定结构类型的建筑，在消能器数量一定的情况下，可根据可控度的概念，采用最优放置的顺序逼近法来确定消能支撑的最优布置方案。将层间变形的均方值定义为最优位置指数，首先计算出纯框架结构各层的最优位置指数，指数值最大的一层即为第一个消能支撑的最优位置，应该在该层布置一个消能支撑；然后确定第二个消能支撑的最优位置，由于结构中已经增设了一个消能支撑而使得结构体系的刚度和等效黏性阻尼增大，因此在计算位置指数时，应该考虑由于附加第一个消能支撑而增大的侧向刚度和阻尼系数。第二个消能支撑的位置根据第二轮计算的指数确定。重复以上步骤，直到确定最后一个消能支撑的位置。消能部件也可以沿着结构的两个主轴方向分别设置，设置在层间变形较大的位置，并且应该合理的确定消能器数量和分布情况，以形成合理的受力体系和提高结构的整体消能能力。

（二）构造要求

（1）消能器应具有优良的耐久性能，且应构造简单、施工方便、容易维护。
（2）消能器与结构构件的连接应符合抗震结构的构造要求：
① 消能器与斜撑、梁、填充墙或节点等连接组成消能部件时，应符合钢构件或

钢与钢筋混凝土构件连接的构造要求，并能承担消能器施加给连接点的最大作用力。

② 与消能部件相连的结构构件，应该把消能部件传递的附加内力考虑在内，并将其传递到基础。

第三节　建筑隔震技术

传统建筑物基础坐落于地面，地震时建筑物受到的地震作用由底向上逐渐放大，从而引起结构构件的破坏，建筑物内的人员也会感到强烈的震动。为了保证建筑物的安全，必然加大结构构件的设计强度，增加耗用材料量，而地震力是一种惯性力，建筑的构件断面大，所用材料多，质量大，同时受到地震作用也增大，想要在经济和安全之间找到一个平衡点往往是比较难的。

基础隔震系统通过在基础和上部结构之间，设置一个专门的橡胶隔震支座和耗能元件（如铅阻尼器、油阻尼器、钢棒阻尼器、黏弹性阻尼器和滑动支座等），形成高度很低的柔性底层，称为隔震层。通过隔震层的隔震和耗能元件，使基础和上部结构断开，延长上部结构的基本周期，从而避开地震的主频带范围，使上部结构与水平地面运动在一定程度上解除了耦联关系，同时利用隔震层的高阻尼特性，消耗输入地震动的能量，使传递到隔震结构上的地震作用进一步减小。

一、隔震器材的种类及性能

为追求更高的抗震安全性，在 19 世纪末，专家学者们就设想在建筑物上部结构和基础之间设置滑移层或缓冲层，作为隔离装置，阻止强大的地震能量向上传递，这是基础隔震技术的思想萌芽。

隔震有两种形式，一种为基础隔震（base isolation system），另一种为中间层隔震（middle story isolation system）。目前，应用最多的就是基础隔震。所谓基础隔震，就是在机构与基础之间另外设置一层，这一层为隔震层（isolation story），在隔震层，将设置一些特殊的器材，这些器材被统称为隔震器材（seismic isolation device）。结构隔震效果的好坏，与隔震器材的选择是否得当、配置是否合理有直接关系。

在隔震技术非常发达的日本，隔震器材必须通过性能评审，必须得到国土交通部门认定。现在，隔震结构已经大量应用于日本的住宅、办公楼及医院等建筑结构。随着隔震结构的数量不断增加，新型的隔震器材不断出现。虽然隔震器材的形式多种多样，但按其性能，可以简单归纳为以下三种。

（1）隔震支座；
（2）减震器；
（3）隔震支座与减震器的复合装置。

设置于隔震层的上述隔震器材，可以由单一种类的器材构成，也可以由不同种类的器材复合而成。隔震层的所有隔震器材组合起来，必须具有下述性能。

① 竖直支承性能

在结构使用期间，隔震器材将一直承受方向荷载的作用。隔震器材在竖直方向不应发生较大的变形、不发生倾斜、倒塌等破坏现象。

② 水平变形性能

地震时，结构的变形几乎都集中于隔震层。配置于隔震层的各种隔震器材将产生很大的水平变形。隔震器材在水平变形时不应发生脱落、断裂等现象。

③ 变形恢复性能

在地震发生时，因隔震器材的水平变形，结构将偏离原来的静止位置。地震停止之后，为使结构恢复到原来的位置，隔震器材应具有变形恢复性能。

④ 阻尼性能

隔震结构的特点是通过隔震器材来吸收地震能量，使之不能传递给上部结构。因此，隔震器材必须具有阻尼性能，吸收地震能量。

⑤ 耐久性能

由于隔震器材长期设置于结构外面，常年遭受大气、风雨的侵蚀。因此，要求隔震器材具有必要的耐久性能。

二、隔震支座

隔震支座主要起支承结构竖直方向荷载的作用，也应能够追随隔震层的水平变形。目前，隔震支座主要有两种，一种为叠层橡胶支座，另一种为滚动或滑动支承。

1. 叠层橡胶支座

如图 8-6 所示，叠层橡胶支座的截面主要由两种，一种为圆柱形，另一种为立方形。目前，圆柱形界面叠层橡胶支座的应用较多。如果具有相同的边长，正方形的面积要大于圆形的面积，所以，对于大轴力柱，有时要使用正方形截面的叠层橡胶支座。

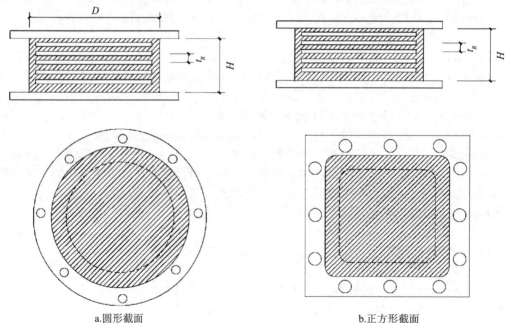

a.圆形截面　　　　　　　　b.正方形截面

图 8-6　叠层橡胶支座的形状

叠层橡胶支座，又称为无铅芯叠层橡胶支座（Rubber Bearing，简称RB）。一般的橡胶块在轴力作用下，会发生图 8-7a 图所示的变形。也就是说，橡胶块除在轴方向发生变形外，还会在圆周方向发生较大的膨胀变形。为了限制圆周方向的膨胀变形，把橡胶块切成很多薄层，每层厚度为 4~8mm。在每个橡胶薄层之间插入钢板，钢板厚度为橡胶薄层的 0.3~0.8 倍，平均为 0.5 倍，如图 8-7b 所示。

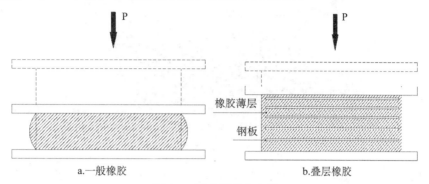

图 8-7　轴力引起的变形

插入钢板后，橡胶薄层与钢板被压缩成一体，整个橡胶块的轴方向刚度大大增加。叠层橡胶的轴方向刚度大约与钢筋混凝土结构的柱大致相同。结构在竖向荷载的作用下，叠层橡胶在轴向方向只会发生很小变形，而在圆周方向，由于受到钢板的束缚，基本不产生任何变形。

橡胶块的水平刚度很小，其大小由橡胶本身的剪切弹性模量来决定，与是否插入钢板无关。即在相同水平作用力下，胶块与叠层橡胶将发生相同的水平变形。这个事实也说明，橡胶中插入钢板，是为了提高轴向方向刚度，而与水平方向刚度无关。叠层橡胶内部剖面如图 8-8 所示，叠层橡胶支座如图 8-9 所示。

图 8-8　叠层橡胶的内部剖面图

2. 滑动支承

叠层橡胶支座具有一定的水平刚度，如果设置过多，隔震结构的周期将减小，从而

图 8-9 叠层橡胶支座

会影响结构的隔震效果。在这种情况下,可以考虑设置水平刚度较小的支承形式,具体如下:

(1) 滑动支承

滑动支承的特点就是可以根据滑动材料摩擦系数的大小,调节滑动支承的屈服强度。所谓滑动支承(sliding bearing)就是把滑动材料设置于叠层橡胶与滑动板之间。滑动板或叠层橡胶一方固定,一方随结构的变形而自由移动,滑动支承如图 8-10 所示。

图 8-10 滑动支承

(2) 滚动支承

滚动支承(rolling bearing)是指将带有滑槽的钢板内并排放入几根容易滚动的铁棒。地震发生时,铁棒在滑槽内滚动,消耗地震能量。滚动支承如图 8-11 所示。

(3) 钢球支承

钢球支承(steel ball bearing)是在上下两层钢板之间设置很多钢球,形成钢球支承,这些钢球可以在钢板之间自由滚动。钢板与钢球之间的摩擦系数很小,只有 1/1000。根据支持荷载的大小,可以调节钢球的数量。

图 8-11 滚动支承

需要注意的是,无论采用滑动支承、滚动支承还是钢球支承,都应该设置在轴力变化不大的柱下。

三、技术特点及适用范围

1. 技术特点

采用隔震技术,上部结构的地震作用一般可减小 3~6 倍。地震时建筑物上部结构的反应以第一振型为主,类似于刚体平动,基本无反应放大作用,通过隔震层的相对大位移来降低上部结构所受的地震荷载。按照较高标准设计和采用基础隔震措施后,地震时上部结构的地震反应很小,结构构件和内部设备不会发生破坏或丧失正常的使用功能,在房屋内部工作和生活的人员不仅不会遭受伤害,也不会感受到强烈的摇晃,强震发生后人员无须疏散。建筑物无须修理或仅需一般修理,从而保证建筑物的安全甚至避免非结构构件和设备、装修破坏等次生灾害的发生。

隔震建筑一般对于低频分量为主的地震波和基本周期较长的高层建筑隔震效果减弱,隔震层位移较大,需要设计隔震结构为更长的隔震周期,选用更大的隔震支座。

2. 适用范围

《建筑抗震设计规范》(GB 50011—2010,2016 年版)第 3.8.1 条规定:"隔震与消能减震设计,可用于对抗震安全性和使用功能有较高要求或专门要求的建筑。"这条规定是针对当时隔震设计是一种新技术,主要应用于可增加投资来提高抗震安全的建筑,如重要机关、医院等地震不能中断使用的建筑,对于一般建筑需从安全和经济性两方面进行综合比较论证后使用。

《建筑抗震设计规范》(GB 50011—2010,2016 年版)颁布实施以来,经过多年推广应用,抗震安全的重要性和隔震技术的优越性越来越为工程设计人员和业主接受,并且技术实践中越来越多地应用到一般建筑中,同时考虑到所谓地震的不确定性,当前日趋成熟的隔震技术可以应用到所有需要提高抗震安全性的建筑上,其应用范围主要包括以下几个部分:

(1) 重要的建筑

一般指甲、乙类等特别重要的建筑。

(2) 有特殊性使用要求的建筑

① 地震时不能中断使用功能的建筑,一般指首脑和指挥机关、消防、警察、医院

建筑、信息系统、银行金融机构等。

② 地震时容易发生火灾、爆炸等物品的建筑，一般指加油站和存放有毒、爆炸等物品的建筑。

③ 比较重要的人员密集的公共建筑，一般指学校、医院病房楼、商场等。

④ 按照传统抗震技术难以达到抗震要求的某些建筑等。

（3）有更高抗震要求的一般建筑

对于建筑有更高的抗震性能要求，以保证地震时财产的安全。

（4）现有结构的加固改造工程

对于原来不满足规范抗震性能要求的建筑或因加层和使用功能改变而抗震性能不满足要求的既有建筑。

四、建筑隔震工程施工

建筑隔震工程施工前应进行隔震专项施工技术交底，并应编制隔震专项施工组织设计或施工技术方案。建筑隔震工程可作为建筑工程主体结构分部工程的子分部工程，并应符合下列规定：

（1）分项工程可按支座安装、阻尼器安装、柔性连接安装、隔震缝进行划分；

（2）检验批可按楼层、结构缝或施工段进行划分；

（3）支座和阻尼器等材料进场检验，可按进场批次、生产厂家、规格划分检验批。

建筑隔震工程施工所采用的各类计量器具，均应经校准或检定合格，且应在有效期内使用。支座安装应在上道工序交接检验合格后进行施工；支座安装工程施工经质量验收合格后，方可进行后续工程施工。相关施工要求应符合下列规定：

（1）支座的支墩与承台或底板宜分开施工，承台或底板混凝土应振捣平整；

（2）承台、底板混凝土初凝前，应进行测量定位，绑扎支墩（柱）的钢筋及周边钢筋，应预留预埋锚筋或锚杆、套筒的位置；

（3）下支墩（柱）上的连接板在安装过程中，应对其轴线、标高和水平度进行精确的测量定位，并应用连接螺栓对螺栓孔进行临时旋拧封闭；

（4）安装下支墩（柱）侧模，应用水准仪测定模板高度，并应在模板上弹出水平线；

（5）浇筑下支墩（柱）混凝土时，应减少对预埋件的影响；混凝土浇筑完毕后，应对支座中心的平面位置和标高进行复测并记录，若有移动，应立即校正；

（6）模板拆除后，应采用同强度的水泥砂浆进行找平，找平后应对砂浆面进行标高复核；

（7）安装支座时，应用全站仪或水准仪复测支座标高及平面位置，并应拧紧螺栓；

（8）上支墩（柱）连接件在安装过程中，应对其轴线、标高和水平度进行精确的测量定位。

阻尼器安装应在支座安装及上部梁板体系施工验收合格后进行，或在隔震层上部结构施工验收合格后进行。支座和阻尼器安装应有监理进行旁站。支座和阻尼器安装宜由经过专门培训的人员实施。

支座下支墩（柱）施工应符合下列规定：

（1）支座下支墩（柱）钢筋安装、绑扎时，应确定支座下预埋套筒或锚筋的位置，不应相互阻挡。

(2) 支座下连接板预埋就位后,应校核其标高、平面位置、水平度,并应符合规范和设计要求。

(3) 支座下支墩(柱)的混凝土宜分二次浇筑,浇筑时应有排气措施。第一次宜浇筑至支座下连接板以下,第二次浇筑前应复核支座下连接板的平面位置、标高和水平度。二次浇筑的混凝土宜采用高流动性且收缩小的混凝土、微膨胀或无收缩高强砂浆,其强度等级宜比原设计强度等级提高一级。混凝土不应有空鼓。

(4) 浇筑混凝土前,应对螺栓孔采取临时封闭措施,不应灌入混凝土。混凝土浇筑完成后应及时将下连接板表面清洁干净。

(5) 混凝土初凝前,应校核下连接板的平面位置、高程和水平度,发现问题应立即采取处理措施以满足要求,并应保留相关记录。

支座安装应符合下列规定:
(1) 下支墩(柱)混凝土强度达到设计强度的75%以上方可进行支座安装;
(2) 支座安装前应复核下连接板的平面位置、标高和水平度,并应保留相关记录;
(3) 支座吊装时,应按厂家提供的吊点安装吊具,吊运过程中,支座宜水平;
(4) 支座安装过程中应采取措施,不得发生水平变形;
(5) 支座就位后,应复核其平面位置、顶面高程和顶面水平度;
(6) 螺栓应对称拧紧;
(7) 支座安装后,支座与下支墩(柱)顶面的连接板应密贴;
(8) 当同一支墩(柱)下采用多个支座组合时,必须采用同一厂家产品。

上部结构与下部结构之间的水平隔震缝的高度应满足设计要求。当设计无要求时,缝高不应小于20mm。上部结构周边设置的竖向隔震缝宽度应满足设计要求。当设计无要求时,缝宽不应小于各支座在罕遇地震下的最大水平位移值的1.2倍,且不应小于200mm。对两相邻隔震结构,其竖向隔震缝宽度应取两侧结构的支座在罕遇地震下的最大水平位移值之和,且不应小于400mm。

当门厅入口、室外踏步、室内楼梯节点、楼梯扶手、电梯井道、地下室坡道、车道入口处等穿越隔震层时,应采取隔震脱离措施,并应符合设计要求。对水平隔震缝封闭处理,宜采用柔性材料或者脆性材料填充;对竖向隔震缝的封闭处理,宜采用柔性材料覆盖,且均不应阻碍隔震缝发生自由水平位移。

第九章　工程施工相关标准

工程建设标准在保障建设工程质量安全、人民群众的生命财产与人身健康安全以及其他社会公共利益方面一直发挥着重要作用。本章主要介绍建筑工程施工相关标准、道路桥梁工程施工相关标准以及安全标准。

第一节　概　述

工程建设标准指对基本建设中各类工程的勘察、规划、设计、施工、安装、验收等需要协调统一的事项所制定的标准。工程建设标准是为在工程建设领域内获得最佳秩序，对建设工程的勘察、规划、设计、施工、安装、验收、运营维护及管理等活动和结果需要协调统一的事项所制定的共同的、重复使用的技术依据和准则，对促进技术进步，保证工程的安全、质量、环境和公众利益，实现最佳社会效益、经济效益、环境效益和最佳效率等，具有直接作用和重要意义。

根据标准的约束性分为强制性标准和推荐性标准。

一、强制性标准

强制性标准涉及保障人体健康和人身财产安全的标准，法律、行政性法规规定强制性执行的标准，国家标准和行业标准是强制性标准；省、自治区、直辖市标准化行政主管部门制定的工业产品的安全、卫生要求的地方标准在本行政区域内是强制性标准。强制性标准是国家通过法律的形式明确规定必须执行的，是不允许以任何理由或方式加以违反、变更的。对工程建设业来说，下列标准属于强制性标准：

（1）工程建设勘察、规划、设计、施工（包括安装）及验收等通用的综合标准和重要的通用质量标准；
（2）工程建设通用的有关安全、卫生和环境保护的标准；
（3）工程建设重要的术语、符号、代号、计量与单位、建筑模数和制图方法标准；
（4）工程建设重要的通用试验、检验和评定等标准；
（5）工程建设重要的通用信息技术标准；
（6）国家需要控制的其他工程建设通用的标准。

二、推荐性标准

其他非强制性的国家、行业标准和地方标准是推荐性标准。推荐性标准国家鼓励企业自愿采用。

第二节 建筑工程施工相关标准

一、一般规定

《建筑工程施工质量验收统一标准》(GB 50300—2013)对建筑工程施工质量验收的标准、程序、组织等做了详细规定。

(一)施工质量控制

施工现场质量管理应有相应的施工技术标准,健全的质量管理体系、施工质量检验制度和综合施工质量水平考核制度。

建筑工程采用的主要材料、半成品、成品、建筑构配件、器具和设备应进行现场验收。凡涉及安全、功能的有关产品,应按各专业工程质量验收规范规定进行复验,并应经监理工程师(建设单位项目专业技术负责人)检查认可。

各工序应按施工技术标准进行质量控制,每道工序完成后,应进行检查。相关各专业工种之间,应进行交接检验,并形成记录。未经监理工程师(建设单位项目专业技术负责人)检查认可,不得进行下道工序施工。

(二)建筑工程质量验收

建筑工程质量验收应划分为单位(子单位)工程、分部(子分部)工程、分项工程和检验批。质量验收合格的要求如下:

1. 检验批
(1)主控项目和一般项目的质量经抽样检验合格;
(2)具有完整的施工操作依据、质量检查记录。

2. 分项工程
(1)分项工程所含的检验批均应符合合格质量的规定;
(2)分项工程所含的检验批的质量验收记录应完整。

3. 分部(子分部)工程
(1)分部(子分部)工程所含分项工程的质量均应验收合格;
(2)质量控制资料应完整;
(3)地基与基础、主体结构和设备安装等分部工程有关安全及功能的检验和抽样检测结果应符合有关规定;
(4)观感质量验收应符合要求。

4. 单位(子单位)工程
(1)单位(子单位)工程所含分部(子分部)工程的质量均应验收合格;
(2)质量控制资料应完整;
(3)单位(子单位)工程所含分部工程有关安全和功能的检测资料应完整;
(4)主要功能项目的抽查结果应符合相关专业质量验收规范的规定;

(5) 观感质量验收应符合要求。

(三) 建筑工程质量验收程序和组织

检验批及分项工程应由监理工程师（建设单位项目专业技术负责人）组织施工单位项目专业质量（技术）负责人等进行验收。

分部工程应由总监理工程师（建设单位项目负责人）组织施工单位项目负责人和技术、质量负责人等进行验收；地基与基础、主体结构分部工程，勘察、设计单位工程项目负责人和施工单位技术、质量部门负责人也应参加相关分部工程验收。

单位工程完工后，施工单位应自行组织有关人员进行检查评定，并向建设单位提交工程验收报告。

建设单位收到工程验收报告后，应由建设单位（项目）负责人组织施工（含分包单位）、设计、监理等单位（项目）负责人进行单位（子单位）工程验收。

单位工程有分包单位施工时，分包单位对所承包的工程项目按 GB 50300—2013 规定的程度检查评定，总包单位应派人参加。分包工程完成后，应将工程有关资料交总包单位。

当参加验收各方对工程质量验收意见不一致时，可请当地建设行政主管部门或工程质量监督机构协调处理。

单位工程质量验收合格后，建设单位应在规定时间内将工程竣工验收报告和有关文件，报建设行政管理部门备案。

(四) 施工质量验收要求

建筑工程施工质量应按下列要求进行验收：
(1) 建筑工程质量应符合本标准和相关专业验收规范的规定。
(2) 建筑工程施工应符合工程勘察、设计文件的要求。
(3) 参加工程施工质量验收的各方人员应具备规定的资格。
(4) 工程质量的验收均应在施工单位自行检查评定的基础上进行。
(5) 隐蔽工程在隐蔽前应由施工单位通知有关单位进行验收，并应形成验收文件。
(6) 涉及结构安全的试块、试件以及有关材料，应按规定进行见证取样检测。
(7) 检验批的质量应按主控项目和一般项目验收。
(8) 对涉及结构安全和使用功能的重要分部工程应进行抽样检测。
(9) 承担见证取样检测及有关结构安全检测的单位应具有相应资质。
(10) 工程的观感质量应由验收人员通过现场检查，并应共同确认。

当建筑工程质量不符合要求时，应按下列规定进行处理：
(1) 经返工重做或更换器具、设备的检验批，应重新进行验收。
(2) 经有资质的检测单位检测鉴定能够达到设计要求的检验批，应予以验收。
(3) 经有资质的检测单位检测鉴定达不到设计要求，但经原设计单位核算认可能够满足结构安全和使用功能的检验批，可予以验收。
(4) 经返修或加固处理的分项、分部工程，虽然改变外形尺寸但仍能满足安全使用要求，可按技术处理方案和协商文件进行验收。
(5) 通过返修或加固处理仍不能满足安全使用要求的分部工程、单位（子单位）工程，严禁验收。

二、建筑地基基础工程施工相关标准

《建筑地基基础工程施工质量验收规范》(GB 50202—2002)对地基、桩基础、基坑工程等的验收标准做了详细规定。

(一) 基本规定

地基基础工程施工前，必须具备完备的地质勘察资料及工程附近管线、建筑物、构筑物和其他公共设施的构造情况，必要时应作施工勘察和调查以确保工程质量及邻近建筑的安全。

施工单位必须具备相应专业资质，并应建立完善的质量管理体系和质量检验制度。

从事地基基础工程检测及见证试验的单位，必须具备省级以上（含省、自治区、直辖市）建设行政主管部门颁发的资质证书和计量行政主管部门颁发的计量认证合格证书。

地基基础工程是分部工程，如有必要，根据现行国家标准《建筑工程施工质量验收统一标准》(GB 50300—2013)规定，可再划分若干个子分部工程。

施工过程中出现异常情况时，应停止施工，由监理或建设单位组织勘察、设计、施工等有关单位共同分析情况，解决问题，消除质量隐患，并应形成文件资料。

(二) 地基

对灰土地基、砂和砂石地基、土工合成材料地基、粉煤灰地基、强夯地基、注浆地基、预压地基，其竣工后的结果（地基强度或承载力）必须达到设计要求的标准。检验数量，每单位工程不应少于3点；1000m^2以上工程，每100m^2至少应有1点；3000m^2以上工程，每300m^2至少应有1点。每一独立基础下至少应有1点，基槽每20延米应有1点。

对水泥土搅拌复合地基、高压喷射注浆桩复合地基、砂桩地基、振冲桩复合地基、土和灰土挤密桩复合地基、水泥粉煤灰碎石桩复合地基及夯实水泥土桩复合地基，其承载力检验，数量为总数的0.5%~1%，但不应少于3根。

(三) 桩基础

1. 允许偏差

桩位的放样允许偏差为群桩20mm；单排桩10mm。

(1) 打（压）入桩

打（压）入桩（预制混凝土方桩、先张法预应力管桩、钢桩）的桩位偏差必须符合规范的规定。斜桩倾斜度的偏差不得大于倾斜角正切值的15%（倾斜角是桩的纵向中心线与铅垂线间夹角）。

(2) 灌注桩

灌注桩的桩位偏差必须符合规范的规定，桩顶标高至少要比设计标高高出0.5m，桩底清孔质量按不同的成桩工艺有不同的要求，应按相关规范的规定执行。每浇注50m^3必须有1组试件，小于50m^3的桩，每根桩必须有1组试件。

2. 施工过程质量控制

静力压桩，压桩过程中应检查压力、桩垂直度、接桩间歇时间、桩的连接质量及压入深度，重要工程应对电焊接桩的接头做10%的探伤检查。对承受反力的结构应加强观测。施工结束后，应做桩的承载力及桩体质量检验。

混凝土灌注桩施工中应对成孔、清查、放置钢筋笼、灌注混凝土等进行全过程检查，人工挖孔桩应复验孔底持力层土（岩）性。嵌岩桩必须有桩端持力层的岩性报告。施工结束后，应检查混凝土强度，并应做桩体质量及承载力的检验。

3. 质量检验

工程桩应进行承载力检验。对于地基基础设计等级为甲级或地质条件复杂，成桩质量可靠性低的灌注桩，应采用静载荷试验的方法进行检验，检验桩数不应少于总数的1%，且不应少于3根，当总桩数不少于50根时，不应少于2根。

桩身质量应进行检验。对设计等级为甲级或地质条件复杂，成桩质量可靠性低的灌注桩，抽检数量不应少于总数的30%，且不应少于20根；其他桩基工程的抽检数量不应少于总数的20%，且不应少于10根；对混凝土预制桩及地下水位以上且终孔后经过核验的灌注桩，检验数量不应少于总桩数的10%，且不得少于10根。每个柱子承台下不得少于1根。

（四）基坑工程

1. 监测变形

基坑（槽）、管沟土方工程验收必须确保支护结构安全和周围环境安全为前提。当设计有指标时，以设计要求为依据，如无设计指标时应按相关规范的规定执行。

2. 地下水

降水与排水是配合基坑开挖的安全措施，施工前应有降水与排水设计。当在基坑外降水时，应有降水范围的估算，对重要建筑物或公共设施应在降水过程中监测。

基坑内明排水应设置排水沟及集水井，排水沟纵坡宜控制在1‰~2‰。

3. 施工过程质量控制

锚杆及土钉墙支护工程施工中，应对锚杆或土钉位置、钻孔直径、深度及角度，锚杆或土钉插入长度，注浆配比、压力及注浆量，喷锚墙面厚度及强度、锚杆或土钉应力等进行检查。

钢或混凝土支撑系统施工过程中，应严格控制开挖和支撑的程序及时间，对支撑（包括立柱及立柱桩的）的位置、每层开挖深度、预加顶力（如需要时）、钢围圀与围护体或支撑与围圀的密贴程度应做周密检查。

三、建筑主体结构工程施工相关标准

《混凝土结构工程施工质量验收规范》（GB 50204—2015）对模板工程、钢筋工程、混凝土工程的验收标准做出了详细规定。混凝土结构施工现场质量管理应有相应的施工技术标准、健全的质量管理体系、施工质量控制和质量检验制度。混凝土结构施工项目应有施工组织设计和施工技术方案，并经审查批准。

（一）基本规定

1. 工程划分

混凝土结构子分部工程可根据结构的施工方法分为两类：现浇混凝土结构子分部工

程和装配式混凝土结构子分部工程；根据结构的分类，还可分为钢筋混凝土结构子分部工程和预应力混凝土结构子分部工程等。

混凝土结构子分部工程可划分为模板、钢筋、预应力、混凝土、现浇结构和装配式结构等分项工程。

各分项工程可根据与施工方式相一致且便于控制施工质量的原则，按工作班、楼层、结构缝或施工段划分为若干检验批。

2. 检验批验收要求

分项工程的质量验收应在所含检验批验收合格的基础上，进行质量验收记录检查。检验批合格质量应符合下列规定：

（1）主控项目的质量经抽样检验合格；

（2）一般项目的质量经抽样检验合格，当采用计数检验时，除有专门要求外，一般项目的合格点率达到80%及以上，且不得有严重缺陷；

（3）具有完整的施工操作依据和质量验收记录。

3. 混凝土结构子分部工程验收要求

对涉及混凝土结构安全的重要部位应进行结构实体检验。结构实体检验应在监理工程师（建设单位项目专业技术负责人）见证下，由施工项目技术负责人组织实施。承担结构实体检验的试验室应具有相应的资质。

混凝土结构子分部工程施工质量验收时，应提供下列文件和记录：设计变更文件；原材料出厂合格证和进场复验报告；钢筋接头的试验报告；混凝土工程施工记录；混凝土试件的性能试验报告；装配式结构预制构件的合格证和安装验收记录；预应力筋用锚具、连接器的合格证和进场复验报告；预应力筋安装、张拉及灌浆记录；隐蔽工程验收记录；分项工程验收记录；混凝土结构实体检验记录；工程的重大质量问题的处理方案和验收记录；其他必要的文件和记录。

混凝土结构子分部工程施工质量验收合格应符合下列规定：有关分项工程施工质量验收合格；应有完整的质量控制资料；观感质量验收合格；结构实体检验结果满足本规范的要求。

4. 现浇结构质量验收

现浇结构拆模后，应由监理（建设）单位、施工单位对外观质量和尺寸偏差进行检查，作出记录，并应及时按施工技术方案对缺陷进行处理。

现浇结构的外观质量不应有严重缺陷。对已经出现的严重缺陷，应由施工单位提出技术处理方案，并经监理（建设）单位认可后进行处理。对经处理的部位，应重新检查验收。

现浇结构不应有影响结构性能和使用功能的尺寸偏差。混凝土设备基础不应有影响结构性能和设备安装的尺寸偏差。对超过尺寸允许偏差且影响结构性能和安装、使用功能的部位，应由施工单位提出技术处理方案，并经监理（建设）单位认可后进行处理。对经处理的部位，应重新检查验收。

（二）模板分项工程

模板及其支架应根据工程结构形式、荷载大小、地基土类别、施工设备和材料供应等条件进行设计。模板及其支架应具有足够的承载能力、刚度和稳定性，能可靠地承受浇筑混凝土的重量、侧压力以及施工荷载。

在浇筑混凝土之前，应对模板工程进行验收。模板安装和浇筑混凝土时，应对模板及其支架进行观察和维护。发生异常情况时，应按施工技术方案及时进行处理。模板及其支架拆除顺序及安全措施应按施工技术方案执行。

1. 模板安装

现浇结构模板安装的偏差。层高垂直度：不大于5m时，允许偏差6mm；大于5m时，允许偏差8mm。截面内部尺寸：基础，允许偏差±10mm，柱、墙、梁，允许偏差+4mm，-5mm。检查数量：在同一检验批内，对梁、柱和独立基础，应抽查构件数量的10%，且不少于3件；对墙和板，应按有代表性的自然间抽查10%，且不少于3间；对大空间结构，墙可按相临轴线间高度5m左右划分检查面，板可按纵、横轴线划分检查面，抽查10%，且不少于3面。

2. 模板拆除

底模及其支架拆除时的混凝土强度应符合设计要求；当设计无具体要求时，混凝土强度应符合规范的规定。侧模拆除时的混凝土强度应能保证其表面及棱角不受损伤。

（三）钢筋分项工程

1. 一般规定

在浇筑混凝土之前，应进行钢筋隐蔽工程验收，其内容如下：

(1) 纵向受力钢筋的品种、规格、数量、位置等；
(2) 钢筋的连接方式、接头位置、接头数量、接头面积百分率等；
(3) 箍筋、横向钢筋的品种、规格、数量、间距等；
(4) 预埋件的规格、数量、位置等。

2. 材料

对有抗震设防要求的框架结构，其纵向受力钢筋的强度应满足设计要求；当设计无具体要求时，对一、二级抗震等级，检验所得的强度实测值应符合下列规定：

(1) 钢筋的抗拉强度实测值与屈服强度实测值的比值不应小于1：1.25；
(2) 钢筋的屈服强度实测值与强度标准的比值不应大于1.3。

3. 钢筋加工

(1) 受力钢筋

受力钢筋的弯钩和弯折应符合下列规定：

① HPB300级钢筋末端应作180°弯钩，其弯弧内直径不应小于钢筋直径的2.5倍，弯钩的弯后平直部分长度不应小于钢筋直径的3倍；
② 当设计要求钢筋末端需作135°弯钩时，HRB335级、HRB400级钢筋的弯弧内直径不应小于钢筋直径的4倍，弯钩的弯后平直部分长度应符合设计要求；
③ 钢筋作不大于90°的弯折时，弯折处的弯弧内直径不应小于钢筋直径的5倍。

检查数量：按每工作班同一类型钢筋、同一加工设备抽查不应少于3件。

(2) 箍筋

除焊接封闭环式箍筋外，箍筋的末端应做弯钩，弯钩形式应符合设计要求；当设计无具体要求时，应符合下列规定：

① 箍筋弯钩的弯弧内直径除应满足规范的规定外，尚应不小于受力钢筋直径；

② 箍筋弯钩的弯折角度：对一般结构，不应小于 90°；对有抗震等要求的结构，应为 135°；

③ 箍筋弯后平直部分长度，对一般结构，不宜小于箍筋直径的 5 倍，对有抗震等要求的结构，不应小于箍筋直径的 10 倍。

检查数量：按每工作班同一类型钢筋、同一加工设备抽查不应少于 3 件。

4. 钢筋连接与安装

纵向受力钢筋的连接方式应符合设计要求，其质量应符合有关规程的规定。

在施工现场，应按国家现行标准《钢筋机械连接技术规程》（JGJ 107—2016）、《钢筋焊接及验收规程》（JGJ 18—2012）的规定抽取钢筋机械连接接头、焊接接头试件作力学性能检验，其质量应符合有关规程的规定。

钢筋安装时，受力钢筋的品种、级别、规格和数量必须符合设计要求。当钢筋的品种，级别或规格需作变更时，应办理设计变更文件。

（四）混凝土分项工程

1. 一般规定

检验评定混凝土强度的混凝土试件的尺寸、强度的尺寸换算系数应根据规范取用，其标准成型方法、标准养护条件及强度试验方法应符合普通混凝土力学性能试验方法标准的规定。结构构件拆模、出池、出厂、吊装、张拉、放张及施工期间临时负荷时的混凝土强度，应根据同条件养护的标准尺寸试件的混凝土强度确定。

2. 材料要求

（1）水泥

水泥进场时应对其品种、级别、包装或散装仓号、出厂日期等进行检查，并应对其强度、安定性及其他必要的性能指标进行复验，其质量必须符合现行国家标准《通用硅酸盐水泥》（GB 175—2007）的规定。当在使用中对水泥质量有怀疑或水泥出厂超过三个月（快硬硅酸盐水泥超过一个月）时，应进行复验，并按复验结果使用。钢筋混凝土结构、预应力混凝土结构中，严禁使用含氯化物的水泥。

检查数量：按同一生产厂家、同一等级、同一品种、同一批号且连续进场的水泥，袋装不超过 200t 为一批，散装不超过 500t 为一批，每批抽样不少于一次。

检验方法：检查产品合格证、出厂检验报告和进场复验报告。

（2）掺加剂

混凝土中掺用外加剂的质量及应用技术应符合现行国家标准《混凝土外加剂》（GB 8076—2008）、《混凝土外加剂应用技术规范》（GB 50119—2013）和有关环境保护的规定。

预应力混凝土结构中，严禁使用含氯化物的外加剂。钢筋混凝土结构中，当使用含氯化物的外加剂时，混凝土中氯化物的总含量应符合现行国家标准《混凝土质量控制标准》（GB 50164—2011）的规定。

3. 混凝土施工

混凝土应按国家现行标准《普通混凝土配合比设计规程》（JGJ 55—2011）的有关规定，根据混凝土强度等级、耐久性和工作性等要求进行配合比设计。

结构用混凝土的强度等级必须符合设计要求。用于检查结构构件混凝土强度的试件，应在混凝土的浇筑地点随机抽取。取样与试件留置应符合下列规定：

（1）每拌制 100 盘且不超过 100m³ 的同配合比的混凝土，取样不得少于一次；

（2）每工作班拌制的同一配合比的混凝土不足 100m³ 时，取样不得少于一次；

（3）当一次连续浇筑超过 1000m³ 时，同一配合比的混凝土每 200m³ 取样不得少于一次；

（4）每一楼层、同一配合比的混凝土，取样不得少于一次；

（5）每次取样应至少留置一组标准养护试件，同条件养护试件的留置组数应根据实际需要确定。

对有抗渗要求的混凝土结构，其混凝土试件应在浇筑地点随机取样。同一工程、同一配合比的混凝土，取样不应少于一次，留置组数应根据实际需要确定。

四、建筑工程屋面及装饰装修工程施工相关标准

（一）屋面工程相关标准

《屋面工程质量验收规范》（GB 50207—2012）对建筑工程屋面工程的施工与质量验收作出了明确的规定。

1. 基本规定

屋面工程应根据建筑物的性质、重要程度、使用功能要求，按不同屋面防水等级进行设防。屋面防水等级和设防要求应符合现行国家标准《屋面工程技术规范》（GB 50345）的有关规定。

施工单位应取得建筑防水和保温工程相应等级的资质证书，作业人员应持证上岗。施工单位应建立健全施工质量的检验制度，严格工序管理，作好隐蔽工程的质量检查和记录。屋面工程施工前应通过图纸会审，施工单位应掌握施工图中的细部构造及有关技术要求；施工单位应编制屋面工程专项施工方案，并应经监理单位或建设单位审查确认后执行。

对屋面工程采用的新技术，应按有关规定经过科技成果鉴定、评估或新产品、新技术鉴定，施工单位应对新的或首次采用的新技术进行工艺评价，并应制定相应技术质量标准。屋面工程所用的防水、保温材料应有产品合格证书和性能检测报告，材料的品种、规格、性能等必须符合国家现行产品标准和设计要求。

防水、保温材料进场验收应符合下列规定：

（1）应根据设计要求对材料的质量证明文件进行检查，并应经监理工程师或建设单位代表确认，纳入工程技术档案；

（2）应对材料的品种、规格、包装、外观和尺寸等进行检查验收，并应经监理工程师或建设单位代表确认，形成相应验收记录；

（3）防水、保温材料进场检验项目及材料标准应符合《屋面工程质量验收规范》（GB 50207—2012）的规定。材料进场检验应执行见证取样送检制度，并应提出进场检验报告；

（4）进场检验报告的全部项目指标均达到技术标准规定应为合格；不合格材料不得在工程中使用。

2. 基层与保护工程

屋面混凝土结构层的施工，应符合现行国家标准《混凝土结构工程施工质量验收规

范》(GB 50204—2015)的有关规定。

屋面找坡应满足设计排水坡度要求,结构边坡不应小于3%,材料找坡宜为2%;檐沟、天沟纵向找坡不应小于1%,沟底水落差不得超过200mm。

基层与保护工程各分项工程每个检验批的抽检数量,应按屋面面积每100m²抽查一处,每处应为10m²,且不得少于3处。

装配式钢筋混凝土板的板缝嵌填施工,应符合下列要求:

(1) 嵌填混凝土时板缝内应清理干净,并应保持湿润;
(2) 当板缝宽度大于40mm或上窄下宽时,板缝内应按设计要求配置钢筋;
(3) 嵌填细石混凝土的强度等级不应低于C20,嵌填深度宜低于板面10~20mm,且应振捣密实和浇水养护;
(4) 板端缝应按设计要求增加防裂的构造措施。

找坡层宜采用轻骨料混凝土;找坡材料应分垦铺设和适当压实,表面应平整。找平层宜采用水泥砂浆或细石混凝土;找平层的抹平工序应在初凝前完成,压光工序应在终凝前完成,终凝后应进行养护。找平层分格缝纵横间距不宜大于6mm,分格缝的宽度宜为5~20mm。

(5) 隔汽层与隔离层

隔汽层的基层应平整、干净、干燥。

隔汽层应设置在结构层与保温层之间;隔汽层应选用气密性、水密性好的材料。

在屋面与墙的连接处,隔汽层应沿墙面向上连续铺设,高出保温层上表面不得小于150mm。

隔汽层采用卷材时宜空铺,卷材搭接缝应满粘,其搭接宽度不应小于80mm,隔汽层采用涂料时,应涂刷均匀。

穿过隔汽层的管线周围应封严,转角处应无折损;隔汽层凡有缺陷或破损的部位,均应进行返修。

块体材料、水泥砂浆或细石混凝土保护层与卷材、涂膜防水层之间,应设置隔离层。

隔离层可采用干铺塑料膜、土工布、卷材或铺抹低强度等级砂浆。

3. 保护层

防水层上的保护层施工,应待卷材铺贴完成或涂料固化成膜,并经检验合格后进行。

用块体材料做保护层时,宜设置分格缝,分格缝纵横间距不应大于10m,分格缝宽度宜20mm。

用水泥砂浆做保护层时,表面应抹平压光,并应设表面分格缝,分格面积宜为1m²。

用细石混凝土做保护层时,混凝土应振捣密实,表面应抹平压光,分格缝纵横间距不应大于6mm。分格缝的宽度宜为10~20mm。

块体材料、水泥砂浆或细石混凝土保护层与女儿墙和山墙之间,应预留宽度为30mm的缝隙,缝内宜填塞聚苯乙烯泡沫塑料,并应用密封材料嵌填密实。

(二) 装饰装修工程相关标准

《住宅装饰装修工程施工规范》(GB 50327—2001)和《建筑装饰装修工程质量验收规范》(GB 50210—2001)分别对住宅装饰装修工程的施工与质量验收作出了明确规定。

1. 住宅装饰装修工程施工要求

基本要求

施工前应进行设计交底工作,并应对施工现场进行核查,了解物业管理的有关规定。各工序、各分项工程应自检、互检及交接检。施工人员应遵守有关施工安全、劳动保护、防火与防毒的法律、法规。

施工中严禁损坏房屋原有绝热设施;严禁损坏受力钢筋;严禁超荷载集中堆放物品;严禁在预制混凝土空心楼板上打孔安装埋件。严禁擅自改动建筑主体、承重结构或改变房间主要使用功能;严禁擅自拆改燃气、暖气、通信等配套设施。

管道、设备工程的安装及调试应在装饰装修工程施工前完成,必须同步进行的应在饰面层施工前完成。装饰装修工程不得影响管道、设备的使用和维修。涉及燃气管道的装饰装修工程必须符合有关安全管理的规定:

施工现场用电应符合下列规定:

① 施工现场用电应从户表以后设立临时施工用电系统;
② 安装、维修或拆除临时施工用电系统,应由电工完成;
③ 临时施工供电开关箱中应装设漏电保护器,进入开关箱的电源线不得用插销连接;
④ 临时用电线路应避开易燃、易爆物品堆放地;
⑤ 暂停施工时应切断电源。

施工现场用水应符合下列规定:

① 不得在未做防水的地面蓄水;
② 临时用水管不得有破损、滴漏;
③ 暂停施工时应切断水源。

文明施工和现场环境应符合下列要求:

① 施工人员应衣着整齐;
② 施工人员应服从物业管理或治安保卫人员的监督、管理;
③ 应控制粉尘、污染物、噪声、震动等对相邻居民、居民区和城市环境的污染及危害;
④ 施工堆料不得占用楼道内的公共空间,封堵紧急出口;
⑤ 室外堆料应遵守物业管理规定,避开公共通道、绿化地、化粪池等市政公用设施;
⑥ 工程垃圾宜密封包装,并放在指定垃圾堆放地;
⑦ 不得堵塞、破坏上下水管道、垃圾道等公共设施,不得损坏楼内各种公共标识;
⑧ 工程验收前应将施工现场清理干净。

2. 材料、设备基本要求

住宅装饰装修工程所用材料的品种、规格、性能应符合设计的要求及国家现行有关标准的规定。施工单位应对进场主要材料的品种、规格、性能进行验收。主要材料应有产品合格证书,有特殊要求的应有相应的性能检测报告和中文说明书。应配备满足施工要求的配套机具设备及检测仪器。

住宅装饰装修所用的材料应按设计要求进行防火、防腐和防蛀处理。

住宅装饰装修工程应积极使用新材料、新技术、新工艺、新设备。现场配制的材料应按设计要求或产品说明书制作。严禁使用国家明令淘汰的材料。

3. 成品保护

施工过程中材料运输应符合下列规定：

(1) 材料运输使用电梯时，应对电梯采取保护措施；

(2) 材料搬运时要避免损坏楼道内顶、墙、扶手、楼道窗户及楼道门。

施工过程中应采取下列成品保护措施：

(1) 各工种在施工中不得污染、损坏其他工种的半成品、成品；

(2) 材料表面保护膜应在工程竣工时撤除；

(3) 对邮箱、消防、供电、电视、报警、网络等公共设施应采取保护措施。

4. 防火安全

施工单位必须制定施工防火安全制度，施工人员必须严格遵守。施工现场使用电气焊等明火时，必须清除周围及焊渣滴落区的可燃物质，并设专人监督。严禁在施工现场吸烟。严禁在运行中的管道、装有易燃易爆的容器和受力构件上进行焊接和切割。

易燃易爆材料的施工，应避免敲打、碰撞、摩擦等可能出现火花的操作。配套使用的照明灯、电动机、电气开关应有安全防爆装置。

消防设施的保护：

(1) 住宅装饰装修不得遮挡消防设施、疏散指示标志及安全出口，并且不应妨碍消防设施和疏散通道的正常使用，不得擅自改动防火门；

(2) 消火栓门四周的装饰装修材料颜色与消火栓门的颜色有明显区别；

(3) 住宅内部火灾报警系统的穿线管、自动喷淋灭火系统的水管线必用独立的吊管架固定。不得借用装饰装修用的吊杆或放置在吊顶上固定；

(4) 当装饰装修重新分割了住宅房间的平面布局时，应根据有关设计规范针对新的平面调整火灾自动报警探测器与自动灭火喷头的布置；

(5) 喷淋管线、报警器线路、接线箱及相关器件暗装处理。

5. 工艺要求

室内涂膜防水施工应符合下列规定：

(1) 涂膜涂刷应均匀一致，不得漏刷，总厚度应符合产品技术性能要求；

(2) 玻纤布的接槎应顺流水方向搭接，搭接宽度应不小于100mm。两层以上玻纤布的防水施工，上、下搭接应错开幅宽1/2。

抹灰用的水泥宜为硅酸盐水泥、普通硅酸盐水泥，其强度等级不成小于32.5，不同品种、不同标号的水泥不得混合使用。抹灰用石灰膏的熟化期不应少于15d，罩面用磨细石灰粉的熟化期不应少于3d。抹灰应分层进行，每遍厚度宜为5~7mm。抹石灰砂浆和水泥混合砂浆每遍厚度宜为7~9mm。当抹灰总厚度超出35mm时，应采取加强措施。底层的抹灰层强度不得低于面层的抹灰层强度。

嵌入墙体、地面的管道应进行防腐处理并用水泥砂浆保护，其厚度应符合下列要求：墙内冷水管不小于10mm，热水管不小于15mm，嵌入地面的管道不小于10mm。嵌入墙体、地面或暗敷的管道应作隐蔽工程验收。

电气安装工程配线时，相线与零线的颜色应不同；同一住宅相线（L）颜色应统一，零线（N）宜用蓝色，保护线（PE）必须用黄绿双色线。同一回路电线应穿入同一根管内，但管内总根数不应超过8根。电线总截面积（包括绝缘外皮）不应超过管内截面积的40%。电源线与通信线不得穿入同一根管内。电源线及插座与电视线及插座的水平间距不应小于500mm。电线与暖气、热水、煤气管之间的平行距离不应小于300mm，交叉距离不应小于100mm。同一室内的电源、电话、电视等插座面板应在同一水平标高上，高差应小于5mm。电源插座底边距地宜为300mm，平开关板底边距地宜为1400mm。

（三）建筑装饰装修工程质量验收

1. 强制性条文

（1）装饰装修设计

建筑装饰装修工程必须进行设计并出具完整的施工图设计文件。

建筑装饰装修工程设计必须保证建筑物的结构安全和主要使用功能。当涉及主体和承重结构改动或增加荷载时，必须由原结构设计单位或具备相应资质的设计单位核查有关原始资料，对既有建筑结构的安全性进行核验、确认。

（2）装饰装修材料

建筑装饰装修工程所用材料应符合国家有关建筑装饰装修材料有害物质限量标准的规定。建筑装饰装修工程所使用的材料应按设计要求进行防火、防腐和防虫处理。

（3）装饰装修工程施工

建筑装饰装修工程施工中，严禁违反设计文件擅自改动建筑主体、承重结构或主要使用功能；严禁未经设计确认和有关部门批准擅自拆改水、暖、电、燃气、通信等配套设施。

施工单位应遵守有关环境保护的法律法规，并应采取有效措施控制施工现场的各种粉尘、废气、废弃物、噪声、振动等对周围环境造成的污染和危害。

2. 建筑装饰装修工程质量验收

建筑装饰装修工程质量验收的程序和组织应符合《建筑工程施工质量验收统一标准》（GB 50300—2013）的规定。

检验批的合格判定应符合下列规定：

（1）抽查样本均应符合本规范主控项目的规定；

（2）抽查样本的80%以上应符合本规范一般项目的规定。其余样本不得有影响使用功能或明显影响装饰效果的缺陷，其中有允许偏差的检验项目，其最大偏差不得超过本规范规定允许偏差的1.5倍。

分项工程中各检验批的质量均应达到规范的规定。

子分部工程中各分项工程的质量均应验收合格，并应符合下列规定：

（1）应具备规范各子分部工程规定检查的文件和记录；

（2）应具备规范所规定的有关安全和功能的检测项目的合格报告；

（3）观感质量应符合规范各分项工程中一般项目的要求。

分部工程中各子分部工程的质量均应验收合格，并应按规范的规定进行核查。

当建筑工程只有装饰装修分部工程时，该工程应作为单位工程验收。有特殊要求的建筑装饰装修工程，竣工验收时应按合同约定加测相关技术指标。建筑装饰装修工程的室内环境质量应符合国家现行标准《民用建筑工程室内环境污染控制规范》（GB 50325—2010，2013年版）的规定。未经竣工验收合格的建筑装饰装修工程不得投入使用。

五、建筑工程节能相关技术标准

《建筑节能工程施工质量验收规范》（GB 50411—2007）对于新建、改建和扩建的民用建筑工程中墙体、建筑幕墙、门窗、屋面、地面、采暖、通风与空调、采暖与空调系统的冷热源和附属设备及其管网、配电与照明、监测与控制等建筑节能工程施工质量的验收作出了规定，同时适用于既有建筑节能改造工程的验收。

（一）基本规定

1. 技术与管理

承担建筑节能工程的施工企业应具备相应的资质，施工现场应建立有效的质量管理体系、施工质量控制和检验制度，具有相应的施工技术标准。

设计变更不得降低建筑节能效果。当设计变更涉及建筑节能效果时，应经原施工图设计审查机构审查，在实施前应办理设计变更手续，并获得监理或建设单位的确认。

建筑节能工程采用的新技术、新设备、新材料、新工艺，应按照有关规定进行评审、鉴定及备案。施工前应对新的或首次采用的施工工艺进行评价，并制定专门的施工技术方案。

单位工程的施工组织设计应包括建筑节能工程施工内容。建筑节能工程施工前，施工企业应编制建筑节能工程施工技术方案并经监理（建设）单位审查批准。施工单位应对从事建筑节能工程施工作业的专业人员进行技术交底和必要的实际操作培训。

2. 材料与设备

建筑节能工程使用的材料、设备、构件和部品必须符合施工图设计要求及国家有关标准的规定。严禁使用国家明令禁止使用与淘汰的材料和设备。

材料和设备的进场验收应遵守下列规定：

（1）应对材料和设备的品种、规格、包装、外观和尺寸等进行检查验收，并应经监理工程师（建设单位代表）核准，形成相应的验收记录。

（2）应对材料和设备的质量合格证明文件进行核查，并应经监理工程师（建设单位代表）确认，纳入工程技术档案。所有进入施工现场用于节能工程的材料和设备均应具有出厂合格证、中文说明书及相关性能检测报告；进口材料和设备应按规定进行出入境商品检验。

（3）应对部分材料和设备按照规范规定进行抽样复验。复验项目中应有30%的试验次数为见证取样送检。

建筑节能工程所使用材料的燃烧性能等级和阻燃处理，应符合设计要求和国家现行标准《建筑内部装修设计防火规范》（GB 50222—1995，2001年版）和《建筑设计防火规范》（GB50016—2014）的规定。

建筑节能工程使用的材料应符合国家现行有关对材料有害物质限量标准的规定，不得对室内外环境造成污染。

现场配制的材料如保温浆料、聚合物砂浆等，应按设计要求或试验室给出的配合比配制。当未给出要求时，应按照施工方案和产品说明书配制。

节能保温材料在施工使用时的含水率应符合设计要求、工艺要求及施工技术方案要求。当无上述要求时，节能保温材料在施工使用时的含水率不应大于正常施工环境湿度下的自然含水率，否则应采取降低含水率的措施。

3. 施工与控制

建筑节能工程施工应当按照经审查合格的设计文件和经审批的建筑节能工程施工技

术方案的要求施工。

建筑节能工程施工前，对于重复采用建筑节能设计的房间和构造做法，应在现场采用相同材料和工艺制作样板间或样板件，经有关各方确认后方可进行施工。

建筑节能工程的施工作业环境和条件，应满足相关标准和施工工艺的要求。节能保温材料不宜在雨雪天气中露天施工。

（二）墙体节能工程

主体结构完成后进行施工的墙体节能工程，应在基层质量验收合格后施工，施工过程中应及时进行质量检查、隐蔽工程验收和检验批验收，施工完成后应进行墙体节能分项工程验收。与主体结构同时施工的墙体节能工程，应与主体结构一同验收。

墙体节能工程当采用外保温定型产品或成套技术、产品时，其型式检验报告中应包括安全性和耐候性检验。

墙体节能工程应对下列部位或内容进行隐蔽工程验收，并应有详细的文字记录和必要的图像资料：

（1）保温层附着的基层及其表面处理；
（2）保温板黏结或固定；
（3）锚固件；
（4）增强网铺设；
（5）墙体热桥部位处理；
（6）预置保温板或预制保温墙板的板缝及构造节点；
（7）现场喷涂或浇筑有机类保温材料的界面；
（8）被封闭的保温材料的厚度；
（9）保温隔热砌块填充墙体。

墙体节能工程的保温材料在施工过程中应采取防潮、防水等保护措施。

墙体节能工程验收的检验批划分应符合下列规定：

（1）采用相同材料、工艺和施工做法的墙面每 500～1000 m^2 面积划分为一个检验批，不足 500 m^2 也为一个检验批。
（2）检验批的划分也可根据与施工流程相一致且方便施工与验收的原则，由施工单位与监理（建设）单位共同商定。

用于墙体节能工程的材料、构件和部品等，其品种、规格、尺寸和性能应符合设计要求和相关标准的规定。

墙体节能工程使用的保温隔热材料，其导热系数、密度、抗压强度或压缩强度、燃烧性能应符合设计要求。

墙体节能工程的施工，应符合下列规定：

（1）保温隔热材料的厚度必须符合设计要求；
（2）保温板材与基层及各构造层之间的黏结或连接必须牢固。黏结强度和连接方式应符合设计要求。保温板材与基层的黏结强度应做现场拉拔试验。
（3）浆料保温层应分层施工。当外墙采用浆料做外保温时，保温层与基层之间及各层之间的黏结必须牢固，不应脱层、空鼓和开裂；
（4）当墙体节能工程的保温层采用预埋或后置锚固件固定时，其锚固件数量、位置、锚固深度和拉拔力应符合设计要求。后置锚固件应进行锚固力现场拉拔试验。

(三) 幕墙节能工程

附着于主体结构上的隔汽层、保温层应在主体结构工程质量验收合格后施工。施工过程中应及时进行质量检查、隐蔽工程验收和检验批程验收，施工完成后应进行建筑幕墙节能分项工程验收。

当幕墙节能工程采用隔热型材时，隔热型材生产企业应提供型材隔热材料的力学性能和热变形性能试验报告。

幕墙节能工程施工中应对下列部位或项目进行隐蔽工程验收，并应有详细的文字记录和必要的图像资料：

(1) 被封闭的保温材料厚度和保温材料的固定；
(2) 幕墙周边与墙体的接缝处保温材料的填充；
(3) 构造缝、沉降缝；
(4) 隔汽层；
(5) 热桥部位、断热节点；
(6) 单元式幕墙板块间的接缝构造；
(7) 凝结水收集和排放构造；
(8) 幕墙的通风换气装置。

幕墙节能工程使用的保温材料在安装过程中应采取防潮、防水等保护措施。

幕墙节能工程检验批划分及检查数量，应按照《建筑装饰装修工程质量验收规范》(GB 50210—2001) 的规定执行。

幕墙节能工程使用的保温材料，其导热系数、密度、燃烧性能应符合设计要求。幕墙玻璃的传热系数、遮阳系数、可见光透射比、中空玻璃露点应符合设计要求。

幕墙节能工程使用的材料、构件等进场时，应对其下列性能进行复验，复验应为见证取样送检：

(1) 保温材料：导热系数、密度；
(2) 幕墙玻璃：可见光透射比、传热系数、遮阳系数、中空玻璃露点；
(3) 隔热型材：拉伸强度、抗剪强度。

幕墙的气密性能应符合设计规定的等级要求。当幕墙面积大于 3000m^2 或建筑外墙面积 50% 时，应现场抽取材料和配件，在检测试验室安装制作试件进行气密性能检测，检测结果应符合设计规定的等级要求。

密封条应镶嵌牢固、位置正确、对接严密。单元幕墙板块之间的密封应符合设计要求。开启扇应关闭严密。

幕墙工程使用的保温材料厚度应符合设计要求，其厚度应符合设计要求，安装牢固，且不得松脱。

遮阳设施的安装位置应满足设计要求。遮阳设施的安装应牢固。

幕墙工程热桥部位的隔断热桥措施应符合设计要求，断热节点的连接应牢固。

幕墙隔气层应完整、严密、位置正确，穿透隔汽层处的节点构造应采取密封措施。

冷凝水的收集和排水应通畅，并不得渗漏。

(四) 门窗节能工程

建筑门窗进场后，应对其外观、品种、规格及附件等进行检查验收，对质量证明文件进行核查。

建筑外门窗工程施工中，应对门窗框与墙体缝隙的保温填充做法进行隐蔽工程验收，并应有隐蔽工程验收记录和必要的图像资料。

建筑外门窗工程的检验批应按下列规定划分：

（1）同一厂家的同一品种、类型、规格的门窗及门窗玻璃每100樘划分为一个检验批，不足100樘也划分为一个检验批。

（2）同一厂家的同一品种、类型和规格的特种门每50樘划分为一个检验批，不足50樘也划分为一个检验批。

（3）对于异型或有特殊要求的门窗，检验批的划分应根据其特点和数量，由监理（建设）单位和施工单位协商确定。

建筑外门窗工程的检查数量应符合下列规定：

（1）建筑门窗每个检验批应至少抽查5%，并不少于3樘，不足3樘时应全数检查；高层建筑的外窗，每个检验批应至少抽查10%，并不得少于6樘，不足6樘时应全数检查。

（2）特种门每个检验批应至少抽查50%，并不得少于10樘，不足10樘时应全数检查。

建筑外窗的气密性、保温性能、中空玻璃露点、玻璃遮阳系数和可见光透射比应符合设计要求。

建筑外窗进入施工现场时，应按地区类别对其下列性能进行复验，复验应见证取样送检：

（1）严寒、寒冷地区：气密性、传热系数和中空玻璃露点；

（2）夏热冬冷地区：气密性、传热系数，玻璃遮阳系数、可见光透射比、中空玻璃露点；

（3）夏热冬暖地区：气密性、玻璃遮阳系数、可见光透射比、中空玻璃露点。

建筑门窗采用的玻璃品种应符合设计要求，中空玻璃应采用双道密封。

金属外门窗隔断热桥措施应符合设计要求和产品标准的规定，金属副框的隔断热桥措施应与门窗框的隔断热桥措施相当。

外门窗框或副框与洞口之间的缝隙应采用弹性闭孔材料填充饱满，并使用密封胶密封；外门窗框与副框之间的缝隙应使用密封胶密封。

外窗的遮阳设施的性能、尺寸应符合设计要求和产品标准；遮阳设施安装应位置正确、牢固，满足安全和使用功能要求。

特种门的性能应符合设计和产品标准要求，特种门安装中的节能措施，应符合设计要求。

天窗安装的位置、坡度应正确，封闭严密，嵌缝处不得渗漏。

第三节 道路桥梁工程施工相关标准

一、道路工程施工相关标准

《城镇道路工程施工与质量验收规范》（CJJ 1—2008）适用于城镇新建、改建、扩建的道路及广场、停车场等工程和大、中型维修工程的施工和质量检验、验收。

（一）基本规定

施工单位应具备相应的城镇道路工程施工资质。从事城镇道路工程施工的技术管理人员、作业人员应认真学习并执行国家现行有关法律、法规、标准、规范。

施工单位应建立健全施工技术、质量、安全生产管理体系，制定各项施工管理制度，并贯彻执行。

施工前，施工单位应组织有关施工技术管理人员深入现场调查，了解掌握现场情况，做好充分的施工准备工作。

工程开工前，施工单位应根据合同文件、设计单位提供的施工界域内地下管线等建（构）筑物资料、工程水文地质资料等踏勘施工现场，依据工程特点编制施工组织设计，并按其管理程序进行审批。

施工单位应按合同规定的、经过审批的有效设计文件进行施工。未经批准的设计变更、工程洽商严禁施工。

施工中应对施工测量及其内业经常复核，确保准确。

施工中必须建立安全技术交底制度，并对作业人员进行相关的安全技术教育与培训。作业前主管施工技术人员必须向作业人员进行详尽的安全技术交底，并形成文件。

遇冬、雨期等特殊气候施工时，应结合工程实际情况，制定专项施工方案，并经审批程序批准后实施。

施工中，前一分项工程未经验收合格，严禁进行后一分项工程施工。

与道路同期施工，敷设于城镇道路下的新管线等构筑物，应按先深后浅的原则与道路配合施工。施工中应保护好既有及新建地上杆线、地下管线等建（构）筑物。

道路范围（含人行步道、隔离带）内的各种检查井井座应设于混凝土或钢筋混凝土井圈上。井盖宜能锁固。检查井的井盖、井座应与道路交通等级匹配。

施工中应按合同文件规定的施工技术标准与质量标准的要求，依照国家现行有关规范的规定，进行施工过程与成品质量控制。

道路工程应划分为单位（子单位）工程、分部（子分部）工程、分项工程和检验批，作为工程施工质量检验和验收的基础。单位工程、分部工程、分项工程和检验批的划分应符合 CJJ 1—2008 规定。

单位工程完成后，施工单位应进行自检，并在自检合格的基础上，将竣工资料、自检结果报监理工程师，申请预验收。监理工程师应在预验合格后报建设单位申请正式验收。建设单位应依相关规定及时组织相关单位进行工程竣工验收，并在规定时间内报建设行政管理部门备案。

（二）路基

施工前，应对道路中线控制桩、边线桩及高程控制桩等进行复核，确认无误后方可施工。

当施工中破坏地面原有排水系统时，应采取有效处理措施。

施工前，应根据现场与周边环境条件、交通状况与道路交通管理部门，研究制定交通疏导或导行方案，并实施完毕。施工中影响或阻断既有人行交通时，应在施工前采取措施，保障人行交通畅通、安全。

施工前，应根据工程地质勘察报告，依据工程需要按现行国家标准《土工试验方法标准》（GB/T 50123—1999，2007 年版）的规定，对路基土进行天然含水量、液限、塑限、标准击实、CBR 试验等，必要时应做颗粒分析、有机质含量、易溶盐含量、冻膨胀和膨胀量等试验。

施工前，应根据工程规模、环境条件，修筑临时施工道路。临时施工道路应满足施工机械调运和行车安全要求，且不得妨碍施工。

城镇道路施工范围内的新建地下管线、人行地道等地下构筑物宜先行施工。对埋深较浅的既有地下管线，作业中可能受损时，应向建设单位、设计单位提出加固或挪移措施方案，并办理手续，予以实施。

施工中，发现文物、古迹、不明物应立即停止施工，保护好现场，通知建设单位及有关管理部门到场处理。

（三）基层

石灰稳定土类材料宜在冬期开始前30～45d完成施工，水泥稳定土类材料宜在冬期开始前15～30d完成施工。

高填土路基与软土路基，应在沉降值符合设计规定且沉降稳定后，方可施工道路基层。

稳定土类道路路基材料配合比中，石灰、水泥等稳定剂计量应以稳定剂质量占全部土（粒料）的干质量百分率表示。

基层材料的摊铺宽度应为设计宽度两侧加施工必要附加宽度。

基层施工中严禁用贴薄层方法整平修补表面。

用沥青混合料、沥青贯入式、水泥混凝土做道路基层时，其施工应分别符合规范的有关规定。

（四）沥青混合料面层

施工中应根据面层厚度和沥青混合料的种类、组成、施工季节，确定铺筑层次及各分层厚度。

沥青混合料面层不得在雨、雪天气及环境最高温度低于5℃时施工。

城镇道路不宜使用煤沥青。需使用时，应制定保护施工人员防止吸入煤沥青蒸气或皮肤直接接触煤沥青的措施。

当采用旧沥青路面作为基层加铺沥青混合料面层时，应对原有路面进行处理、整平或补强，符合设计要求，并应符合下列规定：

(1) 符合设计强度、基本无损坏的旧沥青路面经整平后可作基层使用。

(2) 旧路面有明显损坏，但强度能达到设计要求的，应对损坏部分进行处理。

(3) 填补旧沥青路面，凹坑应按高程控制、分层铺筑，每层最大厚度不宜超过10cm。

旧路面整治处理中刨除与铣刨产生的废旧沥青混合料应集中回收，再生利用。

当旧水泥混凝土路面作为基层加铺沥青混合料面层时，应对原水泥混凝土路面进行处理，整平或补强，符合设计要求，并应符合下列规定：

(1) 对原混凝土路面应作弯沉试验，符合设计要求，经表面处理后，可作基层使用。

(2) 对原混凝土路面层与基层间的空隙，应填充处理。

(3) 对局部破损的原混凝土面层应剔除，并修补完好。

(4) 对混凝土面层的胀缝、缩缝、裂缝应清理干净，并应采取防反射裂缝措施。

二、桥梁工程施工相关标准

《城市桥梁工程施工与质量验收规范》（CJJ 2—2008）适用于一般地质条件下城市

桥梁的新建、改建、扩建工程和大、中修维护工程的施工与质量验收。

施工单位应具备相应的桥梁工程施工资质。总承包施工单位必须选择合格的分包单位，分包单位应接受总承包单位的管理。

施工单位应建立健全质量保证体系和施工安全管理制度。

施工前，施工单位应组织有关施工技术管理人员深入现场调查，了解掌握现场情况，做好充分的施工准备工作。

施工组织设计应按其审批程序报批，经主管领导批准后方可实施；施工中需修改或补充时，应履行原审批程序。

施工单位应按合同规定的或经过审批的设计文件进行施工。发生设计变更及工程洽商应按国家现行有关规定程序办理设计变更与工程洽商手续，并形成文件。严禁按未经批准的设计文件变更进行施工。

工程施工应加强各项管理工作，符合合理部署、周密计划、精心组织、文明施工、安全生产、节约资源的原则。

施工中应加强施工测量与试验工作，按规定作业，作业资料完整，经常复核，确保准确。

施工中必须建立技术与安全交底制度。作业前主管施工技术人员必须向作业人员进行安全与技术交底，并形成文件。

施工中应按合同文件规定的国家现行标准和设计文件的要求进行施工过程与成品质量控制，确保工程质量。

工程质量验收应在施工单位自检基础上，按照检验批、分项工程、分部工程（子分部工程）、单位工程顺序进行。单位工程完成且经监理工程师预验收合格后，应由建设单位按相关规定组织工程验收。各项单位工程验收合格后，建设单位应按相关规定及时组织竣工验收。

验收后的桥梁工程，应结构坚固、表面平整、色泽均匀、棱角分明、线条直顺、轮廓清晰，满足城市景观要求。

桥梁工程范围内的排水设施、挡土墙、引道等工程施工及验收应符合国家现行标准《城镇道路工程施工与质量验收规范》（CJJ 1—2008）的有关规定。

第四节 安 全 标 准

《建筑施工安全检查标准》（JGJ 59—2011）适用于房屋建筑工程施工现场安全生产的检查评定。安全管理检查评定应符合国家现行有关安全生产的法律、法规、标准的规定。安全管理检查评定保证项目应包括安全生产责任制、施工组织设计及专项施工方案、安全技术交底、安全检查、安全教育、应急救援。一般项目应包括分包单位安全管理、持证上岗、生产安全事故处理、安全标志。

一、安全生产责任制

（1）工程项目部应建立以项目经理为第一责任人的各级管理人员安全生产责任制；
（2）安全生产责任制应经责任人签字确认；
（3）工程项目部应有各工种安全技术操作规程；

（4）工程项目部应按规定配备专职安全员；
（5）对实行经济承包的工程项目，承包合同中应有安全生产考核指标；
（6）工程项目部应制定安全生产资金保障制度；
（7）按安全生产资金保障制度，应编制安全资金使用计划，并应按计划实施；
（8）工程项目部应制定以伤亡事故控制、现场安全达标、文明施工为主要内容的安全生产管理目标；
（9）按安全生产管理目标和项目管理人员的安全生产责任制，应进行安全生产责任目标分解；
（10）应建立对安全生产责任制和责任目标的考核制度；
（11）按考核制度，应对项目管理人员定期进行考核。

二、施工组织设计及专项施工方案

（1）工程项目部在施工前应编制施工组织设计，施工组织设计应针对工程特点、施工工艺制定安全技术措施；
（2）危险性较大的分部分项工程应按规定编制安全专项施工方案，专项施工方案应有针对性，并按有关规定进行设计计算；
（3）超过一定规模、危险性较大的分部分项工程，施工单位应组织专家对专项施工方案进行论证；
（4）施工组织设计、安全专项施工方案，应由有关部门审核，施工单位技术负责人、监理单位项目总监批准；
（5）工程项目部应按施工组织设计、专项施工方案组织实施。

三、安全技术交底

（1）施工负责人在分派生产任务时，应对相关管理人员、施工作业人员进行书面安全技术交底；
（2）安全技术交底应按施工工序、施工部位、施工栋号分部分项进行；
（3）安全技术交底应结合施工作业场所状况、特点、工序，对危险因素、施工方案、规范标准、操作规程和应急措施进行交底；
（4）安全技术交底应由交底人、被交底人、专职安全员进行签字确认。

四、安全检查

（1）工程项目部应建立安全检查制度；
（2）安全检查应由项目负责人组织，专职安全员及相关专业人员参加，定期进行并填写检查记录；
（3）对检查中发现的事故隐患应下达隐患整改通知单，定人、定时间、定措施进行整改。重大事故隐患整改后，应由相关部门组织复查。

五、安全教育

（1）工程项目部应建立安全教育培训制度；

（2）当施工人员入场时，工程项目部应组织进行以国家安全法律法规、企业安全制度、施工现场安全管理规定及各工种安全技术操作规程为主要内容的三级安全教育培训和考核；

（3）当施工人员变换工种或采用新技术、新工艺、新设备、新材料施工时，应进行安全教育培训；

（4）施工管理人员、专职安全员每年度应进行安全教育培训和考核。

六、应急救援

（1）工程项目部应针对工程特点，进行重大危险源的辨识。应制定防触电、防坍塌、防高处坠落、防起重及机械伤害、防火灾、防物体打击等主要内容的专项应急救援预案，并对施工现场易发生重大安全事故的部位、环节进行监控；

（2）施工现场应建立应急救援组织，培训、配备应急救援人员，定期组织员工进行应急救援演练；

（3）按应急救援预案要求，应配备应急救援器材和设备。

安全管理一般项目的检查评定应符合下列规定：

1. 分包单位安全管理

① 总包单位应对承揽分包工程的分包单位进行资质、安全生产许可证和相关人员安全生产资格的审查；

② 当总包单位与分包单位签订分包合同时，应签订安全生产协议书，明确双方的安全责任；

③ 分包单位应按规定建立安全机构，配备专职安全员。

2. 持证上岗

① 从事建筑施工的项目经理、专职安全员和特种作业人员，必须经行业主管部门培训考核合格，取得相应资格证书，方可上岗作业；

② 项目经理、专职安全员和特种作业人员应持证上岗。

3. 生产安全事故处理

① 当施工现场发生生产安全事故时，施工单位应按规定及时报告；

② 施工单位应按规定对生产安全事故进行调查分析，制定防范措施；

③ 应依法为施工作业人员办理保险。

4. 安全标志

① 施工现场入口处及主要施工区域、危险部位应设置相应的安全警示标志牌；

② 施工现场应绘制安全标志布置图；

③ 应根据工程部位和现场设施的变化，调整安全标志牌设置；

④ 施工现场应设置重大危险源公示牌。

第十章 施工管理的信息化技术应用

随着我国建筑业的发展，我国建筑施工技术有了长足的进步和发展，并逐步提高了现代管理和计算机应用水平，信息化技术管理对于提升建筑工程整体管理的效率与水平起着越来越重要的作用。本章主要介绍建筑信息模型（BIM）技术与应用和虚拟建造技术。

第一节 建筑信息模型（BIM）技术与应用

一、概述

1. BIM 的概念

BIM 全称为 Building Information Modeling，其中文含义为"建筑信息模型"。它是以三维数字技术为基础，集成了建筑工程项目各种相关信息的工程数据模型，可以为设计、施工和运营提供相协调的、内部保持一致的并可进行运算的信息。目前，对于 BIM 的定义还没有统一。美国国家 BIM 标准对建筑信息模型的定义是，对建筑项目的物理和功能特性的数字化表达，为建筑物自诞生起至整个全寿命周期的完结过程中进行决策提供了可信赖的信息共享知识资源。这是目前较全面、完善的关于 BIM 的定义。因此，BIM 并非某一种具体软件，而是区别于传统设计的另一种解决方法，它通过应用计算机软件实现参数化实体造型技术来表达真实建筑所具有的全部信息，能够真实再现未来建筑的空间布局、管线走向及位置等关系。因此，BIM 通过数字信息仿真模拟建筑物，能为参建各方提供以下真实信息：

（1）三维几何形状信息；
（2）非几何形状信息：建筑构件的材料、重量、价格、进度和施工模拟等；
（3）集成了建筑工程项目各种相关信息的工程数据。

因此，BIM 为设计师、建筑师、水电暖铺设工程师、开发商乃至最终用户等各环节人员提供"模拟和分析"，使整个建筑行业从上游到下游的各个企业间不断完善，从而实现项目全生命周期的信息化管理，最大化的实现 BIM 的意义，如图 10-1 所示。

20 世纪 80 年代的个人电脑革命和 20 世纪 90 年代的互联网革命及其普及作用，使得信息化所包含的信息收集、传递与共享具备了实现的技术条件。在工程建设领域，计算机应用和数字化技术已展示了其特有的潜力，成为工程技术在新世纪发展的命脉。

在过去的 20 年中，CAD（Computer Aided Design）技术的普及推广使建筑师、工程师们从手工绘图走向电子绘图，不使用图板并将图纸转变成计算机中 2D 数据，成为工程设计领域第一次革命。CAD 技术的发展和应用使传统的设计方法与生产模式发生

第十章 施工管理的信息化技术应用

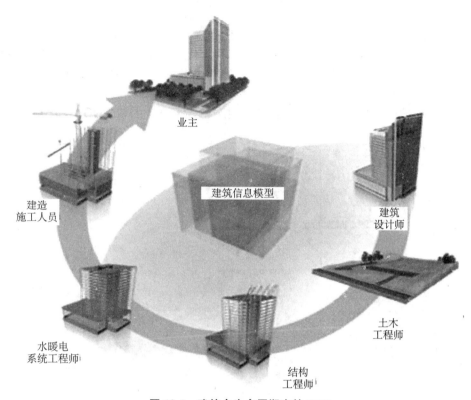

图 10-1 建筑全生命周期中的 BIM

了深刻变化,这不仅把工程设计人员从传统的设计计算和手工绘图中解放出来,可以把更多的时间和精力放在方案优化、改进和复核上,而且将设计效率提高十几倍到几十倍,大大缩短了设计周期,提高了设计质量。但是二维图纸应用的局限性非常大,不能直观体现建筑物的各类信息。为了在整个设计过程中沟通设计意图,建筑师在计算机上使用软件进行三维建模。建筑三维建模和渲染的软件可以给建筑物表面赋予不同的颜色以代表不同的材质,再配上光学效果,可以生成具有照片效果的建筑效果图。但是这种建立在计算机环境中的建筑三维模型,仅仅是建筑物的一个表面模型,没有建筑物内部空间的划分,更没有包含附属在建筑物上的各种信息,造成很多设计信息缺失。建筑物的表面模型,只能用来推敲设计的体量、造型、立面和外部空间,并不能用于施工,并且随着建筑工程规模越来越大,附加在建筑工程项目上的信息量也越来越大。因此,迫切需要在建筑工程中广泛应用信息技术,快速处理与建筑工程有关的各种信息,合理安排工期,控制好生产成本,尽量消除建筑项目中由于规划和设计不当甚至是错误所造成的工程损失以及工期延误。有鉴于此,建筑信息模型给工程设计领域带来了第二次革命,从二维图纸到三维设计和建造的革命。同时,对于整个建筑行业来说,建筑信息模型(BIM)也是一次真正的信息革命。

2. BIM 的特点

(1) 可视化

可视化即"所见即所得",既包含模型三维的立体实物图形可视,又包含项目设计、建造、运营等整个建设过程可视。

BIM 的工作过程和结果就是建筑物的实际形状(三维的几何信息)、构件的属性信息(如门的宽度和高度)和规则信息(例如墙上的门窗移走后,墙就应该自然封闭),如图 10-2 所示。对于 BIM 来说,可视化是其中的一个固有特性,让人们将以往的线条式的构件形成一种三维的立体实物图形展示在人们的面前。在 BIM 的工作环境里,由于整个过程是可视化的,所以,可视化的结果不仅可以用来汇报和展示,更重要的是项目设计、建造、运营过程中的沟通、讨论、决策都在可视化的状态下进行。

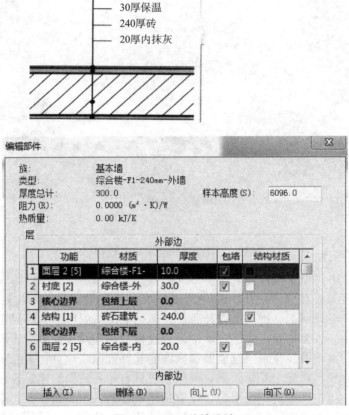

图 10-2　BIM 外墙设计

(2) 协调性

BIM 可在建筑物建造前期对各专业的碰撞问题进行协调综合,减少不合理变更方案和各行业项目信息出现"不兼容"现象。例如,暖通等专业中的管道在进行布置时,由于施工图纸是各自绘制在各自的施工图纸上的,真正施工过程中,可能在布置管线时正好与结构设计的梁等构件发生碰撞,BIM 的协调性就可以很好的帮助解决这种问题。BIM 的协调作用也仅仅解决各专业间的碰撞问题,它还可以解决其他问题,例如,协调电梯井布置与其他设计布置及净空要求,协调防火分区与其他设计布置,协调地下排水布置与其他设计布置等。因此,使用有效 BIM 协调流程进行协调综合,可以减少不合理变更方案。

(3) 模拟性

BIM 模拟性体现在不仅能模拟设计出的建筑物模型,还可以模拟不能够在真实世界中进行操作的事物。例如,在设计阶段,BIM可以进行节能模拟、紧急疏散模拟、日照模拟、热能传导模拟等;在招投标和施工阶段可以进行4D模拟(三维模型加项目的发展时间),也就是根据施工的组织设计模拟实际施工,从而来确定合理的施工方案来指导施工;同时还可以进行5D模拟(基于3D模型的造价控制),从而来实现成本控制;后期运营阶段可以模拟日常紧急情况的处理方式的模拟,如地震人员逃生模拟及消防人员疏散模拟等。

(4) 优化性

项目的设计、施工、运营的过程是一个不断优化的过程。优化主要受到信息、复杂程度和时间的制约,没有准确的信息做不出合理的优化结果。BIM模型提供了建筑物的实际存在的信息,包括几何信息、物理信息、规则信息,还提供了建筑物变化以后的实际存在。BIM及与其配套的各种优化工具提供了对复杂项目进行优化的可能,目前基于BIM的优化可以做下面的工作:

① 项目方案优化

将项目设计和投资回报分析结合起来,通过计算设计变化对投资回报的影响,可以使业主知道哪种项目设计方案更有利于自身的需求。

② 特殊项目的设计优化

例如,裙楼、幕墙、屋顶、大空间到的异型设计,这些内容看起来占整个建筑的比例不大,但是占投资和工作量的比例和前者相比却往往大很多,而且通常也是施工难度比较大和施工问题比较多的地方,对这些内容的设计施工方案进行优化,可以带来显著的工期和造价改进。

(5) 可出图性

除建筑设计院常规所出的建筑设计图纸外,BIM还可通过对建筑物进行可视化展示、协调、模拟、优化以后,可以为业主出如下图纸:综合管线图(经过碰撞检查和设计修改,消除了相应错误以后);综合结构留洞图(预埋套管图);碰撞检查侦错报告和建议改进方案等。

二、建筑信息模型在建设工程中的应用

BIM技术虽说是从设计中来,但它的应用却决不仅仅限于设计,而是贯穿于招投标、设计、施工、运营,具体包括:

(1) 招投标阶段:可以运用BIM技术"所见即所得"的特性来帮助业主进行方案的最终比选;

(2) 在设计阶段:可以用BIM技术基于三维模型的特性和"一处更改处处更新"的特点来细化方案中的每一个细节;

(3) 在施工阶段:由于采用BIM技术使得在实际工程中使用的4D甚至5D施工管理技术成为了可能;

(4) 在运营阶段:通过模拟的建筑信息模型迅速定位到问题部位,即可迅速解决问题。

1. 在招投标阶段的应用

(1) BIM快速、精确算量使工程量计算的效率得到明显提升。

BIM可视化、自动化的功能使工程量计算保持高效率,使招投标工作的重心逐渐

转向了风险评估等方面，确保招标工作的整体性。造价师容易因为主客观原因造成计算失误，而依托于BIM模型则能够明显减少潜在错误发生率。通过BIM获取到的招投标信息更具参考性，使招投标工作更加科学。

（2）BIM模型能够帮助投标方有效进行项目模拟，进而实现科学论证和探讨分析。

投标方能够结合实际进行投标方案的可视化设计，按照工程进度安排进行施工安装和过程的模拟、优化，进而提升投标方案的可行性，在投标过程中，可以将投标计划直观、形象展现给招标方。

（3）BIM模型能帮助建设单位进行决策

工程项目的决策阶段是对工程的建设标准、建设地点、工艺、设备等进行方案的比选和决策，任何一个小的变动对项目的工程造价会有较大影响。特别是建设标准水平的确定、建设地点的选择、工艺的评选和设备的选用等，直接关系到工程造价的高低。因此，决策阶段项目决策的内容是决定工程造价的基础。建设单位在投资估算时，可以通过建筑信息模型得到每一个构件相应的工程量、造价功能等不同的造价指标，通过这些指标，可以快速进行工程造价估算，从而提高决策阶段项目预测水平，帮助建设单位进行决策。

2. 在设计阶段的应用

（1）BIM模型使建筑设计从二维转向三维

BIM让建筑设计从二维走向了三维，并走向了数字化建造，这是建筑设计方法的一次重大转型。建筑信息模型（BIM）使建筑师们抛弃了传统的二维图纸，不再困惑于如何用传统的二维施工图来表达一个复杂的三维空间形态，从而极大地拓展了建筑师对建筑形态探索的可实施性。如一些特殊的、复杂的工程，用二维是很难表达清楚的，2008年奥运会主体育场"鸟巢"外壳的巢型钢不是直的，而是曲线的，如果用二维图表达就非常困难，而使用基于建筑信息模型（BIM）的软件系统，就可以直观地看到"鸟巢"的三维模型，甚至可以使用这个模型通过计算机直接加工那些异型钢构件而实现无纸化建造。基于BIM的三维模型不同于通常效果图的所谓三维模型，而是包含了材料信息、工艺设备信息、进度及成本信息等，它是一个完整的建筑信息。

（2）BIM模型使协同设计成为可能

建筑信息模型（BIM）使建筑、结构、给排水、空调、电气等各个专业基于同一个模型进行工作，从而使真正意义上的三维集成协同设计成为可能。在二维图纸时代，各个设备专业的管道综合是一个烦琐费时的工作，做不好甚至经常引起施工中的反复变更。而BIM将整个设计整合到一个共享的建筑信息模型中，结构与设备、设备与设备间的冲突会直观地显现出来，工程师们可在三维模型中随意查看，且能准确查看可能存在问题的地方，并及时调整自己的设计，从而极大地避免了施工中的变更。

（3）BIM模型使设计修改更加方便

建筑信息模型（BIM）使得设计修改更容易。只要对项目做出更改，由此产生的所有结果都会在整个项目中自动协调，各个视图中的平、立、剖面图自动修改。建筑信息模型提供的自动协调更改功能可以消除协调错误，提高工作整体质量，使得设计团队创建关键项目交付文件（如可视化文档和管理机构审批文档）时更加省时省力，再也不会出现平、立、剖面不一致之类的错误。

在方案设计阶段，使用 BIM 工具，可以更准确的估算各项性能和造价情况。可以使用 Ecotect、Vasari、Fluent、VE、EnergyPlus 等软件进行能耗分析、结构分析、采光分析、绿色建筑分析、建筑设计规范检查等。在扩初和施工图阶段，进行管综检查，提前检查出不同专业之间的碰撞问题，如图 10-3 所示。

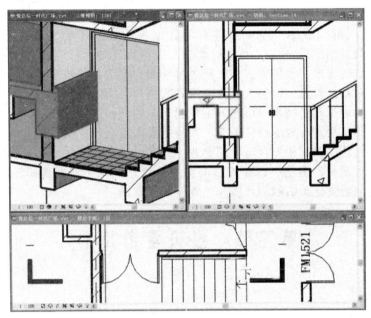

图 10-3　在建立 3D 模型中发现结构梁建筑门发生碰撞

3. 在施工阶段的应用

（1）BIM 模型使施工可视化

在施工阶段，利用建筑信息模型，可以实现整个施工周期的可视化模拟与可视化管理。建筑信息模型（BIM）可以同步提供有关建筑质量、进度以及成本的信息。它可以方便地提供工程量清单、概预算、各阶段材料准备等施工过程中需要的信息，甚至可以帮助人们实现建筑构件的直接无纸化加工建造。

（2）BIM 模型有助于施工方和业主沟通

建筑信息模型可以帮助施工人员促进建筑的量化，以进行评估和工程估价，并生成最新评估与施工规划。也可以帮助施工人员为业主展示场地使用情况或更新调整情况的规划，从而更有效和业主进行沟通，将施工过程对业主的运营和人员的影响降到最低。建筑信息模型还能提高文档质量，改善施工规划，从而节省施工中在过程与管理问题上投入的时间与资金。

（3）BIM 模型有助于施工方组织施工

施工方借助二维可视化建立的 BIM 模型能够及时发现问题，提高了甲方与设计部门沟通效率。基于 BIM 模型，施工方可以做可视化的施工指导、协助交底，使用投标 BIM 模型进行施工图预算关联进度计划安排可以实现产值计划；利用各专业 BIM 模型，在系统中进行各专业空间碰撞检查，提前预知问题；将施工过程中要采用高大支模处的位置从 BIM 模型中自动统计出来，并辅以截图说明，为编制专项施工方案提供数据支撑。

4. 在运维阶段的应用

在建筑生命周期的运营管理阶段，建筑信息模型（BIM）可同步提供有关建筑使用情况或性能、入住人员与容量、建筑已用时间以及建筑财务方面的信息；可提供数字更新记录，并改善搬迁规划与管理。它还促进了标准建筑模型对商业场地条件（如零售业场地，这些场地需要在许多不同地点建造相似的建筑）的适应。有关建筑的物理信息（如完工情况、承租人或部门分配、家具和设备库存）和关于可出租面积、租赁收入或部门成本分配的重要财务数据都更加易于管理和使用。

建立建筑信息模型后，可以很方便地引入虚拟现实技术，实现在虚拟建筑中的漫游。例如，传统的房地产销售方式主要是通过平面户型图、建筑模型、效果图及各种媒体广告的形式来推出楼盘。销售人员与购房者或租户之间的交流比较困难。而借助基于建筑信息模型的虚拟漫游技术，可进入虚拟建筑中的任何一个空间，可在电脑的样板房中漫游，可带着购房者参观虚拟样板间、亲身感受居室空间、实时查询房间信息、实时家具布置、引导购房者或租户合理使用物业。顾客可以在几年后才建成的虚拟小区中漫游，站在阳台上观看、感受小区建成后的优美环境；顾客可以在虚拟的购物中心中漫游，身临其境地感受优美的购物环境和热烈的商业氛围。

第二节 虚拟建造技术

一、概述

1. 虚拟现实技术

虚拟现实技术（virtualreality－VR）是20世纪末兴起的一门崭新的综合性信息技术，是一种采用计算机技术制作模拟仿真假想世界的技术。它融合了计算机图形学、数字图像处理、多媒体技术、传感器技术等多个信息技术分支，使计算机产生一个被模拟仿真世界的动态三维视觉环境，让操作者产生一种身临其境的感觉，对探讨大量需要借助形象思维的问题非常有帮助。

VR技术是参与者使用硬件（如数据手套、鼠标器、跟踪球、操纵杆、头盔式显示器、护目镜、耳机）和软件配合获得所需的感知，来体验计算机世界境况，把抽象、复杂的计算机数据空间转化为直观的、用户熟悉的事物，它的技术实质在于提供一种高级的人机接口。利用VR技术所产生的局部世界是人造和虚构的，并非是真实的，但当用户进入这一局部世界时，在感觉上与现实世界却是基本相同的。因此，虚拟现实技术改变了人与计算机之间枯燥、生硬和被动的现状，给用户提供了一个趋于人性化的虚拟信息空间。它以模拟方式为使用者创造了一个实时反映实体对象变化与相互作用的三维图像世界，在视、听、触、嗅等感知行为的逼真体验中，使参与者可直接参与和探索虚拟对象所处环境的作用和变化，仿佛置身于现实世界中。所以，虚拟现实技术是综合性极强的高新信息技术。虚拟现实技术具备以下三个方面的特性。

（1）沉浸性

由计算机产生逼真的三维立体图像，使用者戴上头盔显示器和数据手套等交互设备，便可将自己置身于虚拟环境中，成为虚拟环境中的一员。使用者与虚拟环境中的各种对象的相互作用，就如同在现实世界中的一样，有一种身临其境的感觉。

（2）交互性

虚拟现实系统中的人机交互是一种近乎自然的交互，使用者不仅可以利用电脑键盘、鼠标进行交互，而且能够通过特殊头盔、数据手套等传感设备进行交互。使用者通过自身的语言、身体运动或动作等自然技能，就能对虚拟环境中的对象进行考察或操作。

（3）多感知性

由于虚拟现实系统中装有视、听、触、动觉的传感及反应装置，因此，使用者在虚拟环境中可获得视觉、听觉、触觉、动觉等多种感知，从而达到身临其境的感受。

2. 虚拟建造的概念

虚拟建造（Virtual Construction，简称VC）是实际建造过程在计算机上的本质实现，它采用计算机仿真与虚拟现实、建模等技术，对建造过程中的各个环节进行统一建模，形成一个可运行的虚拟建造环境。它是以软件技术为支撑，在高性能计算机及高速网络的支持下，在计算机上群组协同工作，对建造活动中的人、材、物、信息流动过程进行全面的仿真再现，实现规划设计、性能分析、施工方案决策和质量检验、管理。

虚拟建造是数字化形式的广义建造系统，对建造活动中的人、材、物、信息流动过程进行全面的仿真再现，是对实际施工过程的动态模拟，基本上不消耗资源和能源，也不生产实际产品，而是产品的设计、开发与实现过程在计算机上的真实体现，强调的是建造系统运行过程在计算机的模拟。发现建造中可能出现的问题，在实际投资、设计或施工活动之前即可采取预防措施，从而达到项目的可控性，并降低成本、缩短开发周期，在增强建筑产品竞争力的同时，增强各企业在各级建造过程中的决策、优化与控制能力。

二、虚拟建造技术在建筑施工中的应用

建筑工程施工是一项将设计图纸转化为实际建筑的复杂工作，其施工方法和组织具有多样性、多变性和复杂性的特点。目前，对施工方法和施工组织的优化主要建立在施工经验基础上，但依靠施工经验对施工进行控制和优化，具有一定的局限性，特别是对全新结构或复杂条件下的施工，依靠经验对工程施工的可行性、控制优化、事故预测和生产安排优化等各方面的分析和预测，可能会由于思维的惯性而忽略重要结果，或由于限于条件只能分析局部和少量结果，更无法进行定量分析。

虚拟建造技术是将以虚拟现实为基础的仿真技术应用于建筑施工领域，利用虚拟现实技术建立建筑结构构件及机械设备的虚拟模型。对不需要模拟施工过程的部位，将单个的模型静态地组装起来；对需要模拟的施工过程，通过编程实现了施工过程的动态模拟。将虚拟建造技术应用于复杂工程的施工方案设计，以三维图形的形式动态实时地显示施工方案实施的全过程，能够对施工方案进行实时、交互、仿真的模拟，随时调整、优化施工方案，对实际建造施工过程进行全面的真实再现；对结构施工过程的各个环节进行跟踪模拟，从而实现施工中的事前控制和动态管理，并逐步代替传统的施工方案编制方法，其实施过程如图10-4所示。

虚拟仿真技术在工程施工中的应用主要有以下几方面：

(1) 施工工件动力学分析：如应力分析、强度分析；
(2) 施工工件运动学仿真：如机构之间的连接与碰撞；
(3) 施工场地优化布置：如外景仿真、建材堆放位置；
(4) 施工机械的开行、安装过程；
(5) 施工过程结构内力和变形变化过程跟踪分析；
(6) 施工过程结构或构件及施工机械的运动学分析；
(7) 施工过程动态演示和回放。

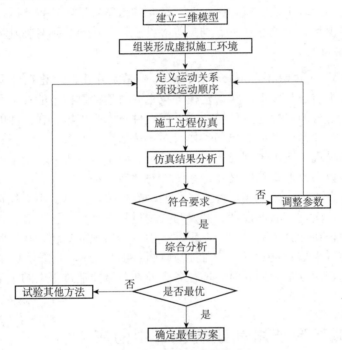

图 10-4 虚拟建造技术应用流程

1. 在虚拟施工过程和施工结构计算中的应用

在实际工程施工中，复杂结构施工方案设计和施工结构计算是一个难度较大的问题。复杂结构施工方案设计的难点关键在于施工现场的结构构件及机械设备间的空间关系的表达；复杂结构施工计算的难点在于结构在施工状态下内力和变形计算。

在钢结构的施工中，不同的支撑方案、不同的拼接方案，在结构的不同部位会引起不同的效应，而随着连接杆件的安装，这些施工阶段的应力将残余在结构部位上，并影响到最终的结构受力安全性，在结构就位过程中，有可能失稳和变形。这就需要进行施工过程的精确分析。在大跨度空间结构施工中，不仅要考虑施工过程的安全性、可行性，还要考虑结构本身在施工过程中安全性、可靠性。例如，某展览中心，钢结构屋盖支承在钢桅杆上，桅杆两端为锥形，与下部混凝土结构铰结，为了减小钢桁架的变形，维持结构的稳定，在钢屋盖桅杆和混凝土之间，采用了一系列的斜拉索（前索、背索、稳定索）和撑杆，形成一个稳定的结构体系。通过虚拟现实技术可以对不同方案的比选，能够在较短时间内进行大量的分析计算，从而保证施工方案最优化。

2. 在施工方案的选择及优化中的应用

合理选择施工方案是工程施工组织设计的核心,它包括施工流向和施工程序的确定,施工方法和施工机械的选择,施工顺序的合理安排等。对于某些结构复杂、工程量大的工程而言,在施工方案的选择上有一定的难度,然而通过虚拟现实技术,可以对各分部工程的施工方案进行虚拟施工和演示,为施工方案的选择带来极大的便利。

基于虚拟现实的复杂结构施工方案设计是指利用虚拟现实技术,在虚拟的环境中,建立周围场景、结构构件及机械设备等三维CAD模型,在计算机形成具有一定功能的仿真系统,让系统中的模型具有动态性能,并对系统中的模型进行虚拟装配,根据虚拟装配的结果,在人机交互的可视化环境中对施工方案进行修改。复杂结构施工涉及的因素较多,如起重机的布置位置、高度、缆风绳着力点的选择,构件堆场的位置,起重机的开行路线,构件起吊路线等,都是施工方案设计必须考虑的问题。如果对这些问题考虑得不够全面,则工程施工的进度、成本等都会受到影响,甚至会导致安全事故的发生。

3. 在可视化计算领域的应用

可视化计算将是今后一个重要的发展方向。在科学研究中,人们会遇到大量数据,为从中得出有价值的规律和结论,需要对庞大的数据量进行认真分析。对科学计算取得的数据进行可视化加工或三维图形显示,可通过交互改变参数来观察计算结果的全貌及其变化,实现参数化及可视化计算,使虚拟现实技术产生了飞跃式的发展。

把可视化计算技术应用于超大型复杂结构的设计、工程控制和结构分析中,将增强计算软件的前后期处理能力。例如,在桥梁工程控制和结构分析的可视化计算中,倒退(拆)分析结构的动态演示、结构理想施工线型的显示、施工阶段主梁形心线的设计曲线和实测拟合曲线的显示、前进分桥结构拼装动态演示、施工预告图形显示、主梁内力图显示、危险截面应力分布图显示等。更重要的是能借助图形或图像来进行实时动态控制结构的重分析和获取施工控制数据,同时能实时动态演示和控制设计和施工的过程。在运用有限元法进行结构分析时,利用虚拟现实技术则可以通过颜色的深浅给出三维物体中各点力的大小,用不同颜色表示出不同的等力面;也可以任意变换角度,从任意点去观察;还可以利用VR的交互性能,实时修改各种数据,以便对各种方案及结果进行比较。这样就使工程师的思维更加形象化,概念更易于理解。

三、虚拟建造技术体系

虚拟仿真施工包含以下技术体系:

1. 建模技术

产品建模方法是虚拟建造的核心问题,虚拟产品建模特别强调产品在计算机上的本质实现。施工模型要将工艺参数与影响施工的各种因素相互联系起来,以反映施工模型与设计模型之间的交互作用。施工模型要具有可重用性,因此必须建立产品主模型描述框架,随着产品开发的推进,模型描述日益详细,但应保持模型的一致性及模型信息的可继承性,实现虚拟施工过程各阶段和各方面的有效集成。适用于虚拟建造的集成模型必须满足以下三个要求。

(1) 必须保证建筑产品信息的完整性,能够对不同的抽象层次上的建筑产品信息进行描述和组织。

（2）不同的应用能够根据它提取所需的信息，衍生出自身所需的模型，且能添加新的信息到建筑产品模型，保证信息的可重复使用性和一致性。

（3）应该支持自顶向下设计，特别是概念设计和设计变更。根据虚拟建造中对产品模型的需求，整个模型可分为核心模型和各种分析模型；从项目实施的角度，整个模型可以分为基础模型、设计模型及施工模型。其中施工模型将工艺参数与影响施工的因素联系起来，以反映施工模型与设计模型之间的交互作用。施工模型必须具备计算机工艺仿真、施工数据表、施工规划、统计模型以及物理和数学模型等功能。

2. 仿真技术

计算机仿真是应用计算机对复杂的现实系统经过抽象和简化形成系统模型，然后在分析的基础上运行此模型，来模仿实际系统内所发生的运动过程，这种建立在模型系统上的试验技术称为仿真技术，或称为模拟技术。它是建立在系统工程学、计算机科学、控制工程学等学科基础上的以概率论与数理统计为基础的学科。利用仿真技术可以缩短决策时间，避免资金、人力和时间的浪费，而且安全可靠。

仿真的基本步骤为研究系统→收集数据→建立系统模型→确定仿真算法→建立仿真模型→运行仿真模型→输出结果，仿真技术主要包括数值仿真、可视化仿真和虚拟现实VR仿真。仿真技术在施工过程中一般采用离散事件建模分析，主要包括基础、结构和装饰工程施工等。在基础工程中，仿真系统主要针对土方施工、基坑支护结构施工、大体积混凝土施工等问题开展研究。在结构工程施工中，仿真系统主要包括施工方案、项目管理、机器人施工模拟等仿真系统，此外虚拟建造系统中的仿真还涉及项目开发阶段。

3. 优化技术

优化技术将现实的物理模型经过仿真过程转化为数学模型以后，通过设定优化目标和运算方法，在特定的约束条件下，使目标函数达到最优，从而为决策者提供科学、定量的依据。它使用的方法包括：线性规划、非线性规划、动态规划、运筹学、决策论和对策论等。应用优化原理进行建筑工程的规划、设计、施工、管理时，能全面、综合地考虑在技术、经济和时间上的最优，因此在建筑工程的各个阶段，推广应用优化原理和方法，能取得显著的技术效果和经济效益，这是构建仿真系统或虚拟系统的最终目的。

4. 虚拟现实技术

虚拟建造是在虚拟环境下实现的，其中，虚拟现实技术是虚拟建造系统的核心技术。虚拟现实技术是一门融合了人工智能、计算机图形学、人机接口技术、多媒体工业建筑技术、网络技术、电子技术、机械技术等多种学科的优势，为人机交互对话提供了更直接的真实的三维界面，并能在多维信息空间上创建一个虚拟信息环境，让人具有身临其境的沉浸感，使操作者沉浸其中并与之交互作用，通过多种媒体对感官的刺激，获得对所需解决问题的清晰和直观的认识。

由于虚拟现实技术不但具有仿真技术的优点，还能提供真实的环境效果，因而在许多应用领域取得飞速发展，如利用虚拟现实技术对城市、小区或者校园、建筑物的规划建设进行事先多媒体展现，这已在实践中得到大量应用。